Matthias Moßburger

Analysis in Dimension 1

Matthias Moßburger

Analysis in Dimension 1

Eine ausführliche Erklärung
grundlegender Zusammenhänge

STUDIUM

Bibliografische Information der Deutschen Nationalbibliothek
Die Deutsche Nationalbibliothek verzeichnet diese Publikation in der
Deutschen Nationalbibliografie; detaillierte bibliografische Daten sind im Internet über
<http://dnb.d-nb.de> abrufbar.

Matthias Moßburger
Hans-Leinberger-Gymnasium Landshut
Jürgen-Schumann-Straße 20
84034 Landshut

mossburger.hlg@gmx.de

1. Auflage 2011

ISBN 978-3-8348-1894-2

Für meine Eltern

Vorwort

Das Buch umfasst die wesentlichen Inhalte der Analysis-Vorlesungen im ersten Semester. Auf zusätzliche Inhalte wird weitgehend verzichtet, damit mehr Platz für ausführliche Erklärungen bleibt. Dabei soll möglichst wenig *nur auf Vorrat* gelernt werden (jetzt stur pauken, was später vielleicht einmal gebraucht wird). Vielmehr gilt: Neue Inhalte werden entwickelt, weil sie Fragen beantworten.

Viele unserer Fragen ergeben sich aus der Schul-Analysis, werden vertieft, und mit den Mitteln der Hochschul-Analysis beantwortet. Die Hochschul-Analysis wird also als eine natürliche Weiterentwicklung und Vertiefung der Schul-Analysis dargestellt.

Damit soll ein Problem entschärft werden, mit dem viele Studienanfänger zu kämpfen haben: Die Hochschul-Mathematik wird oft als etwas sehr Fremdes erlebt, das scheinbar nur wenig mit der Schul-Mathematik zu tun hat. Natürlich ist eine vollkommen neue Welt auch etwas sehr Spannendes. Doch für ein echtes Verständnis und eine wirkliche Vertrautheit mit neuen Inhalten ist es wichtig, Beziehungen mit bereits vertrauten Inhalten herzustellen.

Zwei Hinweise für fortgeschrittene Leser:

Der Text nutzt konsequent elementare Argumente aus der Theorie der Ringe (zunächst implizit, später explizit). Damit sollen drei Dinge erreicht werden: Ein Einblick in die Gemeinsamkeit vieler Begriffe und Ideen, die zunächst sehr verschieden erscheinen; ein besserer Überblick über den inneren Aufbau der Analysis; und schließlich ein Verständnis für den großen Vorteil, den abstrakte Begriffsbildungen in der Mathematik besitzen.

In der Literatur findet man zum Begriff der Konvergenz häufig ergänzende Erläuterungen wie „die Glieder der Folge werden schließlich kleiner als jedes ϵ". Im vorliegenden Buch wird „schließlich kleiner" als eigener Begriff definiert, und damit eine Halbordnung auf dem Ring der reellen Folgen eingeführt. Dadurch werden einige Begriffe und Argumente übersichtlicher und verständlicher.

Ich bedanke mich bei Herrn Dr. Bartholomé für sein Interesse und für seine hilfreiche Kritik.

Landshut, im Juli 2011   Matthias Moßburger

Inhaltsverzeichnis

1 Grenzwert — **1**
1.1 Unendlichkeitsrechnung — 1
1.2 Konvergente Folgen — 9
1.3 Reelle Zahlen — 15
1.4 Sätze über Folgen — 30
1.5 Stetigkeit — 42
1.6 Konvergente Funktionen — 51
1.7 Logarithmus- und Exponentialfunktionen — 57
1.8 Winkelfunktionen — 65
1.9 Gleichwertige Axiomensysteme — 76

2 Ableitung — **81**
2.1 Definition und Beispiele — 82
2.2 Ableitungsregeln — 90
2.3 Mittelwertsatz und lokale Eigenschaften — 99
2.4 Klassische Mechanik — 112
2.5 Newton-Verfahren — 115
2.6 Über die Sprache der Ringe — 120

3 Integral — **139**
3.1 Treppenfunktionen — 140
3.2 Riemann-Integral — 150
3.3 Gleichmäßige Konvergenz und Stetigkeit — 160
3.4 Hauptsatz — 172
3.5 Taylorpolynome — 183
3.6 Potenzreihen — 198

Lösungen — **210**

Literaturverzeichnis — **227**

Stichwortverzeichnis — **228**

Kapitel 1

Grenzwert

Die Analysis wird manchmal auch als *Infinitesimalrechnung* bezeichnet (infinit: unendlich), weil sie „unendlich Großes", „unendlich Kleines" und „unendliche Prozesse" verwendet, um Funktionen zu untersuchen. Was das genau heißt und wie so etwas überhaupt möglich ist, soll im vorliegenden Kapitel schrittweise geklärt werden.

1.1 Unendlichkeitsrechnung

Die Untersuchung von Funktionen kann sehr leicht zu „unendlichen Prozessen" führen:

Beispiel 1.1.1. Wo schneidet der Graph von $f(x) = 4x^2 - 5x$ die x-Achse? Die gesuchten Stellen sind die Lösungen von $4x^2 - 5x = 0$. Wer nicht mehr genau weiß, wie solche Gleichungen mit Hilfe der Algebra gelöst werden (oder wer einfach keine Lust auf Termumformungen und Lösungsformeln hat), der kann ja mal versuchen, Lösungen durch Probieren zu finden:

$f(0) = 0$. Treffer! $f(1) = -1$. Daneben. $f(2) = 6$. Daneben. $f(3) = 21$. Daneben ... Aber halt: $f(1)$ war negativ und $f(2)$ positiv, also sollte doch eine Lösung zwischen 1 und 2 liegen! Wir zielen in die Mitte von 1 und 2 und erhalten $f(1{,}5) = 1{,}5$. Daneben. Unser inzwischen geweckter Jagtinstinkt sagt uns, wohin wir als nächstes zielen sollten: $f(1) < 0$ und $f(1{,}5) > 0$, also probieren wir die Mitte von 1 und 1,5 und erhalten $f(1{,}25) = 0$. Treffer! Da quadratische Gleichungen höchstens zwei Lösungen besitzen, haben wir jetzt alle Schnittpunkte von Graph und x-Achse gefunden. $\qquad\square$

In diesem ersten Beispiel hatten wir Glück, dass unsere Suche bereits nach wenigen Schritten erfolgreich war und nicht zu einem „unendlichen Prozess" führte. (In Wahrheit habe ich natürlich mit Absicht einen passenden Term konstruiert.) In anderen Beispielen hat man weniger Glück:

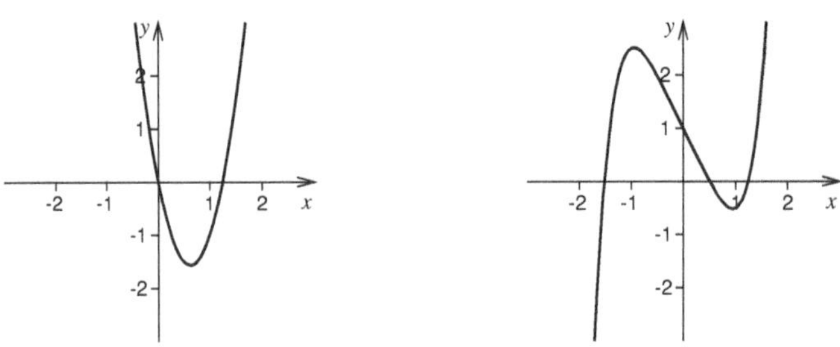

Abbildung 1.1: Die Graphen von $4x^2 - 5x$ und $\frac{1}{2}x^5 - 2x + 1$

Beispiel 1.1.2. Wo schneidet der Graph von $f(x) = \frac{1}{2}x^5 - 2x + 1$ die x-Achse? Versuchen Sie doch mal, die Gleichung $\frac{1}{2}x^5 - 2x + 1 = 0$ durch Umformen, Wurzelziehen oder dergleichen zu lösen. Sie werden es wahrscheinlich, je nach Geduld oder Einsicht, früher oder später aufgeben. (Ich habe es jedenfalls nicht geschafft, und ich kenne auch niemanden, der das geschafft hat.) Jetzt bleibt uns scheinbar nichts anderes übrig, als dass wir Lösungen durch systematisches Probieren suchen:

$f(1) = -0{,}5 < 0$ und $f(2) = 6 > 0$, also sollte eine Lösung zwischen 1 und 2 liegen; wir probieren den Funktionswert in der Mitte und erhalten $f(1{,}5) = 1{,}796\dots$. Daneben. Wegen $f(1) < 0$ und $f(1{,}5) > 0$ sollte eine Lösung zwischen 1 und 1,5 liegen; wir probieren den Funktionswert in der Mitte und erhalten $f(1{,}25) = 0{,}025\dots$. Daneben. Wegen $f(1) < 0$ und $f(1{,}25) > 0$ sollte eine Lösung zwischen 1 und 1,25 liegen; wir probieren den Funktionswert in der Mitte und erhalten $f(1{,}125) = -0{,}348\dots$. Daneben.

Spätestens beim zehnten Schritt sollte man sich vielleicht überlegen, ob es nicht besser wäre, wenn man ein kleines Programm schreibt, das einem die ganze Rechenarbeit automatisch abnimmt. Ein solches Programm liefert bei einer Rechengenauigkeit von 14 Dezimalen beim 44. Schritt die Grenzen

$$l_{44} = 1{,}2435963906735 \quad \text{mit} \quad f(l_{44}) \approx -1 \cdot 10^{-13} \quad \text{und}$$
$$r_{44} = 1{,}2435963906736 \quad \text{mit} \quad f(r_{44}) \approx +2 \cdot 10^{-13}\,.$$

Immer noch kein Treffer. Als nächstes könnte man sich nach Programmen mit höheren Rechengenauigkeiten umsehen – aber vielleicht hört das ja nie auf! $\qquad\square$

Hat $\frac{1}{2}x^5 - 2x + 1 = 0$ überhaupt exakte bzw. „unendlich genaue" Lösungen? Die leichtsinnige Antwort lautet: Ja, denn in Abbildung 1.1 „sieht man ja", dass der zugehörige Graph die x-Achse schneidet. Aber: Könnte es nicht sein, dass die x-Achse unsichtbar kleine Löcher hat, und dass der Graph genau bei solchen Löchern durch die x-Achse geht? Dann gäbe es weder Schnittpunkte noch Lösungen.

Wir werden gleich sehen, dass so etwas durchaus denkbar ist. Und damit beginnt dann die eigentliche Analysis: Ihre Begriffe und Methoden ermöglichen einen Blick „ins unendlich Kleine".

Doch zunächst besprechen wir einen Einwand: Wozu braucht man eigentlich „unendlich genaue" Lösungen? Näherungen sind doch erstens einfacher, zweitens für die Praxis völlig ausreichend und drittens ist die Frage, ob es exakte Lösungen gibt, für praktische Zwecke unwichtig.

Dieser Einwand erweist sich bei genauerer Betrachtung als falsch. Das Rechnen mit Näherungen kann äußerst unpraktisch sein und sogar völlig unbrauchbare Ergebnisse liefern:

Beispiel 1.1.3. Wir berechnen $10 \cdot \left((2:7) \cdot 7 - 2\right)^{0,04}$ auf zwei Arten: Zunächst mit dem exakten $2:7 = \frac{2}{7}$, und danach mit der Näherung $2:7 \approx 0{,}2857143$.

$$10 \cdot \left((2:7) \cdot 7 - 2\right)^{0,04} \;=\; 10 \cdot \left(\frac{2}{7} \cdot 7 - 2\right)^{0,04} \;=\; 10 \cdot \left(2 - 2\right)^{0,04} \;=\; 0 \,.$$

Jetzt die Näherung:

$$10 \cdot \left((2:7) \cdot 7 - 2\right)^{0,04} \;\approx\; 10 \cdot \left(0{,}2857143 \cdot 7 - 2\right)^{0,04}$$
$$=\; 10 \cdot \left(2{,}0000001 - 2\right)^{0,04} \;=\; 10 \cdot 0{,}0000001^{0,04} \;\approx\; 5{,}25 \,.$$

Die zweite Rechnung ist nicht nur umständlicher (rechnen Sie das doch einmal nach, und zwar so weit wie möglich schriftlich!), ihr Ergebnis ist auch – nun ja, eine doch etwas grobe Näherung von 0. Noch umständlicher und immer noch nutzlos ist die Näherung $2:7 \approx 0{,}2857142857143$:

$$10 \cdot \left((2:7) \cdot 7 - 2\right)^{0,04} \;\approx\; 10 \cdot \left(0{,}2857142857143 \cdot 7 - 2\right)^{0,04}$$
$$=\; 10 \cdot \left(2{,}0000000000001 - 2\right)^{0,04} \;=\; 10 \cdot 0{,}0000000000001^{0,04} \;\approx\; 3{,}02 \,.$$

Selbst wenn erst an der 25. Stelle nach dem Komma eine 1 steht, erhält man

$$10 \cdot \left(10^{-25}\right)^{0,04} = 10 \cdot 10^{-1} = 1 \,.$$

Ein Taschenrechner kann übrigens manchmal auch „zufällig passend runden". Aber auf den ist ohnehin kein Verlass: Zum Beispiel sieht man sofort, dass

$$\left(1 + 10^{-20} - 1\right) \cdot 10^{23} = \left(1 - 1 + 10^{-20}\right) \cdot 10^{23} = 10^{-20} \cdot 10^{23} = 1000$$

gilt, aber für einen Taschenrechner ist (je nach Bauart)

$$\left(1{,}0 + 10^{-20} - 1{,}0\right) \cdot 10^{23} \approx 0 \quad \text{und} \quad \left(1{,}0 - 1{,}0 + 10^{-20}\right) \cdot 10^{23} \approx 1000 \,.$$

Der Grund dafür ist die beschränkte Genauigkeit von zum Beispiel 14 Stellen: dann ist $1{,}0 + 10^{-20} \approx 1{,}0$. $\qquad\qquad\square$

Natürlich erkennt man bei solch einfachen Beispielen sofort, woher die großen Abweichungen vom exakten Ergebnis kommen und wie man am besten rechnet. Andere Beispiele sind aber nicht so leicht zu durchschauen, und es wäre in der Tat sehr aufwendig, immer bei jedem Rechenschritt zu überprüfen, wie stark sich Rundungsfehler auswirken.

Was sollen wir also tun, wenn wir die Lösungen von $\frac{1}{2}x^5 - 2x + 1 = 0$ nicht genau kennen? Ein naheliegender Gedanke wäre, den Lösungen zunächst Namen zu geben und „symbolisch" mit ihnen zu rechnen. So etwas sind wir auch schon lange gewohnt: Die Kreiszahl trägt den Namen π, die positive Lösung von $x^2 = 2$ den Namen $\sqrt{2}$ und das Ergebnis von $2 : 7$ den Namen $\frac{2}{7}$. Und eine Faustregel beim Runden lautet: „Zunächst exakt rechnen, erst ganz am Schluss runden."

Doch einer „Lösung" einfach einen Namen zu geben und mit ihr nach den gewohnten Regeln zu rechnen ist etwas leichtsinnig: Was ist, wenn sie gar nicht existiert, oder wenn sie in einer Menge liegt, deren Rechenregeln man noch nicht kennt? Möglicherweise geht man von einer falschen Annahme aus, die dann lauter falsche Aussagen nach sich zieht. Damit sind wir wieder bei unserer ursprünglichen Frage: Kann es sein, dass die x-Achse „unendlich kleine Löcher" besitzt, und dass sich Graph und x-Achse nur scheinbar schneiden? Das ist durchaus denkbar:

Beispiel 1.1.4. Versetzen wir uns einmal in die Zeit zurück, als wir noch nichts von irrationalen Zahlen wussten (etwa in die 7. Klasse). Die Menge aller Zahlen, die wir damals kannten, war die Menge $\mathbb{Q}$ der rationalen Zahlen. Die (rationale) Zahlengerade und der Graph von $f(x) = x^2 - 2$ wurden als durchgehende Linien gezeichnet: Bei sichtbaren Lücken hätte man (unendlich viele) Bruchzahlen ausgelassen, und von unsichtbar kleinen Lücken (wie etwa $\sqrt{2}$) wussten wir ohnehin nichts.

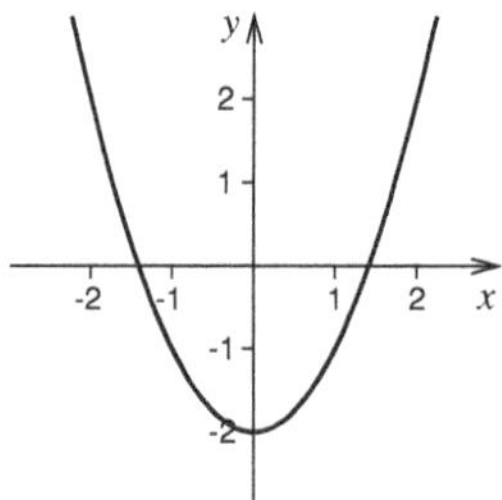

Abbildung 1.2: $f(x) = x^2 - 2$

Wo schneiden sich Graph und x-Achse? Ein Schüler der 7. Klasse befindet sich hier in einer ähnlichen Situation wie wir in Beispiel 1.1.2: Er kann die Gleichung $x^2 - 2 = 0$ zwar nicht nach x auflösen, aber durch systematisches Probieren immer besser eingrenzen; auch dieser Vorgang bricht nie ab, also wird er sich fragen, ob es überhaupt eine Lösung in $\mathbb{Q}$ gibt ($\mathbb{Q}$ ist für ihn die Menge *aller* Zahlen!). Die gleichen Fragen, die wir uns vor diesem Beispiel über die Existenz von Lösungen, Rundungsfehler und „symbolisches Rechnen" stellten, stellen sich damit auch für einen Schüler der 7. Klasse. Abbildung 1.2 legt nahe, dass Lösungen existieren, denn dort „sieht man ja", dass sich Graph und x-Achse schneiden! Doch das ist in $\mathbb{Q}$ falsch. Sehen wir zu was passiert, wenn wir einfach von der Existenz einer Lösung ausgehen, ihr den Namen $\sqrt{2}$ geben und „symbolisch" so rechnen, wie man es in der 7. Klasse gewohnt ist:

Alle Zahlen in der 7. Klasse kann man durch Brüche $\frac{z}{n}$ darstellen, wobei $z \in \mathbb{Z}$ und $n \in \mathbb{N}$. Nehmen wir also die Existenz eines Bruches $\frac{z}{n} = \sqrt{2}$ an, der zudem bereits vollständig gekürzt sein soll. Da $\frac{z}{n}$ eine Lösung der Gleichung $x^2 - 2 = 0$ ist, folgt

$$\frac{z^2}{n^2} = 2 \quad \text{bzw.} \quad z^2 = 2n^2 \quad \text{mit} \quad z \in \mathbb{Z}, \, n \in \mathbb{N}.$$

z^2 ist ein Vielfaches von 2, also eine gerade Zahl. Dann muss auch z gerade sein, denn bei einem ungeraden z wäre auch z^2 ungerade. Wenn aber z gerade ist, dann ist z^2 durch 4 teilbar, also $n^2 = z^2 : 2$ gerade, also n gerade. Das widerspricht aber unserer Voraussetzung, dass $\frac{z}{n}$ vollständig gekürzt ist. Die Annahme, es gäbe in $\mathbb{Q}$ eine Lösung von $x^2 - 2 = 0$, führt letztlich dazu, dass wir uns selbst widersprechen. Einer „Lösung", die mit systematischem Probieren vergeblich gesucht wurde, kann man also nicht einfach einen Namen geben und so tun, als wäre nichts gewesen. $\square$

$\mathbb{Q}$ hat also „unendlich kleine Löcher". Gilt das auch für $\mathbb{R}$? Schneidet der Graph von $f(x) = \frac{1}{2}x^5 - 2x + 1$ die x-Achse nur scheinbar oder wirklich? Um das herauszufinden, unternehmen wir eine gedankliche Forschungsreise, die uns bis zum Abschnitt 1.5 führt. Die genannten Fragen bilden den Leitstern, an dem wir uns orientieren: In jedem Abschnitt werden Begriffe und Methoden entwickelt, die wir brauchen, um eine Antwort auf unsere Fragen zu finden. Und am Ende unserer Reise werden wir feststellen, dass wir viel mehr gewonnen haben, als nur die Antworten auf unsere ursprünglichen Fragen. (Soviel sei bereits jetzt verraten: Wir werden zum Beispiel Objekte kennenlernen, mit denen man beinahe so rechnen kann wie mit den reellen Zahlen, die aber im Gegensatz zu den reellen Zahlen in einem genau definierten Sinn „unendlich klein" sind: die sogenannten *Nullfolgen*.)

Unsere Reise beginnt mit einer Erinnerung an ein Verfahren, das Sie, lieber Leser, wahrscheinlich bereits kennen, und dessen Idee wir in den ersten beiden Beispielen bereits benutzt haben: die Intervallschachtelung. Sie dient unter anderem dazu, Lösungen von Gleichungen immer besser einzugrenzen. Wir müssen eigentlich nur unsere Gedanken aus Beispiel 1.1.2 genau aufschreiben, um Intervallschachtelungen zu definieren:

Unser erstes Intervall, in dem wir eine Lösung von $f(x) = 0$ vermuten, wobei $f(x) := \frac{1}{2}x^5 - 2x + 1$, ist

$$[l_1 \, ; r_1] := [1 \, ; 2] \quad, \quad \text{da } f(1) < 0 < f(2) \; .$$

Danach wird das Intervall halbiert, wobei das Vorzeichen von $f(1{,}5)$ entscheidet, ob wir in der linken oder in der rechten Hälfte von $[1 \, ; 2]$ eine Lösung vermuten:

$$[l_2 \, ; r_2] := [1 \, ; 1{,}5] \quad, \quad \text{da } f(1) < 0 < f(1{,}5) \; .$$

Das geht immer so weiter: Angenommen, wir haben bereits $[l_n \, ; r_n]$ berechnet, und es gilt $f(l_n) < 0 < f(r_n)$ (siehe Abbildung 1.3). Dann soll auch beim nächsten Schritt $f(l_{n+1}) < 0 < f(r_{n+1})$ gelten. Es sei $m_n := \frac{1}{2}(l_n + r_n)$ der Mittelpunkt von $[l_n, r_n]$. Im Fall $f(m_n) = 0$ hätten wir eine Lösung gefunden; im Fall $f(m_n) \neq 0$ gehen

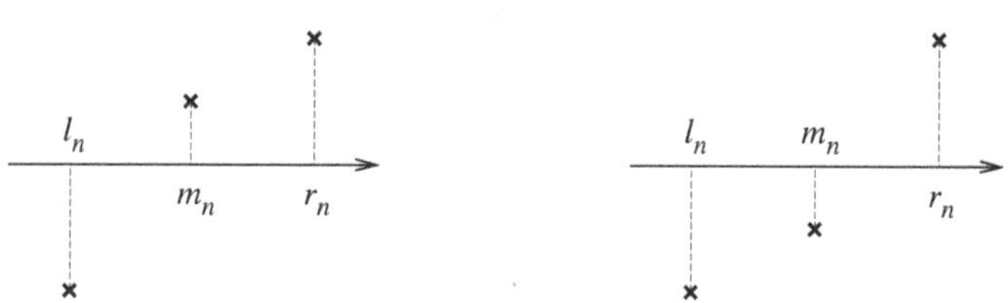

Abbildung 1.3: Wie wählt man die neuen Grenzen?

wir vom alten Intervall $[\,l_n, r_n\,]$ in folgender Weise zum neuen Intervall $[\,l_{n+1}, r_{n+1}\,]$ über:

$$[\,l_{n+1}, r_{n+1}\,] := \begin{cases} [\,l_n, m_n\,] & \text{falls} \quad f(m_n) > 0 \\ [\,m_n, r_n\,] & \text{falls} \quad f(m_n) < 0 \end{cases} \qquad (n \in \mathbb{N})\,.$$

(„A := B" bedeutet „setze A gleich B".) Tabelle 1.1 enthält die ersten 6 Schritte. Dieses Verfahren wird auch als *duale Intervallschachtelung* bezeichnet.

n	l_n	m_n	r_n	$f(l_n)$	$f(m_n)$	$f(r_n)$
1	1	1,5	2	$-0,5$	$1,796\ldots$	6
2	1	1,25	1,5	$-0,5$	$0,025\ldots$	$1,796\ldots$
3	1	1,125	1,25	$-0,5$	$-0,348\ldots$	$0,025\ldots$
4	1,125	1,1875	1,25	$-0,348\ldots$	$-0,194\ldots$	$0,025\ldots$
5	1,1875	1,21875	1,25	$-0,194\ldots$	$-0,093\ldots$	$0,025\ldots$
6	1,21875	1,234375	1,25	$-0,093\ldots$	$-0,035\ldots$	$0,025\ldots$

Tabelle 1.1: Nullstellensuche für $f(x) = \frac{1}{2}x^5 - 2x + 1$

Sprechweise. Eine *duale Intervallschachtelung der Länge $N \in \mathbb{N}$* ist eine endliche Folge von Intervallen $[\,l_1, r_1\,]$, $[\,l_2, r_2\,]$, $[\,l_3, r_3\,]$, $\ldots$, $[\,l_N, r_N\,]$, sodass das jeweils nächste Intervall die linke oder rechte Hälfte des vorherigen Intervalls ist: Für alle $n < N$ gilt

$$[\,l_{n+1}, r_{n+1}\,] = [\,l_n, m_n\,] \quad \text{oder} \quad [\,l_{n+1}, r_{n+1}\,] = [\,m_n, r_n\,]\,,$$

wobei $m_n := \frac{1}{2}(l_n + r_n)\,.$ $\square$

Intervallschachtelungen kann man auf sehr viele Gleichungen anwenden: Jede Gleichung kann durch Subtraktion ihrer rechten Seite auf die Form $f(x) = 0$ gebracht werden. Dann sucht man zwei Stellen l_1 und r_1, deren Funktionswerte unterschiedliches Vorzeichen besitzen (dass solche Stellen gefunden werden, ist eine wesentliche Voraussetzung unseres Verfahrens!).
1.Fall: $f(l_1) < 0 < f(r_1)$; dann kann man die Intervallschachtelung (am besten mit einem Rechner) so lange fortführen, bis ein Treffer erzielt wird oder eine bestimmte

Rechengenauigkeit erreicht ist.

2.Fall: $f(l_1) > 0 > f(r_1)$; dann multipliziert man $f(x)$ mit -1 (das ändert nichts an der Lösungsmenge), was zum 1. Fall führt.

Beispiel 1.1.5. Wo schneiden sich die Graphen von x und $\cos(x)$? (Abbildung 1.4.) Eine Lösung von $x = \cos(x)$ mit Hilfe von Wurzeln oder dergleichen zu finden erscheint völlig aussichtslos. Mit einer Intervallschachtelung erhält man aber wieder Näherungslösungen. Die Gleichung ist äquivalent zu $f(x) := x - \cos(x) = 0$ und es gilt $f(0) < 0 < f(1)$. Die Ergebnisse der ersten 6 Schritte findet man in Tabelle 1.2. $\qquad\square$

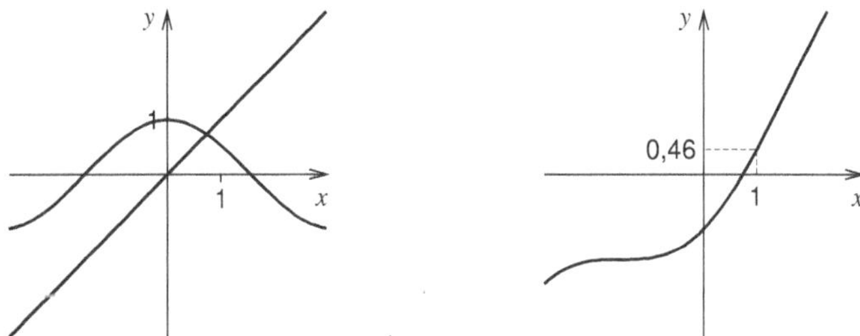

Abbildung 1.4: Die Graphen von x, $\cos(x)$ und $x - \cos(x)$

n	l_n	m_n	r_n	$f(l_n)$	$f(m_n)$	$f(r_n)$
1	0	0,5	1	-1	-0,3775...	0,4596...
2	0,5	0,75	1	-0,3775...	0,0183...	0,4596...
3	0,5	0,625	0,75	-0,3775...	-0,1859...	0,0183...
4	0,625	0,6875	0,75	-0,1859...	-0,0853...	0,0183...
5	0,6875	0,7187...	0,75	-0,0853...	-0,0338...	0,0183...
6	0,7187...	0,7343...	0,75	-0,0338...	-0,0078...	0,0183...

Tabelle 1.2: Nullstellensuche für $f(x) = x - \cos(x)$

Mit einer endlichen Folge von Intervallen findet man im allgemeinen keine Lösung (außer man hat Glück, und eines der l_n, m_n, r_n ist zufällig eine Lösung; immerhin werden die Intervalle, in denen eine Lösung vermutet wird, zunehmend kleiner). Also sollten wir vielleicht *unendliche* Folgen von Intervallen verwenden, die mögliche Lösungen „mit unendlicher Genauigkeit" eingrenzen. Doch wie erzeugt man eine unendliche Folge von Objekten, und wie geht man mit ihr um? Ich kann sie mir ja nicht auf den Tisch legen oder vollständig auf ein Blatt Papier schreiben, um sie zu untersuchen. Wie soll ich zum Beispiel herausfinden, ob sie auch wirklich das tut, was sie soll, nämlich ...– ja was denn eigentlich? Was habe ich davon, wenn ich eine Lösung suche, aber keine einzige der unendlich vielen Intervallgrenzen l_n und r_n eine Lösung ist? Nun ja, es mag zwar sein, dass kein einziges l_n eine Lösung ist, doch die Folge $l_1, l_2, l_3, \ldots$ „nähert sich, als Ganzes betrachtet, mit unendlicher Genauigkeit der Lösung", das heißt der Abstand zwischen den l_n und meiner gesuchten Lösung „wird 0 im Unendlichen", das heißt „die l_n werden im Unendlichen zur Lösung", das heißt … – heißt das, ich habe mein Problem nur auf die unendlich lange Bank geschoben? Benutze ich lediglich Ausreden, und widersprüchliche noch dazu? („Die l_n sind zwar alle endlich, doch da ganz weit hinten, im Unendlichen halt, da kommen sie dann schon ins Unendliche.")

So verwirrend und falsch dieses Gestammel auch ist – es enthält bereits einen entscheidenden Gedanken: Wir müssen uns von den einzelnen l_n lösen und unendliche Folgen als Ganzes betrachten, sie zu einem eigenen Objekt $(l_1, l_2, l_3, \ldots)$ zusammenfassen. Erlauben Sie mir den hölzernen Vergleich: Wer immer nur auf die einzelnen „Bäume" l_n blickt, und nie auf den ganzen „Wald" $(l_1, l_2, l_3, \ldots)$, der „sieht den Wald vor lauter Bäumen nicht". Wir müssen lernen, mit unendlichen Folgen umzugehen. Und im nächsten Abschnitt werden wir sehen, dass das keineswegs unendlich schwierig ist.

Aufgaben

1. Zeichnen Sie die Graphen von $x^{0,04}$, $(x-3)^{0,04}$, $(x^2-2)^{0,04}$ und $\bigl(\sin(x)\bigr)^{0,04}$. (Wir lassen negative x in $x^{0,04}$ zu, da $0,04 = \frac{1}{25}$ und die Zuordnung $x \mapsto x^{25}$ in ganz $\mathbb{R}$ umkehrbar ist.) Können Sie jetzt anschaulich begründen, warum die Näherungen in Beispiel 1.1.3 zu solch großen Abweichungen führen?

2. Zeigen Sie wie in Beispiel 1.1.4, dass $\sqrt{3}$, $\sqrt{5}$ und $\sqrt{10}$ nicht in $\mathbb{Q}$ liegen. Warum funktioniert das gleiche Argument nicht bei $\sqrt{9}$? (*Dass* es nicht funktionieren kann, ist ja klar. Die Frage ist aber: An welcher Stelle bricht die Begründung in Beispiel 1.1.4 zusammen?)

3. Nehmen wir einmal an, die Gleichungen $x^2 + 1 = 0$ und $0 \cdot x = 1$ haben Lösungen in $\mathbb{R}$: i sei eine Lösung von $x^2 + 1 = 0$, ∞ sei eine Lösung von $0 \cdot x = 1$. Können Sie aus i oder ∞ Widersprüche folgern?

4. Bestimmen Sie jeweils näherungsweise mit einer dualen Intervallschachtelung der Länge 3 alle Lösungen der Gleichung $f(x) = 0$. Starten Sie dabei (falls möglich) mit einem Intervall, dessen Grenzen benachbarte ganze Zahlen sind.

(a)	$f(x) = 3x - 2$	(b)	$f(x) = x^3 - 7$
(c)	$f(x) = x^3 - 3x + 1$	(d)	$f(x) = x^4 - 3x^2 + x + 2$
(e)	$f(x) = x^5 - 4x + 2$	(f)	$f(x) = \dfrac{4}{2 + x^2} - 1$
(g)	$f(x) = \cos(x) - x^2$	(h)	$f(x) = 2\sin(x) - x$

5. Formulieren Sie die Entscheidungsregel einer Intervallschachtelung für den Fall $f(l_n) > 0 > f(r_n)$. Anschauliche Begründung!

1.2 Konvergente Folgen

Am Ende des vorherigen Abschnitts haben wir uns vorgenommen, bei einer unendlichen Folge von Zahlen $a_1, a_2, a_3, \ldots$ nicht mehr nur auf die einzelnen Zahlen a_n zu achten, sondern sie zu einer Gesamtheit, zu einem eigenen Objekt $(a_1, a_2, a_3, \ldots)$ zusammenzufassen. Das funktioniert erstaunlich leicht sobald man erkennt, dass eine Folge eigentlich nur ein Spezialfall von etwas längst Vertrautem ist: Eine Folge $(a_1, a_2, a_3, \ldots)$ kann als Funktion aufgefasst werden, bei der jeder natürlichen Zahl n eine reelle Zahl a_n zugeordnet wird, das heißt a_n ist der Funktionswert von n.

Definition 1.2.1. Eine Funktion mit Definitionsmenge $\mathbb{N}$ heißt *Folge*.

$$
\begin{aligned}
f : \quad \mathbb{N} &\longrightarrow \mathbb{R} \\
n &\longmapsto f(n)
\end{aligned}
$$

Schreibweisen: $f = \big(f(n)\big)_{n\in\mathbb{N}} = (f_n)_{n\in\mathbb{N}} = (f_1, f_2, f_3, \ldots)$. Die Zahlen $f(n)$ heißen *Glieder der Folge f*. $\qquad\square$

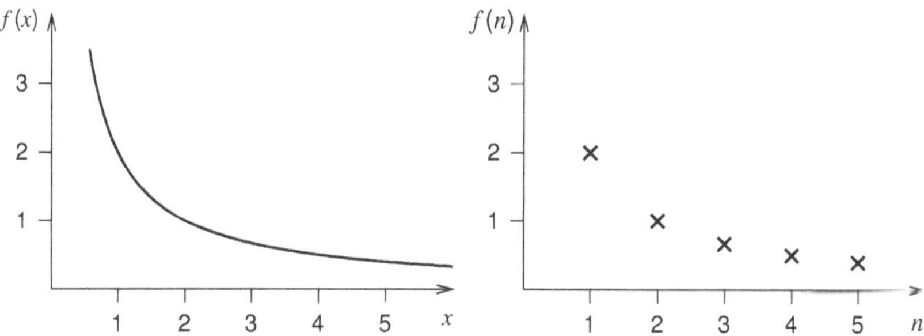

Abbildung 1.5: Die Graphen von $\frac{2}{x}$ mit Definitionsmenge $\mathbb{R}^+$ bzw. $\mathbb{N}$

Zum Beispiel ist die Folge $f = \big(\frac{2}{n}\big)_{n\in\mathbb{N}} = \big(\frac{2}{1}, \frac{2}{2}, \frac{2}{3}, \ldots\big)$ nichts anderes als die Funktion $f : \mathbb{N} \longrightarrow \mathbb{R}$ mit $f(n) = \frac{2}{n}$; ihr Graph ist im rechten Teil von Abbildung 1.5 skizziert. Wir werden Funktionen auch dann als Folgen bezeichnen, wenn ihre Definitionsmenge von der Form $\{5; 6; 7; \ldots\}$ oder $\{-14; -13; -12; \ldots\}$ ist, das heißt genauer: von der Form $\{n \in \mathbb{Z} \mid n > k\}$ mit einem zuvor festgelegten $k \in \mathbb{Z}$. In so einem Fall schreiben wir $(f_n)_{n>4}$ bzw. $(f_n)_{n>-15}$ bzw. $(f_n)_{n>k}$. Insbesondere ist $(f_n)_{n>0} = (f_n)_{n\in\mathbb{N}}$. Wenn aus dem Zusammenhang ohnehin klar ist, von welcher Definitionsmenge wir sprechen, dann schreiben wir Folgen auch kurz als $(f_n)_n$ oder (f_n).

Man kann Folgen nicht nur durch Angabe eines Funktionsterms festlegen, sondern auch durch eine *rekursive Definition*. Dabei wird das erste Folgenglied (oder die ersten paar Glieder) angegeben und zusätzlich eine Regel aufgestellt, mit der man das jeweils nächste Glied aus den vorherigen Gliedern erhält. Einige Beispiele:

Beispiel 1.2.2. Die Folge der *Fakultäten* $0!, 1!, 2!, 3!, \ldots$ ist

$$
(1, 1, 1 \cdot 2, 1 \cdot 2 \cdot 3, \ldots), \text{ also } n! = 1 \cdot 2 \cdot 3 \cdot \ldots \cdot n.
$$

Finden Sie, dass ich das genau erklärt habe? Wenn ja, dann schauen Sie doch mal in das nächste Beispiel; dort sieht man, dass Pünktchen-Ausdrücke von der Art $1; 2; 3; \ldots$ auch falsch verstanden werden können. Vielleicht haben Sie bei $n!$ ja richtig geraten und meinen dasselbe wie ich. Da man sich aber lieber nicht aufs Raten verlassen sollte ist es besser, Begriffe ohne Pünktchen zu definieren. Außerdem: Was soll $1 \cdot 2 \cdot 3 \cdot \ldots \cdot n$ im Fall $n = 0$ bedeuten? Die Fakultät kann ohne Raten und Zweifel eindeutig festgelegt werden, und zwar ohne großen Aufwand mit Hilfe einer Rekursion – ich muss nur den Anfang hinschreiben und erklären, wie man das nächste Folgenglied aus dem vorherigen Glied erhält:

$$0! := 1 \ , \ (n+1)! := n! \cdot (n+1) \text{ für } n \in \mathbb{N}_0 \ .$$

Mit dieser Regel erhält man

$$
\begin{aligned}
1! \ &= \ 0! \cdot 1 \ = \ 1 \\
2! \ &= \ 1! \cdot 2 \ = \ 1 \cdot 2 \ = \ 2 \\
3! \ &= \ 2! \cdot 3 \ = \ 1 \cdot 2 \cdot 3 \ = \ 6 \\
4! \ &= \ 3! \cdot 4 \ = \ 1 \cdot 2 \cdot 3 \cdot 4 \ = \ 24
\end{aligned}
$$

und so weiter. (Durch die Regel wissen Sie genau, wie es weiter geht!) □

Beispiel 1.2.3. Wissen Sie, was ich mit der Folge $(1; 2; 3; \ldots)$ meine? Die Folge der natürlichen Zahlen? Falsch geraten, das nächste Folgenglied heißt 5. Meine ich die Folge der natürlichen Zahlen ohne die Vielfachen von 4, oder vielleicht die Zahlen mit höchstens zwei Teiler? Wieder falsch geraten! Sobald ich Ihnen aber die rekursive Definition mitteile, brauchen Sie nicht mehr zu raten: $a_1 := 1$, $a_2 := 2$, $a_{n+2} := a_n + a_{n+1}$ für $n \in \mathbb{N}$. Jetzt ist die Folge eindeutig festgelegt:

$$
\begin{aligned}
a_3 \ &= \ a_1 + a_2 \ = \ 1 + 2 \ = \ 3 \\
a_4 \ &= \ a_2 + a_3 \ = \ 2 + 3 \ = \ 5 \\
a_5 \ &= \ a_3 + a_4 \ = \ 3 + 5 \ = \ 8 \\
a_6 \ &= \ a_4 + a_5 \ = \ 5 + 8 \ = \ 13
\end{aligned}
$$

und so weiter. Folgen mit $a_{n+2} = a_n + a_{n+1}$ nennt man übrigens *Fibonacci-Folgen*. Jeder Anfang $a_1, a_2 \in \mathbb{R}$ legt eindeutig eine Fibonacci-Folge fest. □

Beispiel 1.2.4. Die Potenzen $x^n = x \cdot x \cdot \overset{?}{\ldots} \cdot x$ kann man ohne Pünktchen mit einer Rekursion definieren:

$$x^0 := 1 \ , \ x^{n+1} := x^n \cdot x \text{ für } x \in \mathbb{R} \text{ und } n \in \mathbb{N}_0 \ .$$

Das liefert die Folge der Potenzen mit natürlichen Exponenten, zum Beispiel für $x = 2$:

$$
\begin{aligned}
x^1 \ &= \ x^0 \cdot x \ = \ 1 \cdot 2 \ = \ 2 \\
x^2 \ &= \ x^1 \cdot x \ = \ 2 \cdot 2 \ = \ 4 \\
x^3 \ &= \ x^2 \cdot x \ = \ 4 \cdot 2 \ = \ 8
\end{aligned}
$$

und so weiter. Insbesondere ist $0^0 = 1$. □

Beispiel 1.2.5. Auch die Intervallschachtelungen in Abschnitt 1.1 wurden mit einer Rekursion definiert; allerdings waren diese Folgen eventuell endlich und bestanden nicht aus Zahlen, sondern aus Intervallen. Man kann aber auch eine (unendliche) Folge definieren, die nur aus den linken Intervallgrenzen besteht: Es sei $f(x) = \frac{1}{2}x^5 - 2x + 1$, $x_1 := 1$ und

$$x_{n+1} := \begin{cases} x_n & \text{falls} \quad f(x_n + 2^{-n}) > 0 \\ x_n + 2^{-n} & \text{sonst} \end{cases} \qquad (n \in \mathbb{N}) \,.$$

Dadurch ist die Folge $(x_n)_{n \in \mathbb{N}}$ eindeutig festgelegt:

$$
\begin{aligned}
n = 1: &\quad x_1 + 2^{-1} = 1{,}5\,, \ f(1{,}5) > 0\,, \text{ also } x_2 = x_1 = 1 \\
n = 2: &\quad x_2 + 2^{-2} = 1{,}25\,, \ f(1{,}25) > 0\,, \text{ also } x_3 = x_2 = 1 \\
n = 3: &\quad x_3 + 2^{-3} = 1{,}125\,, \ f(1{,}125) \leq 0\,, \text{ also } x_4 = x_3 + 2^{-3} = 1{,}125
\end{aligned}
$$

und so weiter. Wenn die Intervallschachtelung in Beispiel 1.1.2 nicht abbricht, wenn also stets $f(m_n) \neq 0$ gilt, dann sind die Folgen $(x_n)_{n \in \mathbb{N}}$ und $(l_n)_{n \in \mathbb{N}}$ gleich: $x_n + 2^{-n}$ ist die Mitte des Intervalls von x_n bis $x_n + 2 \cdot 2^{-n}$, das heißt l_n entspricht x_n, r_n entspricht $x_n + 2 \cdot 2^{-n}$ und m_n entspricht $x_n + 2^{-n}$. $\qquad \Box$

Jetzt wissen wir also was Folgen sind und wie man sie festlegt. Als nächstes gehen wir der Frage nach, was es bedeutet, dass sich eine Folge „mit unendlicher Genauigkeit an eine Zahl annähert". Um das zu präzisieren müssen wir Aussagen über Folgen als Ganzes machen, und nicht wieder nur über einzelne Glieder einer Folge (denken Sie an den „Wald vor lauter Bäumen" am Ende von Abschnitt 1.1!). Wir müssen lernen, mit Folgen als eigenen Objekten umzugehen. Was bedeutet es zum Beispiel, dass das Objekt $(x_n)_n$ kleiner ist als das Objekt $(y_n)_n$? Was für ein Objekt entsteht, wenn man die Objekte $(x_n)_n$ und $(y_n)_n$ addiert? Damit steht unser Arbeitsprogramm für die nächsten Seiten fest: Wir müssen verstehen, wie man mit Folgen rechnen und wie man sie der Größe nach vergleichen kann. (Sobald wir das geklärt haben, werden uns auch *unendlich kleine Objekte* zur Verfügung stehen.)

Es bietet sich an, bei Folgen einfach komponentenweise zu rechnen und zu vergleichen. Dann ist zum Beispiel

$$
\begin{aligned}
\left(\tfrac{2}{n}\right)_{n \in \mathbb{N}} + \left(\tfrac{n^2}{10}\right)_{n \in \mathbb{N}} &= \left(\tfrac{2}{n} + \tfrac{n^2}{10}\right)_{n \in \mathbb{N}} = \left(\tfrac{20 + n^3}{10n}\right)_{n \in \mathbb{N}}, \\
\left(\tfrac{2}{n}\right)_{n \in \mathbb{N}} \cdot \left(\tfrac{n^2}{10}\right)_{n \in \mathbb{N}} &= \left(\tfrac{2}{n} \cdot \tfrac{n^2}{10}\right)_{n \in \mathbb{N}} = \left(\tfrac{n}{5}\right)_{n \in \mathbb{N}}, \\
3 \cdot \left(\tfrac{2}{n}\right)_{n \in \mathbb{N}} &= \left(3 \cdot \tfrac{2}{n}\right)_{n \in \mathbb{N}} = \left(\tfrac{6}{n}\right)_{n \in \mathbb{N}}, \\
\left(\tfrac{2}{n}\right)_{n \in \mathbb{N}} < \left(\tfrac{3}{n}\right)_{n \in \mathbb{N}} &\quad \text{wegen} \quad \tfrac{2}{n} < \tfrac{3}{n} \text{ für alle } n \in \mathbb{N}, \\
\left(\tfrac{2}{n}\right)_{n \in \mathbb{N}} < 2{,}5 &\quad \text{wegen} \quad \tfrac{2}{n} < 2{,}5 \text{ für alle } n \in \mathbb{N} \,.
\end{aligned}
$$

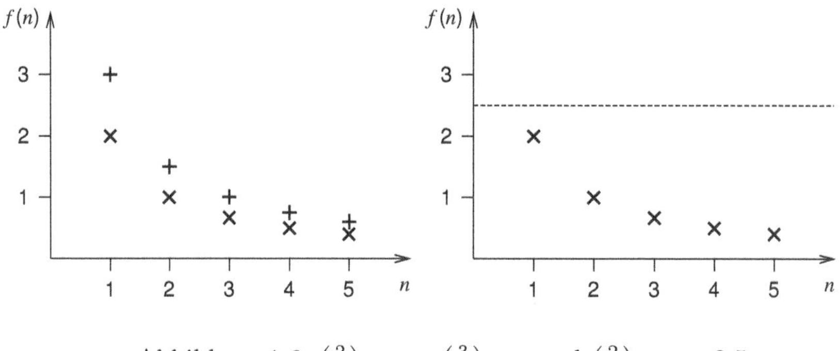

Abbildung 1.6: $\left(\frac{2}{n}\right)_{n\in\mathbb{N}} < \left(\frac{3}{n}\right)_{n\in\mathbb{N}}$ und $\left(\frac{2}{n}\right)_{n\in\mathbb{N}} < 2{,}5$

Definition 1.2.6. Für $r \in \mathbb{R}$ und Folgen $(x_n)_{n>N}$ und $(y_n)_{n>N}$ definieren wir Verknüpfungen „+" und „$\cdot$" und eine Anordnung „<" durch

$$
\begin{aligned}
(x_n)_{n>N} + (y_n)_{n>N} \quad &:= \quad (x_n + y_n)_{n>N}\,, \\
(x_n)_{n>N} \cdot (y_n)_{n>N} \quad &:= \quad (x_n \cdot y_n)_{n>N}\,, \\
r \cdot (x_n)_{n>N} \quad &:= \quad (r \cdot x_n)_{n>N}\,, \\
(x_n)_{n>N} < (y_n)_{n>N} \quad &:\Leftrightarrow \quad \text{Für alle } n > N \text{ gilt } x_n < y_n\,, \\
(x_n)_{n>N} \leq (y_n)_{n>N} \quad &:\Leftrightarrow \quad \text{Für alle } n > N \text{ gilt } x_n \leq y_n\,, \\
(x_n)_{n>N} < r \quad &:\Leftrightarrow \quad \text{Für alle } n > N \text{ gilt } x_n < r\,.
\end{aligned}
$$

(„$A :\Leftrightarrow B$" bedeutet: „Definiere Aussage A durch Aussage B". „:=" wird verwendet, wenn A und B keine Aussagen sind, sondern Zahlen, Folgen, ...) Analog sind auch ">" und „$\geq$" komponentenweise definiert. $\square$

Den Vergleich $(x_n)_{n>N} < r$ zwischen einer Folge $(x_n)_{n>N}$ und einer Zahl r kann man übrigens auch als Spezialfall eines Vergleichs zweier Folgen auffassen, nämlich zwischen $(x_n)_{n>N}$ und der konstanten Folge $(r)_{n>N} = (r, r, r, \ldots)$. Analog ist $r \cdot (x_n)_{n>N}$ ein spezielles Produkt zweier Folgen.

Den in 1.2.6 definierten Größenvergleich kann man noch etwas erweitern. Der Grundgedanke dabei ist, die ersten Glieder einer Folge nicht zu beachten. Zum Beispiel ist die Folge $\left(\frac{2}{n}\right)_{n\in\mathbb{N}}$ nicht $< \frac{1}{2}$, aber man erhält eine Folge, die $< \frac{1}{2}$ ist, wenn man die ersten vier Glieder abschneidet und zur Restfolge $\left(\frac{2}{n}\right)_{n>4}$ übergeht (siehe Abbildung 1.7). Die Folge $\left(\frac{2}{n}\right)_{n\in\mathbb{N}}$ ist auch nicht $< \left(\frac{n^2}{10}\right)_{n\in\mathbb{N}}$, aber wenn man von beiden Folgen die ersten zwei Glieder abschneidet, dann gilt für die Restfolgen $\left(\frac{2}{n}\right)_{n>2} < \left(\frac{n^2}{10}\right)_{n>2}$. Immer dann, wenn man eine geeignete Anzahl N an ersten Gliedern abschneiden kann, sodass für die Restfolgen $(x_n)_{n>N} < (y_n)_{n>N}$ gilt, sprechen wir von „schließlich kleiner". Mit „schließlich" wird betont, dass die Folge „zum Schluss hin endgültig" kleiner ist, und nicht etwa nur „ab und zu" oder „immer wieder". Zum Beispiel sind die Glieder der Folge $((-1)^n)_{n\in\mathbb{N}} = (-1; +1; -1; +1; \ldots)$ *immer wieder* kleiner als 0, aber nie *endgültig* kleiner als 0. Zusätzlich zu „<" erhalten wir jetzt einen weiteren Größenvergleich zwischen Folgen, den wir mit „$\overset{sch}{<}$ " bezeichnen (*sch* für *schließlich*):

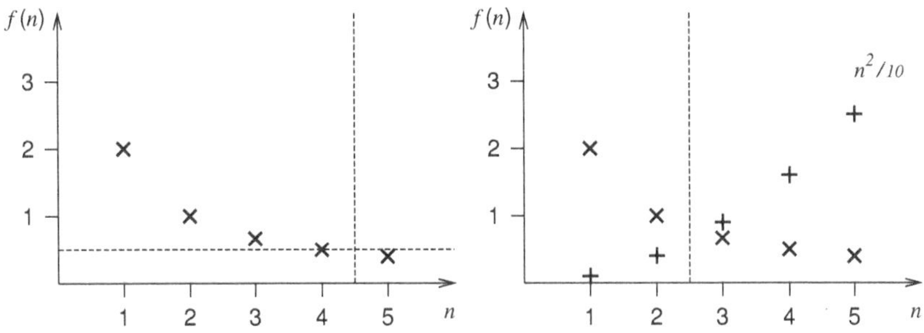

Abbildung 1.7: $\left(\frac{2}{n}\right)_{n\in\mathbb{N}}$ ist schließlich $< \frac{1}{2}$ und schließlich $< \left(\frac{n^2}{10}\right)_{n\in\mathbb{N}}$

Definition 1.2.7. Für Folgen $(x_n)_{n\in\mathbb{N}}$ und $(y_n)_{n\in\mathbb{N}}$ sei

$$(x_n)_{n\in\mathbb{N}} \overset{sch}{<} (y_n)_{n\in\mathbb{N}} \quad :\Leftrightarrow \quad \text{Es gibt ein } N \in \mathbb{N} \text{ mit } (x_n)_{n > N} < (y_n)_{n > N} \,,$$

$$(x_n)_{n\in\mathbb{N}} \overset{sch}{\leq} (y_n)_{n\in\mathbb{N}} \quad :\Leftrightarrow \quad \text{Es gibt ein } N \in \mathbb{N} \text{ mit } (x_n)_{n > N} \leq (y_n)_{n > N} \,.$$

Im Fall einer konstanten Folge $(r)_{n\in\mathbb{N}} = (r, r, r, \ldots)$ schreiben wir auch $(x_n)_{n\in\mathbb{N}} \overset{sch}{<} r$ statt $(x_n)_{n\in\mathbb{N}} \overset{sch}{<} (r)_{n\in\mathbb{N}}$. $\square$

Beispiel 1.2.8. Die Aussage $\left(\frac{1}{n}\right)_{n\in\mathbb{N}} < \frac{2}{3}$ ist falsch, denn für $n = 1$ ist $\frac{1}{n} > \frac{2}{3}$. Aber $\left(\frac{1}{n}\right)_{n\in\mathbb{N}} \overset{sch}{<} \frac{2}{3}$ ist wahr, denn $\frac{1}{n} < \frac{2}{3}$ gilt z.B. für alle $n > 3$, das heißt $\left(\frac{1}{n}\right)_{n>3} < \frac{2}{3}$. Es ist auch $\left(\frac{1}{n}\right)_{n\in\mathbb{N}} \overset{sch}{<} \frac{1}{1000}$, denn für $n > 1000$ ist $\frac{1}{n} < \frac{1}{1000}$, also $\left(\frac{1}{n}\right)_{n>1000} < \frac{1}{1000}$. Es gilt sogar:

$$\text{Für alle } \epsilon \in \mathbb{Q}^+ \text{ ist } \left(\frac{1}{n}\right)_{n\in\mathbb{N}} \overset{sch}{<} \epsilon \,,$$

denn jedes $\epsilon \in \mathbb{Q}^+$ lässt sich als Bruch $\frac{z}{N}$ mit $z, N \in \mathbb{N}$ schreiben, und für alle $n > N$ ist $\frac{1}{n} < \frac{z}{N} = \epsilon$, das heißt $\left(\frac{1}{n}\right)_{n>N} < \epsilon$.

Kann man $\mathbb{Q}^+$ durch $\mathbb{R}^+$ ersetzen? Diese Frage ist interessanter, als man auf den ersten Blick meinen könnte – wir heben sie uns für den nächsten Abschnitt auf. $\square$

Jetzt können wir präzisieren, was „$(x_n)_n$ nähert sich a mit unendlicher Genauigkeit" bedeutet:

Definition 1.2.9. Eine Folge $(x_n)_{n\in\mathbb{N}}$ heißt *Nullfolge* bzw. *betragsmäßig unendlich klein*, wenn gilt:

$$\text{Für alle } \epsilon \in \mathbb{R}^+ \text{ ist } (|x_n|)_{n\in\mathbb{N}} \overset{sch}{<} \epsilon \,.$$

Eine Folge $(x_n)_{n\in\mathbb{N}}$ *konvergiert gegen eine Zahl* $a \in \mathbb{R}$, wenn $(x_n - a)_{n\in\mathbb{N}}$ eine Nullfolge ist. In diesem Fall heißt a *Grenzwert* von $(x_n)_{n\in\mathbb{N}}$. Schreibweise: $(x_n)_{n\in\mathbb{N}} \to a$ bzw. $\lim_{n\to\infty} x_n = a$. $\square$

Ein einfaches Beispiel für eine konvergente Folge ist die konstante Nullfolge $(0)_{n\in\mathbb{N}} = (0; 0; 0; \ldots)$. Ihre Betragsfolge ist mit Sicherheit kleiner als jedes $\epsilon \in \mathbb{R}^+$, und zwar nicht nur schließlich $<$, sondern immer $<$. Daraus folgt für alle konstanten Folgen $(a)_{n\in\mathbb{N}} = (a, a, a, \ldots) \to a$, denn $(a - a)_{n\in\mathbb{N}}$ ist eine Nullfolge.

Aufgaben

1. Zeichnen Sie die Graphen der jeweiligen Folgen.

   (a) $a_n := 3 + \frac{2}{n}$ (b) $b_n := \dfrac{3 - 2n}{n + 2}$

   (c) $c_n := \dfrac{5 - n^2}{n^2 - 50}$ (d) $d_n := \dfrac{3n^2 + n}{2n^2 - 9}$

   (e) $e_n := \cos(n)$ (f) $f_n := \sin(n)$

   (g) $g_n := \cos\left(\frac{5}{n}\right)$ (h) $h_n := \sin\left(\frac{3}{n}\right)$

2. Definieren Sie rekursiv für alle $n \in \mathbb{N}$:

   (a) $S_n = 1 + 2 + \ldots + n$ (b) $U_n = 1 + 3 + 5 + \ldots + (2n - 1)$

   (c) $n \cdot x = x + x + \ldots + x$ (d) $\dbinom{x}{n} = \dfrac{x(x - 1)\ldots(x - n + 1)}{1 \cdot 2 \cdot \ldots \cdot n}$

3. Durch welche Folgen kann man nicht dividieren?

4. Überprüfen Sie die folgenden Aussagen durch Rechenexperimente; die Folgen stammen aus Aufgabe 1. Können Sie Ihre Antworten „plausibel" machen?

   (a) $a_n - 3 \overset{sch}{<} 0{,}01$ (b) $b_n + 2 \overset{sch}{<} 0{,}1$

   (c) $-0{,}1 \overset{sch}{<} c_n + 1$ (d) $1{,}5 \overset{sch}{<} d_n$

   (e) $e_n - 1 \overset{sch}{<} 0{,}02$ (f) $f_n \overset{sch}{<} 0{,}02$

   (g) $1 - g_n \overset{sch}{<} 0{,}02$ (h) $h_n \overset{sch}{<} 0{,}02$

1.3 Reelle Zahlen

Es gibt viele Fragen über reelle Zahlen, die wir mit unseren bisherigen Mitteln noch nicht beantworten können. Zum Beispiel: Gibt es ein $\epsilon \in \mathbb{R}^+$, sodass $\epsilon < \frac{1}{n}$ für alle $n \in \mathbb{N}$? (Das würde bedeuten: ϵ liegt „unendlich nahe" bei 0.) Man könnte versuchen, ein solches ϵ mit einer Intervallschachtelung zu definieren:

$$\begin{array}{llll} \text{wegen} & 0 < \epsilon < \frac{1}{1} & \text{ist das 1. Intervall} &]0\,;1[\,, \\ \text{wegen} & 0 < \epsilon < \frac{1}{2} & \text{ist das 2. Intervall} &]0\,;0{,}5[\,, \\ \text{wegen} & 0 < \epsilon < \frac{1}{4} & \text{ist das 3. Intervall} &]0\,;0{,}25[\,, \end{array}$$

und so weiter. Das gesuchte ϵ wäre eine Zahl, die in allen diesen Intervallen liegt. Doch woher sollen wir wissen, ob so etwas möglich ist? Einerseits enthält jedes Intervall unendlich viele Zahlen; andererseits werden die Längen der Intervalle bei jedem Schritt halbiert, also bleibt „nach unendlich vielen Schritten"(?) vielleicht nichts mehr übrig. Aus einem solchen ϵ ergäben sich ungewohnte Konsequenzen (siehe Aufgaben); das heißt aber nicht, dass ϵ nicht existiert. Zum Beispiel würde folgen, dass $\left(\frac{1}{n}\right)_{n\in\mathbb{N}}$ nicht gegen 0 konvergiert, da $\epsilon \in \mathbb{R}^+$ und $\epsilon < \frac{1}{n}$ für alle $n \in \mathbb{N}$ (vergleiche Definition 1.2.9).

Geht man diesen Gedanken weiter nach, so erscheinen plötzlich viele Dinge zweifelhaft, die man bisher als selbstverständlich hingenommen hat (vielleicht hat man es vor langer Zeit auch einfach nur aufgegeben, über sie nachzudenken): Existiert ein $x \in \mathbb{R}^+$ mit der Eigenschaft $x^2 = 2$? Wir haben uns schon lange daran gewöhnt, diese Frage mit „Ja: $x = \sqrt{2}$" zu beantworten; und sollte uns jemand fragen, was denn „$\sqrt{2}$" ist, so können wir ihm eine weit verbreitete Definition mitteilen: „$\sqrt{2}$" ist dasjenige $x \in \mathbb{R}^+$, für das $x^2 = 2$ gilt. Jetzt haben wir uns allerdings nur im Kreis gedreht: Einer gesuchten Lösung einfach einen Namen wie „$\sqrt{2}$" zu geben sagt noch nichts darüber aus, ob es diese Lösung gibt. Man könnte ja auch der „Lösung" von $0 \cdot x = 1$ den Namen „ξ" geben; deswegen existiert „ξ" noch lange nicht.

Eine bessere Antwort auf die Frage, ob es ein $x \in \mathbb{R}^+$ mit $x^2 = 2$ gibt, ist der Versuch, ein solches x mit einer Intervallschachtelung zu finden:

$$\begin{array}{llll} \text{wegen} & 1^2 < 2 < 2^2 & \text{ist das 1. Intervall} &]1\,;2[\,, \\ \text{wegen} & 1^2 < 2 < 1{,}5^2 & \text{ist das 2. Intervall} &]1\,;1{,}5[\,, \\ \text{wegen} & 1{,}25^2 < 2 < 1{,}5^2 & \text{ist das 3. Intervall} &]1{,}25\,;1{,}5[\,, \end{array}$$

und so weiter. Eine Lösung von $x^2 = 2$ wäre eine Zahl, die in allen diesen Intervallen liegt. Damit ergeben sich die gleichen Zweifel wie zuvor bei ϵ.

Eine weitere Frage, deren Antwort erstaunlich schwer fällt: Warum ist $(-1) \cdot (-1) = +1$? Ist das nur eine Vereinbarung, an die man sich aus Gewohnheit hält, oder gibt es einen eindeutigen Grund, mit dem man diese Aussage beweisen kann? So könnten wir immer weiter fragen und uns in ein scheinbar unentwirrbares Knäuel von Schwierigkeiten verstricken. Der hauptsächliche Grund für unsere Schwierigkeiten besteht darin, dass wir noch nicht genau festgelegt haben, was wir eigentlich mit der Menge $\mathbb{R}$ der reellen Zahlen meinen. $\mathbb{R}$ ist für uns bisher eine Menge, die „irgendwie aus Kommazahlen besteht". Mit einer solch vagen Vorstellung können wir unsere Fragen nicht beantworten.

Im vorliegenden Abschnitt geht es um eine genaue Definition der Menge $\mathbb{R}$. Das geschieht, indem wir ihre grundlegenden Eigenschaften, ihre sogenannten *Axiome*, formulieren. Aus diesen Axiomen folgen alle Eigenschaften der reellen Zahlen. (Insbesondere können wir dann auch die zuvor genannten Fragen beantworten.) Zum Vergleich: In der Physik sucht man nach dem „Urstoff" (Atome, Quarks, ...), aus dem sich die ganze materielle Welt zusammensetzt; in der Mathematik sucht man nach den „geistigen Atomen", aus denen zum Beispiel alle Eigenschaften der reellen Zahlen folgen.

In allen Axiomen der reellen Zahlen werden sogenannte *Quantoren* wie „für alle ..." und „es gibt ein ..." verwendet. Wir führen daher folgende Abkürzungen ein, um die Axiome übersichtlicher zu formulieren:

Der *Allquantor* $\forall$ bedeutet: „für alle ..." bzw. „zu jedem ...".

Der *Existenzquantor* $\exists$ bedeutet: „es gibt ein ...".

Um mit Quantoren besser vertraut zu werden, betrachten wir zunächst einige Beispiele:

Beispiel 1.3.1. 1. Das Kommutativgesetz der Addition lautet: „Für alle $x, y \in \mathbb{R}$ gilt $x + y = y + x$. Kurz:

$$\forall\, x, y \in \mathbb{R} : x + y = y + x\,.$$

2. Eine Aussage wie „Alle Funktionswerte von $f : \mathbb{R} \longrightarrow \mathbb{R}$, $x \longmapsto x^2 + 1$ sind positiv" bedeutet: „Für alle $x \in \mathbb{R}$ gilt $x^2 + 1 > 0$". Kurz:

$$\forall\, x \in \mathbb{R} : x^2 + 1 > 0\,.$$

3. „Die Kosinus-Funktion hat eine Nullstelle" bedeutet: „Es gibt ein $x \in \mathbb{R}$ mit $\cos(x) = 0$". Kurz:

$$\exists\, x \in \mathbb{R} : \cos(x) = 0\,.$$

„$\exists\, x \in \mathbb{R}...$" heißt, dass es *mindestens* ein $x \in \mathbb{R}$ gibt. Für „Es gibt *genau* ein $x \in \mathbb{R}...$" schreibt man „$\exists_1 x \in \mathbb{R}...$".

4. „Die Wertemenge von $f : \mathbb{R} \longrightarrow \mathbb{R}$, $x \longmapsto x^2$ ist $\mathbb{R}_0^+$" bedeutet: „Zu jedem $y \in \mathbb{R}_0^+$ gibt es ein $x \in \mathbb{R}$ mit $x^2 = y$". Kurz:

$$\forall\, y \in \mathbb{R}_0^+\ \exists\, x \in \mathbb{R} : x^2 = y\,.$$

5. In 1.2.6 wird „$(x_n)_{n \in \mathbb{N}} < \epsilon$" wie folgt definiert: „Für alle $n \in \mathbb{N}$ gilt $x_n < \epsilon$". Kurz:

$$\forall\, n \in \mathbb{N} : x_n < \epsilon\,.$$

6. In 1.2.7 wird „$(x_n)_{n \in \mathbb{N}} \overset{sch}{<} \epsilon$" wie folgt definiert: „Es gibt ein $N \in \mathbb{N}$ mit $(x_n)_{n > N} < \epsilon$". Kurz:

$$\exists\, N \in \mathbb{N} : (x_n)_{n > N} < \epsilon\,.$$

Dabei bedeutet die Aussage „$(x_n)_{n > N} < \epsilon$" nach 1.2.6: „$\forall\, n > N : x_n < \epsilon$". Damit erhalten wir insgesamt:

$$\exists\, N \in \mathbb{N}\ \forall\, n > N : x_n < \epsilon\,.$$

In Worten: „Es gibt ein $N \in \mathbb{N}$, sodass für alle $n > N$ gilt: $x_n < \epsilon$ ".
7. In 1.2.9 werden Nullfolgen $(x_n)_n$ wie folgt definiert: „Für alle $\epsilon \in \mathbb{R}^+$ gilt $(|x_n|)_{n \in \mathbb{N}} \overset{sch}{<} \epsilon$ ". Kurz:

$$\forall \epsilon \in \mathbb{R}^+ : (|x_n|)_{n \in \mathbb{N}} \overset{sch}{<} \epsilon .$$

Wenn „$(|x_n|)_{n \in \mathbb{N}} \overset{sch}{<} \epsilon$ " durch eine Formulierung wie in 6. ersetzt wird, dann entsteht

$$\forall \epsilon \in \mathbb{R}^+ \, \exists N \in \mathbb{N} \, \forall n > N : |x_n| < \epsilon .$$

In Worten: „Zu jedem $\epsilon \in \mathbb{R}^+$ gibt es ein $N \in \mathbb{N}$, sodass für alle $n > N$ gilt: $|x_n| < \epsilon$ ". $\qquad\square$

Die grundlegenden Eigenschaften der reellen Zahlen kann man wie folgt einteilen:

1. Die *Körperaxiome* beschreiben Eigenschaften der Addition und Multiplikation reeller Zahlen.

2. Die *Anordnungsaxiome* beschreiben Eigenschaften des Größenvergleichs „$<$" zwischen reellen Zahlen.

3. Das *Vollständigkeitsaxiom* beschreibt die Eigenschaft, dass „bestimmte" Folgen konvergieren.

Bei einem *Körper* in unserem Sinn sollte man nicht an *geometrische* Körper denken: Ein *Körper* ist einfach nur eine Menge (wie etwa $\mathbb{Q}$ oder $\mathbb{R}$) mit zwei Rechenarten „+" und „ $\cdot$ ", sodass die folgenden Körperaxiome erfüllt sind. Die Rechenarten „$-$" und „ : " werden nicht eigens erwähnt, da man sie durch „+" und „ $\cdot$ " ersetzen kann:

$$x - y := x + (-y) \quad \text{und} \quad x{:}y := x \cdot y^{-1} \ (\text{für } y \neq 0).$$

Sind die Axiome wahr? Warum gilt zum Beispiel $x + y = y + x$ für alle $x, y \in \mathbb{R}$? Solche Fragen besitzen nur dann einen genauen Sinn, wenn man genau festgelegt hat, wovon überhaupt die Rede ist, wenn man $\mathbb{R}$ also bereits definiert hat. Das haben wir aber noch gar nicht. Es ist ja nicht so, dass wir $\mathbb{R}$ zum Beispiel „konstruiert" haben, und dass wir uns anschließend fragen, welche Eigenschaften unser Konstrukt besitzt. (Natürlich besitzen wir alle bereits eine gewisse Vorstellung darüber, was $\mathbb{R}$ sein soll. „Irgendwas mit Kommazahlen" ist aber nur eine Andeutung, keine Konstruktionsvorschrift.) Die Beziehung zwischen Axiomen und $\mathbb{R}$ ist eher so zu verstehen, dass mit den Axiomen die Menge $\mathbb{R}$ genau festgelegt wird: $\mathbb{R}$ ist eine Menge, die die folgenden Axiome erfüllt. Oder anders formuliert: Wenn eine Menge die folgenden Axiome erfüllt, dann nennen wir sie eine Menge reeller Zahlen. Die Frage, ob es eine solche Menge auch tatsächlich gibt, werden wir im vorliegenden Buch nicht behandeln (siehe zum Beispiel [Ebb]).

Körperaxiome für die reellen Zahlen.

1. Eigenschaften der Addition:

   (a) Assoziativgesetz: $\forall\, x, y, z \in \mathbb{R} : (x + y) + z = x + (y + z)$.

   (b) Kommutativgesetz: $\forall\, x, y \in \mathbb{R} : x + y = y + x$.

   (c) Existenz eines neutralen Elements: $\exists\, n \in \mathbb{R} \; \forall\, x \in \mathbb{R} : x + n = x$.

   (d) Existenz inverser Elemente: $\forall\, x \in \mathbb{R} \; \exists\, y \in \mathbb{R} : x + y = n$ (dabei ist n neutral bzgl. „+").

2. Eigenschaften der Multiplikation:

   (a) Assoziativgesetz: $\forall\, x, y, z \in \mathbb{R} : (xy)z = x(yz)$.

   (b) Kommutativgesetz: $\forall\, x, y \in \mathbb{R} : xy = yx$.

   (c) Existenz eines neutralen Elements bzgl. „$\cdot$": Sei n neutral bzgl. „+"; dann gilt: $\exists\, e \in \mathbb{R} \setminus \{n\} \; \forall\, x \in \mathbb{R} : xe = x$.

   (d) Existenz inverser Elemente: Sei n neutral bzgl. „+" und e neutral bzgl. „$\cdot$"; dann gilt: $\forall\, x \in \mathbb{R} \setminus \{n\} \; \exists\, y \in \mathbb{R} : xy = e$;

3. Distributivgesetz: $\forall\, x, y, z \in \mathbb{R} : x(y + z) = xy + xz$; dabei wurde die Vereinbarung „Punkt vor Strich" benutzt, um Klammern zu sparen. $\qquad\square$

Aus den Körperaxiomen folgen bereits viele Aussagen, an die wir uns schon sehr früh in unserer Schulzeit gewöhnt haben. Wir zeigen dies an einigen Beispielen. Die Beispiele dienen noch einem anderen Zweck: Es soll vorgeführt werden, wie man Aussagen exakt und vollständig beweist.

Beispiel 1.3.2. Unser Axiomensystem enthält möglichst wenig Eigenschaften, da es überflüssig wäre, etwas zu fordern, was ohnehin aus den bereits formulierten Axiomen folgt. Betrachten wir Axiom 1c: Es wird nur gefordert, dass es (mindestens) ein neutrales Element gibt, das heißt ein $n \in \mathbb{R}$ mit $x + n = x$ für alle $x \in \mathbb{R}$; jeder denkt natürlich sofort an die 0 und daran, dass $n = 0$ die einzige Zahl ist mit der Eigenschaft $x + n = x$ für alle $x \in \mathbb{R}$; aber das muss man im Axiomensystem nicht eigens erwähnen, da aus den dort formulierten Eigenschaften bereits folgt, dass es genau ein neutrales Element bzgl. „+" gibt:

$$\text{Behauptung:} \quad \exists_1\, n \in \mathbb{R} \; \forall\, x \in \mathbb{R} : x + n = x.$$

Beweis: Nach Axiom 1c gibt es mindestens ein neutrales Element. Wir müssen also nur noch zeigen, dass es keine zwei verschiedenen neutralen Elemente gibt: Es seien n und $\tilde{n}$ neutral, d.h. $\forall\, x \in \mathbb{R} : x + n = x = x + \tilde{n}$. Dann folgt

$$
\begin{aligned}
\tilde{n} &= \tilde{n} + n && \text{(da } n \text{ neutral)} \\
&= n + \tilde{n} && \text{(Kommutativgesetz)} \\
&= n && \text{(da } \tilde{n} \text{ neutral)}.
\end{aligned}
$$

Das eindeutig bestimmte neutrale Element bzgl. „+" bezeichnen wir ab jetzt mit dem Symbol „0". $\qquad\square$

Beweise wie in 1.3.2 kann man mit einem Schachspiel vergleichen: Im Axiomensystem werden die Spielregeln festgelegt (die „Züge", die erlaubt sind); und für einen Beweis muss man eine geeignete Strategie finden. Das heißt in 1.3.2: Man muss sich überlegen, wie man $\tilde{n}$ in n umformen kann, wenn nur die vereinbarten „Züge" erlaubt sind (die „Vereinbarungen" stehen im Axiomensystem und eventuell in zusätzlichen Voraussetzungen einer Behauptung). Das gilt entsprechend auch für die folgenden Beispiele.

Beispiel 1.3.3. Zu jedem $x \in \mathbb{R}$ gibt es genau ein inverses Element bzgl. „$+$":

$$\text{Behauptung: } \forall\, x \in \mathbb{R} \,\exists_1\, y \in \mathbb{R} : x + y = 0 \,.$$

Beweis: Nach Axiom 1d gibt es mindestens ein inverses Element. Wir müssen also nur noch zeigen, dass es keine zwei verschiedenen inversen Elemente gibt: Es sei $x \in \mathbb{R}$ und $y, \tilde{y}$ invers zu x, das heißt $x + y = 0 = x + \tilde{y}$. Dann folgt

$$
\begin{aligned}
\tilde{y} &= \tilde{y} + 0 && \text{(da 0 neutral)}\\
&= \tilde{y} + (x + y) && \text{(da } x + y = 0\text{)}\\
&= (x + \tilde{y}) + y && \text{(Assoziativ- und Kommutativgesetz)}\\
&= 0 + y && \text{(da } x + \tilde{y} = 0\text{)}\\
&= y && \text{(Kommutativgesetz und 0 neutral)} \,.
\end{aligned}
$$

Das zu $x \in \mathbb{R}$ eindeutig bestimmte inverse Element bzgl. „$+$" bezeichnen wir ab jetzt mit „$-x$". $\qquad\square$

Beispiel 1.3.4. Jede Gleichung $a + x = b$ hat genau eine Lösung x:

$$\text{Behauptung: } \forall\, a, b \in \mathbb{R} \,\exists_1\, x \in \mathbb{R} : a + x = b \,.$$

Dabei gilt: $a + x = b$ kann man wie gewohnt auflösen: $x = b - a := b + (-a)$.
Beweis: Es seien $a, b \in \mathbb{R}$. Zunächst zeigen wir, dass es mindestens eine Lösung gibt, nämlich $b + (-a)$; dazu müssen wir $b + (-a)$ in x einsetzen und zeigen, dass dann tatsächlich $a + x$ gleich b ist:

$$
\begin{aligned}
a + \big(b + (-a)\big) &= \big(a + (-a)\big) + b && \text{(Kommutativ- und Assoziativgesetz)}\\
&= 0 + b && \text{(da } -a \text{ invers zu } a\text{)}\\
&= b && \text{(Kommutativgesetz und 0 neutral)} \,.
\end{aligned}
$$

Jetzt müssen wir nur noch zeigen, dass es keine zwei verschiedenen Lösungen x und $\tilde{x}$ gibt: Es seien $x, \tilde{x} \in \mathbb{R}$ mit $a + \tilde{x} = b = a + x$. Dann folgt nach dem Kommutativgesetz $\tilde{x} + a = x + a$, also

$$
\begin{aligned}
\tilde{x} &= \tilde{x} + 0 && \text{(da 0 neutral)}\\
&= \tilde{x} + \big(a + (-a)\big) && \text{(da } -a \text{ invers zu } a\text{)}\\
&= (\tilde{x} + a) + (-a) && \text{(Assoziativgesetz)}\\
&= (x + a) + (-a) && \text{(da } \tilde{x} + a = x + a\text{)}\\
&= x + \big(a + (-a)\big) && \text{(Assoziativgesetz)}\\
&= x + 0 && \text{(da } -a \text{ invers zu } a\text{)}\\
&= x && \text{(da 0 neutral)} \,.
\end{aligned}
$$

Damit folgt die Behauptung. $\qquad\square$

Beispiel 1.3.5. Das Inverse vom Inversen ist das Original:

$$\text{Behauptung: } \forall\, x \in \mathbb{R} \; : -(-x) = x \,.$$

Beweis: Es sei $x \in \mathbb{R}$. Dann gilt nach dem Kommutativgesetz (und $-x$ invers)

$$(-x) + x = x + (-x) = 0 \,.$$

Außerdem ist $-(-x)$ invers zu $(-x)$, das heißt

$$(-x) + \big(- (-x) \big) = 0 \,.$$

$-(-x)$ und x lösen also dieselbe Gleichung; nach 1.3.4 folgt $-(-x) = x$. $\qquad\square$

Beispiel 1.3.6. Die bisherigen Beispiele enthielten Eigenschaften der Addition. Für die Multiplikation zeigt man analog (Übung!):

$$\exists_1\, e \in \mathbb{R} \; \forall\, x \in \mathbb{R} : xe = x \,.$$
$$\forall\, x \in \mathbb{R} \setminus \{0\} \; \exists_1\, y \in \mathbb{R} : xy = e \,.$$
$$\forall\, a \in \mathbb{R} \setminus \{0\} \; \forall\, b \in \mathbb{R} \; \exists_1\, x \in \mathbb{R} : ax = b \,.$$

Das eindeutig bestimmte neutrale Element bzgl. „ $\cdot$ " bezeichnen wir ab jetzt mit dem Symbol „1". Das zu $x \in \mathbb{R} \setminus \{0\}$ eindeutig bestimmte inverse Element bzgl. „ $\cdot$ " bezeichnen wir ab jetzt mit „x^{-1}". $\qquad\square$

Beispiel 1.3.7. Behauptung: $\forall\, x \in \mathbb{R} : x \cdot 0 = 0$.
Beweis: Es sei $x \in \mathbb{R}$. Dann gilt nach dem Distributivgesetz (und 0 neutral)

$$x \cdot 0 + x \cdot 0 = x \cdot (0 + 0) = x \cdot 0 \,,$$

und nach 1.3.4 folgt $x \cdot 0 = (x \cdot 0) + \big(- (x \cdot 0) \big) = 0$. $\qquad\square$

Beispiel 1.3.8. Warum gilt „Minus mal Minus ergibt Plus"? Das ist nicht etwa eine zusätzliche Vereinbarung, an die man sich nur deswegen hält, weil das auch alle anderen Leute tun. Es gibt einen eindeutigen Grund, den man auch leicht verstehen kann: $x \cdot (-1)$ ist invers zu x:

$$\text{Behauptung: } \forall\, x \in \mathbb{R} : x \cdot (-1) = -x \,.$$

Beweis: Es sei $x \in \mathbb{R}$. Dann gilt

$$\begin{aligned}
x + x \cdot (-1) &= x \cdot 1 + x \cdot (-1) && \text{(da 1 neutral)} \\
&= x \cdot \big(1 + (-1)\big) && \text{(Distributivgesetz)} \\
&= x \cdot 0 && \text{(da -1 invers zu 1)} \\
&= 0 && \text{(nach 1.3.7)} \,.
\end{aligned}$$

Daraus folgt, dass $x \cdot (-1)$ invers zu x ist; und weil das Inverse eindeutig bestimmt ist (s. 1.3.3), dürfen wir $x \cdot (-1) = -x$ schreiben.

Für $x = -1$ folgt insbesondere $(-1) \cdot (-1) = -(-1) = 1$ nach 1.3.5. Das kann man jetzt leicht verallgemeinern:

$$
\begin{aligned}
(-x) \cdot (-y) &= \big(x \cdot (-1)\big) \cdot \big(y \cdot (-1)\big) && \text{(siehe oben)} \\
&= (x \cdot y) \cdot \big((-1) \cdot (-1)\big) && \text{(Assoziativ- und Kommutativg.)} \\
&= (x \cdot y) \cdot 1 && \text{(siehe oben)} \\
&= x \cdot y && \text{(da 1 neutral)}
\end{aligned}
$$

für alle $x, y \in \mathbb{R}$. $\qquad\square$

Kommen wir nun zu den Axiomen des Größenvergleichs „$<$". Um „$<$" für reellen Zahlen zu definieren muss man nur festlegen, welche Zahlen „positiv" sind; denn dann kann man „$x < y$" durch „$y - x$ ist positiv" definieren. Wie aber soll man „positiv" festlegen? Ich kenne kein konkretes Verfahren, mit dem man für jede reelle Zahl entscheiden kann, ob sie „positiv" ist. Sollten Sie ein solches Verfahren finden, dann hätte das gewaltige Auswirkungen auf die Mathematik. Zur Erläuterung betrachten wir das folgende Beispiel:

Beispiel 1.3.9. Eine natürliche Zahl n heißt *vollkommen*, wenn sie gleich der Summe ihrer Teiler ist, die kleiner als n sind. Zum Beispiel sind $6 = 1 + 2 + 3$ und $28 = 1 + 2 + 4 + 7 + 14$ vollkommen. Damit definieren wir eine Folge $(x_n)_n$:

$$
x_n := \begin{cases} 1 & \text{falls } n \text{ vollkommen} \\ 0 & \text{sonst} \end{cases} \qquad (n \in \mathbb{N}) \ .
$$

Der Anfang dieser Folge $(x_n)_n$ lautet $(0\,;0\,;0\,;0\,;0\,;1\,;0\,;\ldots)$. Durch $(x_n)_n$ wird eine unendliche Dezimalzahl definiert: $x := 0{,}x_1 x_2 x_3 \ldots$, das heißt an der n-ten Stelle nach dem Komma steht die Ziffer x_n, also $x = 0{,}0000010\ldots$. (Dabei wird benutzt, dass man reelle Zahlen als „Kommazahlen" darstellen kann; was das genau bedeutet haben wir zwar noch gar nicht besprochen, aber das vorliegende Beispiel dient nur der Erläuterung.) Die Zahl x ist eindeutig positiv. Wir definieren eine weitere Folge

$$
y_n := \begin{cases} 1 & \text{falls } 2n - 1 \text{ vollkommen} \\ 0 & \text{sonst} \end{cases} \qquad (n \in \mathbb{N})
$$

und damit die Zahl $y := 0{,}y_1 y_2 y_3 \ldots$.

Die Zahl y ist genau dann positiv, wenn es eine ungerade vollkommene Zahl gibt (denn $2n - 1$ durchläuft alle ungeraden Zahlen). Wenn wir ein Verfahren hätten, mit dem wir für jede reelle Zahl, also auch für unser y, entscheiden könnten, ob sie positiv ist, dann könnten wir eine berühmte Frage beantworten: Gibt es eine ungerade vollkommene Zahl? Diese Frage konnte meines Wissens bisher noch nicht beantwortet werden.

Mit einem Verfahren, das für jede reelle Zahl entscheidet, ob sie positiv ist, könnten wir sogar jede Frage der folgenden Form beantworten: „Gibt es ein $n \in \mathbb{N}$ mit der Eigenschaft E?" Dazu müssten wir in der Definition von x_n nur „vollkommen" durch „E" ersetzen und entscheiden, ob x positiv ist. $\qquad\square$

Wir können also „positiv" nicht nach folgender Art definieren: „$x \in \mathbb{R}$ heißt positiv, wenn ...", wobei an der Stelle „..." ein konkretes Kriterium steht, das für jede reelle Zahl entscheidet, ob sie positiv ist. (Wer jetzt an ein Kriterium mit „Kommazahlen" denkt, der bezieht sich auf vage Andeutungen. Gilt zum Beispiel $0{,}\overline{9} < 1$? Zahlen mit unendlich vielen Stellen nach dem Komma, wie etwa $0{,}\overline{9}$, werden mit Hilfe konvergenter Folgen definiert; dazu müssen wir aber zuerst wissen, was $\mathbb{R}^+$ ist: siehe Definition 1.2.9.)

Wir können aber folgendes tun: Einfach *annehmen*, dass es eine gewisse Menge „$\mathbb{R}^+$" mit bestimmten Eigenschaften gibt; die Elemente von $\mathbb{R}^+$ werden dann „positiv" genannt; dabei sollen die Eigenschaften von $\mathbb{R}^+$ unsere (vagen) Vorstellungen von „positiv" widerspiegeln bzw. präzisieren („alles, was auf der Zahlengeraden rechts von der Null liegt"). So sind übrigens alle Axiomensysteme zu verstehen: Sie präzisieren die Grundannahmen, von denen eine Theorie ausgeht.

Anordnungsaxiome für die reellen Zahlen.
Es gibt eine Teilmenge $\mathbb{R}^+ \subseteq \mathbb{R}$ mit folgenden Eigenschaften:

1. $\forall\, x \in \mathbb{R} :$ Entweder $x \in \mathbb{R}^+$ oder $x = 0$ oder $-x \in \mathbb{R}^+$.

2. $\forall\, x, y \in \mathbb{R}^+ :$ $x + y \in \mathbb{R}^+$ und $xy \in \mathbb{R}^+$. $\square$

$x \in \mathbb{R}$ heißt *positiv* im Fall $x \in \mathbb{R}^+$, und *negativ* im Fall $-x \in \mathbb{R}^+$. Außerdem sei $\mathbb{R}_0^+ := \mathbb{R}^+ \cup \{0\}$ und $\mathbb{R}^- := \mathbb{R} \setminus \mathbb{R}_0^+$.

Definition 1.3.10. Es seien $x, y \in \mathbb{R}$. Wir legen fest:

$$x < y \quad :\Leftrightarrow \quad y - x \in \mathbb{R}^+$$
$$x \leq y \quad :\Leftrightarrow \quad x < y \text{ oder } x = y\,.$$

Außerdem sei $y > x$ bzw. $y \geq x$ gleichbedeutend mit $x < y$ bzw. $x \leq y$. $\square$

Aus den Anordnungsaxiomen folgen viele Aussagen, an die wir uns schon lange gewöhnt haben:

Beispiel 1.3.11. Die Relation „$<$" ist *transitiv*:
Behauptung: Für alle $x, y, z \in \mathbb{R}$ gilt: Wenn $x < y$ und $y < z$, dann $x < z$. Beweis: Es seien $x, y, z \in \mathbb{R}$ mit $x < y$ und $y < z$, das heißt $y - x \in \mathbb{R}^+$ und $z - y \in \mathbb{R}^+$. Wegen $z - x = (z - y) + (y - x)$ folgt $z - x \in \mathbb{R}^+$ nach dem zweiten Anordnungsaxiom, also $x < z$. $\square$

Übrigens kann man die Behauptung in 1.3.11 in einer reinen Formelsprache ausdrücken. Dazu legen wir für Ausagen A und B fest:

$$A \wedge B \quad \text{bedeutet:} \quad A \text{ und } B$$
$$A \vee B \quad \text{bedeutet:} \quad A \text{ oder } B$$
$$A \implies B \quad \text{bedeutet:} \quad \text{Wenn } A, \text{ dann } B$$
$$A \iff B \quad \text{bedeutet:} \quad (A \implies B) \wedge (B \implies A)\,.$$

Damit kann man die Behauptung in 1.3.11 so formulieren:

$$\forall\, x, y, z \in \mathbb{R} : \big((x < y \wedge y < z) \implies x < z\big)\,.$$

Beispiel 1.3.12. Behauptung: $\forall\, x, y, r \in \mathbb{R} :\ x < y \implies x + r < y + r$.
In Worten: Für alle $x, y, r \in \mathbb{R}$ gilt: Wenn $x < y$, dann $x + r < y + r$.
Beweis: Es seien $x, y, r \in \mathbb{R}$ mit $x < y$, das heißt $y - x \in \mathbb{R}^+$. Wegen $(y+r) - (x+r) = y - x \in \mathbb{R}^+$ ist $x + r < y + r$. $\qquad\square$

Beispiel 1.3.13. Die Relation „<" ist *verträglich* mit der Addition :

$$\text{Behauptung: } \forall\, x, y, r, s \in \mathbb{R} :\ \big((x < y) \wedge (r \leq s) \implies x + r < y + s\big)\,.$$

In Worten: Für alle $x, y, r, s \in \mathbb{R}$ gilt: Wenn $x < y$ und $r \leq s$, dann folgt $x + r < y + s$.
Beweis: Es seien $x, y, r, s \in \mathbb{R}$ mit $x < y$ und $r \leq s$.
Im Fall $r = s$ folgt die Behauptung nach 1.3.12.
Es sei also $r < s$. Dann folgt jeweils nach 1.3.12

$$x + r < y + r \quad \text{und} \quad y + r < y + s\,.$$

Daraus folgt die Behauptung, da „<" transitiv ist (s. 1.3.11). $\qquad\square$

Beispiel 1.3.14. Beh.: $\forall\, x, y, r \in \mathbb{R} :\ \big((x < y \wedge r \in \mathbb{R}^+) \implies xr < yr\big)$.
Beweis: Es seien $x, y \in \mathbb{R}$ mit $x < y$ und $r \in \mathbb{R}^+$. Dann ist $y - x \in \mathbb{R}^+$, und nach dem 2. Axiom folgt $yr - xr = (y - x)r \in \mathbb{R}^+$, das heißt $xr < yr$. $\qquad\square$

Beispiel 1.3.15. Beh.: $\forall\, x, y, r \in \mathbb{R} :\ \big((x < y \wedge r \in \mathbb{R}^-) \implies xr > yr\big)$.
Beweis: Es seien $x, y \in \mathbb{R}$ mit $x < y$ und $r \in \mathbb{R}^-$. Dann ist $y - x \in \mathbb{R}^+$ und $-r \in \mathbb{R}^+$, also folgt nach dem 2. Axiom $xr - yr = (y - x)(-r) \in \mathbb{R}^+$, das heißt $yr < xr$. $\quad\square$

Beispiel 1.3.16. Beh.: $\forall\, x \in \mathbb{R} \setminus \{0\} :\ x^2 \in \mathbb{R}^+$.
Beweis: Für $x \in \mathbb{R}^+$ folgt $x^2 = x \cdot x \in \mathbb{R}^+$ nach dem 2. Axiom. Für $x \in \mathbb{R}^-$ ist $-x \in \mathbb{R}^+$, also folgt $x^2 = (-x) \cdot (-x) \in \mathbb{R}^+$ nach dem 2. Axiom. $\qquad\square$

Die Beispiele 1.3.11 bis 1.3.16 legen folgende Vermutung nahe: Alle Regeln für Ungleichungen, an die man sich schon sehr früh in seiner Schulzeit gewöhnt hat, folgen letztlich aus den Körper- und Anordnungsaxiomen. Diese Vermutung ist richtig. Ab jetzt werden wir solche Regeln ohne Beweis benutzen. (Empfehlung: Zur Übung sollte man einige weitere Regeln aus den Axiomen herleiten.) Insbesondere ist die Relation „<" im folgenden Sinn mit der Multiplikation *verträglich* :

$$\forall\, x, y, r, s \in \mathbb{R} :\ \big((0 \leq x < y) \wedge (0 \leq r < s) \implies xr < ys\big)$$

Etwas weniger bekannt als die bisherigen Aussagen über Ungleichungen ist eine Beziehung zwischen Beträgen, die wir als Lemma („Hilfssatz") festhalten. Dabei ist

$$|x| := \begin{cases} x & \text{für } x \in \mathbb{R}_0^+ \\ -x & \text{für } x \in \mathbb{R}^- \,. \end{cases}$$

Lemma 1.3.17. $\forall\, x, y \in \mathbb{R} : |x + y| \le |x| + |y|$. (*„Dreiecksungleichung"*)

BEWEIS. Es seien $x, y \in \mathbb{R}$. Dann ist $x \le |x|$ und $y \le |y|$, also

$$x + y \le |x| + |y| \, .$$

Außerdem ist $-x \le |x|$ und $-y \le |y|$, also

$$-(x + y) = (-x) + (-y) \le |x| + |y| \, .$$

Insgesamt: $\pm(x + y) \le |x| + |y|$, also $|x + y| \le |x| + |y|$. $\qquad\square$

Um das *Vollständigkeitsaxiom* zu formulieren, benötigen wir zunächst zwei Definitionen:

Definition 1.3.18. Eine Folge $(x_n)_{n\in\mathbb{N}}$ heißt *nach oben beschränkt*, wenn es ein $s \in \mathbb{R}$ gibt mit $(x_n)_{n\in\mathbb{N}} \le s$; in diesem Fall nennen wir s eine *obere Schranke* für $(x_n)_{n\in\mathbb{N}}$. Analog: *nach unten beschränkt* und *untere Schranke* (ersetze „$\le$" durch „$\ge$"). Eine Folge heißt *beschränkt*, wenn sie nach oben und unten beschränkt ist. $\square$

Für die Folge $((-1)^n)_n = (-1\,;+1\,;-1\,;+1\,;\ldots)$ sind 1 und 5 obere Schranken, -2 und -1 sind untere Schranken. Eine Folge $(x_n)_n$ ist genau dann beschränkt, wenn $(|x_n|)_n$ nach oben beschränkt ist.

Definition 1.3.19. Eine Folge $(x_n)_{n\in\mathbb{N}}$ heißt *monoton steigend* (bzw. *fallend*), wenn für alle $i, j \in \mathbb{N}$ gilt:

$$i < j \quad \Longrightarrow \quad x_i \le x_j \quad \left(\text{bzw. } x_i \ge x_j\right) \, .$$

Gilt zusätzlich $x_i \ne x_j$ für alle $i \ne j$, dann heißt $(x_n)_{n\in\mathbb{N}}$ *streng monoton steigend* (bzw. *fallend*). $\square$

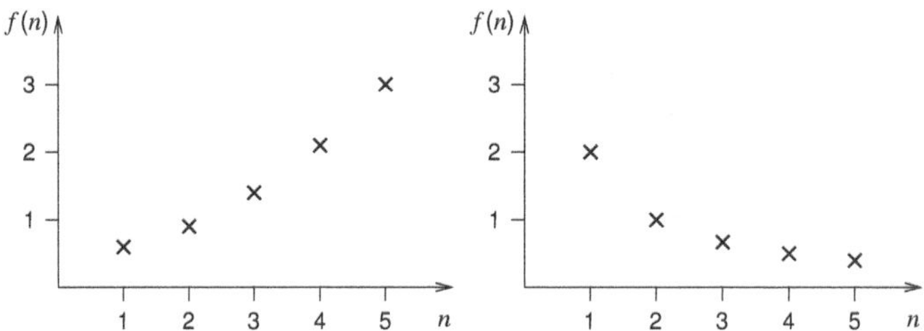

Abbildung 1.8: streng monoton steigend bzw. fallend

Eine Folge $(x_n)_{n\in\mathbb{N}}$ ist monoton steigend, wenn

$$\forall\, n \in \mathbb{N} : x_n \le x_{n+1} \, .$$

Denn dann gilt für alle $i, j \in \mathbb{N}$ mit $i < j$:

$$x_i \le x_{i+1} \le x_{i+2} \le \ldots \le x_j \, .$$

Dieses Argument kann man auch ohne Pünktchen formulieren, nämlich mit einer sogenannten *vollständigen Induktion* (dazu später mehr).

Vollständigkeitsaxiom. Jede Folge reeller Zahlen, die monoton steigt und nach oben beschränkt ist, konvergiert gegen eine reelle Zahl. □

Damit haben wir alle Axiome von $\mathbb{R}$ aufgezählt. Nach dem Vollständigkeitsaxiom konvergiert zum Beispiel auch jede Folge $(x_n)_n$, die monoton fällt und nach unten beschränkt ist, denn für ein solches $(x_n)_n$ ist $(-x_n)_n$ monoton steigend und nach oben beschränkt. Das hat eine wichtige Konsequenz für Intervallschachtelungen.

Definition 1.3.20. Eine (duale) *Intervallschachtelung* ist eine Folge von Intervallen, $([\,l_n, r_n])_{n \in \mathbb{N}}$, sodass für alle $n \in \mathbb{N}$ gilt:

$$[\,l_{n+1}, r_{n+1}] = [\,l_n, m_n] \quad \text{oder} \quad [\,l_{n+1}, r_{n+1}] = [\,m_n, r_n]\,,$$

wobei $m_n := \frac{1}{2}(l_n + r_n)$ der Mittelpunkt von $[\,l_n, r_n]$ ist. □

Das Vollständigkeitsaxiom garantiert, dass Intervallschachtelungen „nicht ins Leere laufen":

Lemma 1.3.21. *Es sei* $([\,l_n, r_n])_{n \in \mathbb{N}}$ *eine (duale) Intervallschachtelung. Dann gibt es* $a, b \in \mathbb{R}$ *mit* $(l_n)_{n \in \mathbb{N}} \to a$ *und* $(r_n)_{n \in \mathbb{N}} \to b$.

BEWEIS. Die Folge $(l_n)_n$ ist monoton steigend, denn für alle $n \in \mathbb{N}$ ist $l_{n+1} = l_n$ oder $l_{n+1} = m_n \geq l_n$, also stets $l_n \leq l_{n+1}$. Analog: $(r_n)_n$ ist monoton fallend. r_1 ist eine obere Schranke für $(l_n)_n$, denn für alle $n \in \mathbb{N}$ ist $l_n \leq r_n$ und $r_n \leq r_1$ (da $(r_n)_n$ monoton fallend), also $l_n \leq r_1$. Analog: l_1 ist eine untere Schranke für $(r_n)_n$. Damit folgt die Behauptung nach dem Vollständigkeitsaxiom. (Wir werden später zeigen, dass außerdem $a = b$ gilt.) □

Zwischen $\mathbb{R}$ und $\mathbb{Q}$ gibt es einen wesentlichen Unterschied: Die Aussage des Vollständigkeitsaxioms (und auch 1.3.21) wird falsch, wenn man $\mathbb{R}$ durch $\mathbb{Q}$ ersetzt. Betrachten wir eine Intervallschachtelung für $\sqrt{2}$, die mit $[0\,;1]$ beginnt. Bei jedem Schritt werden die Intervalle halbiert, das heißt alle Intervallgrenzen l_n und r_n sind rationale Zahlen; wie in 1.3.21 ist $(l_n)_n$ monoton steigend und nach oben beschränkt; doch $(l_n)_n$ konvergiert nicht gegen eine rationale Zahl (sondern gegen $\sqrt{2}$). In diesem Sinn können Intervallschachtelungen „ins Leere laufen", wenn man nur rationale Zahlen zur Verfügung hat: Die Intervalle ziehen sich auf eine Stelle der Zahlengeraden zusammen, an der sich keine rationale Zahl befindet. Es wäre auch denkbar, dass sich an einer solchen Stelle keine reelle Zahl befindet; doch mit dem Vollständigkeitsaxiom gehen wir davon aus, dass so etwas nicht geschehen kann; die reelle Zahlengerade ist „vollständig", das heißt es gibt keine „Löcher", auf die sich Intervalle zusammenziehen könnten.

Mit den Axiomen der reellen Zahlen können wir die Fragen beantworten, die am Anfang dieses Abschnitts stehen. Doch zunächst sollten wir uns überlegen, wie man Quantoren *negiert* („verneint"), und wie man Aussagen, die mehrere Quantoren enthalten, in handlichere Stücke zerlegt. Für Aussagen A legen wir fest:

$$\neg A \quad \text{bedeutet:} \quad A \text{ gilt nicht}.$$

Die wichtigsten Regeln für die Negation $\neg$ lauten:

$$\neg\neg A \iff A$$
$$\neg(A \wedge B) \iff \neg A \vee \neg B$$
$$\neg(A \vee B) \iff \neg A \wedge \neg B$$
$$\neg(\forall x \in X : A(x)) \iff \exists x \in X : \neg A(x)$$
$$\neg(\exists x \in X : A(x)) \iff \forall x \in X : \neg A(x) \,.$$

Von der Gültigkeit dieser Regeln überzeugt man sich am besten anhand einfacher Beispiele: Die Aussage „$\forall x \in \mathbb{R} : x^2 > 0$" gilt nicht:

$$\neg(\forall x \in \mathbb{R} : x^2 > 0) \,.$$

Warum nicht? Weil es ein $x \in \mathbb{R}$ gibt (nämlich 0), sodass $x^2 > 0$ nicht gilt:

$$\exists x \in \mathbb{R} : \neg(x^2 > 0) \,.$$

Das war ein Beispiel für die vorletzte Regel (Negation von $\forall$), und zwar genauer für „$\Longleftarrow$": Wenn etwas für ein x nicht gilt, dann gilt es nicht für alle x. Ein Beispiel für die letzte Regel (Negation von $\exists$): Die Aussage „$\exists x \in \mathbb{R} : x^2 + 1 = 0$" gilt nicht:

$$\neg(\exists x \in \mathbb{R} : x^2 + 1 = 0) \,.$$

Warum nicht? Weil für alle $x \in \mathbb{R}$ die Aussage $x^2 + 1 = 0$ falsch ist:

$$\forall x \in \mathbb{R} : \neg(x^2 + 1 = 0) \,.$$

Wenn etwas für alle x falsch ist, dann gibt es kein x, für das es richtig ist.

Das waren natürlich nur Erläuterungen und keine Beweise für die Gültigkeit der betreffenden logischen Schlussfolgerungen. Mit welchen logischen Schlussfolgerungen soll man denn logische Schlussfolgerungen begründen? Wir befinden uns hier im Bereich der grundlegenden Voraussetzungen unseres logischen Denkens (siehe [Kut]).

Wir nehmen jetzt also einfach an, dass die Regeln zur Negation gültig sind. Dann kann man Aussagen, die mehrere Quantoren enthalten, ganz einfach schrittweise negieren; dabei muss man noch nicht einmal den Inhalt der Aussage verstehen, da man stur nach den obigen Regeln vorgehen kann: Immer wenn $\neg$ „über einen Quantor wandert", dann werden $\forall$ und $\exists$ gegeneinander ausgetauscht. Zum Beispiel:

$$\neg(\forall y \in \mathbb{R} \; \exists x \in \mathbb{R} : f(x) = y)$$
$$\iff \exists y \in \mathbb{R} \; \neg(\exists x \in \mathbb{R} : f(x) = y)$$
$$\iff \exists y \in \mathbb{R} \; \forall x \in \mathbb{R} : \neg(f(x) = y)$$
$$\iff \exists y \in \mathbb{R} \; \forall x \in \mathbb{R} : f(x) \neq y \,.$$

Ein weiteres Beispiel:

$$\neg(\forall \epsilon \in \mathbb{R}^+ \; \exists N \in \mathbb{N} \; \forall n > N : |x_n| < \epsilon)$$
$$\Longleftrightarrow \quad \exists \epsilon \in \mathbb{R}^+ \; \neg(\exists N \in \mathbb{N} \; \forall n > N : |x_n| < \epsilon)$$
$$\Longleftrightarrow \quad \exists \epsilon \in \mathbb{R}^+ \; \forall N \in \mathbb{N} \; \neg(\forall n > N : |x_n| < \epsilon)$$
$$\Longleftrightarrow \quad \exists \epsilon \in \mathbb{R}^+ \; \forall N \in \mathbb{N} \; \exists n > N : \neg(|x_n| < \epsilon)$$
$$\Longleftrightarrow \quad \exists \epsilon \in \mathbb{R}^+ \; \forall N \in \mathbb{N} \; \exists n > N : |x_n| \geq \epsilon \,.$$

Diese Aussagen bedeuten jeweils „die Wertemenge von f ist nicht ganz $\mathbb{R}$" bzw. „$(x_n)_n$ ist keine Nullfolge" (s. 1.3.1); aber das ist für die Umformungen unwichtig. „Umformen" bedeutet, dass man von einer Aussage A zu einer Aussage B übergeht; „$A \Longleftrightarrow B$" bedeutet, dass A genau dann gilt, wenn B gilt; in so einem Fall sagt man auch, A und B sind *gleichwertig* bzw. *äquivalent*. Ein weiteres Beispiel zum schrittweisen Negieren steht im folgenden Beweis.

Satz 1.3.22. *In $\mathbb{R}$ gilt das* **Archimedische Axiom** *, das heißt*

$$\forall x, y \in \mathbb{R}^+ \; \exists n \in \mathbb{N} : nx > y \,.$$

BEWEIS. Wir zeigen die Behauptung, indem wir aus ihrem Gegenteil eine falsche Aussage herleiten.
Annahme: $\neg(\forall x, y \in \mathbb{R}^+ \; \exists n \in \mathbb{N} : nx > y)$. Es ist

$$\neg(\forall x, y \in \mathbb{R}^+ \; \exists n \in \mathbb{N} : nx > y)$$
$$\Longleftrightarrow \quad \exists x, y \in \mathbb{R}^+ \; \neg(\exists n \in \mathbb{N} : nx > y)$$
$$\Longleftrightarrow \quad \exists x, y \in \mathbb{R}^+ \; \forall n \in \mathbb{N} : \neg(nx > y)$$
$$\Longleftrightarrow \quad \exists x, y \in \mathbb{R}^+ \; \forall n \in \mathbb{N} : nx \leq y \,.$$

Nach Annahme gibt es also $x, y \in \mathbb{R}^+$ mit der Eigenschaft $\forall n \in \mathbb{N} : nx \leq y$. Das bedeutet: Die Folge $(nx)_{n \in \mathbb{N}}$ ist durch y nach oben beschränkt. Außerdem ist $(nx)_{n \in \mathbb{N}}$ monoton steigend, da $x > 0$. Nach dem Vollständigkeitsaxiom hat $(nx)_{n \in \mathbb{N}}$ somit einen Grenzwert $a \in \mathbb{R}$. Der Abstand $|nx - a|$ wird also schließlich kleiner als z.B. $\frac{x}{2}$. Aus $|nx - a| < \frac{x}{2}$ und $|(n+1)x - a| < \frac{x}{2}$ folgt

$$|x| = |(n+1)x - a + a - nx| \leq |(n+1)x - a| + |a - nx| < x \,,$$

das heißt die falsche Aussage $|x| < x$. Also muss die Annahme falsch sein. $\qquad \square$

Das Archimedische Axiom müssen wir also nicht in unser Axiomensystem aufnehmen, da es aus den dort bereits formulierten Axiomen folgt. Mit Satz 1.3.22 können wir endlich die erste Frage dieses Abschnitts beantworten:

Wir wählen $y := 1$ im Archimedischen Axiom (und schreiben ϵ statt x); dann entsteht

$$\forall \epsilon \in \mathbb{R}^+ \; \exists n \in \mathbb{N} : n\epsilon > 1 \quad \text{bzw.} \quad \forall \epsilon \in \mathbb{R}^+ \; \exists n \in \mathbb{N} : \epsilon > \tfrac{1}{n} \,.$$

Nach den Regeln der Negation ist diese Aussage gleichwertig damit, dass es im folgenden Sinn kein „unendlich kleines" $\epsilon \in \mathbb{R}^+$ gibt:

$$\neg \; \exists \epsilon \in \mathbb{R}^+ \; \forall n \in \mathbb{N} : \epsilon \leq \tfrac{1}{n} \,.$$

Satz 1.3.23. *Es gilt:* $\left(\frac{1}{n}\right)_{n \in \mathbb{N}} \to 0$.

BEWEIS. Die Behauptung bedeutet nach Definition: $\forall \epsilon \in \mathbb{R}^+ : \left(\frac{1}{n}\right)_{n \in \mathbb{N}} \overset{sch}{<} \epsilon$. Es sei $\epsilon \in \mathbb{R}^+$. Wir zeigen $\left(\frac{1}{n}\right)_{n \in \mathbb{N}} \overset{sch}{<} \epsilon$.

Nach Definition von $\overset{sch}{<}$ ist also zu zeigen: $\exists N \in \mathbb{N} : \left(\frac{1}{n}\right)_{n > N} < \epsilon$.

Nach 1.3.22 gibt es ein $N \in \mathbb{N}$ mit $N\epsilon > 1$, da $\epsilon, 1 \in \mathbb{R}^+$ (ersetze x durch ϵ und y durch 1).

Aus $N\epsilon > 1$ folgt $\frac{1}{N} < \epsilon$, also $\left(\frac{1}{n}\right)_{n > N} < \epsilon$. $\qquad\qquad\square$

In vielen Beweisen werden Quantoren „schrittweise abgebaut" (so auch im vorherigen Beweis). Dabei geht man oft nach folgendem Muster vor:

Beim Beweis einer Aussage der Form „$\forall x \in X : A(x)$" schreibt man

$$\text{„Es sei } x \in X \text{. Wir zeigen } A(x) \ldots \text{".}$$

Damit hat man es im restlichen Beweis nur noch mit einer Aussage der Form $A(x)$ zu tun, die bereits einen Quantor weniger enthält als die ursprüngliche Aussage „$\forall x \in X : A(x)$". Bei „Es sei $x \in X$" wird nichts spezielles über x vorausgesetzt und anschließend benutzt, außer dass x eben in X liegt.

Beim Beweis einer Aussage der Form „$\exists x \in X : A(x)$" beruft man sich häufig auf eine Aussage der Form „$\exists x \in X : B(x)$", die bereits zur Verfügung steht; dann muss man nur noch zeigen, dass $A(x)$ aus $B(x)$ folgt. Ein Beweis von „$\exists x \in X : A(x)$" beginnt also oft so (siehe Beweis von 1.3.23):

$$\text{„Nach } \ldots \exists x \in X : B(x). \text{ Aus } B(x) \text{ folgt } A(x), \text{ denn } \ldots \text{"}$$

Im restlichen Beweis muss man nur noch „$B(x) \implies A(x)$" zeigen; dadurch hat man es mit einem „$\exists$" weniger zu tun.

Manchmal kann man „$\exists x \in X : A(x)$" auch durch Angabe eines konkreten $x \in X$ beweisen, zum Beispiel bei „$\exists x \in \mathbb{R} : x^2 = 0$".

Aufgaben

1. Nehmen wir an, dass es ein $\epsilon \in \mathbb{R}^+$ mit folgender Eigenschaft gibt: Für alle $n \in \mathbb{N}$ ist $\epsilon < \frac{1}{n}$. Zeigen Sie unter dieser Annahme:

   (a) Ein solches ϵ liegt zwischen 0 und $\mathbb{Q}^+$ (positive Bruchzahlen).

   (b) Für alle $k \in \mathbb{N}$ gilt: $k \cdot \epsilon$ liegt zwischen 0 und $\mathbb{Q}^+$.

   (c) Es gibt ein $\delta \in \mathbb{R}^+$, sodass $\delta < \frac{\epsilon}{k}$ für alle $k \in \mathbb{N}$.

   (d) Es gibt „unendlich große" reelle Zahlen, das heißt $x \in \mathbb{R}$ mit $x > n$ für alle $n \in \mathbb{N}$.

2. Formulieren Sie die folgenden Aussagen wie in 1.3.1 mit „$\forall$" bzw. „$\exists$":

(a) x^2 ist immer größer oder gleich 0.

(b) $f(x)$ hat im Bereich zwischen 1 und 2 eine Nullstelle.

(c) $(x_n)_{n\in\mathbb{N}} \overset{sch}{<} (y_n)_{n\in\mathbb{N}}$.

(d) Es gibt eine Zahl, die von $3 + x - x^4$ nicht überschritten wird.

(e) $f : D \longrightarrow \mathbb{R}$ hat einen größten Funktionswert.

3. Beweisen Sie $2 + 2 = 4$; dabei ist $2 := 1 + 1$ und $4 := ((1 + 1) + 1) + 1$.

4. Beweisen Sie die Aussagen in Beispiel 1.3.6.

5. Beweisen Sie: $\forall\, x, y \in \mathbb{R} : -(x + y) = -x - y$.

6. Beweisen Sie: $\forall\, x, y \in \mathbb{R} \setminus \{0\} : (xy)^{-1} = x^{-1}y^{-1}$.

7. Beweisen Sie: $\forall\, x, y \in \mathbb{R} : xy = 0 \iff (x = 0 \lor y = 0)$.

8. Beweisen Sie: $\forall\, x, y, r \in \mathbb{R} : x < y \iff x + r < y + r$.

9. Beweisen Sie: „<" ist mit der Multiplikation verträglich.

10. Beweisen Sie: $0 < 1$.

11. Beweisen Sie: $\forall\, x \in \mathbb{R}^+ : x^{-1} \in \mathbb{R}^+$.

12. Beweisen Sie: $\forall\, x, y \in \mathbb{R} : 0 < x < y \implies y^{-1} < x^{-1}$.

13. Falls Sie Vektoren kennen: In jedem Dreieck ist jede Seite höchstens so lang wie die Summe der beiden anderen Seitenlängen. Können Sie damit den Namen „Dreiecksungleichung" erklären?

14. Beweisen Sie: $\forall\, x, y \in \mathbb{R} : |x| - |y| \le |x + y|$.

15. Beweisen Sie: $\left(\frac{1}{n}\right)_{n\in\mathbb{N}}$ ist streng monoton fallend; $(n^2)_{n\in\mathbb{N}}$ ist streng monoton steigend.

16. Formen Sie die folgenden Aussagen so um, dass „$\neg$" verschwindet:
$\neg\,(\,\forall\, a \in A \;\exists\, b \in B \;\forall\, c \in C \;\exists\, d \in D : ab = cd\,)$.
$\neg\,(\,\exists\, s \in S \;\forall\, t \in T \;\forall\, u \in U \;\exists\, v \in V \;\exists\, w \in W : s + t < uv - w\,)$.

17. Man könnte auf den Gedanken kommen, Nullfolgen $(x_n)_n$ so zu definieren:

$$\forall\, \epsilon \in \mathbb{R}^+ \;\exists\, N \in \mathbb{R} \;\forall\, n > N : |x_n| < \epsilon\,.$$

Der einzige Unterschied zur Definition 1.2.9 besteht in „$N \in \mathbb{R}$" statt „$N \in \mathbb{N}$", siehe letztes Beispiel in 1.3.1. Damit würde sofort $\left(\frac{1}{n}\right)_n \to 0$ folgen, und zwar sogar dann, wenn weder das Vollständigkeitsaxiom noch das Archimedische Axiom gelten würden: Zu jedem $\epsilon \in \mathbb{R}^+$ wäre $N := \frac{1}{\epsilon}$ geeignet, denn für alle $n \in \mathbb{N}$ mit $n > \frac{1}{\epsilon}$ ist $\frac{1}{n} < \epsilon$.
Wäre das nicht viel einfacher als die entsprechenden Überlegungen in Abschnitt 1.3?

1.4　Sätze über Folgen

In diesem Abschnitt geht es um Sätze zur Berechnung von Grenzwerten. Dabei orientieren wir uns an Abschnitt 1.3: Dort sind wir von einigen wenigen grundlegenden Regeln zum Rechnen und Anordnen von reellen Zahlen ausgegangen, um weitere Eigenschaften zu gewinnen; jetzt werden wir zunächst über einige grundlegende Regeln zum Rechnen und Anordnen von Folgen nachdenken, um anschließend weitere Eigenschaften von Folgen zu gewinnen.

In 1.2.6 haben wir die Addition und Multiplikation von Folgen einfach komponentenweise definiert. Dadurch übertragen sich fast alle Rechenregeln von Zahlen auf Folgen. Zum Beispiel gibt es ein neutrales Element für die Addition von Folgen, nämlich $(0)_n = (0\,;0\,;0\,;\ldots)$:

$$(x_n)_n + (0)_n = (x_n + 0)_n = (x_n)_n \ .$$

Für die Multiplikation ist $(1)_n$ neutral. Die Addition von Folgen ist kommutativ, denn

$$
\begin{aligned}
(x_n)_n + (y_n)_n &= (x_n + y_n)_n && \text{(nach Definition)} \\
&= (y_n + x_n)_n && \text{(Kommutativgesetz für reelle Zahlen)} \\
&= (y_n) + (x_n)_n && \text{(nach Definition)} \ .
\end{aligned}
$$

Es gibt nur ein einziges Körperaxiom, das sich nicht auf Folgen überträgt: Die Existenz inverser Elemente bzgl. „ $\cdot$ “. In $\mathbb{R}$ ist 0 das einzige Element, das kein Inverses bzgl. „ $\cdot$ “ besitzt; es gibt aber unendlich viele Folgen, die kein Inverses bzgl. „ $\cdot$ “ besitzen (wenn an mindestens einer Stelle eine 0 steht). Grob gesagt kann man mit Folgen genauso rechnen wie mit reellen Zahlen, solange man keine Inversen bzgl. „ $\cdot$ “ benötigt.

Die grundlegenden Eigenschaften der Anordnung „ $\overset{sch}{<}$ “ lauten wie folgt:

Lemma 1.4.1. *Die Anordnung „ $\overset{sch}{<}$ “ ist transitiv:*

$$(x_n)_n \overset{sch}{<} (y_n)_n \ und \ (y_n)_n \overset{sch}{<} (z_n)_n \implies (x_n)_n \overset{sch}{<} (z_n)_n \ .$$

Außerdem ist „ $\overset{sch}{<}$ “ verträglich mit „ $+$ “ und „ $\cdot$ “:

$$(x_n)_n \overset{sch}{<} (y_n)_n \ und \ (r_n)_n \overset{sch}{\leq} (s_n)_n \implies (x_n + r_n)_n \overset{sch}{<} (y_n + s_n)_n \ ,$$

$$0 \overset{sch}{\leq} (x_n)_n \overset{sch}{<} (y_n)_n \ und \ 0 \overset{sch}{\leq} (r_n)_n \overset{sch}{<} (s_n)_n \implies (x_n r_n)_n \overset{sch}{<} (y_n s_n)_n \ .$$

BEWEIS. Zunächst zur Transitivität von „ $\overset{sch}{<}$ “: Wir setzen $(x_n)_n \overset{sch}{<} (y_n)_n$ und $(y_n)_n \overset{sch}{<} (z_n)_n$ voraus und müssen zeigen, dass dann $(x_n)_n \overset{sch}{<} (z_n)_n$ gilt, das heißt nach Definition 1.2.7 ist zu zeigen:

$$\exists N \in \mathbb{N} \ \forall n > N : x_n < z_n \ .$$

Nach Voraussetzung gibt es $K, L \in \mathbb{N}$ (die verschieden sein können) mit

$$\forall\, n > K : x_n < y_n \quad \text{und} \quad \forall\, n > L : y_n < z_n \,.$$

Wenn man K und L vergrößert, dann bleiben diese Aussagen richtig. (Was für alle $n > 100$ gilt, gilt auch für alle $n > 200$.) Es sei N die größere der beiden Zahlen K und L. Dann gilt

$$\forall\, n > N : x_n < y_n \quad \text{und} \quad \forall\, n > N : y_n < z_n \,,$$

also $x_n < z_n$ für alle $n > N$, da „$<$“ für reelle Zahlen transitiv ist.

Verträglichkeit von „$\overset{sch}{<}$“ mit „$+$“: Wir suchen ein $N \in \mathbb{N}$ mit

$$\forall\, n > N : x_n + r_n < y_n + s_n \,.$$

Nach Voraussetzung gibt es $K, L \in \mathbb{N}$ mit

$$\forall\, n > K : x_n < y_n \quad \text{und} \quad \forall\, n > L : r_n \leq s_n \,.$$

Es sei N die größere der beiden Zahlen K und L. Dann gilt auch

$$\forall\, n > N : x_n < y_n \quad \text{und} \quad \forall\, n > N : r_n \leq s_n \,,$$

also $x_n + r_n < y_n + s_n$ für alle $n > N$, da bei reellen Zahlen „$<$“ mit „$+$“ verträglich ist (siehe 1.3.13).

Verträglichkeit von „$\overset{sch}{<}$“ mit „$\cdot$“: Übung! $\qquad\square$

Die Anordnung „$\overset{sch}{<}$“ bei Folgen unterscheidet sich in einer wesentlichen Eigenschaft von der Anordnung „$<$“ bei Zahlen: Alle Zahlen sind miteinander *vergleichbar*: Für alle $x, y \in \mathbb{R}$ gilt entweder $x < y$ oder $y < x$ oder $x = y$. Das gilt bei Folgen nicht: Zum Beispiel gilt für $((-1)^n)_n = (-1; +1; -1; +1; \ldots)$ weder $((-1)^n)_n \overset{sch}{<} (0)_n$, noch $(0)_n \overset{sch}{<} ((-1)^n)_n$ noch $((-1)^n)_n = (0)_n$.

Lemma 1.4.2. *Wenn* $(x_n)_n \to a$, $(y_n)_n \to b$ *und* $(x_n)_n \overset{sch}{\leq} (y_n)_n$, *dann ist* $a \leq b$. *Insbesondere sind Grenzwerte eindeutig bestimmt:* $(y_n)_n = (x_n)_n \implies b = a$.

BEWEIS. Die Annahme $a > b$ führt zu einem Widerspruch:

Setze $\epsilon := \frac{1}{2}(a - b)$. Dann ist $\epsilon \in \mathbb{R}^+$, also $(|y_n - b|)_n \overset{sch}{<} \epsilon$, das heißt

$$b - \epsilon \overset{sch}{<} (y_n)_n \overset{sch}{<} b + \epsilon \,,$$

also

$$(x_n)_n \overset{sch}{\leq} (y_n)_n \overset{sch}{<} b + \epsilon = a - \epsilon$$

im Widerspruch zu $(x_n)_n \to a$.

Sei nun $(y_n)_n = (x_n)_n$. Wegen $(x_n)_n \overset{sch}{\leq} (x_n)_n$ folgt $a \leq b$ und $b \leq a$. $\qquad\square$

Aus den Eigenschaften von „$\overset{sch}{<}$" in 1.4.1 gewinnen wir Eigenschaften von Nullfolgen (denn Nullfolgen wurden mit Hilfe von „$\overset{sch}{<}$" definiert):

Lemma 1.4.3. *Es gilt:*

1. $(x_n)_n \to 0$ und $(y_n)_n$ beschränkt $\implies$ $(x_n y_n)_n \to 0$.

2. $(x_n)_n \to a \implies (x_n)_n$ beschränkt.

BEWEIS. Zu 1.: Es sei $\epsilon \in \mathbb{R}^+$. Wir zeigen $(|x_n y_n|)_n \overset{sch}{<} \epsilon$:
Da $(y_n)_n$ beschränkt ist, gibt es ein $s \in \mathbb{R}^+$ mit $(|y_n|)_n \leq s < s+1$, also

$$(|y_n|)_n \overset{sch}{<} s+1 \,.$$

Wegen $(x_n)_n \to 0$ und $\frac{\epsilon}{s+1} \in \mathbb{R}^+$ ist

$$(|x_n|)_n \overset{sch}{<} \tfrac{\epsilon}{s+1} \,.$$

Somit: $(|x_n y_n|)_n \overset{sch}{<} \frac{\epsilon}{s+1} \cdot (s+1) = \epsilon$, da „$\overset{sch}{<}$" mit „$\cdot$" verträglich ist.

Zu 2.: Zunächst behandeln wir den Spezialfall $(x_n)_n \to 0$.
Wir suchen ein $s \in \mathbb{R}$ mit $(|x_n|)_n \leq s$.

Wegen $(x_n)_n \to 0$ gilt z.B. $(|x_n|)_n \overset{sch}{<} 1$, das heißt es gibt ein $N \in \mathbb{N}$ mit $|x_n| < 1$
für alle $n > N$. Sei s die größte der Zahlen $1; |x_1|; |x_2|; \ldots; |x_N|$. Dann ist $|x_n| \leq s$
für alle $n \in \mathbb{N}$, das heißt $(|x_n|)_n \leq s$.

Allgemeiner Fall $(x_n)_n \to a$: Dann gilt $(x_n - a)_n \to 0$, also gibt es ein $s \in \mathbb{R}$ mit
$(|x_n - a|)_n \leq s$. Damit ist $(|x_n|)_n \leq s + |a|$, denn mit der Dreiecksungleichung folgt
$|x_n| = |x_n - a + a| \leq |x_n - a| + |a| \leq s + |a|$. $\qquad\qquad\square$

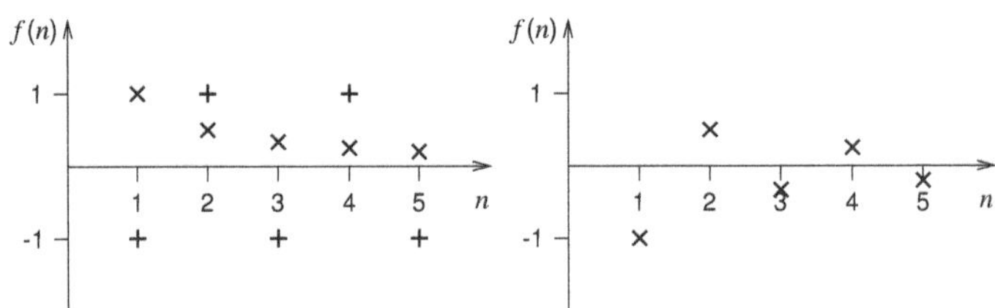

Abbildung 1.9: $\left(\frac{1}{n}\right)_n$ bzw. $((-1)^n)_n$ und das Produkt $\left(\frac{1}{n} \cdot (-1)^n\right)_n$

Zum Beispiel bleibt $((-1)^n)_n$ innerhalb der Schranken -1 und $+1$, und das Pro-
dukt $\left(\frac{1}{n} \cdot (-1)^n\right)_n$ konvergiert gegen 0. Das Produkt aus einer Nullfolge und einer
unbeschränkten Folge muss aber nicht konvergieren: $\left(\frac{1}{n} \cdot n^2\right)_n = (n)_n$ konvergiert
nicht.

Lemma 1.4.4. *Wenn* $(x_n)_n \to 0$ *und* $(y_n)_n \to 0$*, dann folgt:*
$(x_n + y_n)_n \to 0$ *und* $(x_n y_n)_n \to 0$*.*

BEWEIS. Es sei $\epsilon \in \mathbb{R}^+$. Wir zeigen $(|x_n + y_n|)_n \overset{sch}{<} \epsilon$:
Nach der Dreiecksungleichung ist

$$(|x_n + y_n|)_n \leq (|x_n| + |y_n|)_n \ .$$

Wegen $(x_n)_n \to 0$, $(y_n)_n \to 0$ und $\frac{\epsilon}{2} \in \mathbb{R}^+$ gilt

$$(|x_n|)_n \overset{sch}{<} \tfrac{\epsilon}{2} \quad \text{und} \quad (|y_n|)_n \overset{sch}{<} \tfrac{\epsilon}{2} \ .$$

Da „$\overset{sch}{<}$" mit „$+$" verträglich ist, folgt

$$(|x_n + y_n|)_n \leq (|x_n| + |y_n|)_n \overset{sch}{<} \tfrac{\epsilon}{2} + \tfrac{\epsilon}{2} = \epsilon \ .$$

Die Aussage $(x_n y_n)_n \to 0$ folgt nach 1.4.3. $\qquad\square$

Jetzt können wir zwei Sätze formulieren und beweisen, die sehr nützlich bei der Berechnung von Grenzwerten sind:

Satz 1.4.5. *Wenn* $(x_n)_n \to a$ *und* $(y_n)_n \to b$*, dann folgt:*
$(x_n + y_n)_n \to a + b$ *und* $(x_n y_n)_n \to ab$*.*

BEWEIS. Nach Voraussetzung sind $(x_n - a)_n$ und $(y_n - b)_n$ Nullfolgen. Dann ist auch
$$\big((x_n + y_n) - (a + b)\big)_n = \big((x_n - a) + (y_n - b)\big)_n$$
nach 1.4.4 eine Nullfolge, das heißt $(x_n + y_n)_n \to a + b$. Außerdem ist

$$\big(x_n y_n - ab\big)_n = \big(x_n y_n - ay_n + ay_n - ab\big)_n = \big((x_n - a)y_n + a(y_n - b)\big)_n$$

nach 1.4.3 und 1.4.4 eine Nullfolge, das heißt $(x_n y_n)_n \to ab$. $\qquad\square$

Für die Inversen $(-x_n)_n$ und $\big(x_n^{-1}\big)_n$ einer konvergenten Folge $(x_n)_n$ gilt:

Satz 1.4.6. *Es sei* $(x_n)_n \to a$*. Dann folgt:*

1. $(-x_n)_n \to -a$*.*

2. $\big(x_n^{-1}\big)_n \to a^{-1}$*, falls* $a \neq 0$ *und* $x_n \neq 0$ *für alle* $n \in \mathbb{N}$*.*

BEWEIS. Übung! $\qquad\square$

Nach 1.4.5 und 1.4.6 folgt $(x_n - y_n)_n \to a - b$ und $(x_n \cdot y_n^{-1})_n \to a \cdot b^{-1}$, falls $(x_n)_n \to a$, $(y_n)_n \to b \neq 0$ und $y_n \neq 0$ für alle $n \in \mathbb{N}$. Damit kann man viele Grenzwerte sehr leicht berechnen:

Beispiel 1.4.7. Es sei $x_n = \dfrac{2n^2 + 5}{n^2}$ für alle $n \in \mathbb{N}$. Dann ist

$$x_n = 2 + \frac{5}{n^2} = 2 + 5 \cdot \frac{1}{n} \cdot \frac{1}{n}\;.$$

Die Folge $(x_n)_n$ setzt sich also aus lauter einfachen Folgen zusammen, deren Grenzwerte wir bereits kennen: Es seien $(a_n)_n$ und $(b_n)_n$ die konstanten Folgen mit $a_n = 2$ und $b_n = 5$, und $(c_n)_n$ die Folge mit $c_n = \frac{1}{n}$. Damit ist

$$(x_n)_n = (a_n)_n + (b_n)_n \cdot (c_n)_n \cdot (c_n)_n\;.$$

Wir wissen bereits, dass konstante Folgen gegen ihre Konstante konvergieren, also $(a_n)_n \to 2$ und $(b_n)_n \to 5$, und nach 1.3.23 gilt $(c_n)_n \to 0$. Mit 1.4.5 erhalten wir

$$(x_n)_n \to 2 + 5 \cdot 0 \cdot 0 = 2\;.$$

Diese Art der Berechnung von Grenzwerten funktioniert bei vielen Bruchtermen; man muss nur geeignet kürzen können:

$$\frac{2n + 5}{3n - 11} = \frac{2 + 5 \cdot \frac{1}{n}}{3 - 11 \cdot \frac{1}{n}} \;\longrightarrow\; \frac{2 + 5 \cdot 0}{3 - 11 \cdot 0} = \frac{2}{3}\;.$$

Oder (kürze mit n^8):

$$\frac{n^7 + 5n^6}{n^8 + n^5} = \frac{\frac{1}{n} + 5 \cdot \frac{1}{n} \cdot \frac{1}{n}}{1 + \frac{1}{n} \cdot \frac{1}{n} \cdot \frac{1}{n}} \;\longrightarrow\; \frac{0 + 5 \cdot 0 \cdot 0}{1 + 0 \cdot 0 \cdot 0} = 0\;.$$

Wir haben jetzt stets mit der höchsten Potenz von n gekürzt, die im Nenner vorkommt. Das nützt aber nichts, wenn der Zähler eine größere Potenz von n enthält als der Nenner; solche Fälle behandeln wir ab 1.4.16. $\qquad\square$

Statt $\frac{1}{n} \cdot \frac{1}{n} \cdot \frac{1}{n}$ (wie in 1.4.7) schreiben wir in Zukunft wieder $\frac{1}{n^3}$, denn man sieht sofort, dass Terme wie $\frac{1}{n^3}$ oder $\frac{1}{n^{153}}$ gegen 0 konvergieren. Warum? Na ja, $\frac{1}{n^{153}} = \frac{1}{n} \cdot \frac{1}{n} \cdot \ldots \cdot \frac{1}{n}$, jeder Faktor geht gegen 0, und wenn man 1.4.5 mit großer Geduld 152 mal anwendet, dann folgt die Behauptung. Geht's auch etwas kürzer und ohne Pünktchen? Uns ist schon irgendwie klar, dass $\left(\frac{1}{n^k}\right)_n$ für jeden Exponenten $k \in \mathbb{N}$ gegen 0 konvergiert. Schreiben wir doch einmal genau auf, warum wir das denken:

Für $k = 1$ folgt unsere Behauptung nach 1.3.23. Mit 1.4.5 können wir von $k = 1$ auf $k = 2$ schließen:

$$\left(\tfrac{1}{n^1}\right)_n \to 0 \text{ und } \left(\tfrac{1}{n^1}\right)_n \to 0 \quad \overset{1.4.5}{\Longrightarrow} \quad \left(\tfrac{1}{n^2}\right)_n = \left(\tfrac{1}{n^1} \cdot \tfrac{1}{n^1}\right)_n \to 0\;.$$

Jetzt wissen wir $\left(\frac{1}{n^2}\right)_n \to 0$, also können wir mit 1.4.5 von $k = 2$ auf $k = 3$ schließen:

$$\left(\tfrac{1}{n^2}\right)_n \to 0 \text{ und } \left(\tfrac{1}{n^1}\right)_n \to 0 \quad \overset{1.4.5}{\Longrightarrow} \quad \left(\tfrac{1}{n^3}\right)_n = \left(\tfrac{1}{n^2} \cdot \tfrac{1}{n^1}\right)_n \to 0\;.$$

Jetzt wissen wir $\left(\frac{1}{n^3}\right)_n \to 0$, also können wir mit 1.4.5 von $k = 3$ auf $k = 4$ schließen:

$$\left(\tfrac{1}{n^3}\right)_n \to 0 \text{ und } \left(\tfrac{1}{n^1}\right)_n \to 0 \quad \overset{1.4.5}{\Longrightarrow} \quad \left(\tfrac{1}{n^4}\right)_n = \left(\tfrac{1}{n^3} \cdot \tfrac{1}{n^1}\right)_n \to 0 \,.$$

Das hört nie auf: Wenn wir unsere Behauptung für ein $k \in \mathbb{N}$ wissen, dann können wir mit 1.4.5 von k auf $k + 1$ schließen:

$$\left(\tfrac{1}{n^k}\right)_n \to 0 \text{ und } \left(\tfrac{1}{n^1}\right)_n \to 0 \quad \overset{1.4.5}{\Longrightarrow} \quad \left(\tfrac{1}{n^{k+1}}\right)_n = \left(\tfrac{1}{n^k} \cdot \tfrac{1}{n^1}\right)_n \to 0 \,.$$

Damit gilt unsere Behauptung für alle $k \in \mathbb{N}$. Der Kern des soeben benutzten Arguments ist das

Prinzip der vollständigen Induktion:
Eine Teilmenge $G \subseteq \mathbb{N}$ habe folgende Eigenschaften:

1. $1 \in G$

2. $k \in G \implies k + 1 \in G$.

Dann ist $G = \mathbb{N}$. $\qquad\qquad\qquad\qquad\qquad\qquad\qquad\qquad\qquad\qquad\qquad$ $\square$

Fassen wir zusammen (sonst meint noch jemand, Beweise mit vollständiger Induktion wären immer so langwierig):

Lemma 1.4.8. *Für alle $k \in \mathbb{N}$ gilt $\left(\frac{1}{n^k}\right)_n \to 0$.*

BEWEIS. Für $k = 1$ folgt die Aussage nach 1.3.23.
„$k \mapsto k + 1$": Induktions–Annahme: Für ein $k \in \mathbb{N}$ gilt $\left(\frac{1}{n^k}\right)_n \to 0$.
Induktions–Behauptung: Dann gilt auch $\left(\frac{1}{n^{k+1}}\right)_n \to 0$.
Beweis: Mit 1.4.5 und Induktions–Annahme folgt

$$\left(\tfrac{1}{n^{k+1}}\right)_n = \left(\tfrac{1}{n^k}\right)_n \cdot \left(\tfrac{1}{n^1}\right)_n \to 0 \cdot 0 = 0 \,. \qquad\qquad \square$$

Vielleicht ist Ihnen die Ähnlichkeit zwischen einer *rekursiven Definition* (siehe Beispiel 1.2.4) und einer *vollständigen Induktion* aufgefallen: Die erste präzisiert „Pünktchen-Definitionen", die zweite „Pünktchen-Argumente"; in beiden Fällen wird ein Anfang vorgegeben und mitgeteilt, wie man jeweils einen Schritt weiter kommt.

Zur Übung beweisen wir einige Aussagen mit vollständiger Induktion:

Beispiel 1.4.9. Für alle $k \in \mathbb{N}$ und alle reellen $x \geq -1$ gilt

$$(1 + x)^k \geq 1 + kx \qquad \text{(„Bernoullische Ungleichung")} \,.$$

Beweis mit vollständiger Induktion:
$k = 1 \colon (1 + x)^1 \geq 1 + 1 \cdot x$.
„$k \mapsto k + 1$": $(1 + x)^{k+1} = (1 + x)^k (1 + x) \overset{Ann.}{\geq} (1 + kx)(1 + x) =$
$1 + (k + 1)x + kx^2 \geq 1 + (k + 1)x$. $\qquad\qquad\qquad\qquad\qquad\qquad\qquad$ $\square$

Das Archimedische Axiom kann man auch so formulieren:

$$\text{Es seien } x, y \in \mathbb{R}^+. \text{ Dann gilt } y \stackrel{sch}{<} (nx)_n \, .$$

Mit der Bernoullischen Ungleichung erhalten wir eine ähnliche Aussage:

Beispiel 1.4.10. Es seien $x, y \in \mathbb{R}^+$.

1. Für $x > 1$ gilt $y \stackrel{sch}{<} (x^n)_n$.

2. Für $x < 1$ gilt $(x^n)_n \stackrel{sch}{<} y$. Insbesondere: $(x^n)_n \to 0$. $\qquad\square$

BEWEIS. Zu 1.: Setze $a := x - 1$. Dann ist $a > 0 \geq -1$, also nach Bernoulli

$$1 + na \leq (1 + a)^n = x^n \quad \text{für alle } n \in \mathbb{N} \, .$$

Mit Archimedes folgt $y \stackrel{sch}{<} (na)_n < (1 + na)_n \leq (x^n)_n$.
Zu 2.: Übung! $\qquad\square$

Beispiel 1.4.11. Es gibt eine praktische Schreibweise für Summen, die aus vielen Summanden bestehen. Zum Beispiel:

$$\sum_{i=1}^{100} i := 1 + 2 + \ldots + 100 \quad \text{oder} \quad \sum_{i=1}^{1000} x^i := x^1 + x^2 + x^3 + \ldots + x^{1000} \, .$$

Allgemeiner: Wenn eine Folge $(x_n)_n$ und ein $k \in \mathbb{N}$ gegeben sind, dann ist

$$\sum_{i=1}^{k} x_i := x_1 + x_2 + x_3 + \ldots + x_k \, .$$

Die meisten Leser denken bei diesem „$+ \ldots +$" wahrscheinlich an das gleiche wie ich. Man kann die Summe aber auch ohne Pünktchen mit einer Rekursion definieren: Für $j, k \in \mathbb{Z}$ sei

$$\sum_{i=j}^{k} x_i := 0 \text{ für } j > k \quad \text{und} \quad \sum_{i=j}^{k} x_i := \left(\sum_{i=j}^{k-1} x_i \right) + x_k \text{ für } j \leq k \, .$$

Dann ist zum Beispiel $\sum\limits_{i=4}^{6} x_i = x_4 + x_5 + x_6$ und $\sum\limits_{i=4}^{1} x_i = 0$.
Vielleicht kennen Sie bereits die Formel

$$\sum_{i=1}^{k} i = \frac{k(k+1)}{2} \quad \text{für alle } k \in \mathbb{N} \, .$$

Es kann einige Zeit dauern, bis man auf so eine Formel kommt. Doch sobald man sie vermutet, ist ihr Beweis mit vollständiger Induktion recht kurz:

$$k = 1: \sum_{i=1}^{1} i = 1 = \tfrac{1 \cdot (1+1)}{2}\,.$$

„$k \mapsto k+1$": Ind.Ann.: Für ein $k \in \mathbb{N}$ gilt $\displaystyle\sum_{i=1}^{k} i = \tfrac{k(k+1)}{2}\,.$

Ind.Beh.: Dann gilt auch $\displaystyle\sum_{i=1}^{k+1} i = \tfrac{(k+1)(k+2)}{2}\,.$

Beweis: $\displaystyle\sum_{i=1}^{k+1} i = \left(\sum_{i=1}^{k} i\right) + k + 1 \overset{Ann.}{=} \tfrac{k(k+1)}{2} + k + 1 = \tfrac{(k+1)(k+2)}{2}\,.$ $\qquad\square$

Beispiel 1.4.12. Für alle $k \in \mathbb{N}_0$ und alle $x \in \mathbb{R} \setminus \{1\}$ gilt

$$\sum_{i=0}^{k} x^i = \frac{1 - x^{k+1}}{1 - x}\,.$$

Die zugehörige Folge $(S_k)_{k \geq 0}$ mit $S_k := \displaystyle\sum_{i=0}^{k} x^i$ heißt *geometrische Reihe*.

Beweis mit vollständiger Induktion:

$$k = 0: \sum_{i=0}^{0} x^i = x^0 = 1 = \tfrac{1 - x^{0+1}}{1-x}\,.$$

„$k \mapsto k+1$": $\displaystyle\sum_{i=0}^{k+1} x^i = \left(\sum_{i=0}^{k} x^i\right) + x^{k+1} \overset{Ann.}{=} \tfrac{1 - x^{k+1}}{1-x} + x^{k+1} = \tfrac{1 - x^{k+2}}{1-x}\,.$ $\qquad\square$

Beispiel 1.4.13. Ein elastischer Ball fällt zu Boden. Nehmen wir an, die Zeit zwischen dem 1. und dem 2. Aufprall beträgt 1 Sekunde, die Zeit zwischen dem 2. und dem 3. Aufprall $0,7\,s$, die Zeit zwischen dem 3. und dem 4. Aufprall $0,7 \cdot 0,7\,s = 0,49\,s$ und immer so weiter: nach jedem Aufprall wird die Zeit mit $0,7$ multipliziert. Nach unserer praktischen Erfahrung bleibt der Ball nach einigen Sekunden liegen. Doch wie lange würde das *theoretisch* dauern, wenn der Ball also nach *jedem* Aufprall zurückspringen würde? Es mag sehr einleuchtend klingen, dass der Ball theoretisch nie zur Ruhe kommt: Er springt immer wieder zurück, also kann es doch keinen letzten Sprung geben! Außerdem benötigen unendlich viele Sprünge auch unendlich viel Zeit!

An diesem Beispiel sieht man recht schön, dass plausible Meinungen und angebliche Selbstverständlichkeiten falsch sein können. Das zuvor genannte Argument enthält mindestens einen Fehler: Der Wert einer Summe, die aus unendlich vielen positiven Summanden besteht, muss nicht unendlich groß sein (siehe auch Beispiel 1.4.15):

Der erste Sprung dauert 1 Sekunde, der zweite $0,7\,s$, der dritte $0,7 \cdot 0,7\,s$ und so weiter: der k–te Sprung dauert $0,7^{k-1}$ Sekunden. Die ersten k Sprünge dauern somit insgesamt

$$1 + 0,7 + 0,7^2 + \ldots + 0,7^{k-1} \;=\; \sum_{i=0}^{k-1} 0,7^{\,i} \;=\; \frac{1 - 0,7^k}{1 - 0,7} \quad \text{(siehe 1.4.12)}$$

Sekunden. Nach 1.4.10 gilt $\left(0,7^k\right)_k \to 0$, also dauern unendlich viele Sprünge $\frac{1}{1-0,7} = 3\tfrac{1}{3}$ Sekunden. $\qquad\square$

Wir halten allgemein fest:

Lemma 1.4.14. *Für* $|x| < 1$ *gilt* $\displaystyle\sum_{i=0}^{\infty} x^i := \lim_{k \to \infty} \sum_{i=0}^{k} x^i = \frac{1}{1-x}$.

BEWEIS. Siehe 1.4.12 und 1.4.10. $\hfill\square$

Beispiel 1.4.15. Dezimalzahlen. Die Tatsache, dass eine Summe keinen unendlich großen Wert haben muss, wenn sie aus unendlich vielen positiven Summanden besteht, benutzen wir schon lange (auch wenn uns das vielleicht nicht bewusst war): Die genaue Definition einer periodischen Dezimalzahl wie $0{,}\overline{9}$ lautet:

$$0{,}\overline{9} := \sum_{i=1}^{\infty} \left(9 \cdot 0{,}1^i\right) = 0{,}9 + 0{,}09 + 0{,}009 + \dots$$

Mit 1.4.14 folgt

$$0{,}\overline{9} = 9 \cdot \left(\sum_{i=0}^{\infty} \left(0{,}1^i\right) - 0{,}1^0\right) = 9 \cdot \left(\frac{1}{1 - 0{,}1} - 1\right) = 9 \cdot \frac{1}{9} = 1 .$$

Allgemein: Es sei $(z_i)_i$ eine Folge mit $z_i \in \{0\,;\,1\,;\,2\,;\,\dots\,;\,9\}$ für alle $i \in \mathbb{N}$, und $S_k := \displaystyle\sum_{i=1}^{k} \left(z_i \cdot 0{,}1^i\right)$ für alle $k \in \mathbb{N}$. Die Folge $(S_k)_k$ ist monoton steigend mit oberer Schranke $0{,}\overline{9} = 1$ (da alle $z_i \leq 9$), also konvergiert $(S_k)_k$ nach dem Vollständigkeitsaxiom gegen eine reelle Zahl. Für den Grenzwert benutzt man die Schreibweise

$$\sum_{i=1}^{\infty} \left(z_i \cdot 0{,}1^i\right) = 0{,}z_1 z_2 z_3 \dots \quad \text{(an der } i\text{-ten Stelle steht die Ziffer } z_i \text{) .}$$

$\hfill\square$

In Beispiel 1.4.7 haben wir gezeigt, wie man Grenzwerte von Bruchtermen berechnet, wenn der Zähler keine höhere Potenz von n enthält als der Nenner. Aber Brüche wie $\frac{n^3}{n+1}$ konvergieren nicht, sondern sie *divergieren nach Unendlich*.

Definition 1.4.16. Eine Folge $(x_n)_n$ ist *unendlich groß* bzw. *divergiert nach* ∞, wenn sie bezüglich „$\overset{sch}{<}$" größer ist als jede reelle Zahl:

$$\forall\, s \in \mathbb{R} : s \overset{sch}{<} (x_n)_n .$$

Schreibweise: $(x_n)_n \to \infty$ bzw. $\displaystyle\lim_{n \to \infty} x_n = \infty$. Eine Folge *divergiert nach* $-\infty$, wenn sie bezüglich „$\overset{sch}{<}$" kleiner ist als jede reelle Zahl. $\hfill\square$

Für $(x_n)_n \to \infty$ würde auch genügen, dass $s \overset{sch}{<} (x_n)_n$ für alle $s \in \mathbb{R}^+$ gilt. Zwei Beispiele divergenter Folgen kennen wir bereits: Nach Archimedes gilt $(nx)_n \to \infty$ für $x > 0$, und nach 1.4.10 gilt $(x^n)_n \to \infty$ für $x > 1$. Das folgende Lemma liefert viele weitere divergente Folgen:

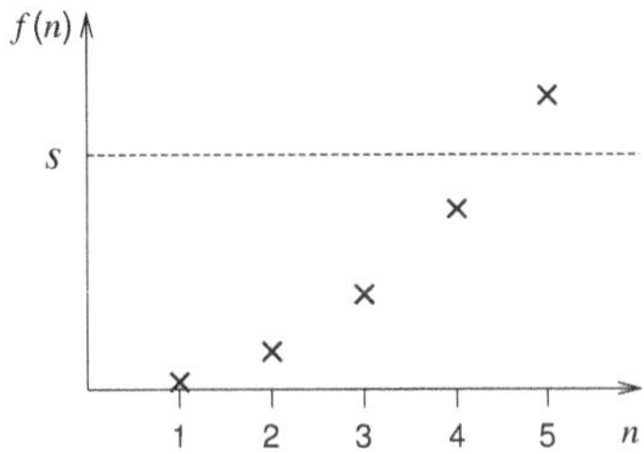

Abbildung 1.10: $(x_n)_n$ ist schließlich $> s$ (Definition 1.4.16)

Lemma 1.4.17. *Für alle Folgen $(x_n)_n$ und $(y_n)_n$ gilt:*

1. *$(x_n)_n \to \infty$ und $r \overset{sch}{\leq} (y_n)_n$ für ein $r \in \mathbb{R}$ $\implies$ $(x_n + y_n)_n \to \infty$.*

2. *$(x_n)_n \to \infty$ und $r \overset{sch}{\leq} (y_n)_n$ für ein $r \in \mathbb{R}^+$ $\implies$ $(x_n y_n)_n \to \infty$.*

3. *$(x_n)_n \to -\infty$ $\iff$ $(-x_n)_n \to \infty$.*

4. *$(x_n)_n \to 0$ und $x_n \in \mathbb{R}^+$ für alle $n \in \mathbb{N}$ $\implies$ $\left(x_n^{-1}\right)_n \to \infty$.*

5. *$(x_n)_n \to \infty$ und $x_n \neq 0$ für alle $n \in \mathbb{N}$ $\implies$ $\left(x_n^{-1}\right)_n \to 0$.*

BEWEIS. Zu 1.: Es sei $s \in \mathbb{R}$. Wir zeigen $s \overset{sch}{<} (x_n + y_n)_n$:

Nach Voraussetzung ist $r \overset{sch}{\leq} (y_n)_n$ für ein $r \in \mathbb{R}$, und $s - r \overset{sch}{<} (x_n)_n$. Daraus folgt $s \overset{sch}{<} (x_n + y_n)_n$ (denn „$<$" ist mit „$+$" verträglich).

Zu 4.: Es sei $s \in \mathbb{R}^+$. Wir zeigen $s \overset{sch}{<} \left(x_n^{-1}\right)_n$:

Wegen $(x_n)_n \to 0$ und $s^{-1} \in \mathbb{R}^+$ gilt $(x_n)_n \overset{sch}{<} s^{-1}$. Diese Ungleichung multiplizieren wir mit $\left(s\,x_n^{-1}\right)_n$ und erhalten $(s)_n \overset{sch}{<} \left(x_n^{-1}\right)_n$ (denn „$<$" ist mit „$\cdot$" verträglich); aber das ist gleichbedeutend mit $s \overset{sch}{<} \left(x_n^{-1}\right)_n$.

Zu 2.,3.,5.: Übung! $\square$

Die Aussage 1.4.17.5 kann man noch etwas abändern: Aus $(x_n)_n \to \infty$ folgt z.B. $0 \overset{sch}{<} (x_n)_n$, das heißt es gibt ein $N \in \mathbb{N}$ mit $x_n \neq 0$ für alle $n > N$; dann ist die Restfolge $(x_n^{-1})_{n>N}$ definiert und sie konvergiert gegen 0.

Wir haben jetzt eine Methode, mit der wir alle rationalen Terme (Brüche, deren Zähler und Nenner Polynome sind) auf Konvergenz/Divergenz untersuchen können: Zunächst mit der höchsten Potenz von n kürzen, die im Nenner vorkommt; danach eventuell die höchste Potenz des Zählers ausklammern.

Beispiel 1.4.18. Es gilt

$$\frac{n^2}{n+1} = \frac{n}{1+\frac{1}{n}} = n \cdot \frac{1}{1+\frac{1}{n}} \;\to\; \infty$$

nach 1.4.17, denn $(n)_n \to \infty$ und $\left(\frac{1}{1+\frac{1}{n}}\right)_n$ konvergiert gegen 1, das heißt es gilt

zum Beispiel $\frac{1}{2} \overset{sch}{\leq} \left(\frac{1}{1+\frac{1}{n}}\right)_n$. Analog:

$$\frac{n^5 - n^4 + n}{3n^2 - 1} = \frac{n^3 - n^2 + \frac{1}{n}}{3 - \frac{1}{n^2}} = n^3 \cdot \frac{1 - \frac{1}{n} + \frac{1}{n^4}}{3 - \frac{1}{n^2}} \to \infty$$

nach 1.4.17, denn $\left(n^3\right)_n \to \infty$ und der Bruch konvergiert gegen $\frac{1}{3}$. Die Divergenz $\left(n^k\right)_n \to \infty$ gilt sogar für alle $k \in \mathbb{N}$; das zeigt man am besten mit einer vollständigen Induktion. $\square$

Wo schneidet der Graph von $f(x) = \frac{1}{2}x^5 - 2x + 1$ die x–Achse? Diese Frage stand ganz am Anfang dieses Buches in Beispiel 1.1.2 und war der Auslöser dafür, dass wir uns überhaupt mit Folgen und Grenzwerten beschäftigt haben. Die Intervallschachtelung in Beispiel 1.1.2 erzielte leider keinen einzigen „Treffer". Aber jetzt können wir beweisen, dass jede Intervallschachtelung ein eindeutig bestimmtes *Ergebnis* im folgenden Sinn besitzt:

Satz 1.4.19. *Jede Intervallschachtelung $([\,l_n, r_n\,])_n$ hat ein eindeutiges Ergebnis, das heißt es gibt genau ein $a \in \mathbb{R}$ mit $(l_n)_n \to a$ und $(r_n)_n \to a$; außerdem ist a die eindeutig bestimmte Zahl mit $a \in [\,l_n, r_n\,]$ für alle $n \in \mathbb{N}$.*

BEWEIS. Nach 1.3.21 gibt es $a, b \in \mathbb{R}$ mit $(l_n)_n \to a$ und $(r_n)_n \to b$. Die Zahlen a und b sind Grenzwerte, also nach 1.4.2 eindeutig bestimmt. Außerdem gilt $a = b$, denn $(r_n - l_n)_n \to b - a$ und $(r_n - l_n)_n$ ist eine Nullfolge: Die Intervalle $[\,l_n, r_n\,]$ werden bei jedem Schritt halbiert, also folgt

$$r_n - l_n = \left(\tfrac{1}{2}\right)^{n-1} \cdot (r_1 - l_1)$$

für alle $n \in \mathbb{N}$ (vollständige Induktion!), und $\left(\left(\tfrac{1}{2}\right)^n\right)_n \to 0$ nach 1.4.10. Beweis der zweiten Aussage: Übung! $\square$

Mit der Intervallschachtelung in Beispiel 1.1.2 erzielen wir nach wie vor keinen Treffer. Doch der wesentliche Unterschied zur damaligen Situation besteht darin, dass Treffer jetzt nicht mehr nötig sind: Wir wissen mit 1.4.19 auch ohne Treffer, dass ein eindeutig bestimmtes Ergebnis $a \in \mathbb{R}$ existiert; wir können diesem Ergebnis einen Namen geben und mit ihm wie mit jeder anderen reellen Zahl umgehen, da eben $a \in \mathbb{R}$ gilt. So etwas sind wir auch schon lange gewohnt: Die Kreiszahl oder das Ergebnis von $2 : 3$ können wir auch nicht als unendliche Kommazahl hinschreiben; wir benutzen stattdessen Namen und Schreibweisen wie π oder $\frac{2}{3}$ und rechnen nach unseren gewohnten Regeln, das heißt nach den Axiomen von $\mathbb{R}$. Und falls gewünscht, können Näherungen dieser Zahlen bis zur Grenze einer jeweils gegebenen Rechengenauigkeit bestimmt werden.

Aufgaben

1. Überprüfen Sie, welche Körperaxiome auch für Folgen gelten.

2. Führen Sie den Beweis von 1.4.1 zu Ende.

3. Es sei $\mathbb{R}^{\mathbb{N}}$ die Menge aller Folgen $(x_n)_n : \mathbb{N} \longrightarrow \mathbb{R}$. Definieren Sie (in Analogie zu $\mathbb{R}^+$ und „$<$" für reelle Zahlen) eine Menge $(\mathbb{R}^{\mathbb{N}})^+$ und definieren Sie unser „$\overset{sch}{<}$" mit Hilfe von $(\mathbb{R}^{\mathbb{N}})^+$. Formulieren und überprüfen Sie Anordnungsaxiome für $\mathbb{R}^{\mathbb{N}}$ (analog zu $\mathbb{R}$).

4. In 1.4.2 sei $(x_n)_n \overset{sch}{<} (y_n)_n$. Folgt dann $a < b$?

5. Beweisen Sie 1.4.6.

6. Berechnen Sie die Grenzwerte wie in 1.4.7.

$$\text{(a)} \quad x_n := \frac{5 - n^2}{n^2 - 50} \qquad\qquad \text{(b)} \quad x_n := \frac{3n^2 + n}{2n^2 - 9}$$

$$\text{(c)} \quad x_n := \frac{n^8 + 6n^3}{n^{10} - n} \qquad\qquad \text{(d)} \quad x_n := \frac{n^{12} - 5n^6}{n^{15} + 2n^{13}}$$

$$\text{(e)} \quad x_n := \cos(n) \cdot \frac{n^5 - 5n^2}{n^7 - 1} \qquad \text{(f)} \quad x_n := \frac{n^{21} + (-1)^n \cdot n^{17}}{n^{25} + 9n^{20}}$$

7. Zeigen Sie für alle $n \in \mathbb{N}$ mit vollständiger Induktion:

$$\text{(a)} \quad \sum_{i=1}^{n} (2i - 1) = n^2 \qquad\qquad \text{(b)} \quad \left| \sum_{i=1}^{n} x_i \right| \leq \sum_{i=1}^{n} |x_i|$$

$$\text{(c)} \quad \sum_{i=1}^{n} (4i - 1) = 2n^2 + n \qquad \text{(d)} \quad \sum_{i=1}^{n} 3^{i-1} = \frac{3^n - 1}{2}$$

(e) Es sei $x_{k+1} = a x_k$ für alle $k \in \mathbb{N}$. Dann ist $x_n = a^{n-1} x_1$.

$$\text{(f)} \quad x^n - y^n = (x - y) \cdot \sum_{i=0}^{n-1} x^{n-1-i} y^i . \quad \text{(Wink: Addiere } -xy^n + xy^n)$$

8. Führen Sie den Beweis von 1.4.10 zu Ende.

9. Untersuchen Sie auf Konvergenz/Divergenz wie in 1.4.18.

$$\text{(a)} \quad x_n := n^{13} - 10n^{12} + 3n + 7 \qquad \text{(b)} \quad x_n := 1 + 2n^3 - n^8$$

$$\text{(c)} \quad x_n := 2n^{14} - n^9 + 4\cos(n) \qquad \text{(d)} \quad x_n := \sin(n) + 3n^6 - n^5$$

$$\text{(e)} \quad x_n := \frac{-5n^4 + n^3 - 1}{n^2 - n} \qquad\qquad \text{(f)} \quad x_n := \frac{-n^7 - 9}{n^6 + 11n^3 + 14}$$

1.5 Stetigkeit

Nach 1.4.19 hat die Intervallschachtelung in Beispiel 1.1.2 ein eindeutig bestimmtes Ergebnis a. Wir wissen aber noch nicht, ob $f(a) = 0$ gilt. Das war zwar unsere Absicht und es mag sogar plausibel klingen – doch woher wollen wir wissen, dass wir unser Ziel auch erreicht haben? Wir können a nicht in $f(x)$ einsetzen um zu überprüfen, ob $f(a) = 0$ gilt, denn a ist nicht konkret gegeben. Abbildung 1.1 und die zugehörige Intervallschachtelung legen vielleicht nahe, dass $f(a) = 0$ gilt; trotzdem kann $f(a) = 0$ falsch sein, wie das nächste Beispiel zeigt. Im vorliegenden Abschnitt werden wir Sätze besprechen, die für sehr viele Funktionen Lösungen von $f(x) = 0$ liefern, insbesondere auch für f in Beispiel 1.1.2.

Beispiel 1.5.1. Wir betrachten eine Funktion, bei der man leicht erkennt, warum die Folge $(l_n)_{n \in \mathbb{N}}$ der linken Grenzen einer Intervallschachtelung zwar konvergiert, aber nicht gegen eine Lösung von $f(x) = 0$. Setze

$$f(x) := \begin{cases} \dfrac{|x - \frac{1}{3}|}{x - \frac{1}{3}} & \text{für} \quad x \neq \frac{1}{3} \\ 1 & \text{für} \quad x = \frac{1}{3} \end{cases}.$$

Es gilt $f(0) < 0 < f(1)$, also starten wir mit $[l_1, r_1] := [0\,;1]$ und setzen

$$[l_{n+1}, r_{n+1}] := \begin{cases} [l_n, m_n] & \text{falls } f(m_n) > 0 \\ [m_n, r_n] & \text{sonst} \end{cases}$$

für $n \in \mathbb{N}$ und $m_n := \frac{1}{2}(l_n + r_n)$. Tabelle 1.3 enthält die ersten 6 Werte.

n	l_n	m_n	r_n	$f(l_n)$	$f(m_n)$	$f(r_n)$
1	0	0,5	1	-1	$+1$	$+1$
2	0	0,25	0,5	-1	-1	$+1$
3	0,25	0,375	0,5	-1	$+1$	$+1$
4	0,25	0,3125	0,375	-1	-1	$+1$
5	0,3125	0,34375	0,375	-1	$+1$	$+1$
6	0,3125	0,328125	0,34375	-1	-1	$+1$

Tabelle 1.3: Intervallschachtelung für $f(x) = 0$

Wegen $f(x) = -1$ für $x < \frac{1}{3}$ und $f(x) = 1$ für $x \geq \frac{1}{3}$ konvergieren $(l_n)_n$, $(m_n)_n$ und $(r_n)_n$ gegen $\frac{1}{3}$, aber $\frac{1}{3}$ ist natürlich keine Lösung der Gleichung $f(x) = 0$. $\quad\square$

Die Besonderheit der Funktion f in Beispiel 1.5.1 besteht darin, dass sich ihre Werte „in der Nähe von $x = \frac{1}{3}$ sprunghaft ändern" (siehe Abbildung 1.11). Dadurch ist es möglich, dass die Folge der Funktionswerte $f(m_n)$ nicht konvergiert, obwohl $(m_n)_n$ konvergiert. Beim Einsetzen in f kann die Konvergenz einer Folge also verloren gehen.

Natürlich gibt es auch Folgen $(x_n)_n$, sodass $(x_n)_n$ und $(f(x_n))_n$ konvergieren, etwa $(l_n)_n$ und $(r_n)_n$. Die entscheidende Frage lautet aber, ob f die Eigenschaft der Konvergenz *immer* erhält, ob also für *jede* konvergente Folge $(x_n)_n$ auch $(f(x_n))_n$ konvergiert. Solche Funktionen nennt man *stetig*:

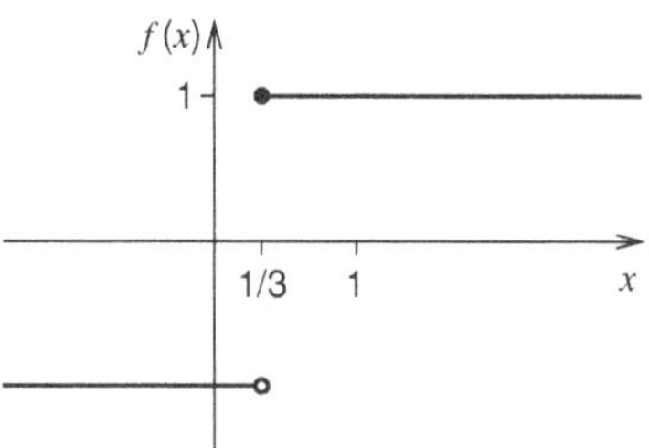

Abbildung 1.11: Beispiel 1.5.1

Definition 1.5.2. Eine Funktion $f : D \longrightarrow \mathbb{R}$ heißt *stetig an einer Stelle* $a \in D$, wenn für jede Folge $(x_n)_{n\in\mathbb{N}}$ in D gilt:

$$(x_n)_{n\in\mathbb{N}} \to a \quad \Longrightarrow \quad (f(x_n))_{n\in\mathbb{N}} \to f(a) \,.$$

Dabei bedeutet „$(x_n)_{n\in\mathbb{N}}$ in D", dass $x_n \in D$ für alle $n \in \mathbb{N}$ gilt. Wenn f an jeder Stelle $a \in D$ stetig ist, dann heißt f *stetig*. $\qquad\square$

Die Funktion in 1.5.1 ist unstetig an der Stelle $\frac{1}{3}$, aber stetig zum Beispiel an der Stelle 2; denn für $(x_n)_n \to 2$ wird $(f(x_n))_n$ schließlich sogar konstant 1, also folgt $(f(x_n))_n \to 1 = f(2)$.

Mit Hilfe der Stetigkeit können wir das zu Beginn dieses Abschnitts formulierte Problem lösen, denn wie wir gleich sehen werden konvergieren Intervallschachtelungen bei Funktionen, die stetig sind und keine Definitionslücken besitzen, immer gegen Lösungen der zugehörigen Gleichungen.

Definition 1.5.3. Sei $f : D \longrightarrow \mathbb{R}$ eine Funktion, $[\,l_1, r_1\,] \subseteq D$, $f(l_1) \le 0 \le f(r_1)$ und

$$[\,l_{n+1}, r_{n+1}\,] := \begin{cases} [\,l_n, m_n\,] & \text{falls} \quad f(m_n) > 0 \\ [\,m_n, r_n\,] & \text{sonst} \end{cases}$$

für $n \in \mathbb{N}$ und $m_n := \frac{1}{2}(l_n + r_n)$. Dann heißt $([\,l_n, r_n\,])_n$ *Intervallschachtelung für* $f(x) = 0$. $\qquad\square$

Natürlich könnten wir im Fall $f(l_1) = 0$, $f(r_1) = 0$ oder $f(m_n) = 0$ die Intervallschachtelung sofort abbrechen, da wir dann Lösungen für $f(x) = 0$ besitzen; doch die gewählten Formulierungen in 1.5.3 sparen uns im Folgenden viele Fallunterscheidungen. Übrigens: Wenn man zwei Stellen l_1 und r_1 findet mit $f(l_1) \ge 0 \ge f(r_1)$, dann muss man f nur mit -1 multiplizieren; das ändert nichts an der Lösungsmenge von $f(x) = 0$, und nach 1.5.3 ist eine Intervallschachtelung für $-f(x) = 0$ definiert.

Lemma 1.5.4. *Es sei* $([\,l_n, r_n\,])_n$ *eine Intervallschachtelung für* $f(x) = 0$. *Dann gilt* $f(l_n) \le 0 \le f(r_n)$ *für alle* $n \in \mathbb{N}$.

BEWEIS. Vollständige Induktion:
$n = 1$: $f(l_1) \le 0 \le f(r_1)$ gilt nach Definition 1.5.3.

„$n \mapsto n+1$": Ind.Ann.: Für ein $n \in \mathbb{N}$ gilt $f(l_n) \leq 0 \leq f(r_n)$.

Ind.Beh.: Dann gilt auch $f(l_{n+1}) \leq 0 \leq f(r_{n+1})$.

Beweis: 1. Fall: $f(m_n) > 0$. Dann ist $l_{n+1} = l_n$ und $r_{n+1} = m_n$, also folgt $f(l_{n+1}) = f(l_n) \leq 0 < f(m_n) = f(r_{n+1})$.

2. Fall: $f(m_n) \leq 0$. Dann ist $l_{n+1} = m_n$ und $r_{n+1} = r_n$; damit erhalten wir $f(l_{n+1}) = f(m_n) \leq 0 \leq f(r_n) = f(r_{n+1})$. $\qquad\qquad\qquad\qquad\qquad\qquad\square$

Jetzt können wir den versprochenen Satz formulieren und beweisen:

Satz 1.5.5. *Sei $f : D \longrightarrow \mathbb{R}$ stetig, $[l_1, r_1] \subseteq D$, $f(l_1) \leq 0 \leq f(r_1)$ und $([l_n, r_n])_n$ eine Intervallschachtelung für $f(x) = 0$ mit Ergebnis a . Dann ist $f(a) = 0$.*

BEWEIS. Nach 1.4.19 gilt $(l_n)_n \to a$ und $(r_n)_n \to a$, also folgt aus der Stetigkeit von f , dass $(f(l_n))_n \to f(a)$ und $(f(r_n))_n \to f(a)$ gilt. Nach Lemma 1.5.4 ist $(f(l_n))_n \leq 0 \leq (f(r_n))_n$, also $f(a) \leq 0 \leq f(a)$ nach 1.4.2. Somit ist $f(a) = 0$. $\quad\square$

Wenn also zum Beispiel die Funktion in 1.1.2 stetig wäre, dann könnten wir mit 1.5.5 sofort schließen, dass das Ergebnis a der zugehörigen Intervallschachtelung eine Lösung von $f(x) = 0$ ist, und dass der Graph die x–Achse bei a schneidet. Das gilt für alle stetigen Funktionen mit $f(l_1) \leq 0 \leq f(r_1)$, also besprechen wir im Folgenden Sätze zum Nachweis der Stetigkeit.

Nach unserer Definition der Stetigkeit ist unmittelbar klar, dass alle konstanten Funktionen und auch die *identische Funktion id* : $\mathbb{R} \longrightarrow \mathbb{R}$, $x \longmapsto x$ stetig sind. Daraus lassen sich aber bereits alle rationalen Funktionen herstellen: Eine Funktion heißt *rational*, wenn ihr Funktionsterm ein Quotient von Polynomen ist, wobei *Polynome* Terme der Form

$$f(x) = a_n x^n + a_{n-1} x^{n-1} + \ldots + a_1 x^1 + a_0 \ , \ n \in \mathbb{N}$$

sind. Zum Beispiel ist $f(x) = \frac{x^2}{x+3}$ der Term einer rationalen Funktion; sie setzt sich aus der Funktion *id* und aus der konstanten Funktion g mit $g(x) = 3$ zusammen: $f = \frac{id \cdot id}{id + g}$, denn $\frac{id(x) \cdot id(x)}{id(x) + g(x)} = \frac{x^2}{x+3}$. Allgemein rechnet man mit Funktionen wie folgt (vergleiche Definition 1.2.6):

Definition 1.5.6. Es seien f und g zwei Funktionen mit gemeinsamer Definitionsmenge D . Dann sind $f + g$, $f - g$ und $f \cdot g$ Funktionen mit Definitionsmenge D und Termen $(f + g)(x) := f(x) + g(x)$, $(f - g)(x) := f(x) - g(x)$ und $(f \cdot g)(x) := f(x) \cdot g(x)$. Ist außerdem $g(x) \neq 0$ für alle $x \in D$, dann ist $\frac{f}{g}$ die Funktion mit Definitionsmenge D und Term $\frac{f}{g}(x) := \frac{f(x)}{g(x)}$. $\qquad\qquad\qquad\square$

Manchmal müssen Definitionsmengen eingeschränkt werden, damit f und g die gleiche Definitionsmenge besitzen bzw. damit $g(x) \neq 0$ für alle $x \in D$. Zum Beispiel werden für das vorherige $\frac{id \cdot id}{id + g}$ die Funktionen *id* und g auf $\mathbb{R} \setminus \{-3\}$ eingeschränkt.

Alle rationalen Funktionen setzen sich aus konstanten Funktionen und der Funktion *id* mittels „$+, -, \cdot, :$" zusammen; dabei geht die Stetigkeit nicht verloren:

Satz 1.5.7. *Es seien f und g stetig bei $a \in D_f = D_g$. Dann sind auch $f+g$, $f-g$ und $f \cdot g$ bei a stetig. Gilt außerdem $g(x) \neq 0$ für alle $x \in D_g$, dann ist auch $\frac{f}{g}$ bei a stetig.*

BEWEIS. Es sei $(x_n)_n \to a$. Wir zeigen $\big((f+g)(x_n)\big)_n \to (f+g)(a)$:
Nach Voraussetzung sind f und g bei a stetig, also gilt $(f(x_n))_n \to f(a)$ und $(g(x_n))_n \to g(a)$. Mit Satz 1.4.5 folgt $(f(x_n) + g(x_n))_n \to f(a) + g(a)$, also genau das, was für die Stetigkeit von $f+g$ zu zeigen war. Der Rest von Satz 1.5.7 folgt analog. $\qquad\square$

Man beachte, dass Funktionen mit Termen wie $\frac{1}{x}$ stetig sind, „obwohl" sie bei $x = 0$ einen „riesigen Sprung" haben: Die Stetigkeit macht nur Aussagen über Stellen, die in der Definitionsmenge liegen, aber 0 liegt nicht in der Definitionsmenge von $\frac{1}{x}$.

Jetzt wissen wir, dass alle rationalen Funktionen stetig sind, insbesondere auch die Funktion f mit $f(x) = \frac{1}{2}x^5 - 2x + 1$ in Beispiel 1.1.2. Der Graph von f schneidet also nach Satz 1.5.5 die x–Achse an einer Stelle a (dem Ergebnis einer Intervallschachtelung). Das erschien uns natürlich bereits von Anfang an „irgendwie plausibel": Wenn man zwei Punkte, die auf verschiedenen Seiten einer Geraden liegen, mit einer Linie ohne Lücken und ohne Sprünge verbindet, dann wird die Gerade mindestens einmal geschnitten (vergleiche Abbildung 1.12). Doch Beispiel 1.1.4 hat gezeigt, dass es „unsichtbar kleine Lücken" geben kann: Der Graph von $\mathbb{Q} \longrightarrow \mathbb{Q}$, $x \longmapsto x^2 - 2$ schneidet nur scheinbar die x–Achse. Der *Zwischenwertsatz* präzisiert, wann wir unserer geometrischen Intuition trauen dürfen: wenn die „Linie" ein Funktionsgraph ist, und wenn „ohne Lücken und ohne Sprünge" bedeutet, dass die Definitionsmenge ein reelles Intervall und die Funktion stetig ist.

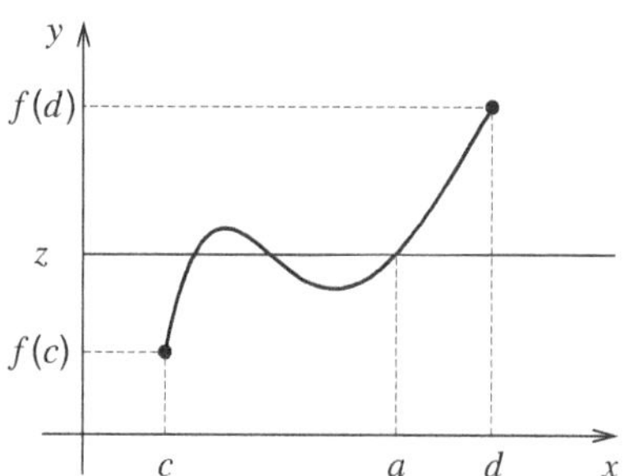

Abbildung 1.12: Zwischenwertsatz

Satz 1.5.8. Zwischenwertsatz. *Es sei $f : [c, d] \to \mathbb{R}$ eine stetige Funktion und z eine reelle Zahl zwischen $f(c)$ und $f(d)$. Dann gibt es ein $a \in [c, d]$ mit $f(a) = z$.*

BEWEIS. Im Fall $f(c) < z < f(d)$ sei $g(x) := f(x) - z$, im Fall $f(c) > z > f(d)$ sei $g(x) := z - f(x)$. Dann gilt jedenfalls $g(c) < 0 < g(d)$. Es sei $[l_1, r_1] := [c, d]$ und $([l_n, r_n])_n$ die zugehörige Intervallschachtelung für $g(x) = 0$ mit Ergebnis a. Die Funktion f ist stetig, also nach 1.5.7 auch g. Mit 1.5.5 folgt $g(a) = 0$, und damit $f(a) = z$. $\qquad\square$

Sind auch Funktionen mit Termen wie $\sqrt{x^2+1}$ stetig? Eine solche Funktion setzt sich aus zwei Funktionen f und g wie folgt zusammen: Mit $f(x) := x^2+1$ und $g(x) := \sqrt{x}$ ist $g(f(x)) = g(x^2+1) = \sqrt{x^2+1}$. Diese Art der Zusammensetzung von g und f nennt man eine *Verkettung von g nach f*. Wir wissen bereits, dass f stetig ist; außerdem ist g eine Umkehrung der Quadratfunktion. Wir müssen also zwei Dinge klären: Welche Umkehrfunktionen sind stetig? Ist die Verkettung stetiger Funktionen wieder stetig?

Definition 1.5.9. Es seien $f : A \longrightarrow B$ und $g : C \longrightarrow D$ Funktionen mit $W_f \subseteq C$. (Dabei bezeichnet W_f die Menge aller Funktionswerte von f.) Dann ist

$$
\begin{array}{rccc}
g \circ f : & A & \longrightarrow & D \\
& x & \longmapsto & g(f(x))
\end{array}
$$

die *Verkettung von g nach f*. $\qquad\square$

Beispiel 1.5.10. Für

$$
\begin{array}{rccc}
f : & \mathbb{R} & \longrightarrow & \mathbb{R} \\
& x & \longmapsto & x^2+1
\end{array}
\qquad \text{und} \qquad
\begin{array}{rccc}
g : & \mathbb{R}_0^+ & \longrightarrow & \mathbb{R} \\
& x & \longmapsto & \sqrt{x}
\end{array}
$$

ist

$$
\begin{array}{rccc}
g \circ f : & \mathbb{R} & \longrightarrow & \mathbb{R} \\
& x & \longmapsto & \sqrt{x^2+1}
\end{array}
$$

definiert, denn für alle $x \in \mathbb{R}$ ist $x^2+1 \geq 1$, also $W_f \subseteq D_g$.
Vertauscht man f und g, so erhält man eine andere Verkettung:

$$
\begin{array}{rccc}
f \circ g : & \mathbb{R}_0^+ & \longrightarrow & \mathbb{R} \\
& x & \longmapsto & x+1
\end{array}
\quad .
$$

Die Verkettung ist also nicht kommutativ: $f \circ g \neq g \circ f$. $\qquad\square$

Satz 1.5.11. *Es seien f und g stetige Funktionen mit $W_f \subseteq D_g$. Dann ist auch $g \circ f$ stetig.*

BEWEIS. Es sei $a \in D_f$ und $(x_n)_{n\in\mathbb{N}}$ eine Folge in D_f, die gegen a konvergiert. Wir zeigen $\big(g(f(x_n))\big)_n \to g(f(a))$:
Nach Voraussetzung ist f stetig, also folgt $\big(f(x_n)\big)_n \to f(a)$. Nach Voraussetzung ist auch g stetig, also folgt $\big(g(f(x_n))\big)_n \to g(f(a))$. $\qquad\square$

Definition 1.5.12. Eine Funktion $f : A \longrightarrow B$ heißt *umkehrbar* oder auch *bijektiv*, wenn es eine Funktion $g : B \longrightarrow A$ gibt mit $g \circ f = id_A$ und $f \circ g = id_B$, wobei $id_A : A \longrightarrow A$, $x \longmapsto x$. In diesem Fall heißt g *Umkehrfunktion von f*. Schreibweise: $f^{-1} := g$. $\qquad\square$

f^{-1} hat also genau die „umgekehrte Wirkung" wie f: Für $f(a) = b$ ist $f^{-1}(b) = f^{-1}(f(a)) = a$; für $f^{-1}(c) = d$ ist $f(d) = f(f^{-1}(c)) = c$. Eine Funktion $f : A \longrightarrow B$ ist genau dann bijektiv, wenn jedes $b \in B$ genau 1 mal als Funktionswert vorkommt, das heißt wenn es zu jedem $b \in B$ genau ein $a \in A$ gibt mit $f(a) = b$; dieses a ist dann $f^{-1}(b)$.

Beispiel 1.5.13. $f : \mathbb{R} \longrightarrow \mathbb{R}$ mit $f(x) := x^2$ ist nicht bijektiv, denn zu $b = 4$ gibt es zwei verschiedene a wegen $f(-2) = f(2) = 4$. Aber auch $f : \mathbb{R}_0^+ \longrightarrow \mathbb{R}$ mit $f(x) := x^2$ ist nicht bijektiv, denn zu $b = -4 \in \mathbb{R}$ gibt es kein $a \in \mathbb{R}_0^+$ mit $f(a) = -4$. Erst $f : \mathbb{R}_0^+ \longrightarrow \mathbb{R}_0^+$ mit $f(x) := x^2$ ist bijektiv (siehe 1.5.15). Das bedeutet letztlich, dass jedes $b \in \mathbb{R}_0^+$ genau eine *Quadratwurzel* besitzt, das heißt genau ein $a \in \mathbb{R}_0^+$ mit $a^2 = b$. Für die zugehörige Umkehrfunktion f^{-1} verwendet man die Schreibweisen $\sqrt{b} := b^{\frac{1}{2}} := f^{-1}(b) = a$. □

Um nachzuweisen, dass eine Funktion bijektiv ist, verwendet man häufig die *Monotonie* (vergleiche mit Definition 1.3.19):

Definition 1.5.14. Eine Funktion f heißt *monoton steigend* (bzw. *fallend*), wenn für alle $a, b \in D_f$ gilt (siehe Abbildung 1.13):

$$a < b \implies f(a) \leq f(b) \quad (\text{bzw. } f(a) \geq f(b)) .$$

Gilt zusätzlich $f(a) \neq f(b)$ für alle $a \neq b$, dann heißt f *streng monoton steigend* (bzw. *fallend*). □

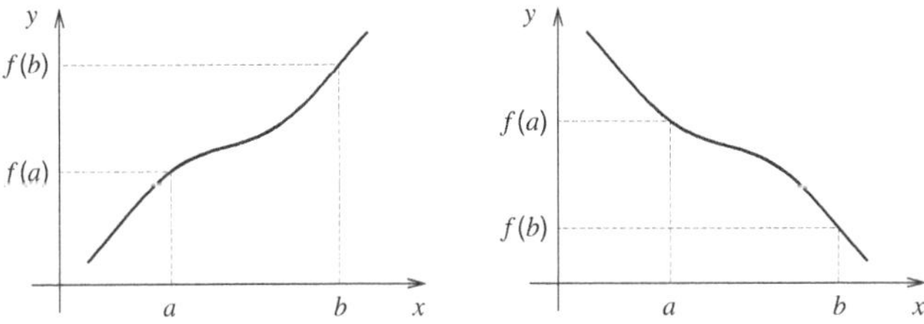

Abbildung 1.13: streng monoton steigend bzw. fallend

Lemma 1.5.15. *Es sei $n \in \mathbb{N}$. Dann ist $f : \mathbb{R}_0^+ \longrightarrow \mathbb{R}_0^+$ mit $f(x) = x^n$ bijektiv.*

BEWEIS. Es sei $b \in \mathbb{R}_0^+$. Wir zeigen, dass es genau ein $a \in \mathbb{R}_0^+$ gibt mit $f(a) = b$. Nach dem Archimedischen Axiom gibt es ein $k \in \mathbb{N}$ mit $b < k$. Wegen $f(0) = 0 \leq b < k \leq k^n = f(k)$ folgt aus dem Zwischenwertsatz, dass es mindestens ein $a \in [0\,;k]$ gibt mit $f(a) = b$. Es gibt aber nur ein $a \in \mathbb{R}_0^+$ mit $f(a) = b$, da f streng monoton steigend ist. (Die strenge Monotonie zeigt man zum Beispiel mit einer vollständigen Induktion. Übung!) □

Lemma 1.5.15 erlaubt uns die Definition von Wurzeln:

Definition 1.5.16. Es sei $n \in \mathbb{N}$ und $f : \mathbb{R}_0^+ \longrightarrow \mathbb{R}_0^+$ mit $f(x) = x^n$. Die Umkehrung f^{-1} heißt *n-te Wurzelfunktion*. Schreibweisen: $\sqrt[n]{x} := x^{\frac{1}{n}} := f^{-1}(x)$ für $x \geq 0$. □

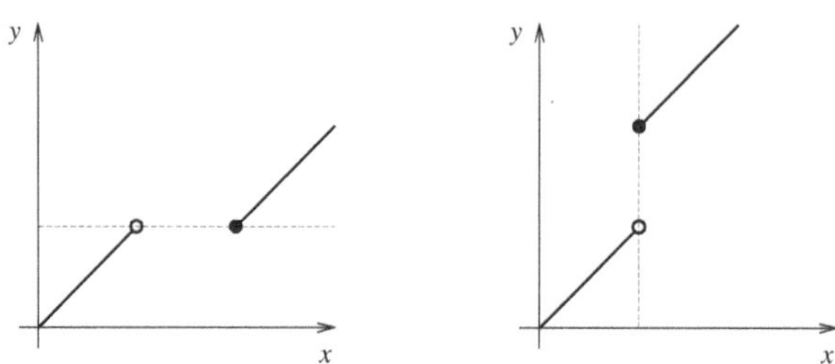

Abbildung 1.14: f ist stetig, aber f^{-1} unstetig

Sind Wurzelfunktionen stetig? Sie sind zwar Umkehrungen der stetigen Potenzfunktionen $x \mapsto x^n$, aber die Umkehrung einer stetigen Funktion f kann unstetig sein wie man in Abbildung 1.14 erkennt. Wenn jedoch die Definitionsmenge D_f keine Lücke hat, dann ist f^{-1} stetig. Das liegt letztlich an einem engen Zusammenhang zwischen Stetigkeit und Monotonie:

Nehmen wir an, D_f hat keine Lücken, f ist stetig und f^{-1} existiert. Dann muss f streng monoton sein, sonst ergibt sich zum Beispiel eine Situation wie in Abbildung 1.15: Der Wert $f(b_2)$ wird nach dem Zwischenwertsatz im Intervall $[\,a\,,b_1\,]$ ein zweites Mal angenommen, was der Existenz von f^{-1} widerspricht.

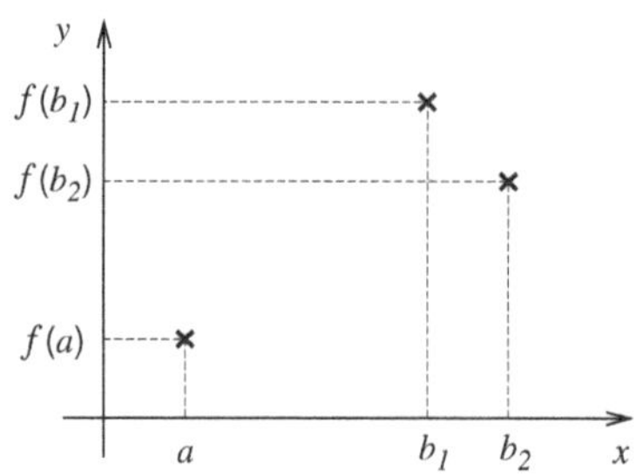

Abbildung 1.15: $f(b_2)$ taucht zweimal auf, wenn f stetig ist

Satz 1.5.17. *Es sei $f : [\,c\,,d\,] \longrightarrow W_f$ stetig und bijektiv. Dann ist f streng monoton.*

BEWEIS. Übung! □

Umgekehrt folgt aus der Monotonie auch die Stetigkeit, wenn die Wertemenge keine Lücken hat:

Satz 1.5.18. *Es sei $f : D \longrightarrow \mathbb{R}$ monoton mit Wertemenge $W_f = [\,c\,,d\,]$. Dann ist f stetig.*

BEWEIS. Es sei $a \in D$ und $(x_n)_n$ eine Folge in D mit $(x_n)_n \to a$. Wir zeigen $(f(x_n))_n \to b := f(a)$.

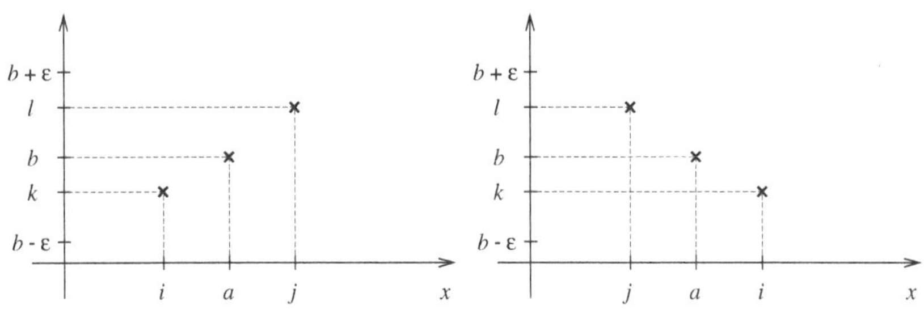

Abbildung 1.16: Satz 1.5.18 für steigendes bzw. fallendes f

Dazu: Sei $\epsilon > 0$. Wir zeigen $(|f(x_n) - b|)_n \overset{sch}{<} \epsilon$.
1. Fall: $c < b < d$. Wegen $W_f = [\,c, d\,]$ gibt es $k, l \in W_f$ mit

$$b - \epsilon < k < b < l < b + \epsilon$$

und $i, j \in D$ mit $f(i) = k, f(j) = l$ (Abbildung 1.16). Da f monoton steigend oder fallend ist, gilt $i < a < j$ oder $j < a < i$. Wegen $(x_n)_n \to a$ liegen die x_n schließlich zwischen i und j, also liegen die $f(x_n)$ wegen der Monotonie von f schließlich zwischen k und l, also gilt $(|f(x_n) - b|)_n \overset{sch}{<} \epsilon$.
2. Fall: $b = c$ oder $b = d$: Analog. (Übung!) $\qquad\qquad\square$

Korollar 1.5.19. *Es sei $f : [\,c, d\,] \longrightarrow W_f$ streng monoton. Dann ist die Umkehrfunktion $f^{-1} : W_f \longrightarrow [\,c, d\,]$ stetig.*

Korollar 1.5.20. *Es sei $f : [\,c, d\,] \longrightarrow W_f$ stetig und bijektiv. Dann ist die Umkehrfunktion $f^{-1} : W_f \longrightarrow [\,c, d\,]$ stetig.*

Aus 1.5.19 folgt insbesondere die Stetigkeit der Wurzelfunktionen, da die Funktionen $f : [\,0, d\,] \longrightarrow W_f$, $x \longmapsto x^n$ für alle $d \in \mathbb{R}^+$ und alle $n \in \mathbb{N}$ streng monoton sind. Damit sind auch Verkettungen von Wurzelfunktionen und rationalen Funktionen stetig, wie zum Beispiel $x \longmapsto \sqrt{x^2 + 1}$.

Durch eine spezielle Art der Verkettung können wir Potenzen mit rationalen Exponenten definieren:

$$\mathbb{R}_0^+ \overset{f}{\longrightarrow} \mathbb{R}_0^+ \overset{g}{\longrightarrow} \mathbb{R}_0^+ \ , \quad x \overset{f}{\longmapsto} x^{\frac{1}{n}} \overset{g}{\longmapsto} (x^{\frac{1}{n}})^z =: x^{\frac{z}{n}}$$

für $z \in \mathbb{Z}$ und $n \in \mathbb{N}$. Man kann zeigen, dass $(x^{\frac{1}{n}})^z = (x^{\frac{1}{b}})^a$ für $\frac{z}{n} = \frac{a}{b}$ gilt, dass also x^r bei gegebenem $r \in \mathbb{Q}$ nicht von der Wahl eines zugehörigen Bruchs $\frac{z}{n} = \frac{a}{b} = r$ abhängt.

In Abschnitt 1.7 erweitern wir den Begriff der Potenz so, dass x^r für alle $x \in \mathbb{R}^+$ und alle $r \in \mathbb{R}$ definiert ist.

Aufgaben

1. Beispiele, in denen eine Intervallschachtelung zwar durchführbar ist, aber keine Lösung der zugehörigen Gleichung liefert: (Wie lautet das Ergebnis a? Was ist $f(a)$? Zeichnen Sie G_f.)

   (a) $f(x) = \dfrac{1}{x - \frac{1}{3}}$; Gleichung: $f(x) = 0$; Startintervall: $[\,0\,;1\,]$.

   (b) $f(x) = \dfrac{x + \frac{4}{7}}{\sqrt{\left(x + \frac{4}{7}\right)^2}}$; Gleichung: $f(x) = 0{,}5$; Start: $[\,-1\,;0\,]$.

   (c) $f(x) := \begin{cases} x & \text{für} \quad x \le 4/3 \\ 5 - x & \text{für} \quad x > 4/3 \end{cases}$; Gleichung: $f(x) = 2$; Start: $[\,1\,;2\,]$.

2. Finden Sie eine Funktion f und Folgen $x_n \to 1$, $y_n \to 1$ und $z_n \to 1$, sodass $f(x_n) \to 2$, $f(y_n) \to 4$ und $f(z_n)$ divergiert. (Beispiel 1.5.1!)

3. Führen Sie den Beweis von Satz 1.5.7 zu Ende.

4. Zeigen Sie an einem Beispiel, dass die Aussage des Zwischenwertsatzes falsch wird, wenn f Definitionslücken hat. Welche Argumente werden dann im zugehörigen Beweis falsch?

5. Bestimmen Sie jeweils die Funktionsterme von $f \circ g$ und $g \circ f$:

   (a) $f(x) = 3x^2$, $g(x) = x + 1$ (b) $f(x) = 2x - 5$, $g(x) = -3x + 8$

   (c) $f(x) = \dfrac{1}{x + 1}$, $g(x) = \sin x$ (d) $f(x) = \cos x$, $g(x) = \sqrt{x^2 - 1}$

   (e) $f(x) = \dfrac{1}{x}$, $g(x) = \dfrac{1}{x + 1}$ (f) $f(x) = 2^x$, $g(x) = x^2$

6. Finden Sie jeweils Terme $f(x)$ und $g(x)$ mit $(f \circ g)(x) = h(x)$:

   (a) $h(x) = (2x - 1)^3$ (b) $h(x) = \sin(x^2 - x + 3)$

   (c) $h(x) = \log_2\left(\dfrac{1}{x + 1}\right)$ (d) $h(x) = \dfrac{5}{\cos x}$

   (e) $h(x) = x^6 + 10x^3 + 25$ (f) $h(x) = 5^x + 5^{3x}$

7. Finden Sie eine bijektive Funktion, die nicht streng monoton ist. Finden Sie eine streng monotone Funktion, die nicht bijektiv ist.

8. Zeigen Sie: Wenn f bijektiv und streng monoton ist, dann ist auch f^{-1} bijektiv und streng monoton.

9. Führen Sie den Beweis von Satz 1.5.18 zu Ende.

1.6 Konvergente Funktionen

Die Stetigkeit einer Funktion f ist nur an Stellen der Definitionsmenge D_f erklärt, also sind beide Funktionen zu den Graphen in Abbildung 1.17 stetig, „obwohl" der rechte Graph an der Stelle 2 einen Sprung hat, denn 2 liegt nicht in D_f. Um das unterschiedliche Verhalten beider Graphen „in der Nähe von 2" beschreiben zu können, erweitern wir den Begriff der *Stetigkeit an einer Stelle a* zum Begriff der *Konvergenz für $x \to a$*.

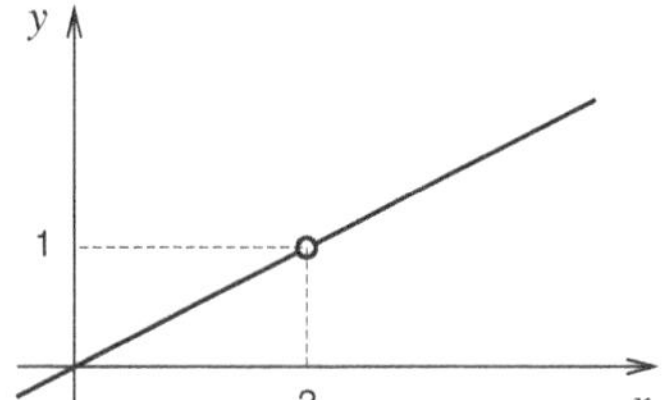
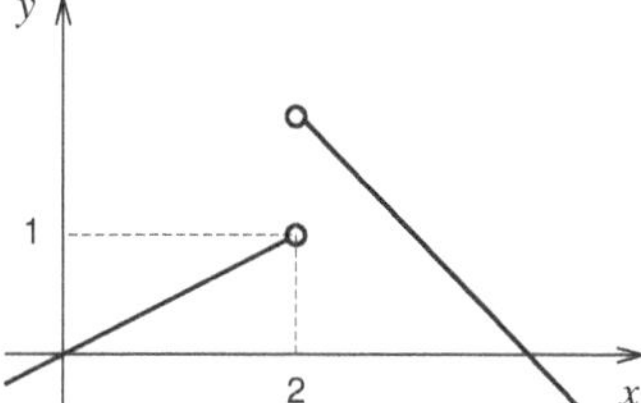

Abbildung 1.17: konvergent bzw. divergent für $x \to 2$

Das Verhalten des linken Graphen in 1.17 könnte man in etwa so beschreiben: Wenn sich x der Stelle 2 nähert, dann nähert sich $f(x)$ der Zahl 1; dabei ist es egal, wie sich x der 2 nähert. Das ist beim rechten Graph anders: Dort kommt es darauf an, von welcher Seite sich x der Stelle 2 nähert. Die Formulierung „x nähert sich 2" präzisieren wir durch Folgen $(x_n)_n$ in D_f, die gegen 2 konvergieren; entsprechend bedeutet „$f(x)$ nähert sich 1", dass $(f(x_n))_n$ gegen 1 konvergiert. Das Verhalten des linken Graphen präzisieren wir damit so: Für jede Folge $(x_n)_n$ in D_f gilt:

$$(x_n)_n \to 2 \quad \Longrightarrow \quad (f(x_n))_n \to 1 \,.$$

Man beachte die große Ähnlichkeit zur Definition der Stetigkeit: Die einzigen Unterschiede bestehen darin, dass 2 nicht in D_f liegt und dass $f(2)$ durch 1 ersetzt wurde. Bei der Definition der *Konvergenz für $x \to a$* werden wir aber $a \in D_f$ nicht verbieten. Damit ist die Stetigkeit bei a ein Spezialfall der Konvergenz für $x \to a$.

Bei der Konvergenz kann $a \in D_f$ oder $a \notin D_f$ gelten. Allerdings muss es eine Folge $(x_n)_n$ in D_f geben, die gegen a konvergiert, das heißt a muss „unendlich nahe bei D_f liegen". Es wäre auch wenig sinnvoll, das Verhalten einer Funktion f „in der Nähe von 2" zu untersuchen, wenn $D_f =]3\,;5[$ ist: Dann gibt es kein f „in der Nähe von 2". Wenn a „unendlich nahe bei D_f liegt", dann nennen wir a einen *Berührpunkt* von D_f; zum Beispiel sind 4 und 5 Berührpunkte von $]3\,;5[$, aber 2 ist kein Berührpunkt. Insbesondere sind also Zahlen a, die ohnehin in D_f liegen, auch Berührpunkte von D_f: Es gibt eine Folge in D_f, die gegen a konvergiert, nämlich die konstante Folge $(a)_n = (a, a, a, \ldots)$.

Definition 1.6.1. (a) Eine Zahl $a \in \mathbb{R}$ heißt *Berührpunkt* von $M \subseteq \mathbb{R}$, wenn es eine Folge $(x_n)_n$ in M gibt mit $(x_n)_n \to a$.

(b) Es sei f eine Funktion, $a \in \mathbb{R}$ ein Berührpunkt von D_f und $b \in \mathbb{R}$. Die Funktion f *konvergiert gegen b für $x \to a$*, wenn für jede Folge $(x_n)_n$ in D_f gilt:

$$(x_n)_n \to a \quad \Longrightarrow \quad (f(x_n))_n \to b \,.$$

In diesem Fall heißt b auch *Grenzwert von f für $x \to a$*. Schreibweise: $\lim\limits_{x \to a} f(x) = b$, oder auch $f(x) \to b$ für $x \to a$. Die Funktion f *divergiert für $x \to a$*, wenn sie nicht konvergiert.   □

Beispiel 1.6.2. Die Funktion mit Term $f(x) = \sin\left(\frac{\pi}{x}\right)$ ist bei 0 divergent: Für $x_n := \frac{1}{n}$ gilt zwar $(x_n)_n \to 0$ und $f(x_n) = \sin(n\pi) = 0 \to 0$; aber für $y_n := \frac{1}{n+0,5}$ gilt $(y_n)_n \to 0$ und $f(y_n) = \sin((n+0,5)\pi)$ pendelt ständig zwischen 1 und -1. (Den Sinus definieren wir „offiziell" erst in 1.8, aber Sie haben sicher schon eine ungefähre Vorstellung davon.)   □

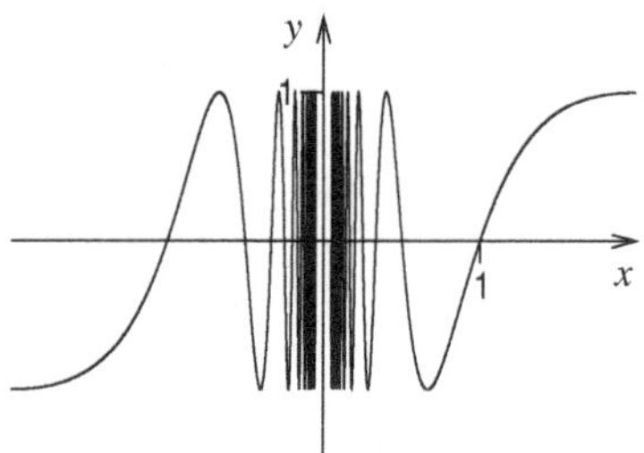

Abbildung 1.18: $f(x) = \sin\left(\frac{\pi}{x}\right)$

Beispiel 1.6.3. Die Funktion f aus Beispiel 1.5.1 ist bei $a = \frac{1}{3}$ divergent: Für $x_n := \frac{1}{3} + \frac{1}{n}$ gilt $(x_n)_n \to \frac{1}{3}$ und $(f(x_n))_n \to 1$; für $y_n := \frac{1}{3} - \frac{1}{n}$ gilt zwar ebenfalls $(y_n)_n \to \frac{1}{3}$, aber $(f(y_n))_n \to -1$.
Bei solchen Funktionen spricht man manchmal auch von einer *rechtsseitigen* und *linksseitigen* Konvergenz: Für alle Folgen $(x_n)_n > \frac{1}{3}$ mit $(x_n)_n \to \frac{1}{3}$ konvergiert $(f(x_n))_n$ gegen 1; und für $(x_n)_n < \frac{1}{3}$ mit $(x_n)_n \to \frac{1}{3}$ konvergiert $(f(x_n))_n$ gegen -1. Schreibweise: $\lim\limits_{x \to \frac{1}{3}^+} f(x) = 1$ und $\lim\limits_{x \to \frac{1}{3}^-} f(x) = -1$.   □

Man erweitert Definition 1.6.1, indem man für a und b auch noch $\pm\infty$ zulässt (bis auf $a \in \mathbb{R}$ oder $b \in \mathbb{R}$ kann man 1.6.1 wörtlich abschreiben; allerdings hat sich für den Fall $f(x) \to \pm\infty$ der Begriff *bestimmte Divergenz* eingebürgert.) Doch bevor wir das tun, müssen wir überprüfen, ob die „neue" Konvergenz von Funktionen im Fall $x \to \infty$ mit der „alten" Konvergenz von Folgen übereinstimmt: Eine Folge ist ja ebenfalls eine Funktion, nämlich eine Funktion mit Definitionsmenge $\mathbb{N}$, und ∞ fassen wir als Berührpunkt von $\mathbb{N}$ auf, denn $(n)_n \to \infty$. Damit hätten wir für Folgen zwei Konvergenz–Begriffe: Einen gemäß 1.2.9, und einen gemäß 1.6.1 (mit $a = \infty$). Doch diese Begriffe sind zueinander äquivalent:

Lemma 1.6.4. *Es sei $b \in \mathbb{R}$ und $f : \mathbb{N} \longrightarrow \mathbb{R}$ eine Folge. Dann sind äquivalent:*

1. $(f(n))_n \to b$

2. Für alle $(x_k)_k$ in $\mathbb{N}$ mit $(x_k)_k \to \infty$ gilt $(f(x_k))_k \to b$.

BEWEIS. „1. $\Rightarrow$ 2.": Es sei $\epsilon > 0$ und $(x_k)_k$ in $\mathbb{N}$ mit $(x_k)_k \to \infty$. Wir zeigen $(|f(x_k) - b|)_k \overset{sch}{<} \epsilon$: Nach Vor. gilt $(f(n))_n \to b$, also $(|f(n) - b|)_n \overset{sch}{<} \epsilon$, das heißt es gibt ein $N \in \mathbb{N}$ mit

$$|f(n) - b| < \epsilon \quad \text{für alle } n > N \,.$$

Wegen $(x_k)_k \to \infty$ gibt es ein $K \in \mathbb{N}$ mit

$$x_k > N \quad \text{für alle } k > K \,.$$

Damit folgt $|f(x_k) - b| < \epsilon$ für alle $k > K$, das heißt $(|f(x_k) - b|)_k \overset{sch}{<} \epsilon$.
„1. $\Leftarrow$ 2.": Folgt sofort mit $(x_k)_k := (k)_k$. $\qquad\square$

Analog zeigt man, dass die „neue" Divergenz $f(x) \to \infty$ für $x \to \infty$ mit der „alten" Divergenz von Folgen in Definition 1.4.16 übereinstimmt (Übung!). Damit können wir Definition 1.6.1 erweitern, ohne mit der bisherigen Konvergenz/Divergenz von Folgen in Konflikt zu geraten:

Definition 1.6.5. (a) $a \in \mathbb{R} \cup \{\pm\infty\}$ heißt *Berührpunkt* von $M \subseteq \mathbb{R}$, wenn es eine Folge $(x_n)_{n\in\mathbb{N}}$ in M gibt mit $(x_n)_{n\in\mathbb{N}} \to a$.
(b) Es sei f eine Funktion, $a \in \mathbb{R} \cup \{\pm\infty\}$ ein Berührpunkt von D_f und $b \in \mathbb{R}$. Die Funktion f *konvergiert gegen b für $x \to a$*, wenn für jede Folge $(x_n)_n$ in D_f gilt:

$$(x_n)_{n\in\mathbb{N}} \to a \quad \Longrightarrow \quad (f(x_n))_{n\in\mathbb{N}} \to b \,.$$

(c) Es sei f eine Funktion, $a \in \mathbb{R} \cup \{\pm\infty\}$ ein Berührpunkt von D_f und $b \in \{\pm\infty\}$. Die Funktion f ist *bestimmt divergent gegen b für $x \to a$*, wenn für jede Folge $(x_n)_n$ in D_f gilt:

$$(x_n)_{n\in\mathbb{N}} \to a \quad \Longrightarrow \quad (f(x_n))_{n\in\mathbb{N}} \to b \,.$$

(d) Es sei f eine Funktion und $a \in \mathbb{R} \cup \{\pm\infty\}$ ein Berührpunkt von D_f. Die Funktion f ist *unbestimmt divergent für $x \to a$*, wenn wenn sie für $x \to a$ weder konvergent noch bestimmt divergent ist. $\qquad\square$

Beispiel 1.6.6. Wir untersuchen das Verhalten von $f(x) = \dfrac{x^2 - x - 2}{x^2 - 1}$ bei $0, \pm 1$ und $\pm\infty$.
Die Funktion f ist rational, also stetig. Außerdem ist $0 \in D_f$, somit

$$f(x) \to f(0) = 2 \quad \text{für } x \to 0 \,.$$

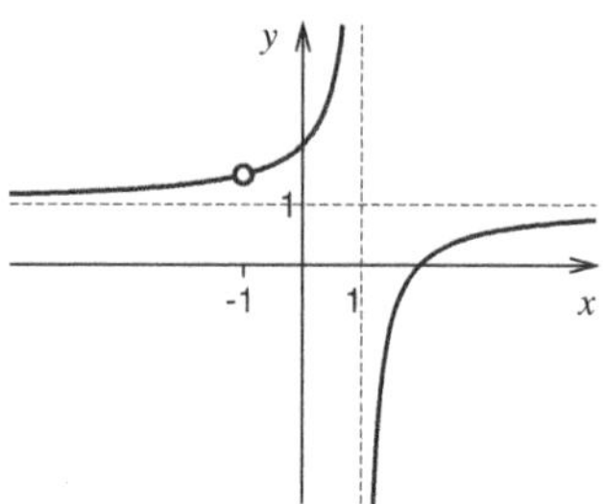

Abbildung 1.19: G_f in Beispiel 1.6.6

$-1 \notin D_f$, da der Nenner dort 0 wird. Da aber auch der Zähler 0 wird, kann man aus Zähler und Nenner den Faktor $(x+1)$ ausklammern und kürzen:

$$f(x) = \frac{x^2 - x - 2}{x^2 - 1} = \frac{(x-2)(x+1)}{(x-1)(x+1)} = \frac{x-2}{x-1} \to \frac{3}{2} \quad \text{für } x \to -1 \,.$$

Für $x \to 1$ geht der Zähler gegen -1, der Nenner gegen 0 bei unterschiedlichem Vorzeichen rechts und links der 1, also ist f bei 1 unbestimmt divergent.
Für $x \to \pm\infty$ kürzt man mit x^2:

$$f(x) = \frac{1 - \frac{1}{x} - \frac{2}{x^2}}{1 - \frac{1}{x^2}} \to 1 \quad \text{für } x \to \pm\infty \,.$$

Mit diesen Informationen kann man bereits den groben Verlauf des Graphen skizzieren: Wegen $\lim\limits_{x \to \pm\infty} f(x) = 1$ hat G_f die *horizontale Asymptote* $y = 1$. Wegen $\lim\limits_{x \to 1} |f(x)| = \infty$ hat G_f die *vertikale Asymptote* $x = 1$; mit Hilfe der Vorzeichen von Zähler und Nenner erkennt man, auf welcher Seite von 1 der Graph nach $+\infty$ bzw. $-\infty$ divergiert; 1 heißt auch *Polstelle* von f. Wegen $\lim\limits_{x \to -1} f(x) = \frac{3}{2}$ hat G_f bei -1 eine „stetig behebbare Definitionslücke". $\square$

Aufgaben

1. Finden Sie jeweils $a \in \mathbb{R}$ und Folgen $x_n \to a$, $y_n \to a$ und $z_n \to a$, mit $f(x_n) \to \infty$, $f(y_n) \to -\infty$ und $f(z_n)$ divergiert unbestimmt:

   (a) $f(x) = \dfrac{3}{x+2}$ (b) $f(x) = -\dfrac{1}{x^3}$

   (c) $f(x) = \dfrac{x-2}{x^2 - 4x + 4}$ (d) $f(x) = \dfrac{-2}{(x-3)^2(x+1)}$

2. Geben Sie zwei Teilmengen $A, B \subseteq \mathbb{R}$ mit folgender Eigenschaft an: Die Zahl 0 ist ein Berührpunkt von A und B, aber nicht von $A \cap B$. Analog mit ∞ statt 0. Zeigen Sie außerdem für alle $A, B \subseteq \mathbb{R}$: Jeder Berührpunkt von $A \cup B$ ist ein Berührpunkt von A oder B.

3. Zeigen Sie: Es sei $c < d$ und a ein Berührpunkt von $[\,c,d\,]$. Dann ist $a \in [\,c,d\,]$.

4. Berechnen Sie die folgenden Grenzwerte (falls sie existieren). Setzen Sie außerdem zur Probe Zahlen „in der Nähe" der betreffenden Stellen ein.

(a) $\displaystyle\lim_{x \to -1}(x^2 + 5x - 1)$ (b) $\displaystyle\lim_{x \to 0,5}(4x^3 + 3x + 3)$

(c) $\displaystyle\lim_{x \to 5}\frac{5 - x}{x - 5}$ (d) $\displaystyle\lim_{x \to 0}\frac{x^9 + x}{3x^7 - 2x}$

(e) $\displaystyle\lim_{x \to -3}\frac{x^2 + 6x + 9}{x^2 + x - 6}$ (f) $\displaystyle\lim_{x \to 7}\frac{x^2 - 5x - 14}{x^2 - 49}$

5. Überprüfen Sie jeweils auf Stetigkeit und Konvergenz:

(a) $f(x) = |x + 1|$

(b) $f(x) = x + \operatorname{sgn}(x)$, wobei sgn die „Vorzeichen-Funktion ist:
$\operatorname{sgn}(x) = 1$ für $x > 0$, $\operatorname{sgn}(x) = -1$ für $x < 0$ und $\operatorname{sgn}(0) = 0$.

(c) $f(x) := \begin{cases} x^2 - 10 & \text{für} \quad x < -3 \\ -4 - x & \text{für} \quad -3 < x \end{cases}$

(d) $f(x) := \begin{cases} x + 1 & \text{für} \quad x \leq 2 \\ 7 - x^2 & \text{für} \quad 2 < x \end{cases}$

6. Berechnen Sie die folgenden Grenzwerte (falls sie existieren). Setzen Sie außerdem zur Probe Zahlen „in der Nähe" von $\pm\infty$ ein.

(a) $\displaystyle\lim_{x \to \infty}\left(\tfrac{2}{x} + 7\right)$ (b) $\displaystyle\lim_{x \to \infty}\frac{3 - 5x}{x + 2}$

(c) $\displaystyle\lim_{x \to -\infty}\frac{5 - x^2}{x^2 - 500}$ (d) $\displaystyle\lim_{x \to -\infty}\frac{x^2 + x}{2x^2 - 2x + 9}$

(e) $\displaystyle\lim_{x \to -\infty}\frac{x^7 + 6x^3 + 9}{x^9 + x - 6}$ (f) $\displaystyle\lim_{x \to \infty}\frac{x^{12} - 5x^6 - 14}{x^{15} + 2x^{13} - 49}$

(g) $\displaystyle\lim_{x \to \infty}\frac{3 + x}{|x| - 4}$ (h) $\displaystyle\lim_{x \to -\infty}\frac{3 + x}{|x| - 4}$

(i) $\displaystyle\lim_{x \to -\infty}\frac{4 - 5|x| - 6|x|^3}{|x|^3 + 2x^2 + 3}$ (j) $\displaystyle\lim_{x \to \infty}\frac{4 - 5|x| - 6|x|^3}{|x|^3 + 2x^2 + 3}$

(k) $\displaystyle\lim_{x \to \infty}\frac{ax + b}{cx + d}$ (l) $\displaystyle\lim_{x \to -\infty}\frac{x^k + 1}{2x^n + 3}$

7. Untersuchen Sie die folgenden Terme in der Nähe ihrer jeweiligen Definitionslücken (rechts/linksseitige Konvergenz/Divergenz). Setzen Sie zur Probe Zahlen „in der Nähe" der Definitionslücken ein.

(a) $a(x) = \dfrac{2}{x} + 7$ (b) $b(x) = \dfrac{3 + 5x}{x + 2}$

(c) $\quad c(x) = \dfrac{x^2}{x^5}$ (d) $\quad d(x) = \dfrac{x-1}{x^2 - 2x + 1}$

(e) $\quad e(x) = \dfrac{x^4 - 1}{x^2 - 1}$ (f) $\quad f(x) = \dfrac{x^6 - 9}{x^6 + 6x^3 + 9}$

(g) $\quad g(x) = \dfrac{|x+1|}{|x| - 1}$ (h) $\quad h(x) = \dfrac{|x-2|}{|x| - 2}$

8. Untersuchen Sie die folgenden Terme für $x \to \pm\infty$ (Konvergenz / Divergenz). Setzen Sie zur Probe Zahlen „in der Nähe" von $\pm\infty$ ein.

(a) $\quad a(x) = x^{13} - 10x^{12} + 3x + 7$ (b) $\quad b(x) = 1 + 2x^3 - x^8$

(c) $\quad c(x) = 2x^{14} - x^9 + 4\cos(x)$ (d) $\quad d(x) = \sin(x) + 3x^6 - x^5$

(e) $\quad e(x) = \dfrac{-5x^4 + x^3 - 1}{x^2 - x}$ (f) $\quad f(x) = \dfrac{-x^7 - 9}{x^6 + 11x^3 + 14}$

(g) $\quad g(x) = \dfrac{|x|^5 - x}{|x|^4 - 1}$ (h) $\quad h(x) = \dfrac{|x^7 - 2|}{|x|^3 - 2x^2}$

9. Zeigen Sie, dass die „neue" Divergenz $f(x) \to \infty$ für $x \to \infty$ (1.6.5) mit der „alten" Divergenz (1.4.16) übereinstimmt, wenn f eine Folge ist.

1.7 Logarithmus- und Exponentialfunktionen

Konvergente Folgen dienen nicht nur dazu, Eigenschaften von bereits gegebenen Funktionen zu beschreiben, sondern auch dazu, Funktionen überhaupt erst zu definieren. Als Beispiele dafür behandeln wir in diesem Abschnitt Logarithmus- und Exponentialfunktionen.

Mit Wurzeln werden Gleichungen wie $x^3 = 5$ gelöst: $\sqrt[3]{5}$ bezeichnet die Lösung von $x^3 = 5$. Mit Logarithmen werden Gleichungen wie $3^x = 5$ gelöst: $\log_3(5)$ bezeichnet die Lösung von $3^x = 5$. Doch „Lösungen" einfach einen Namen zu geben reicht nicht – woher wollen wir wissen, ob „Lösungen" wie $\sqrt[3]{5}$ oder $\log_3(5)$ auch wirklich existieren? Außerdem wäre es praktisch, nicht nur zu wissen, dass sie *existieren*, sondern auch ein Verfahren zu ihrer *Berechnung* zu kennen. Die Existenz von $\sqrt[3]{5}$ wird durch den Zwischenwertsatz und die Stetigkeit von $x \mapsto x^3$ gesichert (siehe 1.5.15); und mit einer Intervallschachtelung kann $\sqrt[3]{5}$ näherungsweise berechnet werden. Es liegt also nahe, die Existenz von $\log_3(5)$ durch die Stetigkeit der *Exponentialfunktion* $f : x \mapsto 3^x$ nachzuweisen. Doch 3^x ist bisher nur für $x \in \mathbb{Q}$ definiert. Wir besitzen also noch keine Exponentialfunktion mit Definitionsmenge $\mathbb{R}$; und ob sie stetig ist, wissen wir erst recht nicht. Damit wissen wir auch nicht, ob $\log_3(5)$ oder gar eine Funktion $\log_3 : \mathbb{R}^+ \longrightarrow \mathbb{R}$ existiert. Wir besitzen allenfalls eine vage Vorstellung davon, was $\log_3$ leisten soll.

Im einfachsten Fall soll ein Logarithmus zählen, wie oft zum Beispiel der Faktor 3 in einer Potenz von 3 vorkommt: Für $3^m = 9$ und $3^n = 81$ ist $m = \log_3(9) = 2$ und $n = \log_3(81) = 4$. Wenn man 9 und 81 *multipliziert*, dann *addieren* sich die Anzahlen der Faktoren:

$$\log_3(9 \cdot 81) = \log_3(3^2 \cdot 3^4) = \log_3(3^{2+4}) = 2 + 4 = \log_3(9) + \log_3(81) \, .$$

Die Regel $\log_3(a \cdot b) = \log_3(a) + \log_3(b)$ enthält bereits die wesentliche Eigenschaft der Logarithmen: Nach dem folgenden Lemma ist jede Funktion $f : \mathbb{R}^+ \longrightarrow \mathbb{R}$ dafür geeignet, Gleichungen der Form $a^x = b$ nach x aufzulösen (zumindest für $x \in \mathbb{Q}$ und $f(a) \neq 0$), wenn sie die Eigenschaft $f(ab) = f(a) + f(b)$ für alle $a, b \in \mathbb{R}^+$ besitzt.

Lemma 1.7.1. *Es sei $f : \mathbb{R}^+ \longrightarrow \mathbb{R}$ eine Funktion mit $f(ab) = f(a) + f(b)$ für alle $a, b \in \mathbb{R}^+$. Dann gilt für alle $a, b \in \mathbb{R}^+$ und $x \in \mathbb{Q}$*

$$f\left(\tfrac{a}{b}\right) = f(a) - f(b) \quad und \quad f(a^x) = x\, f(a) \, ;$$

insbesondere ist $x = \frac{f(b)}{f(a)}$ für $a^x = b$ und $f(a) \neq 0$.

BEWEIS. Nach Voraussetzung ist $f\left(\tfrac{a}{b}\right) + f(b) = f\left(\tfrac{a}{b} \cdot b\right) = f(a)$, also folgt $f\left(\tfrac{a}{b}\right) = f(a) - f(b)$.
Die zweite Gleichung zeigen wir schrittweise für immer allgemeineres x.
Zunächst wird $f(a^x) = x\, f(a)$ für alle $x \in \mathbb{N}_0$ durch Induktion bewiesen:
$x = 0$: Es ist $f(1) = f(1 \cdot 1) = f(1) + f(1)$, also $f(1) = 0$. Daraus folgt $f(a^0) = f(1) = 0 = 0 \cdot f(a)$.
„$x \mapsto x + 1$": $f(a^{x+1}) = f(a^x \cdot a) = f(a^x) + f(a) = x\, f(a) + f(a) = (x+1)f(a)$.

Damit ist $f(a^x) = x\,f(a)$ für alle $x \in \mathbb{N}_0$ gezeigt.

Für jedes $x \in \mathbb{Q}^+$ gibt es $z, n \in \mathbb{N}$ mit $x = \frac{z}{n}$. Damit:

$$f(a^x) = f((a^{\frac{1}{n}})^z) = z\,f(a^{\frac{1}{n}}) = xn\,f(a^{\frac{1}{n}}) = x\,f((a^{\frac{1}{n}})^n) = x\,f(a)\,.$$

Für $x \in \mathbb{Q}^-$ können wir die Gleichung bereits auf $-x \in \mathbb{Q}^+$ anwenden:

$$f(a^x) = f\left(\frac{1}{a^{-x}}\right) = f(1) - f(a^{-x}) = 0 - (-x)\,f(a) = x\,f(a)\,. \qquad \square$$

Um „Logarithmen" zu finden, das heißt um Gleichungen wie $3^x = 5$ lösen zu können, sollten wir also nach Funktionen f mit $f(ab) = f(a) + f(b)$ suchen. Die Idee dafür entnehmen wir der Anschauung: Es sei $L(x)$ der Inhalt der Fläche zwischen der Hyperbel $y = x^{-1}$ und der x-Achse im Bereich von 1 bis x, siehe linkes Bild in 1.20, wobei $x > 1$. (Flächen mit gekrümmten Rändern haben wir zwar noch

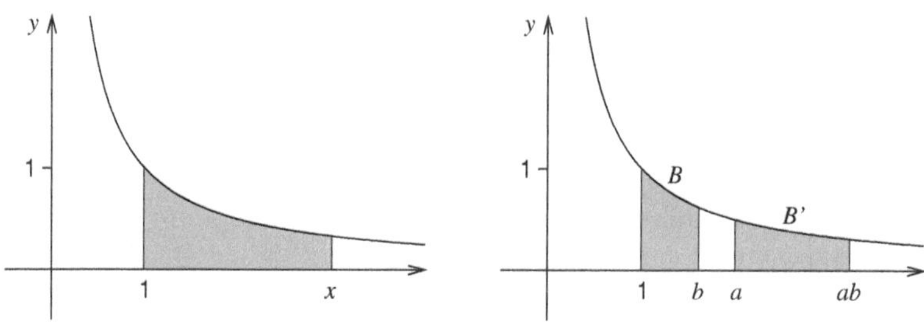

Abbildung 1.20: $L(ab) = L(a) + L(b)$, da $B = B'$

nicht besprochen, aber es geht uns jetzt nur um die Idee.) Die Fläche von 1 bis ab setzt sich zusammen aus der Fläche von 1 bis a und der Fläche von a bis ab, das heißt es gilt $L(ab) = L(a) + B'$. Der Flächeninhalt B' ist aber gleich dem Flächeninhalt B: Wenn man jeden Punkt (x, y) in der Fläche „B" auf den Punkt $(ax, a^{-1}y)$ abbildet, dann erhält man die Fläche „B'"; dabei werden Längen in x-Richtung um a gestreckt und Längen in y-Richtung um a gestaucht, das heißt der Flächeninhalt bleibt gleich. Somit ist $B' = B = L(b)$, also $L(ab) = L(a) + L(b)$. Es liegt also anschaulich nahe, dass die Zuordnung $x \mapsto L(x)$ genau die Eigenschaft besitzt, die wir zur Herstellung von „Logarithmen" benötigen.

Zur genauen Definition der Funktion L müssen wir präzisieren, was wir unter dem „Flächeninhalt" $L(x)$ verstehen. Dazu lassen wir uns zunächst wieder von der Anschauung leiten und konstruieren eine Folge, die sich dem „Flächeninhalt" immer besser nähert. Unsere erste (noch sehr grobe) Näherung ist ein Rechteck mit Inhalt $x - 1$ (Bild oben links in 1.21).

Setze $x_1 := \sqrt{x}$. Dann hat das Rechteck von 1 bis x_1 den Inhalt $\sqrt{x} - 1$, und das Rechteck von x_1 bis x den gleichen Inhalt $(x - \sqrt{x}) \cdot (\sqrt{x})^{-1} = \sqrt{x} - 1$ (Bild oben rechts in 1.21). Damit ist $2(x_1 - 1)$ unsere nächste Näherung.

Den soeben beschriebenen Schritt von x nach x_1 wiederholen wir jetzt als Schritt von x_1 nach x_2: Setze $x_2 := \sqrt{x_1}$. Dann hat das Rechteck von 1 bis x_2 den Inhalt

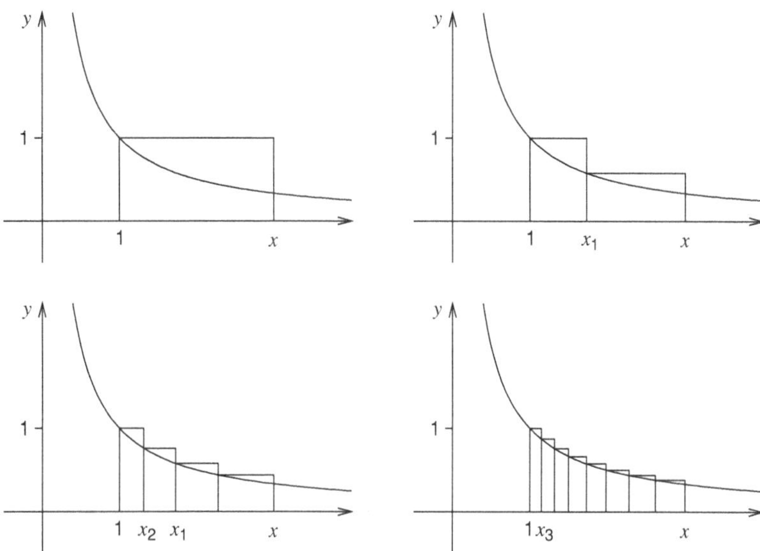

Abbildung 1.21: Schrittweise Näherung der Fläche

$\sqrt{x_1}-1$, und das Rechteck von x_2 bis x_1 den gleichen Inhalt $(x_1 - \sqrt{x_1}) \cdot (\sqrt{x_1})^{-1} = \sqrt{x_1} - 1$ (Bild unten links in 1.21). Damit ist $4(x_2 - 1)$ unsere nächste Näherung für die Fläche von 1 bis x.

Den soeben beschriebenen Schritt von x_1 nach x_2 wiederholen wir jetzt als Schritt von x_2 nach $x_3 := \sqrt{x_2}$ mit Näherung $8(x_3 - 1)$, und immer so weiter. Die Anschauung legt uns nahe, dass die Folge $\left(2^n(x_n - 1)\right)_n$ mit $x_{n+1} := \sqrt{x_n}$ gegen den „Flächeninhalt" $L(x)$ konvergiert, also werden wir $L(x)$ als Grenzwert dieser Folge definieren. Dazu wird $L(x)$ wie bei einer Intervallschachtelung zwischen

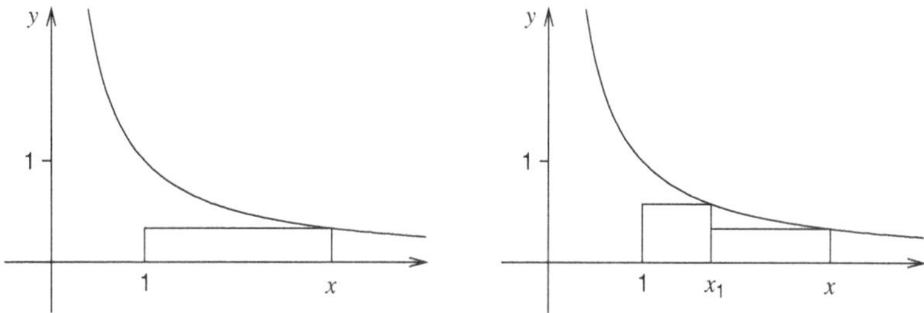

Abbildung 1.22: Untere Abschätzung

einer oberen und einer unteren Folge eingegrenzt. Als obere Folge verwenden wir $\left(2^n(x_n - 1)\right)_n$. Eine untere Folge erhalten wir so: Die erste (noch sehr grobe) Näherung ist ein Rechteck mit Inhalt $(x - 1)x^{-1}$ (Bild links in 1.22). Setze $x_1 := \sqrt{x}$.

Dann hat das Rechteck von 1 bis x_1 den Inhalt $(\sqrt{x}-1)(\sqrt{x})^{-1}$, und das Rechteck von x_1 bis x den gleichen Inhalt $(x-\sqrt{x})x^{-1}$ (Bild oben rechts in 1.21). Damit ist $2(x_1-1)x_1^{-1}$ unsere nächste Näherung, und immer so weiter. Als untere Folge verwenden wir also $\left(2^n(x_n-1)x_n^{-1}\right)_n$ mit $x_{n+1} := \sqrt{x_n}$.

Lemma 1.7.2. *Es sei $x_0 \in \mathbb{R}^+$, $x_{n+1} = \sqrt{x_n}$, $b_n = 2^n(x_n-1)$ und $a_n = b_n x_n^{-1}$ für alle $n \in \mathbb{N}_0$. Dann ist $(a_n)_n$ monoton steigend und $(b_n)_n$ monoton fallend. Außerdem ist $a_n \leq b_n$ für alle $n \in \mathbb{N}_0$.*

BEWEIS. Es sei $n \in \mathbb{N}_0$. Wegen $x_{n+1}^2 = x_n$ ist

$$2(x_{n+1}-1) \leq 2(x_{n+1}-1) + (x_{n+1}-1)^2 = x_{n+1}^2 - 1 = x_n - 1\,,$$

also $b_{n+1} = 2^{n+1}(x_{n+1}-1) \leq 2^n(x_n-1) = b_n$. Ebenso ist

$$x_n - 1 \leq x_n - 1 + (x_{n+1}-1)^2 = 2x_{n+1}^2 - 2x_{n+1} = 2(x_{n+1}-1)x_{n+1}\,,$$

also $(x_n-1)x_n^{-1} \leq 2(x_{n+1}-1)x_{n+1}x_n^{-1} = 2(x_{n+1}-1)x_{n+1}^{-1}$, und damit $a_n \leq a_{n+1}$.
Außerdem ist $a_n \leq b_n$:
Für $x_0 \geq 1$ ist $x_n \geq 1$, also $b_n \geq 0$ und $a_n = b_n x_n^{-1} \leq b_n$.
Für $0 < x_0 < 1$ ist $0 < x_n < 1$, also $b_n < 0$ und $a_n = b_n x_n^{-1} \leq b_n$. $\qquad\square$

Die Folge $(b_n)_n$ in 1.7.2 ist monoton fallend und nach unten beschränkt (z.B. durch a_0), also konvergiert sie nach dem Vollständigkeitsaxiom gegen eine reelle Zahl. Damit können wir unsere Vorstellung von einem „Flächeninhalt" $L(x)$ präzisieren:

Definition 1.7.3. Die Funktion

$$\ln : \mathbb{R}^+ \longrightarrow \mathbb{R}\,,\ x \longmapsto \lim_{n \to \infty} 2^n(x_n-1)\,,$$

wobei $x_0 = x$ und $x_{n+1} = \sqrt{x_n}$ für alle $n \in \mathbb{N}_0$, heißt *natürlicher Logarithmus*. $\quad\square$

Für $x > 1$ hat $\ln(x)$ die anschauliche Bedeutung eines Flächeninhalts. Die Funktion $\ln$ trägt den Namen „Logarithmus" zurecht, da sie die Voraussetzung von Lemma 1.7.1 erfüllt:

Satz 1.7.4. *Für alle $a, b \in \mathbb{R}^+$ ist $\ln(ab) = \ln(a) + \ln(b)$.*

BEWEIS. Es sei $x_0 = a$, $y_0 = b$, $z_0 = ab$, $x_{n+1} = \sqrt{x_n}$, $y_{n+1} = \sqrt{y_n}$ und $z_{n+1} = \sqrt{z_n}$ für alle $n \in \mathbb{N}_0$. Dann ist

$$z_n - 1 = x_n y_n - 1 = x_n y_n - y_n + y_n - 1 = y_n(x_n-1) + (y_n-1)\,,$$

also $2^n(z_n-1) = y_n \cdot 2^n(x_n-1) + 2^n(y_n-1)$. Nach 1.7.5 gilt $(y_n)_n \to 1$, und damit folgt die Behauptung. $\qquad\square$

Lemma 1.7.5. *Für alle $x \in \mathbb{R}^+$ gilt $(x^{\frac{1}{k}})_k \to 1$.*

BEWEIS. Für $x \geq 1$ und $k \in \mathbb{N}$ ist $\frac{x-1}{k} \geq -1$, also folgt mit der Bernoullischen Ungleichung

$$\left(1 + \frac{x-1}{k}\right)^k \geq 1 + k \cdot \frac{x-1}{k} = x \geq 1\,, \quad \text{also} \quad 1 + \frac{x-1}{k} \geq x^{\frac{1}{k}} \geq 1\,,$$

und damit $(x^{\frac{1}{k}})_k \to 1$.

Für $0 < x < 1$ ist $x^{-1} > 1$, also $(x^{\frac{1}{k}})_k = \left(\frac{1}{(x^{-1})^{1/k}}\right)_k \to 1$. $\qquad\square$

Satz 1.7.6. *Die Funktion* ln *ist streng monoton steigend und stetig. Außerdem gilt* $\lim\limits_{x \to \infty} \ln(x) = \infty$*,* $\lim\limits_{x \to 0} \ln(x) = -\infty$ *und die Wertemenge ist* $\mathbb{R}$*.*

BEWEIS. Zur Monotonie: Nach 1.7.2 ist $\frac{x-1}{x} = a_0 \leq \ln(x)$ für alle $x \in \mathbb{R}^+$, also $\ln(x) > 0$ für alle $x > 1$. Damit ist $\ln(b) - \ln(a) = \ln(\frac{b}{a}) > 0$ für $0 < a < b$.

Zur Stetigkeit: Nach 1.7.2 ist $\frac{x-1}{x} = a_0 \leq \ln(x) \leq b_0 = x - 1$ für alle $x \in \mathbb{R}^+$, also $(\ln(x_n))_n \to 0 = \ln(1)$ für $(x_n)_n \to 1$. Damit ist ln stetig bei 1.

Sei $a \in \mathbb{R}^+$ und $(x_n)_n \to a$. Wir zeigen $(\ln(x_n))_n \to \ln(a)$: Es gilt

$$\big(\ln(x_n) - \ln(a)\big)_n = \big(\ln(\tfrac{x_n}{a})\big)_n \to \ln(1) = 0\,,$$

da $(\frac{x_n}{a})_n \to 1$ und ln bei 1 stetig ist. Damit ist ln stetig bei a.

Es sei $(x_n)_n \to \infty$. Wir zeigen $(\ln(x_n))_n \to \infty$:

Dazu zeigen wir $s \overset{sch}{<} (\ln(x_n))_n$ für alle $s \in \mathbb{R}^+$: Wegen $\ln(2) > 0$ gibt es nach dem Archimedischen Axiom ein $k \in \mathbb{N}$ mit $k \cdot \ln(2) > s$. Wegen $(x_n)_n \to \infty$ ist $2^k \overset{sch}{<} (x_n)_n$, und mit der Monotonie von ln folgt

$$s < k \cdot \ln(2) = \ln(2^k) \overset{sch}{<} (\ln(x_n))_n\,.$$

Damit ist $\lim\limits_{x \to \infty} \ln(x) = \infty$ bewiesen.

Sei $(x_n)_n$ eine Folge in $\mathbb{R}^+$ mit $(x_n)_n \to 0$. Dann gilt $(x_n^{-1})_n \to \infty$, also

$$(\ln(x_n))_n = (\ln((x_n^{-1})^{-1}))_n = (-\ln(x_n^{-1}))_n \to -\infty\,.$$

Damit ist $\lim\limits_{x \to 0} \ln(x) = -\infty$ bewiesen. Mit dem Zwischenwertsatz folgt nun, dass die Wertemenge von ln gleich $\mathbb{R}$ ist. $\qquad\square$

Zu Beginn dieses Abschnitts haben wir uns gefragt, wie man $3^x = 5$ nach x auflöst. Dazu müssen wir zuerst ein anderes Problem lösen: Es gibt eventuell kein $x \in \mathbb{Q}$ mit $3^x = 5$, aber für $x \in \mathbb{R} \setminus \mathbb{Q}$ haben wir 3^x noch gar nicht definiert. Die Exponentialfunktion $f : \mathbb{Q} \longrightarrow \mathbb{R}^+$ mit $x \longmapsto 3^x$ hat eben bisher nur die Definitionsmenge $\mathbb{Q}$. Die Frage ist also, wie man f auf ganz $\mathbb{R}$ fortsetzen kann, das heißt wie man eine Funktion $g : \mathbb{R} \longrightarrow \mathbb{R}^+$ findet, die auf $\mathbb{Q}$ mit dem alten f übereinstimmt: Es soll $g(x) = f(x)$ für alle $x \in \mathbb{Q}$ gelten.

Definition 1.7.7. Es seien $f : A \longrightarrow C$ und $g : B \longrightarrow C$ Funktionen mit $A \subseteq B$ und $f(x) = g(x)$ für alle $x \in A$. Dann heißt g *Fortsetzung von* f, und f *Einschränkung von* g. $\qquad\square$

Im Prinzip könnte man unsere alten Exponentialfunktionen $f : \mathbb{Q} \longrightarrow \mathbb{R}^+$ vollkommen willkürlich fortsetzen. Doch sobald man bestimmte Absichten verfolgt, werden Fortsetzungen nicht mehr willkürlich. Wir wollen zum Beispiel mit dem Zwischenwertsatz aus $3^1 < 5 < 3^2$ schließen, dass $3^x = 5$ eine Lösung zwischen 1 und 2 besitzt. Daher suchen wir nach *stetigen* Fortsetzungen. Und wie wir gleich sehen werden, sind die Fortsetzungen der Exponentialfunktionen damit eindeutig bestimmt. Das liegt unter anderem daran, dass $\mathbb{Q}$ *dicht* in $\mathbb{R}$ liegt:

Definition 1.7.8. Es sei $A \subseteq B \subseteq \mathbb{R}$. Die Menge A *liegt dicht in* B, wenn es zu jedem $b \in B$ eine Folge $(a_n)_n$ in A gibt mit $(a_n)_n \to b$. $\qquad\square$

Lemma 1.7.9. $\mathbb{Q}$ *liegt dicht in* $\mathbb{R}$.

BEWEIS. Es sei $x \in \mathbb{R}^+$. Wir suchen eine Folge $(l_n)_n$ in $\mathbb{Q}$ mit $(l_n)_n \to x$. Nach dem Archimedischen Axiom gibt es ein $k \in \mathbb{N}$ mit $x \in [0\,;k]$. Es sei $[l_1, r_1] := [0\,;k]$ und $([l_n, r_n])_{n \in \mathbb{N}}$ die (duale) Intervallschachtelung (siehe 1.3.20) mit $x \in [l_n, r_n]$ für alle $n \in \mathbb{N}$. Dann sind alle $l_n, r_n \in \mathbb{Q}$, da die Intervalle jeweils halbiert werden und $l_1, r_1 \in \mathbb{Q}$. Mit 1.4.19 folgt $(l_n)_n \to x$. Analog: $x \in \mathbb{R}^-$. Und für $0 \in \mathbb{R}$ verwenden wir die konstante Nullfolge. $\qquad\square$

Stetige Funktionen sind durch ihre Werte auf dichten Teilmengen bereits eindeutig bestimmt:

Lemma 1.7.10. *Es seien* $g, h : B \longrightarrow \mathbb{R}$ *stetig,* A *dicht in* B *und* $g(a) = h(a)$ *für alle* $a \in A$. *Dann ist* $g(b) = h(b)$ *für alle* $b \in B$.

BEWEIS. Es sei $b \in B$. Wir zeigen $g(b) = h(b)$. Nach Voraussetzung gibt es eine Folge $(a_n)_n$ in A mit $(a_n)_n \to b$. Aus der Stetigkeit von g und h folgt $(g(a_n))_n \to g(b)$ und $(h(a_n))_n \to h(b)$. Die Folgen $(g(a_n))_n$ und $(h(a_n))_n$ sind nach Voraussetzung gleich, also ist auch $g(b) = h(b)$ wegen der Eindeutigkeit des Grenzwerts (siehe 1.4.6). $\qquad\square$

Jetzt wissen wir also, dass es höchstens eine stetige Fortsetzung $g : \mathbb{R} \longrightarrow \mathbb{R}^+$ einer Exponentialfunktion $f : \mathbb{Q} \longrightarrow \mathbb{R}^+$ gibt. Und mit ln finden wir solche Fortsetzungen: Aus Satz 1.7.6 folgt, dass ln $: \mathbb{R}^+ \longrightarrow \mathbb{R}$ umkehrbar ist; die Umkehrfunktion nennen wir E; und nach 1.5.19 folgt, dass E stetig ist.

Lemma 1.7.11. *Es sei* $a \in \mathbb{R}^+$ *und* $g : \mathbb{R} \longrightarrow \mathbb{R}^+$ *mit* $g(x) := E(x \ln(a))$. *Dann ist* g *stetig und* $g(x) = a^x$ *für alle* $x \in \mathbb{Q}$.

BEWEIS. g ist eine Verkettung stetiger Funktionen, also selbst stetig. Und nach 1.7.1 und 1.7.4 ist $g(x) = E(x \ln(a)) = E(\ln(a^x)) = a^x$ für $x \in \mathbb{Q}$. $\qquad\square$

Jetzt können wir endlich Potenzen mit Exponenten in ganz $\mathbb{R}$ definieren; und zwar so, dass die zugehörigen Funktionen stetig sind, und dass die neue Definition mit der alten Definition für rationale Exponenten übereinstimmt:

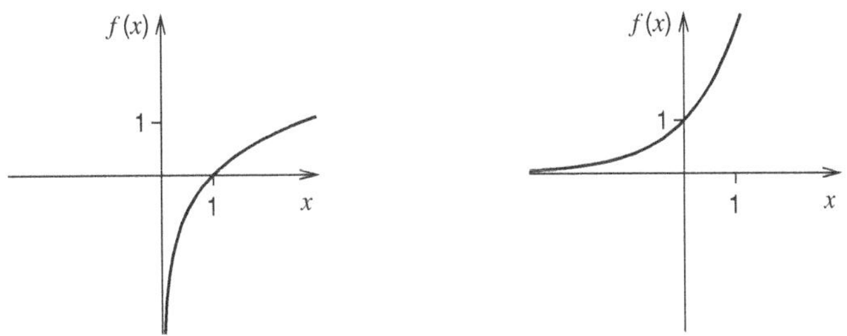

Abbildung 1.23: Graph von ln und E

Definition 1.7.12. Für $a \in \mathbb{R}^+$ und $x \in \mathbb{R}$ sei $a^x := E(x \ln(a))$. Die Funktion $\mathbb{R} \longrightarrow \mathbb{R}^+$, $x \longmapsto a^x$ heißt *Exponentialfunktion zur Basis* a. Im Fall $a \neq 1$ heißt $\log_a : \mathbb{R}^+ \longrightarrow \mathbb{R}$, $x \longmapsto \frac{\ln(x)}{\ln(a)}$ *Logarithmusfunktion zur Basis* a. Die Zahl $e := E(1) = 2{,}718\ldots$ heißt *Euler'sche Zahl*. $\qquad \square$

Damit gilt $\ln(e) = \ln(E(1)) = 1$ und $e^x = E(x \ln(e)) = E(x)$ für alle $x \in \mathbb{R}$, also ist E die Exponentialfunktion zur Basis e. Außerdem ist ln die Logarithmusfunktion zur Basis e wegen $\log_e(x) = \frac{\ln(x)}{\ln(e)} = \ln(x)$ für alle $x \in \mathbb{R}^+$.

Lemma 1.7.13. *Für alle* $x, y \in \mathbb{R}$ *ist* $E(x + y) = E(x)E(y)$.

BEWEIS. Die Wertemenge von ln ist $\mathbb{R}$, also gibt es $a, b \in \mathbb{R}^+$ mit $x = \ln(a)$ und $y = \ln(b)$. Damit folgt

$$E(x + y) = E(\ln(a) + \ln(b)) = E(\ln(ab)) = ab = E(x)E(y) . \qquad \square$$

Die Definition von $\log_a$ in 1.7.12 rechtfertigt sich durch

$$\log_a(a^x) = \frac{\ln(a^x)}{\ln(a)} = \frac{\ln(E(x \ln(a)))}{\ln(a)} = \frac{x \ln(a)}{\ln(a)} = x \quad \text{und}$$

$$a^{\log_a(x)} = E(\log_a(x) \ln(a)) = E\left(\frac{\ln(x)}{\ln(a)} \ln(a) \right) = E(\ln(x)) = x ,$$

das heißt $\log_a$ ist die Umkehrung von $x \longmapsto a^x$. Auf ähnliche Weise zeigt man Rechenregeln wie $a^x a^y = a^{x+y}$, $a^x b^x = (ab)^x$, $(a^x)^y = a^{xy}$, $\log_a(bc) = \log_a(b) + \log_a(c)$ und $\log_a(b^x) = x \log_a(b)$ (Übung!).

Am Anfang dieses Abschnitts wollten wir $3^x = 5$ lösen. Jetzt wissen wir, dass $x = \log_3(5) = \frac{\ln(5)}{\ln(3)}$ existiert; und mit der Folge $(2^n(x_n - 1))_n$ in Definition 1.7.3 können wir Näherungen berechnen: $x = 1{,}46497352\ldots$

Aufgaben

1. Es sei $f : \mathbb{R} \longrightarrow \mathbb{R}$ eine Funktion mit $f(a + b) = f(a) \cdot f(b)$ für alle $a, b \in \mathbb{R}$. Außerdem sei f bei 0 stetig mit $f(0) \neq 0$. Beweisen Sie:

   (a) $f(0) = 1$.

   (b) f ist stetig.

   (c) $f(x) \geq 0$ für alle $x \in \mathbb{R}$.

   (d) $f(x) = 0 \implies f(\frac{x}{2}) = 0$.

   (e) $f(x) > 0$ für alle $x \in \mathbb{R}$.

   (f) $f(a - b) = \frac{f(a)}{f(b)}$ für alle $a, b \in \mathbb{R}$.

   (g) $f(x \cdot a) = f(a)^x$ für $a \in \mathbb{R}, x \in \mathbb{Q}$; insbes.: $f(x) = b^x$ für $b := f(1)$.

2. Zeigen Sie: Für $(a_n)_n$ und $(b_n)_n$ aus 1.7.2 gilt $(b_n - a_n)_n \to 0$.

3. Zeigen Sie: $\{z \cdot 2^{-m} \mid z \in \mathbb{Z}, m \in \mathbb{N}_0\}$ liegt dicht in $\mathbb{R}$.

4. Es sei $f : D \longrightarrow \mathbb{R}$ eine Funktion und a ein Berührpunkt von D. Zeigen Sie: f besitzt genau dann eine Fortsetzung $g : D \cup \{a\} \longrightarrow \mathbb{R}$, die bei a stetig ist, wenn f für $x \to a$ konvergiert; in diesem Fall ist $g(a) = \lim_{x \to a} f(x)$.

5. Finden Sie eine Funktion $f : \mathbb{Q} \longrightarrow \mathbb{R}$, zu der es keine stetige Fortsetzung $g : \mathbb{R} \longrightarrow \mathbb{R}$ gibt.

6. Warum gibt es keinen Logarithmus zur Basis 1? ($\log_1(x) := \frac{\ln(x)}{\ln(1)}$ ist nicht möglich; aber das beantwortet noch nicht unsere Frage.)

7. Beweisen Sie die Regeln $a^x a^y = a^{x+y} \ldots$ am Ende von Abschnitt 1.7.

1.8 Winkelfunktionen

Mit konvergenten Folgen kann man auch Winkelmaße und Winkelfunktionen definieren. Dabei folgen wir zunächst jeweils unserer geometrischen Intuition und entwickeln anschließend exakte Begriffe und Beweise.

Hinter dem Gradmaß eines Winkels steckt folgende Vorstellung: Der „gestreckte" Winkel soll 180° betragen; einen Winkel von 1° erhält man, wenn ein Winkel von 180° in 180 gleich große Stücke geteilt wird. Das ist aber schwieriger, als es zunächst aussieht: Wie stellt man zum Beispiel einen Winkel von 10° her? 30° kann mit einem gleichseitigen Dreieck und einer Winkelhalbierenden konstruiert werden. Aber wissen Sie, wie man 30° mit Zirkel und Lineal durch 3 teilt? Ich jedenfalls nicht (und ich kenne auch niemanden, der so etwas kann). Die soeben erwähnte „Festlegung" von 1° ist also eher eine Absichtserklärung als eine effektive Definition.

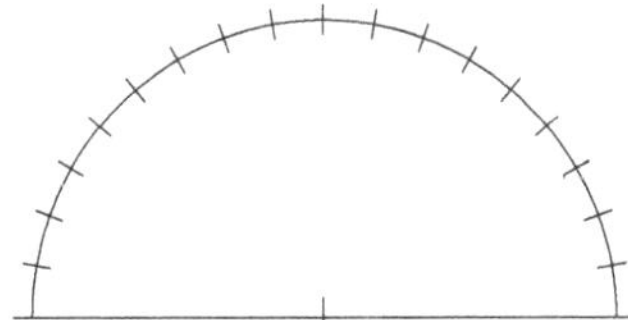

Ein naheliegender Gedanke wäre, die Länge eines Halbkreisbogens zu messen und in 18 gleiche Teile zu teilen: Man legt eine Schnur entlang des Bogens, zieht sie gerade, misst ihre Länge, teilt durch 18 und legt die Schnur dann wieder an den Bogen. Das liefert zwar nur eine grobe Näherung, aber es enthält bereits einen entscheidenden Gedanken: Wir müssen eine Beziehung zwischen Strecken und Kreisbögen herstellen, da wir bisher nur Längen von *geraden* Linien messen können.

Gegeben sei ein Kreis mit Mittelpunkt A und Radius 1, und eine Tangente t mit Berührpunkt B. Jeder Strecke $[BC_0]$ entspricht genau ein Bogen von B nach D_0; dabei liegt C_0 auf der Tangente t und D_0 ist der Schnittpunkt der Strecke $[AC_0]$ mit dem Kreis. Wir entwickeln ein Verfahren, das zu jeder Länge $\overline{BC_0}$ die Länge des Bogens von B nach D_0 liefert. Dazu konstruieren wir schrittweise immer bessere Näherungen für diesen Bogen.

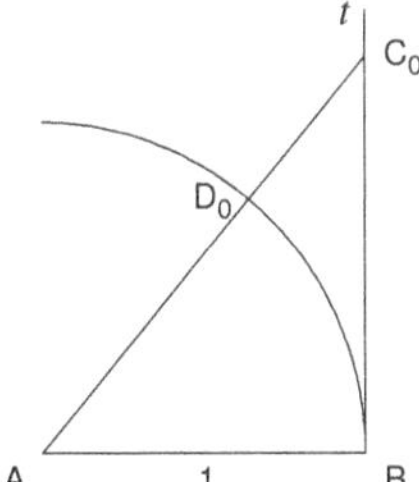

Abbildung 1.24: $[BC_0]$ legt einen Bogen von B nach D_0 fest

$c_0 := \overline{BC_0}$ ist unsere erste (noch sehr grobe) Näherung. Setze $c_1 := \overline{BC_1}$, wobei C_1 der Schnittpunkt der Tangente t mit der Winkelhalbierenden von BAC_0 ist. Die Dreiecke ABC_1 und AD_0C_1 sind zueinander kongruent, also ist $\overline{D_0C_1} = \overline{BC_1} = c_1$. Der Streckenzug B, C_1, D_0 hat damit die Länge $2c_1$ und ist unsere nächste Näherung für den Bogen von B nach D_0.

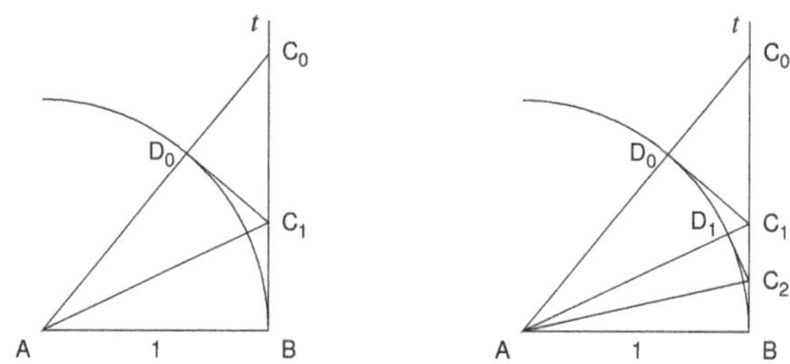

Abbildung 1.25: Schrittweise Näherung eines Bogens

Die soeben beschriebene Konstruktion im Dreieck ABC_0 wiederholen wir nun im Dreieck ABC_1 (rechte Figur in Abbildung 1.25): Setze $c_2 := \overline{BC_2}$, wobei C_2 der Schnittpunkt der Tangente t mit der Winkelhalbierenden von BAC_1 ist. Die Dreiecke ABC_2 und AD_1C_2 sind zueinander kongruent, also ist $\overline{D_1C_2} = \overline{BC_2} = c_2$. Der Streckenzug B, C_2, D_1 hat damit die Länge $2c_2$, also ist $4c_2$ unsere nächste Näherung für den Bogen von B nach D_0.

Die soeben beschriebene Konstruktion im Dreieck ABC_1 wiederholen wir nun im Dreieck ABC_2, und immer so weiter. Abbildung 1.26 zeigt die Näherung mit der Länge $8c_3$; sie ist für das Auge gerade noch von einem Kreisbogen zu unterscheiden. Die Anschauung legt uns also nahe, dass die Folge $(2c_1, 4c_2, 8c_3, \ldots) = (2^n c_n)_{n \in \mathbb{N}}$ gegen die Länge des Bogens von B nach D_0 konvergiert.

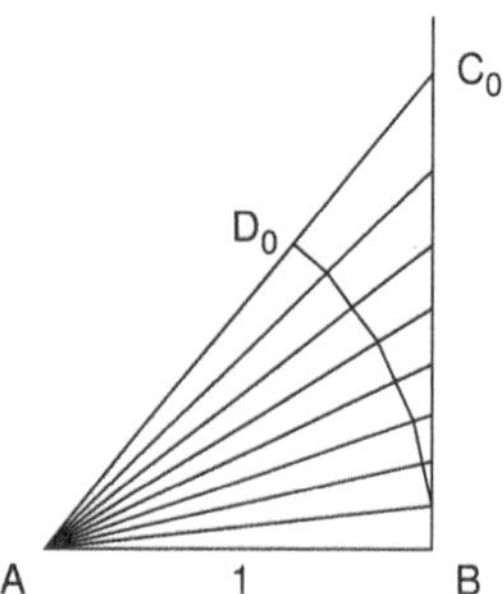

Abbildung 1.26: Die Näherung $8c_3$

Die Längen $c_1, c_2, c_3, \ldots$ kann man rekursiv berechnen. Dazu betrachten wir noch einmal die linke Figur in Abbildung 1.25. Die Dreiecke ABC_0 und $C_1D_0C_0$ sind zueinander ähnlich, also gilt

$$\frac{\overline{BC_0}}{\overline{AB}} = \frac{\overline{D_0C_0}}{\overline{C_1D_0}}.$$

Es ist $\overline{BC_0} = c_0$, $\overline{AB} = 1$, $\overline{C_1 D_0} = \overline{BC_1} = c_1$, und nach Pythagoras im Dreieck ABC_0 gilt $\overline{AC_0} = \sqrt{1 + c_0^2}$, also $\overline{D_0 C_0} = \sqrt{1 + c_0^2} - 1$. Damit folgt

$$\frac{c_0}{1} = \frac{\sqrt{1 + c_0^2} - 1}{c_1} \quad \text{bzw.} \quad c_1 = \frac{\sqrt{1 + c_0^2} - 1}{c_0} = \frac{c_0}{\sqrt{1 + c_0^2} + 1}$$

(Bruch mit $\sqrt{1 + c_0^2} + 1$ erweitern!). Wir benutzen also die Rekursion[1]

$$c_0 := \overline{BC_0} \quad , \quad c_{n+1} := \frac{c_n}{\sqrt{1 + c_n^2} + 1} \text{ für } n \in \mathbb{N}_0 .$$

Bei einem Taschenrechner mit Speicher-Variable „c" tippt man zum Beispiel

```
1.0 → c                        1.0
c/(√1+c²+1) → c                0.41421356...
c/(√1+c²+1) → c                0.19891236...
c/(√1+c²+1) → c                0.09849140...
```

(Je nach Taschenrechner muss man nach der zweiten Zeile nur noch auf die Taste „=" drücken und erhält jeweils sofort den nächsten Schritt.) Bei der Anweisung „c/($\sqrt{1+c^2}$ +1) → c" geschieht folgendes: Die Zahl, die bisher im Speicher „c" stand, wird in den Term $c/(\sqrt{1 + c^2} + 1)$ eingesetzt, und das Ergebnis anschließend unter „c" abgespeichert (wobei der alte Wert von „c" verloren geht). Tabelle 1.4 enthält einige Werte von $2^n c_n$.

n	$2^n c_n$	$4 \cdot 2^n c_n$
0	1,0	4,0
5	0,7855559074...	3,1422236299...
10	0,7853983174...	3,1415932696...
15	0,7853981635...	3,1415926541...
20	0,7853981633...	3,1415926535...
25	0,7853981633...	3,1415926535...

Tabelle 1.4: Näherung von π

Es sieht so aus, als ob sich $4 \cdot 2^n c_n$ der bekannten Kreiszahl π nähert. Das passt recht gut mit dem zusammen, was wir früher einmal über π gelernt haben: Ein Kreis mit Radius 1 hat den Umfang 2π; im Fall $c_0 = \overline{BC_0} = 1$ ist das Dreieck ABC_0 gleichschenklig und rechtwinklig, also ist der Bogen von B nach D_0 ein Achtel vom ganzen Kreis.

Diese Übereinstimmung ist kein Zufall, denn π und die Länge von Kreisbögen werden durch Folgen wie $(2^n c_n)_n$ überhaupt erst definiert. Wir haben bisher ja noch keine exakte Definition für die Länge von gekrümmten Linien, also hat für uns eine Formulierung wie „Länge des Bogens von B nach D_0" noch keine *genaue*

---

[1] Auf diese Folge und ihre geometrische Bedeutung hat mich Herr Dr. Bartholomé aufmerksam gemacht.

Bedeutung. Sie hat für uns eine *anschauliche* Bedeutung, und unsere Anschauung hat uns zur Folge $(2^n c_n)_n$ geführt. Wenn wir uns jetzt aber entscheiden, die Länge eines Bogens durch den Grenzwert von $(2^n c_n)_n$ zu definieren, dann geben wir dem Begriff „Bogenlänge" eine exakte Bedeutung.

Dazu müssen wir natürlich erst herausfinden, ob $(2^n c_n)_n$ konvergiert. Auf den Taschenrechner können wir uns dabei nicht verlassen, denn für alle $c \neq 0$ ist zum Beispiel

$$\frac{\sqrt{1+c^2}-1}{c} = \frac{c}{\sqrt{1+c^2}+1}$$

(Bruch mit $\sqrt{1+c^2}+1$ erweitern!), also müsste eine Rekursion mit

$$\gamma_{n+1} := \frac{\sqrt{1+\gamma_n^2}-1}{\gamma_n}$$

eigentlich die gleichen Werte wie in Tabelle 1.4 liefern; doch für einen Taschenrechner ist zum Beispiel (je nach Rechengenauigkeit) $2^{23}\gamma_{23} = 0$, denn für „γ_n nahe 0" ist $1+\gamma_n^2$ für den Taschenrechner gleich 1. Aus demselben Grund ist ab einem bestimmten n für den Taschenrechner c_{n+1} gleich $\frac{c_n}{1+1} = \frac{c_n}{2}$, also $2^{n+1}c_{n+1}$ gleich $2^n c_n$, das heißt die Folge wird für ihn konstant. Der Taschenrechner suggeriert uns also einerseits eine Konvergenz von $(2^n c_n)_n$ wegen seiner begrenzten Rechengenauigkeit; andererseits liefert er bei γ_n völlig andere Werte, obwohl $\gamma_n = c_n$ für $\gamma_0 = c_0 \neq 0$.

Die Folge $(2^n c_n)_n$ wäre nach dem Vollständigkeitsaxiom konvergent, wenn sie beschränkt und monoton wäre. Das kann man aber leicht aus der linken Figur in Abbildung 1.25 ablesen: $[C_1 C_0]$ ist die Hypotenuse im rechtwinkligen Dreieck $C_1 C_0 D_0$, also ist $\overline{C_1 D_0} \leq \overline{C_1 C_0}$, und damit $2c_1 = \overline{BC_1} + \overline{C_1 D_0} \leq c_0$. Analog folgt $2c_{n+1} \leq c_n$ mit dem Dreieck $C_{n+1} C_n D_n$ für alle $n \in \mathbb{N}_0$, also $2^{n+1}c_{n+1} \leq 2^n c_n$.

Wer die euklidische Geometrie als Grundlage akzeptiert, für den ist die Monotonie von $(2^n c_n)_n$ jetzt bewiesen. Man kann die Monotonie aber auch allein auf das Fundament der reellen Zahlen stellen:

Lemma 1.8.1. *Es sei $c_0 \in \mathbb{R}$ und $c_{n+1} = \dfrac{c_n}{\sqrt{1+c_n^2}+1}$ für alle $n \in \mathbb{N}_0$. Dann gilt:*
Für $c_0 > 0$ ist $(2^n c_n)_n$ monoton fallend und > 0, für $c_0 < 0$ ist $(2^n c_n)_n$ monoton steigend und < 0, und für $c_0 = 0$ ist $(2^n c_n)_n$ konstant 0.

BEWEIS. Es sei $c_0 > 0$. Die Nenner $\sqrt{1+c_n^2}+1$ sind stets positiv, also folgt (durch Induktion) $c_n > 0$ für alle $n \in \mathbb{N}_0$. Wegen $\sqrt{1+c_n^2}+1 \geq 2$ ist

$$2^{n+1}c_{n+1} = 2^{n+1} \cdot \frac{c_n}{\sqrt{1+c_n^2}+1} \leq 2^{n+1} \cdot \frac{c_n}{2} = 2^n c_n$$

für alle $n \in \mathbb{N}_0$. Restliche Fälle: Übung!   □

Nach dem Vollständigkeitsaxiom und Lemma 1.8.1 konvergiert $(2^n c_n)_n$ für jeden Anfangswert $c_0 \in \mathbb{R}$. Dadurch erhalten wir eine Funktion mit Definitionsmenge $\mathbb{R}$

und Zuordnung $c_0 \longmapsto \lim\limits_{n \to \infty} 2^n c_n$. Für $c_0 \geq 0$ hat sie die anschauliche Bedeutung, dass jeder Länge $\overline{BC_0}$ auf der Tangente t die Länge des Bogens von B nach D_0 zugeordnet wird (Abbildung 1.25). Man nennt diese Funktion daher auch *Arkustangens* (lat. arcus: Bogen).

Definition 1.8.2. Die Funktion

$$\arctan : \mathbb{R} \longrightarrow \mathbb{R} \, , \ x \longmapsto \lim_{n \to \infty} 2^n c_n \, ,$$

wobei $c_0 = x$ und $c_{n+1} = \dfrac{c_n}{\sqrt{1 + c_n^2} + 1}$ für alle $n \in \mathbb{N}_0$, heißt *Arkustangens*. Außerdem sei $\pi := 4 \cdot \arctan(1)$. $\square$

Bemerkung 1.8.3. Der Vorteil dieser Definition ist, dass sie mit vergleichsweise elementaren Mitteln (euklidische Geometrie und konvergente Folgen) in einem anschaulichen Zusammenhang entwickelt werden kann. Ihr Nachteil ist, dass sie teilweise recht aufwendige Beweise zur Folge hat (siehe 1.8.6). Am Ende von Abschnitt 3.4 wird eine andere Möglichkeit gezeigt, den Arkustangens zu definieren. Die entsprechenden Beweise sind dann deutlich einfacher. Aber leider stehen uns die dazu nötigen Mittel noch nicht zur Verfügung. $\square$

Nach Lemma 1.8.1 wissen wir zwar, dass der Grenzwert $\lim\limits_{n \to \infty} 2^n c_n$ existiert, er könnte aber stets 0 sein (das ist auch ein mögliches Ergebnis beim Taschenrechner, siehe oben). Daher grenzen wir $\arctan(x)$ wie bei einer Intervallschachtelung zwischen einer oberen und einer unteren Folge ein. Für $c_0 > 0$ haben wir mit $(2^n c_n)_n$ bereits eine obere, monoton fallende Folge. Wir konstruieren also noch eine monoton steigende Folge $(2^n e_n)_n$ mit $\lim\limits_{n \to \infty} 2^n e_n = \lim\limits_{n \to \infty} 2^n c_n$.

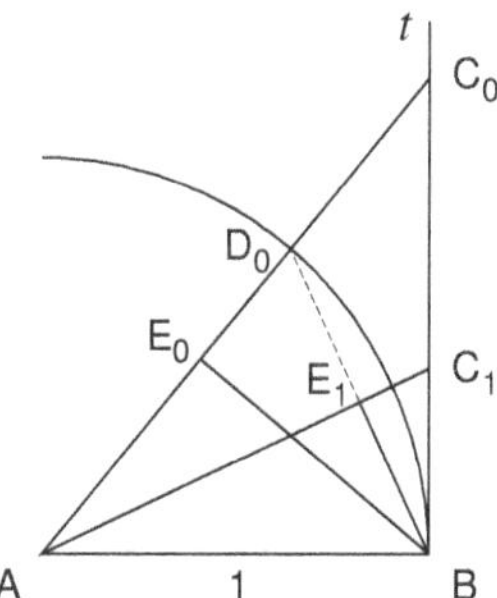

Abbildung 1.27: Untere Abschätzung

Für alle $n \in \mathbb{N}_0$ sei E_n der Fußpunkt des Lotes von B auf AC_n (siehe Abbildung 1.27, wobei $n = 0$) und $e_n := \overline{BE_n}$. Die Dreiecke BE_nC_n und ABC_n sind zueinander ähnlich, also gilt

$$\frac{\overline{BE_n}}{\overline{BC_n}} = \frac{\overline{AB}}{\overline{AC_n}} = \frac{1}{\sqrt{1 + c_n^2}} \quad \text{bzw.} \quad e_n = \frac{c_n}{\sqrt{1 + c_n^2}} \quad \text{für alle } n \in \mathbb{N}_0 \, .$$

Wegen $\sqrt{1 + c_n^2} \geq 1$ ist $2^n e_n \leq 2^n c_n$ für alle $n \in \mathbb{N}_0$. Außerdem ist $(2^n e_n)_n$ monoton steigend; das erkennt man in Abbildung 1.27: $[BD_0]$ ist die Hypotenuse im rechtwinkligen Dreieck BE_0D_0, also folgt $2e_1 = \overline{BD_0} \geq e_0$. Analog folgt $2e_{n+1} \geq e_n$ und damit $2^{n+1}e_{n+1} \geq 2^n e_n$ für alle $n \in \mathbb{N}_0$. Diese Aussage kann man auch ohne Geometrie beweisen:

Lemma 1.8.4. *Es sei $(c_n)_n$ wie in 1.8.1 und $e_n = \frac{c_n}{\sqrt{1+c_n^2}}$ für alle $n \in \mathbb{N}_0$. Dann gilt: Für $c_0 > 0$ ist $(2^n e_n)_n$ monoton steigend und $0 < (2^n e_n)_n \leq (2^n c_n)_n$, für $c_0 < 0$ ist $(2^n e_n)_n$ monoton fallend und $(2^n c_n)_n \leq (2^n e_n)_n < 0$. Außerdem gilt $\lim\limits_{n\to\infty} 2^n e_n = \lim\limits_{n\to\infty} 2^n c_n$.*

BEWEIS. $(c_n)_n$ ist eine Nullfolge, da $(2^n c_n)_n$ konvergiert, also konvergiert $\frac{1}{\sqrt{1+c_n^2}}$ gegen 1; damit folgt $\lim\limits_{n\to\infty} 2^n e_n = \lim\limits_{n\to\infty} 2^n c_n$. Der restliche Beweis ist eine Übung mit Wurzel–Termen. $\qquad\qquad\square$

Der Arkustangens liegt also immer zwischen $2^n e_n$ und $2^n c_n$; Tabelle 1.5 zeigt Abschätzungen für $\arctan(1)$. Insbesondere folgt $\arctan(c_0) > 0$ für $c_0 > 0$, da mit $c_0 > 0$ auch $e_0 > 0$ und $(2^n e_n)_n$ monoton steigend ist.

n	$2^n e_n$	$2^n c_n$
0	0,7071067811...	1,0
10	0,7853980863...	0,7853983174...
20	0,7853981633...	0,7853981633...

Tabelle 1.5: Untere und obere Grenzen für $\arctan(1)$

Einem Winkel BAC_0 wie in Abbildung 1.25 können wir bisher kein (exaktes) Gradmaß zuordnen. Inzwischen können wir ihm aber ein anderes Maß zuordnen, nämlich $\arctan(c_0)$, das heißt die Länge des Bogens von B nach D_0; diese Zahl heißt *Bogenmaß* des Winkels. Und mit dem Bogenmaß können wir auch das Gradmaß exakt definieren.

Definition 1.8.5. Es sei ABC ein Dreieck mit $\overline{AB} = 1$ und einem rechten Winkel bei B. Dann heißt $\arctan\left(\overline{BC}\right)$ das *Bogenmaß* des Winkels BAC. Außerdem heißt $\arctan\left(\overline{BC}\right) \cdot \frac{180°}{\pi}$ das *Gradmaß* des Winkels BAC. $\qquad\qquad\square$

Diese Definition passt zu unseren bisherigen Vorstellungen vom Gradmaß: Das Dreieck ABC aus Definition 1.8.5 ist gleichschenklig, wenn $\overline{BC} = 1$; dann hat der Winkel BAC das Bogenmaß $\arctan(1) = \frac{\pi}{4}$ (siehe 1.8.2) und das Gradmaß $\frac{\pi}{4} \cdot \frac{180°}{\pi} = 45°$.

Jedem spitzen Winkel (gegeben durch ein Dreieck ABC) können wir jetzt ein Winkelmaß (Bogenmaß oder Gradmaß) zuordnen. Für unser Problem am Anfang dieses Abschnitts benötigen wir aber die umgekehrte Zuordnung: Jedem Winkelmaß soll ein Winkel zugeordnet werden; zum Beispiel sind 10° gegeben und ein Winkel dieser Größe gesucht. (Man beachte den Unterschied zwischen *Winkel* und *Winkelmaß*: Ein Winkel ist eine Figur, ein Bogenmaß aber eine Zahl.) Unser Problem wäre gelöst, wenn wir jeder Länge eines Bogens von B nach D_0 (Abbildung 1.25) die zugehörige Länge $\overline{BC_0}$ (zumindest näherungsweise) zuordnen könnten; denn dann könnten wir das Dreieck ABC_0 und damit den Winkel BAC_0 (näherungsweise) konstruieren. Unser Problem lautet also: Gegeben sei die Länge α eines Bogens von B nach D_0; wie findet man $x \in \mathbb{R}$ mit $\arctan(x) = \alpha$?

Wir stellen zunächst eine speziellere Frage (später stellt sich heraus, dass wir mit ihr bereits den schwierigsten Teil des Problems gelöst haben): Angenommen wir wüssten für zwei $\alpha, \beta \in \mathbb{R}$ die zugehörigen $x, y \in \mathbb{R}$ mit $\arctan(x) = \alpha$, $\arctan(y) = \beta$; wie findet man $z \in \mathbb{R}$ mit $\arctan(z) = \alpha + \beta$? Kurz formuliert: Gegeben seien $x, y \in \mathbb{R}$; gesucht ist ein $z \in \mathbb{R}$, sodass $\arctan(x) + \arctan(y) = \arctan(z)$ (linke Figur in Abbildung 1.28).

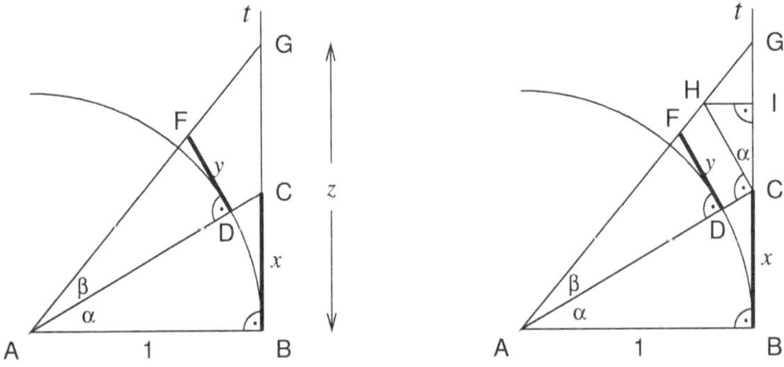

Abbildung 1.28: $\arctan(x) + \arctan(y) = \arctan(z)$

In Abbildung 1.28 sei $x := \overline{BC}$, $y := \overline{DF}$ und $z := \overline{BG}$; wir bestimmen z in Abhängigkeit von x und y. Die Dreiecke ADF und ACH sind zueinander ähnlich; ebenso CIH und ABC; damit ist

$$\frac{y}{\overline{CH}} = \frac{1}{\overline{AC}} \quad \text{und} \quad \frac{\overline{CI}}{\overline{CH}} = \frac{1}{\overline{AC}} \quad , \quad \text{also} \quad \overline{CI} = y \, .$$

Aus der Ähnlichkeit von CIH und ABC folgt außerdem

$$\frac{\overline{HI}}{\overline{CI}} = \frac{x}{1} \quad , \quad \text{also} \quad \overline{HI} = x \cdot \overline{CI} = xy \, .$$

Auch die Dreiecke HIG und ABG sind zueinander ähnlich; damit ist

$$\frac{\overline{GI}}{\overline{HI}} = \frac{z}{1} \quad , \quad \text{also} \quad \overline{GI} = \overline{HI} \cdot z = xyz \, .$$

Insgesamt folgt jetzt $z = x + \overline{CI} + \overline{IG} = x + y + xyz$, also $z = \dfrac{x+y}{1-xy}$, und damit

$$\arctan(x) + \arctan(y) = \arctan\left(\frac{x+y}{1-xy}\right) \, .$$

Diese Gleichung wird als *Additionstheorem des Arkustangens* bezeichnet. Wir haben sie geometrisch hergeleitet und beweisen sie nun algebraisch. Unsere Folge $(c_n)_n$ wird durch $c_{n+1} := f(c_n)$ mit $f(x) := \frac{x}{\sqrt{1+x^2}+1}$ rekursiv definiert. Für alle $x \in \mathbb{R}$ ist $|f(x)| < 1$ und es gilt:

Lemma 1.8.6. *Es sei* $f(x) := \dfrac{x}{\sqrt{1+x^2}+1}$ *für alle* $x \in \mathbb{R}$. *Dann ist*

$$f\left(\frac{x+y}{1-xy}\right) = \frac{f(x)+f(y)}{1-f(x)f(y)} \quad \textit{für alle } x,y \in \mathbb{R} \textit{ mit } xy < 1 \, .$$

BEWEIS. Für $x = 0$ oder $y = 0$ ist die Behauptung klar. Es sei also $x \neq 0$ und $y \neq 0$.

$$
\begin{aligned}
f\left(\frac{x+y}{1-xy}\right) &= \frac{\dfrac{x+y}{1-xy}}{\sqrt{1+\dfrac{(x+y)^2}{(1-xy)^2}}+1} \qquad \text{(jetzt mit } 1-xy \text{ erweitern:)} \\[2mm]
&= \frac{x+y}{\sqrt{(1-xy)^2+(x+y)^2}+1-xy} \\[2mm]
&= \frac{x+y}{\sqrt{(1+x^2)(1+y^2)}+1-xy} \tag{1.1}
\end{aligned}
$$

Setze $a := f(x)$ und $b := f(y)$. Wir erweitern mit $(1-a^2)(1-b^2)$ und formen Zähler und Nenner zunächst getrennt voneinander um. Nach Definition von $f(x)$ ist

$$
\begin{aligned}
x &= a \cdot \left(\sqrt{1+x^2}+1\right) \\
x - a &= a \cdot \sqrt{1+x^2} \\
x^2 - 2xa + a^2 &= a^2(1+x^2) \\
x - 2a &= a^2 x \quad (\text{da } x \neq 0) \\
x(1-a^2) &= 2a \, ; \quad \text{analog:} \ y(1-b^2) = 2b \, . \tag{1.2}
\end{aligned}
$$

Somit:

$$
\begin{aligned}
(x+y)(1-a^2)(1-b^2) &= x(1-a^2)(1-b^2) + y(1-a^2)(1-b^2) \\
&\overset{(1.2)}{=} 2a(1-b^2) + 2b(1-a^2) \\
&= 2(a+b)(1-ab) \, . \tag{1.3}
\end{aligned}
$$

Außerdem:

$$
\begin{aligned}
(1+x^2)(1-a^2)^2 &= (1-a^2)^2 + x^2(1-a^2)^2 \\
&\overset{(1.2)}{=} (1-a^2)^2 + 4a^2 \\
&= (1+a^2)^2 \, ; \tag{1.4} \\
\text{analog:} \ (1+y^2)^2(1-b^2)^2 &= (1+b^2)^2 \, . \tag{1.5}
\end{aligned}
$$

Mit (1.4), (1.5) und (1.2) folgt

$$\left(\sqrt{(1+x^2)(1+y^2)} + 1 - xy\right)(1-a^2)(1-b^2)$$
$$= (1+a^2)(1+b^2) + (1-a^2)(1-b^2) - 2a \cdot 2b$$
$$= 2(1-ab)^2 \, . \tag{1.6}$$

Insgesamt:

$$f\left(\frac{x+y}{1-xy}\right) \overset{(1.1)}{=} \frac{(x+y)(1-a^2)(1-b^2)}{\left(\sqrt{(1+x^2)(1+y^2)} + 1 - xy\right)(1-a^2)(1-b^2)}$$
$$\overset{(1.3),(1.6)}{=} \frac{2(a+b)(1-ab)}{2(1-ab)^2}$$
$$= \frac{a+b}{1-ab} \, .$$

Die Voraussetzung $xy < 1$ wurde in (1.1) beim Umformen der Wurzel benutzt: $1 - xy = \sqrt{(1-xy)^2}$, wenn $1 - xy \geq 0$. $\qquad\square$

Der Beweis des Additionstheorems ist jetzt nicht mehr schwer:

Satz 1.8.7. Additionstheorem. *Es seien* $x, y \in \mathbb{R}$ *mit* $xy < 1$. *Dann ist*

$$\arctan(x) + \arctan(y) = \arctan\left(\frac{x+y}{1-xy}\right) \, .$$

BEWEIS. Setze $x_0 := x$, $y_0 := y$, $z_0 := \frac{x+y}{1-xy}$, $f(t) := \frac{t}{\sqrt{1+t^2}+1}$ für alle $t \in \mathbb{R}$, $x_{n+1} := f(x_n)$, $y_{n+1} := f(y_n)$ und $z_{n+1} := f(z_n)$ für alle $n \in \mathbb{N}_0$. Mit Lemma 1.8.6 folgt induktiv $z_n = \frac{x_n+y_n}{1-x_ny_n}$ für alle $n \in \mathbb{N}_0$:

$$z_{n+1} = f(z_n) = f\left(\frac{x_n+y_n}{1-x_ny_n}\right) = \frac{f(x_n)+f(y_n)}{1-f(x_n)f(y_n)} = \frac{x_{n+1}+y_{n+1}}{1-x_{n+1}y_{n+1}} \, ,$$

denn $x_ny_n < 1$: Für $n = 0$ gilt $x_ny_n < 1$ nach Voraussetzung, und für $n > 0$ ist $x_ny_n = f(x_{n-1})f(y_{n-1}) < 1$ wegen $|f(t)| < 1$ für alle $t \in \mathbb{R}$. $(x_n)_n$ und $(y_n)_n$ konvergieren gegen 0, also folgt

$$(2^n z_n)_n = \left(\frac{2^n x_n + 2^n y_n}{1 - x_n y_n}\right)_n \longrightarrow \arctan(x) + \arctan(y) \, .$$

Mit $(2^n z_n)_n \to \arctan(z_0) = \arctan\left(\frac{x+y}{1-xy}\right)$ folgt die Behauptung. $\qquad\square$

Lemma 1.8.8. *Für alle* $x \in \mathbb{R}$ *gilt*

$$\arctan(-x) = -\arctan(x) \quad und \quad |\arctan(x)| \leq |x| \, .$$

BEWEIS. Die erste Aussage folgt nach Definition 1.8.2. Die zweite Aussage folgt aus der Monotonie von $(2^n c_n)_n$ in 1.8.1: Für alle $c_0 \in \mathbb{R}$ ist $|\arctan(c_0)| \leq |c_0|$. $\qquad\square$

Satz 1.8.9. *Die Funktion* $\arctan$ *ist streng monoton steigend und stetig. Außerdem gilt* $\lim\limits_{x \to \infty} \arctan(x) = \frac{\pi}{2}$ *und die Wertemenge ist* $\left] -\frac{\pi}{2}, \frac{\pi}{2} \right[$.

BEWEIS. Setze $f := \arctan$. Zur Monotonie in $\mathbb{R}_0^+$: Es sei $0 \leq a < b$. Dann ist $b \cdot (-a) \leq 0 < 1$, also nach dem Additionstheorem

$$f(b) - f(a) = f(b) + f(-a) = f\left(\frac{b-a}{1+ab} \right) > 0\,,$$

denn $\frac{b-a}{1+ab} > 0$ und $f(x) > 0$ für alle $x > 0$ (siehe Bemerkung im Anschluss an 1.8.4). Damit ist f streng monoton steigend in $\mathbb{R}_0^+$. Wegen $f(-x) = -f(x)$ ist f dann in ganz $\mathbb{R}$ streng monoton steigend.

f ist stetig bei 0, denn aus $(x_n)_n \to 0$ folgt $(f(x_n))_n \to 0$ wegen $|f(x)| \leq |x|$. Stetigkeit in $\mathbb{R}^+$: Sei $a > 0$ und $(x_n)_n \to a$. Die Folge $(x_n)_n$ ist schließlich positiv, also gilt schließlich $x_n \cdot (-a) < 0 < 1$, das heißt die Voraussetzung des Additionstheorems ist schließlich erfüllt. Für genügend große n gilt also

$$f(x_n) - f(a) = f\left(\frac{x_n - a}{1 + x_n a} \right) \to 0$$

wegen $\frac{x_n - a}{1 + x_n a} \to 0$ und f stetig bei 0. Damit ist f stetig in $\mathbb{R}_0^+$. Wegen $f(-x) = -f(x)$ ist f dann in ganz $\mathbb{R}$ stetig.

Sei $(x_n)_n \to \infty$. Wir zeigen $(f(x_n))_n \to \frac{\pi}{2}$: Die Folge $(x_n)_n$ ist schließlich positiv, also gilt schließlich $x_n \cdot (-1) < 0 < 1$, das heißt für genügend große n gilt nach dem Additionstheorem

$$f(x_n) - f(1) = f\left(\frac{x_n - 1}{1 + x_n} \right)\,.$$

Wegen $\frac{x_n - 1}{1 + x_n} \to 1$ und $f(1) = \frac{\pi}{4}$ (siehe 1.8.2) folgt $(f(x_n))_n \to \frac{\pi}{2}$.

$W_f = \left] -\frac{\pi}{2}, \frac{\pi}{2} \right[$ folgt jetzt mit dem Zwischenwertsatz. $\qquad\square$

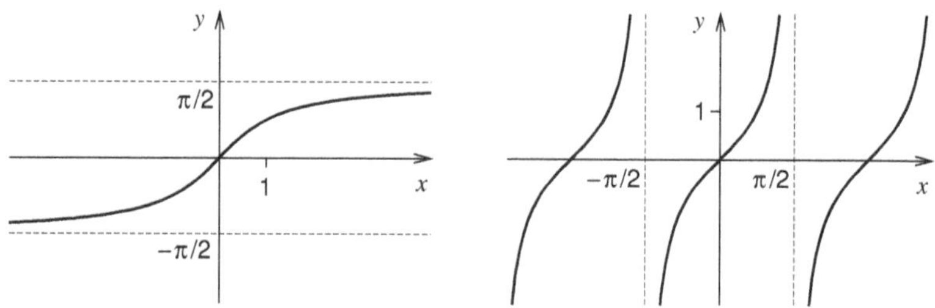

Abbildung 1.29: Graph von Arkustangens und Tangens

Aus Satz 1.8.9 folgt insbesondere, dass $\arctan : \mathbb{R} \longrightarrow \,]-\frac{\pi}{2}, \frac{\pi}{2}[$ umkehrbar ist. Die Umkehrfunktion heißt *Tangens*; sie wird durch $\tan(x + \pi) = \tan(x)$ periodisch fortgesetzt. Außerdem erhält man mit

$$\cos(x) := \frac{1}{\sqrt{1 + \tan(x)^2}} \,,\; \sin(x) := \tan(x)\cos(x) \quad \text{für } |x| < \frac{\pi}{2}$$

Kosinus und Sinus, die durch $\sin(\frac{\pi}{2}) := 1$, $\sin(x + \pi) = -\sin(x)$, $\cos(\frac{\pi}{2}) := 0$, $\cos(x + \pi) = -\cos(x)$ fortgesetzt werden. Mit unseren bisherigen Sätzen ist es nicht mehr schwer, die Stetigkeit von Tangens, Sinus und Kosinus zu zeigen (Übung!).

Einen Winkel mit $10°$ können wir nicht mit Zirkel und Lineal konstruieren. Aber jetzt können wir ihn (und jeden anderen Winkel) mit Hilfe einer einfachen Rechnung näherungsweise zeichnen: Zu $10°$ gehört das Bogenmaß $10° \cdot \frac{\pi}{180°}$, also ist $\overline{BC_0} = \tan(\frac{\pi}{18}) \approx 0{,}176$ in Abbildung 1.25; damit kann das Dreieck ABC_0 näherungsweise gezeichnet werden.

Bleibt nur noch die Frage, welches Verfahren den Tangens berechnet. Angenommen wir hätten eine Maschine, die bisher nur „$+$", „$-$", „$\cdot$", „$:$" und „$\sqrt{}$" beherrscht. Mit unserer Folge $(2^n c_n)_n$ könnte ihr die Berechnung des Arkustangens beigebracht werden. Die Gleichung $\tan(\frac{\pi}{18}) = x$ ist äquivalent zu $\frac{\pi}{18} = \arctan(x)$, die wir mit unserer Maschine und einer Intervallschachtelung näherungsweise lösen könnten. Das ist zwar nicht das beste Verfahren, aber immerhin eine Möglichkeit, $\tan(\frac{\pi}{18})$ zu berechnen.

Aufgaben

1. Sei $(c_n)_n$ wie in 1.8.1. Berechnen Sie $2^{20} c_{20}$ für $c_0 \in \{0{,}5\,;1\,;2\,;3\,;10\}$.

2. Führen Sie den Beweis von 1.8.1 zu Ende.

3. Skizzieren Sie den Graph des Arkustangens im Bereich von -5 bis 5 mit Hilfe einer Wertetabelle für $2^{20} c_{20}$.

4. Erläutern Sie geometrisch (Abb. 1.28), woher die Bedingung $xy < 1$ in 1.8.6 kommt.

5. Leiten Sie $\tan(\alpha + \beta) = \dfrac{\tan(\alpha) + \tan(\beta)}{1 - \tan(\alpha)\tan(\beta)}$ mit 1.8.7 her. Unter welcher Bedingung gilt diese Gleichung?

6. Erläutern Sie geometrisch (Abb. 1.25), warum $\lim\limits_{x\to\infty} \arctan(x) = \frac{\pi}{2}$ gilt.

7. Beweisen Sie die Stetigkeit von Tangens, Sinus und Kosinus.

8. Beweisen Sie $\lim\limits_{x\to 0} \dfrac{\arctan(x)}{x} = 1$.

9. Bestimmen Sie $\lim\limits_{x\to 0} \dfrac{\tan(x)}{x}$ und $\lim\limits_{x\to 0} \dfrac{\sin(x)}{x}$.

1.9 Gleichwertige Axiomensysteme

Am Ende dieses ersten Kapitels denken wir noch einmal über die Grundlagen der Analysis nach. Alle Sätze der Analysis folgen letztlich aus Axiomen (und den Regeln der Logik und Mengenlehre). Das gilt auch für andere mathematische Disziplinen, etwa für die Geometrie oder Algebra. Jedes Axiomensystem legt seine eigene mathematische Theorie fest.

Wer mehrere Analysis-Bücher miteinander vergleicht wird feststellen, dass verschiedene Autoren verschiedene Vollständigkeitsaxiome für „ihre" Analysis verwenden. Es wäre denkbar, dass dies zu verschiedenen Theorien führt, dass es also Sätze gibt, die in der einen Theorie gelten, aber in der anderen nicht. Im Folgenden werden wir einige Vollständigkeitsaxiome miteinander vergleichen und feststellen, dass sie jeweils zur gleichen Theorie führen. Dabei gewinnen wir gleichzeitig sehr hilfreiche Sätze, da man mit den unterschiedlichen Versionen des Vollständigkeitsaxioms sehr gut argumentieren kann. Das zeigen wir am Beispiel des *Extremwertsatzes* (siehe 1.9.11).

Um unsere Version des Vollständigkeitsaxioms anwenden zu können muss eine Folge vorliegen, die monoton und beschränkt ist. „Die meisten" Folgen sind aber nicht monoton, also ist es auf den ersten Blick schon ein wenig erstaunlich, dass wir bisher immer wieder geeignete Folgen finden konnten. Das liegt letztlich an der bemerkenswerten Tatsache, dass *jede* Folge eine monotone *Teilfolge* enthält:

Definition 1.9.1. Es sei $(x_n)_{n\in\mathbb{N}}$ eine Folge reeller Zahlen und $(n_k)_{k\in\mathbb{N}}$ eine streng monoton steigende Folge natürlicher Zahlen. Dann heißt $(x_{n_k})_{k\in\mathbb{N}}$ *Teilfolge* von $(x_n)_{n\in\mathbb{N}}$. $\qquad\square$

$\left((2k)^{-1}\right)_k = \left(\frac{1}{2}, \frac{1}{4}, \frac{1}{6}, \dots\right)$ ist eine Teilfolge von $\left(n^{-1}\right)_n = \left(\frac{1}{1}, \frac{1}{2}, \frac{1}{3}, \frac{1}{4}, \frac{1}{5}, \frac{1}{6}, \dots\right)$; dabei ist $x_n = n^{-1}$ und $n_k = 2k$. Aber $\left(\frac{1}{2}, \frac{1}{2}, \frac{1}{2}, \dots\right)$ und $\left(\frac{1}{2}, \frac{1}{1}, \frac{1}{4}, \frac{1}{3}, \dots\right)$ sind keine Teilfolgen von $\left(n^{-1}\right)_n$.

Lemma 1.9.2. *Jede Folge besitzt eine monotone Teilfolge.*

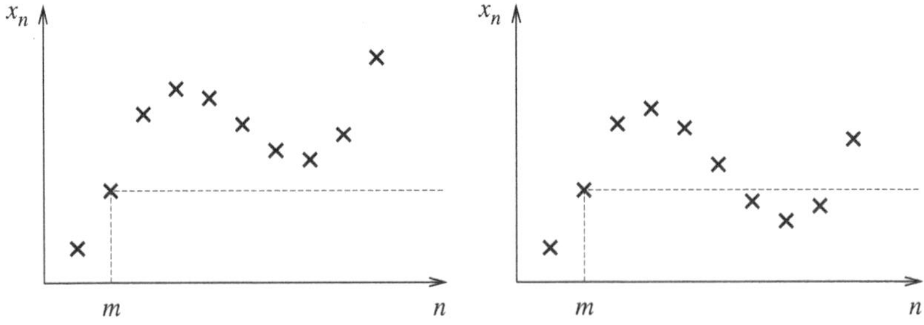

Abbildung 1.30: Die Stelle m ist rechts-minimal bzw. nicht rechts-minimal

BEWEIS. Es sei $(x_n)_n$ eine Folge. Wir nennen $m \in \mathbb{N}$ *rechts-minimal*, wenn $x_n \geq x_m$ für alle $n \geq m$ (Abbildung 1.30).

1. Fall: Zu jedem $N \in \mathbb{N}$ gibt es ein $n > N$, das rechts-minimal ist. Dann erhalten wir induktiv eine monoton steigende Teilfolge:
$k = 1$: Wähle ein rechts-minimales $n_1 > 1$ (existiert nach Voraussetzung).
„$k \mapsto k+1$": Wähle ein rechts-minimales $n_{k+1} > n_k$ (existiert nach Vor.).
Dann ist $(x_{n_k})_k$ eine Teilfolge von $(x_n)_n$ mit $x_{n_{k+1}} \geq x_{n_k}$ für alle $k \in \mathbb{N}$, da alle n_k rechts-minimal sind.
2. Fall: Es gibt ein $N \in \mathbb{N}$, sodass kein $n > N$ rechts-minimal ist. Dann erhalten wir induktiv eine monoton fallende Teilfolge, wobei alle $n_k > N$:
$k = 1$: Setze $n_1 := N + 1$. (Insbesondere ist $n_1 > N$.)
„$k \mapsto k+1$": Wähle ein $n_{k+1} > n_k$ mit $x_{n_{k+1}} < x_{n_k}$ (existiert, da n_k wegen $n_k > N$ nicht rechts-minimal ist; insbesondere ist $n_{k+1} > N$).
Dann ist $(x_{n_k})_k$ eine monoton fallende Teilfolge von $(x_n)_n$. $\qquad\square$

Aus 1.9.2 und unserem Vollständigkeitsaxiom folgt sofort:

Satz 1.9.3. Bolzano–Weierstraß *bzw.* **Vollständigkeitsaxiom (2)**. *Jede beschränkte Folge reeller Zahlen besitzt eine konvergente Teilfolge.*

Man kann auch umgekehrt aus dem Satz von Bolzano–Weierstraß unser Vollständigkeitsaxiom herleiten. Im folgenden Beweis benutzen wir nur die Körper- und Anordnungsaxiome und den Satz von Bolzano–Weierstraß:

Vollständigkeitsaxiom. Es sei $(x_n)_n$ eine monoton steigende und nach oben beschränkte Folge. Dann konvergiert $(x_n)_n$ gegen eine reelle Zahl.

BEWEIS. $(x_n)_n$ ist auch nach unten beschränkt, zum Beispiel durch x_1. Nach Bolzano–Weierstraß gibt es ein $a \subset \mathbb{R}$ und eine Teilfolge $(x_{n_k})_k \to a$.
Annahme: Es gibt ein $N \in \mathbb{N}$ mit $a < x_N$. Da $(x_n)_n$ monoton steigt würde folgen, dass $a < x_N \leq x_{n_k}$ für alle $n_k > N$; das ist aber ein Widerspruch zu $(x_{n_k})_k \to a$. Die Annahme war falsch, also folgt $x_n \leq a$ für alle $n \in \mathbb{N}$.
Es gilt $(x_n)_n \to a$: Sei $\epsilon > 0$. Wir suchen ein $N \in \mathbb{N}$ mit $|x_n - a| < \epsilon$ für alle $n > N$. Wegen $(x_{n_k})_k \to a$ gibt es ein n_k mit $|x_{n_k} - a| < \epsilon$. Da $(x_n)_n$ monoton steigt, folgt $x_{n_k} \leq x_n \leq a$ und $|x_n - a| < \epsilon$ für alle $n > n_k$. $\qquad\square$

Wenn wir unser Vollständigkeitsaxiom gegen den Satz von Bolzano–Weierstraß austauschen, dann erhalten wir also die gleiche Theorie.

Eine dritte Version des Vollständigkeitsaxioms benutzt keine Folgen, sondern *Schranken* von Mengen:

Definition 1.9.4. Eine Menge $M \subseteq \mathbb{R}$ heißt *nach oben beschränkt*, wenn es ein $s \in \mathbb{R}$ gibt mit $m \leq s$ für alle $m \in M$; in diesem Fall nennen wir s eine *obere Schranke* für M; ist außerdem $s \in M$, dann ist s das *Maximum* von M, bezeichnet durch $\max(M)$. Analog: *nach unten beschränkt*, *untere Schranke*, *Minimum* und $\min(M)$ (ersetze „$\leq$" durch „$\geq$"). M heißt *beschränkt*, wenn M nach oben und unten beschränkt ist. $\qquad\square$

Zum Beispiel sind 5 und 6 obere Schranken für $M = [\,3\,;5\,[\,$, 3 und 2 sind untere Schranken; 3 ist das Minimum, aber M hat kein Maximum; 5 ist die kleinste obere Schranke und 3 die größte untere Schranke. Allgemein:

Definition 1.9.5. Das *Supremum* einer Menge $M \subseteq \mathbb{R}$ ist die kleinste obere Schranke für M, bezeichnet durch $\sup(M)$. Das *Infimum* einer Menge $M \subseteq \mathbb{R}$ ist die größte untere Schranke für M, bezeichnet durch $\inf(M)$. $\qquad\square$

Weder $\sup(M)$ noch $\inf(M)$ müssen existieren, zum Beispiel für $M = \mathbb{Z}$. Jedoch:

Satz 1.9.6. *Es sei $M \subseteq \mathbb{R}$ nicht leer. Wenn M nach oben beschränkt ist, dann existiert $\sup(M)$. Wenn M nach unten beschränkt ist, dann existiert $\inf(M)$. Dabei sind $\sup(M)$ und $\inf(M)$ Berührpunkte von M.*

BEWEIS. Es sei M nach oben beschränkt. Dann gibt es eine obere Schranke r_1 für M und ein $x \in M$; die Zahl $l_1 := x - 1$ ist keine obere Schranke für M. Definiere eine Intervallschachtelung durch

$$[l_{n+1}, r_{n+1}] := \begin{cases} [l_n, m_n] & \text{falls } m_n \text{ eine obere Schranke für } M \text{ ist} \\ [m_n, r_n] & \text{falls } m_n \text{ keine obere Schranke für } M \text{ ist} \end{cases}$$

für $n \in \mathbb{N}$ und $m_n := \frac{1}{2}(l_n + r_n)$. Dann gilt für alle $n \in \mathbb{N}$: l_n ist keine obere Schranke für M, und r_n ist eine obere Schranke für M. Nach 1.4.19 haben $(l_n)_n$ und $(r_n)_n$ einen gemeinsamen Grenzwert s.

s ist eine obere Schranke für M: Sei $m \in M$. Dann gilt $m \leq r_n$ für alle $n \in \mathbb{N}$ (denn r_n ist eine obere Schranke), also $m \leq \lim_{n \to \infty} r_n = s$ nach 1.4.2.

s ist die kleinste obere Schranke für M: Sei s' eine obere Schranke für M. Wir zeigen $s \leq s'$: Es gilt $l_n < s'$ für alle $n \in \mathbb{N}$ (denn l_n ist keine obere Schranke), also $s = \lim_{n \to \infty} l_n \leq s'$ nach 1.4.2.

s ist ein Berührpunkt von M: Zu jedem $n \in \mathbb{N}$ gibt es ein $x_n \in M$ mit $x_n \in [l_n, r_n]$ (denn l_n ist keine obere Schranke, r_n ist eine obere Schranke). Die Folge $(x_n)_n$ konvergiert ebenfalls gegen $s = \lim_{n \to \infty} l_n = \lim_{n \to \infty} r_n$.

Beweis für den Fall „M nach unten beschränkt": Übung! $\qquad\square$

Einige Autoren benutzen die erste Aussage von 1.9.6 als Vollständigkeitsaxiom (zum Beispiel [Brö1], Abschnitt I.1):

Vollständigkeitsaxiom (3). Es sei $M \subseteq \mathbb{R}$ nicht leer und nach oben beschränkt. Dann existiert $\sup(M)$.

Nach 1.9.6 folgt aus unserem Axiomensystem diese dritte Version. Das gilt aber auch umgekehrt: Wenn man unsere Version gegen die dritte Version austauscht, dann kann man die Gültigkeit unserer Version herleiten (siehe [Brö1], Abschnitt II.2, Satz (2.2)).

Einige Autoren formulieren ihr Vollständigkeitsaxiom mit *Cauchy-Folgen* (zum Beispiel [For1], Abschnitt 5):

Definition 1.9.7. Eine Folge $(x_n)_n$ heißt *Cauchy-Folge*, wenn gilt:

$$\forall \epsilon \in \mathbb{R}^+ \; \exists N \in \mathbb{N} \; \forall n, m > N : |x_n - x_m| < \epsilon \,. \qquad\qquad\square$$

Satz 1.9.8. *Eine Folge reeller Zahlen konvergiert genau dann gegen eine reelle Zahl, wenn sie eine Cauchy-Folge ist.*

BEWEIS. Wir wissen bereits, dass „unsere" Analysis mit der Analysis in [Brö1] übereinstimmt. In [Brö1] wird Satz 1.9.8 bewiesen (Abschnitt II. 2, Satz (2.12)), also folgt dieser Satz auch nach unserem Axiomensystem. $\qquad\square$

Vollständigkeitsaxiom (4). Jede Cauchy-Folge reeller Zahlen konvergiert.

In [For1] wird die vierte Version des Vollständigkeitsaxioms zugrunde gelegt und unsere Version bewiesen (Abschnitt 5, Satz 7). Das Axiomensystem in [For1] ist damit zu unserem System gleichwertig.

Mit den unterschiedlichen Versionen des Vollständigkeitsaxioms kann man sehr gut argumentieren. Wir zeigen das bei der Herleitung des Extremwertsatzes:

Lemma 1.9.9. *Es sei $f : [c,d] \longrightarrow \mathbb{R}$ stetig. Dann ist die Wertemenge W_f beschränkt.*

BEWEIS. Annahme: W_f ist nach oben unbeschränkt. Wähle zu jedem $n \in \mathbb{N}$ ein $x_n \in [c,d]$ mit $f(x_n) > n$ (existiert nach Annahme). Nach 1.9.3 besitzt $(x_n)_n$ eine konvergente Teilfolge $(x_{n_k})_k$, deren Grenzwert a in $[c,d]$ liegt (siehe 1.4.2). Da f stetig ist folgt $(f(x_{n_k}))_k \to f(a)$; das ist aber ein Widerspruch dazu, dass $f(x_n) > n$ für alle $n \in \mathbb{N}$ gilt.
Annahme: W_f ist nach unten unbeschränkt. Übung! $\qquad\square$

Lemma 1.9.10. *Es sei $f : [c,d] \longrightarrow \mathbb{R}$ stetig und b ein Berührpunkt der Wertemenge W_f. Dann liegt b in W_f.*

BEWEIS. Nach Voraussetzung gibt es eine Folge $(y_n)_n$ in W_f mit $(y_n)_n \to b$. Wähle zu jedem y_n ein $x_n \in [c,d]$ mit $f(x_n) = y_n$. Nach 1.9.3 besitzt $(x_n)_n$ eine konvergente Teilfolge $(x_{n_k})_k$, deren Grenzwert a in $[c,d]$ liegt (siehe 1.4.2). Da f stetig ist folgt $(f(x_{n_k}))_k \to f(a)$; außerdem ist $(f(x_{n_k}))_k$ eine Teilfolge von $(y_n)_n$, also hat sie nach 1.6.4 den gleichen Grenzwert wie $(y_n)_n$, das heißt $b = f(a) \in W_f$. $\qquad\square$

Das Maximum einer Funktion f ist definiert als $\max(W_f)$, das Minimum von f als $\min(W_f)$. Jetzt können wir den Extremwertsatz formulieren und beweisen:

Satz 1.9.11. Extremwertsatz. *Es sei $f : [c,d] \longrightarrow \mathbb{R}$ stetig. Dann besitzt f ein Minimum r und ein Maximum s, und die Wertemenge ist $[r,s]$.*

BEWEIS. Nach 1.9.9 ist W_f beschränkt, also existieren $r := \inf(W_f)$ und $s := \sup(W_f)$ nach 1.9.6, wobei r und s Berührpunkte von W_f sind, also $r, s \in W_f$ nach 1.9.10. Damit ist r das Minimum und s das Maximum von f. Mit dem Zwischenwertsatz folgt $W_f = [r,s]$. $\qquad\square$

Es gibt zwar unterschiedliche Versionen des Vollständigkeitsaxioms, aber wenn man es ganz weglässt, dann entsteht eine andere Theorie:

In $\mathbb{Q}$ gelten die Körper- und Anordnungsaxiome. Wenn man aus diesen Axiomen das Vollständigkeitsaxiom herleiten könnte, dann würde der Zwischenwertsatz auch in $\mathbb{Q}$ gelten, da wir zu seinem Beweis letztlich nur unser Axiomensystem benutzt haben. Damit hätte die Gleichung $x^2 = 2$ auch in $\mathbb{Q}$ eine Lösung. Das ist nach Beispiel 1.1.4 aber nicht der Fall.

Aufgaben

1. Beweisen Sie: Jede unbeschränkte Folge besitzt eine bestimmt divergente Teilfolge.

2. Führen Sie den Beweis von 1.9.6 zu Ende.

3. Beweisen Sie, ohne die Sätze von Abschnitt 1.9 zu benutzen: Jede Cauchy-Folge ist beschränkt.

4. Es sei $f : D_f \longrightarrow W_f$ eine stetige Funktion mit Wertemenge W_f. Welche der folgenden Aussagen sind wahr?

    (a) W_f ist ein Intervall $\implies$ D_f ist ein Intervall.

    (b) D_f offenes Intervall $\implies$ W_f offenes Intervall.

    (c) D_f halboffenes Intervall $\implies$ W_f halboffenes Intervall.

    (d) W_f halboffenes Intervall $\implies$ D_f halboffenes Intervall.

5. Finden Sie jeweils eine Funktion $f : D_f \longrightarrow W_f$ mit Wertemenge W_f.

    (a) D_f ist ein Intervall, W_f besteht aus zwei getrennten Intervallen.

    (b) D_f ist ein abgeschlossenes Intervall, W_f ist unbeschränkt.

    (c) D_f ist ein abgeschlossenes Intervall, W_f ein offenes Intervall.

6. Finden Sie eine Funktion f mit $D_f = \mathbb{R}$ und $W_f = \mathbb{Z}$. Beweisen Sie, dass alle Funktionen f mit $D_f = \mathbb{R}$ und $W_f = \mathbb{Z}$ unstetig sind. Was gilt im Fall $D_f = \mathbb{Z}$?

Kapitel 2

Ableitung

Viele Graphen haben die Eigenschaft, dass sie wie eine Gerade aussehen, wenn man sie „unter dem Mikroskop" betrachtet. In so einem Fall nennt man die zugehörige Funktion *differenzierbar* und die Steigung der „Geraden" die *Ableitung* der Funktion an der betreffenden Stelle:

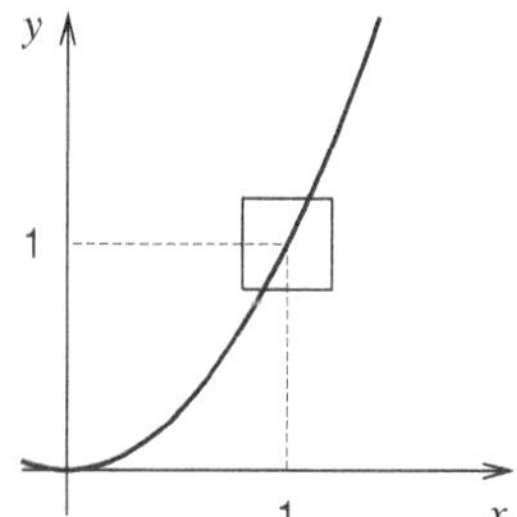
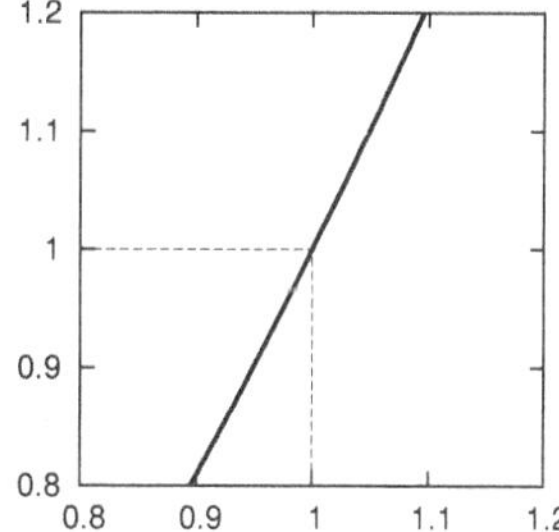

Abbildung 2.1: $f(x) = x^2$ ist bei 1 differenzierbar

In der rechten Hälfte von Abbildung 2.1 sieht man die Vergrößerung des kleinen Quadrats aus der linken Hälfte. Der Graph von $f(x) = x^2$ ist dann kaum mehr von einer Geraden zu unterscheiden. Die Steigung dieser „Geraden" kann näherungsweise abgelesen werden: Wenn x um ungefähr 0,2 wächst (von etwa 0,9 bis 1,1), dann wächst y um ungefähr 0,4 (von etwa 0,8 bis 1,2), das heißt die Steigung ist ungefähr 2. Die Ableitung von f an der Stelle 1 ist also ungefähr 2; dafür schreibt man auch kurz $f'(1) \approx 2$.

Auch in der rechten Hälfte von Abbildung 2.2 sieht man die Vergrößerung eines kleinen Quadrats aus der linken Hälfte. Doch der Graph von $f(x) = |x|$ ist dann keineswegs eine Gerade. Daran ändert sich auch bei noch so starker Vergrößerung nichts: Die Funktion f ist an der Stelle 0 nicht differenzierbar.

In den Abschnitten 2.1 und 2.2 stehen folgende Fragen im Mittelpunkt: Was bedeutet „ungefähr eine Gerade unter dem Mikroskop"? Wie berechnet man Ableitungen möglichst einfach? In 2.3 werden Ableitungen benutzt, um Eigenschaften

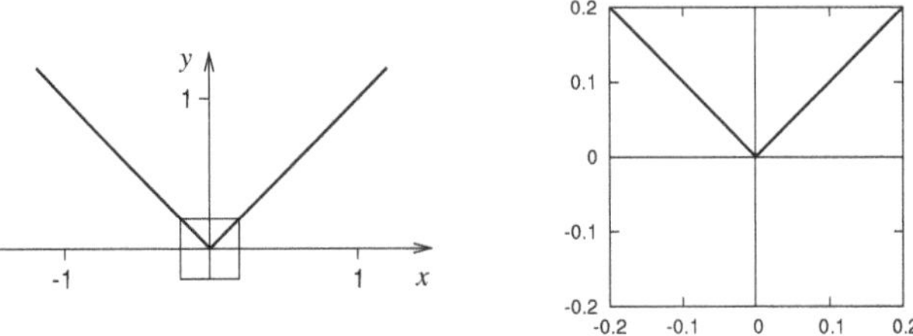

Abbildung 2.2: $f(x) = |x|$ ist bei 0 nicht differenzierbar

von Funktionen nachzuweisen; Dreh- und Angelpunkt ist dabei der Mittelwertsatz der Differentialrechnung. Abschnitt 2.4 zeigt Anwendungen der Ableitung in der Physik. In 2.5 wird mit Hilfe der Ableitung ein einfaches und sehr wirkungsvolles Verfahren entwickelt, das Näherungslösungen für viele Gleichungen liefert. Im letzten Abschnitt blicken wir auf die ersten beiden Kapitel dieses Buches zurück, um über die wichtigsten Stationen des bis dahin zurückgelegten Weges noch einmal nachzudenken. Dabei sollen vor allem Zusammenhänge zwischen diesen verschiedenen Stationen hergestellt und in einer einheitlichen Sprache formuliert werden; wir wagen es aber auch, eine sehr grundsätzliche Frage zu stellen: Ist auch eine „ganz andere Analysis" denkbar?

2.1   Definition und Beispiele

Zur Definition der Ableitung müssen wir präzisieren, was Formulierungen wie „ungefähr eine Gerade beim Blick durch ein Mikroskop" bedeuten. Es sei g eine Funktion, deren Graph eine (exakte) Gerade ist; außerdem sei f eine Funktion, deren Graph sich an den Graphen von g „bei Vergrößerung annähert" (siehe Abb. 2.3). Für den Unterschied zwischen f und g beim „Blick durch ein Mikroskop mit Ver-

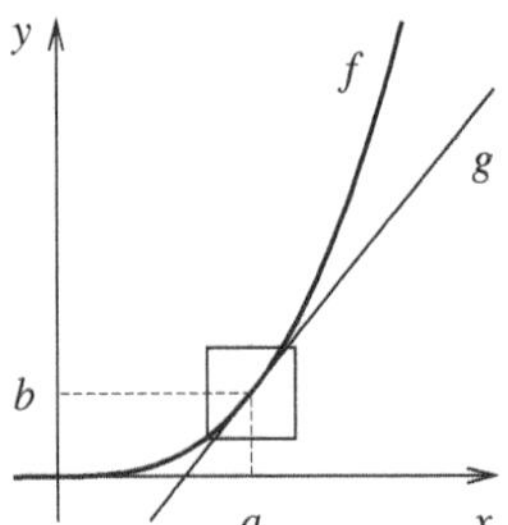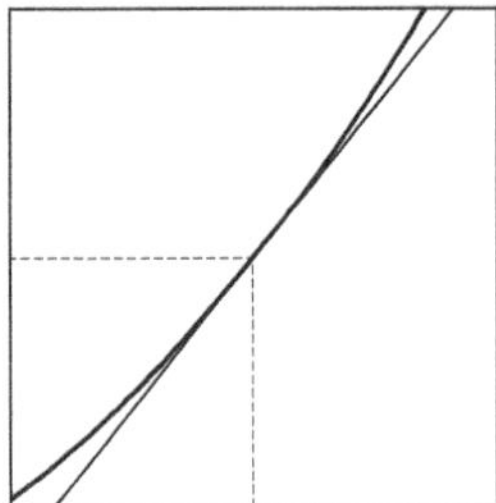

Abbildung 2.3: Vergleich von f und g

größerung 100" vergleicht man zum Beispiel $f(a+0{,}01)$ und $g(a+0{,}01)$, das heißt man betrachtet den Unterschied zwischen $f(a+0{,}01)$ und $g(a+0{,}01)$ bei 100-facher

Vergrößerung, also

$$100 \cdot \big(f(a+0{,}01) - g(a+0{,}01)\big) = \frac{f(a+0{,}01) - g(a+0{,}01)}{0{,}01} \ .$$

Die Graphen von f und g sind also bei „starker Vergrößerung kaum zu unterscheiden", wenn für „kleine" h auch $\frac{f(a+h)-g(a+h)}{h}$ „klein" ist. Das präzisieren wir durch

$$\lim_{h \to 0} \frac{f(a+h) - g(a+h)}{h} = 0 \ .$$

Wie berechnet man g, wenn f und (a,b) gegeben sind? Dazu muss man die Steigung von g berechnen. Diese Steigung gewinnen wir wie folgt:

$$\frac{f(a+h) - g(a+h)}{h} = \frac{f(a+h) - b}{h} - \frac{g(a+h) - b}{h} = s(h) - m$$

mit $s(h) := \frac{f(a+h)-b}{h}$ und $m := \frac{g(a+h)-b}{h}$; dabei ist m die (konstante) Steigung des

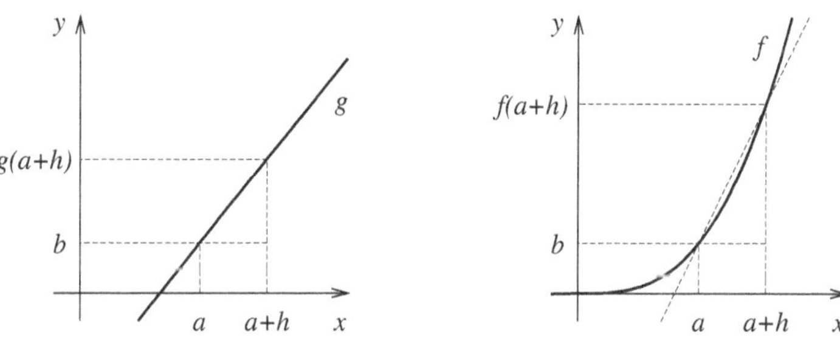

Abbildung 2.4: Steigung von g und von einer Sekante von f

Graphen von g, und $s(h)$ die Steigung der Geraden durch (a,b) und $(a+h, f(a+b))$ (siehe Abb. 2.4); solche Geraden durch zwei Punkte eines Graphen werden auch als *Sekanten* bezeichnet. Wegen

$$\lim_{h \to 0} \frac{f(a+h) - g(a+h)}{h} = 0 \quad \Longleftrightarrow \quad \lim_{h \to 0} s(h) = m$$

kann man die Steigung m durch den Grenzwert von $s(h)$ berechnen. Durch diesen Grenzwert ist die *Ableitung* $f'(a)$ an der Stelle a definiert. Geometrisch bedeutet dies, dass sich für $h \to 0$ die Steigung der Sekante an die Steigung der Geraden g annähert; die Gerade g wird auch als *Tangente* an den Graphen von f bezeichnet.

Beispiel 2.1.1. Es sei $f(x) = x^2$ und $a = 1$ (siehe Abb. 2.1). Wegen

$$f(1+h) = 1^2 + 2h + h^2 = 1 + (2+h)h$$

gilt für $h \neq 0$

$$\frac{f(1+h) - 1}{h} = 2 + h \to 2 \quad \text{für} \quad h \to 0 \ ,$$

also hat die Tangente an der Stelle 1 die Steigung $f'(1) = 2$ und den Term

$$g(1 + h) = 1 + 2h \quad \text{bzw.} \quad g(x) = 1 + 2(x - 1) = 2x - 1$$

mit $x = 1 + h$. Allgemeiner: Wegen

$$f(a + h) = a^2 + 2ah + h^2 = a^2 + (2a + h)h$$

gilt für $h \neq 0$

$$\frac{f(a + h) - a^2}{h} = 2a + h \to 2a \quad \text{für} \quad h \to 0 \, ,$$

also hat die Tangente an der Stelle a die Steigung $f'(a) = 2a$ und den Term

$$g(a + h) = a^2 + 2ah \quad \text{bzw.} \quad g(x) = a^2 + 2a(x - a) = 2ax - a^2$$

mit $x = a + h$. $\qquad\qquad\qquad\qquad\qquad\qquad\qquad\qquad\qquad\qquad\qquad\quad$ $\square$

Wenn man $f(a + h)$ wie in 2.1.1 bereits in der Form $f(a + h) = f(a) + r(h)h$ geschrieben hat, dann muss man nicht mehr nach $r(h)$ auflösen. Ein Term wie $r(h) = 2a + h$ hat gegenüber dem Bruch $s(h) = \frac{f(a+h)-f(a)}{h}$ sogar den Vorteil, dass man 0 einsetzen kann, und dass man $f'(a)$ ohne Grenzwertbildung einfach durch Einsetzen erhält: $f'(a) = r(0)$. Das ist nicht nur beim Rechnen, sondern auch in vielen Beweisen sehr praktisch (siehe nächster Abschnitt). Das folgende Lemma beschreibt den Zusammenhang zwischen $r(h)$ und dem Grenzverhalten von $s(h)$.

Lemma 2.1.2. *Es sei* $f : D_f \longrightarrow \mathbb{R}$ *eine Funktion,* $a \in D_f$*,* $m \in \mathbb{R}$ *und 0 ein Berührpunkt der Definitionsmenge von* $s(h) := \frac{f(a+h)-f(a)}{h}$*. Dann sind äquivalent:*

1. $\lim\limits_{h \to 0} s(h) = m$

2. Es gibt eine bei 0 stetige Funktion r*, sodass* $f(a + h) = f(a) + r(h)h$ *für alle* $h \in \mathbb{R}$ *mit* $a + h \in D_f$*, wobei* $r(0) = m$*.*

In diesem Fall ist insbesondere $r(0) = \lim\limits_{h \to 0} s(h)$ *eindeutig durch* f *und* a *bestimmt.*

BEWEIS. Der einzige Unterschied zwischen r und s besteht darin, dass 0 nicht zur Definitionsmenge von s gehört, das heißt r ist eine Fortsetzung von s. Die Behauptung folgt damit nach Aufgabe 4 in Abschnitt 1.7. $\qquad\qquad\qquad\qquad\quad$ $\square$

Für die Definition der Ableitung spielt es also keine Rolle, ob man die Konvergenz von s oder die Existenz eines bei 0 stetigen r fordert. Der Quotient $s(h) = \frac{f(a+h)-f(a)}{h}$ wird übrigens auch als *Differenzenquotient* bezeichnet.

Noch ein Wort zur Definitionsmenge D_f: Für die Ableitung an einer Stelle $a \in D_f$ interessiert uns nur, wie der Graph in einer „winzigen" Umgebung um a aussieht. Damit ist auch für D_f nur wichtig, wie sie in einer Umgebung von a aussieht. Eine solche Umgebung erhält man durch $]a - \delta, a + \delta[\cap D_f$ mit einem „winzigen" $\delta > 0$. Damit nun der Graph bei Vergrößerung wie eine Gerade oder wenigstens wie eine Halbgerade aussehen kann (und nicht wie eine Gerade mit lauter Löcher oder dergleichen) setzen wir voraus, dass die Umgebung $]a - \delta, a + \delta[\cap D_f$ ein Intervall ist. Um dann noch Fälle wie $D_f = [3\,;3]$ auszuschließen, soll dieses Intervall mehr als einen Punkt enthalten (es enthält dann automatisch unendlich viele Punkte).

Definition 2.1.3. Es sei f eine Funktion, $a \in D_f$ und $]a - \delta, a + \delta[\cap D_f$ ein Intervall mit mehr als einem Punkt für ein $\delta > 0$. f heißt *differenzierbar an der Stelle* a, wenn es eine bei 0 stetige Funktion r gibt, sodass

$$f(a + h) = f(a) + r(h) \cdot h$$

für alle $h \in \mathbb{R}$ mit $a + h \in D_f$. In diesem Fall nennt man $f'(a) := r(0)$ die *Steigung* bzw. *Ableitung von f an der Stelle* a, und die Gerade g mit

$$g(a + h) = f(a) + f'(a) \cdot h$$

heißt *Tangente von f an der Stelle* a. Sprechweise: *f wird lokal bei a durch g approximiert.* f heißt *differenzierbar*, wenn f an jeder Stelle ihrer Definitionsmenge differenzierbar ist. $\qquad\qquad \square$

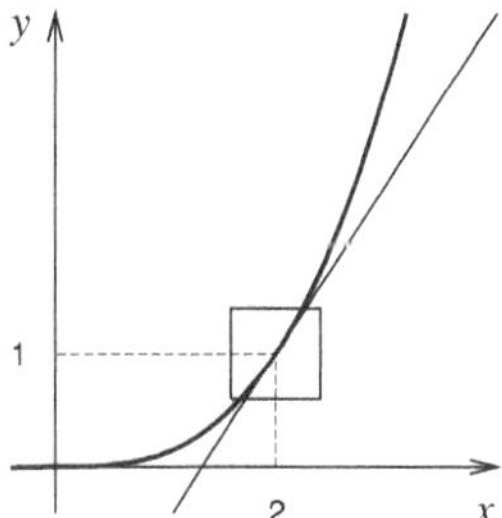 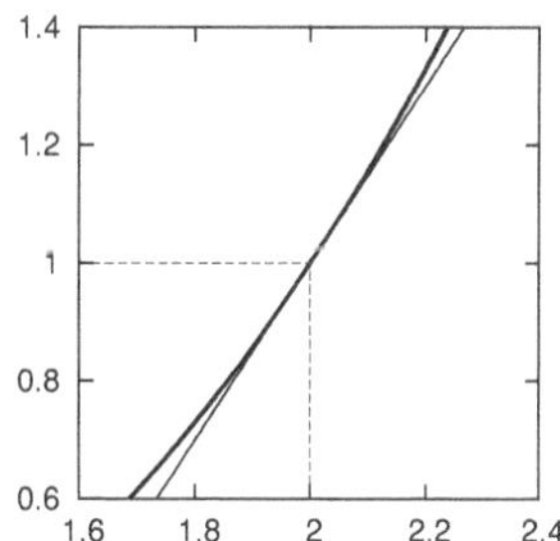

Abbildung 2.5: Graph und Tangente für $f(x) = \frac{1}{8}x^3$

Beispiel 2.1.4. Wir untersuchen, ob $f(x) = \frac{1}{8}x^3$ an der Stelle 2 differenzierbar ist. Die graphische Näherung in Abbildung 2.5 legt nahe, dass $f'(2)$ existiert mit $f'(2) \approx \frac{0{,}8}{0{,}5} = 1{,}6$. Für den exakten Nachweis müssen wir eine bei 0 stetige Funktion r finden, sodass

$$f(2 + h) = 1 + r(h)h \quad \text{für alle } h \in \mathbb{R} \quad .$$

Für alle $h \in \mathbb{R}$ ist

$$
\begin{aligned}
f(2 + h) &= \frac{1}{8}(2 + h)^3 = \frac{1}{8}(4 + 4h + h^2)(2 + h) = \frac{1}{8}(8 + 12h + 6h^2 + h^3) \\
&= 1 + \frac{3}{2}h + \frac{3}{4}h^2 + \frac{1}{8}h^3 = 1 + \left(\frac{3}{2} + \frac{3}{4}h + \frac{1}{8}h^2\right)h \\
&= 1 + r(h)h \,,
\end{aligned}
$$

wobei $r(h)$ der Term in der großen Klammer ist. r ist stetig (Polynom!), also ist f bei 2 differenzierbar mit $f'(2) = r(0) = \frac{3}{2}$ und Tangente

$$g(2 + h) = 1 + \frac{3}{2} \cdot h \quad \text{bzw.} \quad g(x) = 1 + \frac{3}{2} \cdot (x - 2) = \frac{3}{2} \cdot x - 2 \quad \text{mit } x = 2 + h \ .$$

(Die graphische Näherung lag knapp daneben; sie wird besser bei stärkerer Vergrößerung und genauerem Ablesen.) $\square$

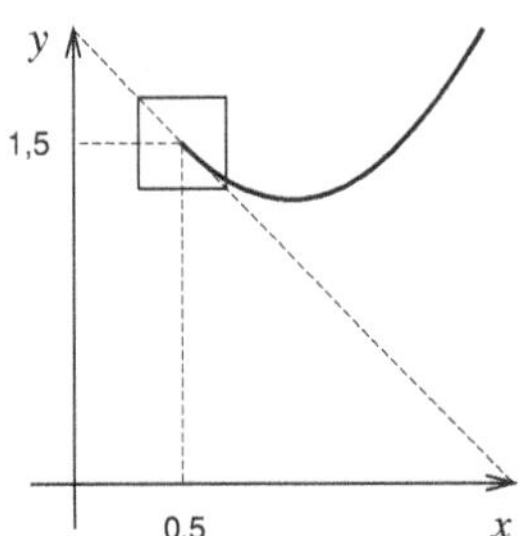 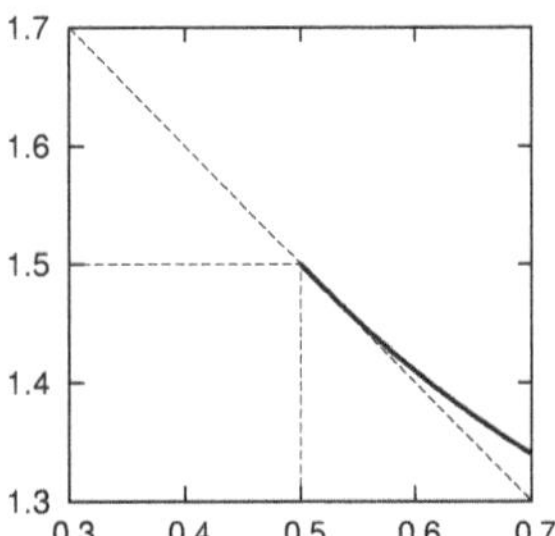

Abbildung 2.6: Graph und Tangente für $f(x) = \frac{1}{4}\left(\sqrt{2x - 1}\right)^4 - x + 2$

Beispiel 2.1.5. Wir untersuchen, ob $f(x) = \frac{1}{4}\left(\sqrt{2x - 1}\right)^4 - x + 2$ an der Stelle 0,5 differenzierbar ist. Der Graph nähert sich bei Vergrößerung nur einer Halbgeraden wegen $D_f = [0{,}5\,;\infty[$. Abb. 2.6 legt nahe, dass $f'(0{,}5)$ existiert mit $f'(0{,}5) \approx -1$. Für den exakten Nachweis müssen wir eine bei 0 stetige Funktion r finden mit

$$f\,(0{,}5 + h) = 1{,}5 + r(h)h \quad \text{für alle } h \geq 0 \quad .$$

Für alle $x \in D_f = [0{,}5\,;\infty[$ ist

$$f(x) = \frac{1}{4}(2x - 1)^2 - x + 2 = \frac{1}{4}(4x^2 - 4x + 1) - x + 2 = x^2 - 2x + 2{,}25 \ ,$$

also für alle $h \geq 0$

$$\begin{aligned}
f\,(0{,}5 + h) &= (0{,}5 + h)^2 - 2\,(0{,}5 + h) + 2{,}25 \\
&= 0{,}25 + h + h^2 - 1 - 2h + 2{,}25 \ = \ 1{,}5 - h + h^2 \\
&= 1{,}5 + (-1 + h)h \ = \ 1{,}5 + r(h)h \quad ,
\end{aligned}$$

wobei $r(h) = -1 + h$. r ist stetig (Polynom!), daher ist f bei 0,5 differenzierbar mit $f'(0{,}5) = r(0) = -1$ und Tangente

$$g(x) = 1{,}5 - 1 \cdot (x - 0{,}5) = -x + 2 \ .$$ $\square$

Beispiel 2.1.6. Die Betragsfunktion $f(x) = |x|$ ist bei 0 nicht differenzierbar, da es kein geeignetes r gibt (siehe Abbildung 2.2): Es sei r eine Funktion mit

$$f(0 + h) = f(0) + r(h)h \quad \text{für alle } h \in \mathbb{R} \,.$$

Dann ist r bei 0 nicht stetig, denn für alle $h \neq 0$ ist

$$r(h) = \frac{f(0+h) - f(0)}{h} = \frac{|h|}{h} = \left\{ \begin{array}{ll} -1 & \text{für} \quad h < 0 \\ 1 & \text{für} \quad h > 0 \end{array} \right. \,,$$

also $\lim\limits_{h \to 0^-} r(h) = -1$ und $\lim\limits_{h \to 0^+} r(h) = 1$. $\square$

Die Steigung $s(h) = \frac{f(a+h)-f(a)}{h}$ (mit $h \neq 0$) wird übrigens auch *mittlere Steigung* von f in $[\,a\,,a+h\,]$ genannt; $f'(a)$ heißt dann *momentane Steigung*. In Anwendungen spricht man manchmal auch von mittleren bzw. momentanen *Änderungsraten*, statt von mittleren bzw. momentanen Steigungen:

Beispiel 2.1.7. Es sei v eine Geschwindigkeitsfunktion, das heißt jedem Zeitpunkt t wird die Geschwindigkeit $v(t)$ zum Zeitpunkt t zugeordnet. Die mittlere Beschleunigung $\overline{a}$ im Zeitintervall $[\,t\,,t+h\,]$ gibt an, wie sich die Geschwindigkeit pro Zeit ändert:

$$\overline{a} := \frac{v(t + h) - v(t)}{h} = r(h) \quad \text{für } h \neq 0 \,.$$

Sprechweise: $\overline{a}$ ist die mittlere Änderungsrate von v. Für $h \to 0$ wird aus der mittleren Beschleunigung $\overline{a}$ die momentane Beschleunigung a, das heißt man definiert

$$a(t) := \lim_{h \to 0} \frac{v(t + h) - v(t)}{h} = v'(t) \,.$$

Sprechweise: a ist die momentane Änderungsrate von v.
Analog ist $\overline{v}$ bzw. v die mittlere bzw. momentane Änderungsrate des Ortes: Es sei x eine Ortsfunktion, das heißt jedem Zeitpunkt t wird der Ort $x(t)$ zum Zeitpunkt t zugeordnet. Die mittlere Geschwindigkeit $\overline{v}$ im Zeitintervall $[\,t\,,t+h\,]$ gibt an, wie sich der Ort pro Zeit ändert. Für $h \to 0$ wird aus der mittleren Geschwindigkeit $\overline{v}$ die momentane Geschwindigkeit v:

$$\overline{v} := \frac{x(t + h) - x(t)}{h} \quad \text{und} \quad v(t) := \lim_{h \to 0} \frac{x(t + h) - x(t)}{h} = x'(t) \,. \qquad \square$$

Es gibt viele weitere Situationen, in denen man von Änderungsraten spricht: Ist $E(t)$ zum Beispiel die Zahl der Einwohner eines Landes zum Zeitpunkt t, dann ist $(E(t+h) - E(t))/h$ die mittlere Änderungsrate bzw. *Wachstumsrate* dieser Bevölkerung im Zeitraum $[\,t\,,t+h\,]$. Oder: Ist $N(t)$ die Anzahl der Atomkerne eines radioaktiven Präparats zum Zeitpunkt t, dann ist $(N(t + h) - N(t))/h$ die mittlere Änderungsrate bzw. negative *Zerfallsrate* dieses Präparats im Zeitraum $[\,t\,,t+h\,]$. In all diesen Situationen wird letztlich die Steigung $r(h)$ einer Sekante betrachtet.

Für differenzierbares $f : D \longrightarrow \mathbb{R}$ heißt die Funktion

$$f' : D \longrightarrow \mathbb{R} \,, \quad x \longmapsto f'(x)$$

Ableitung von f.

Beispiel 2.1.8. Für $f(x) = x^2$ ist $f'(x) = 2x$ nach 2.1.1. $\square$

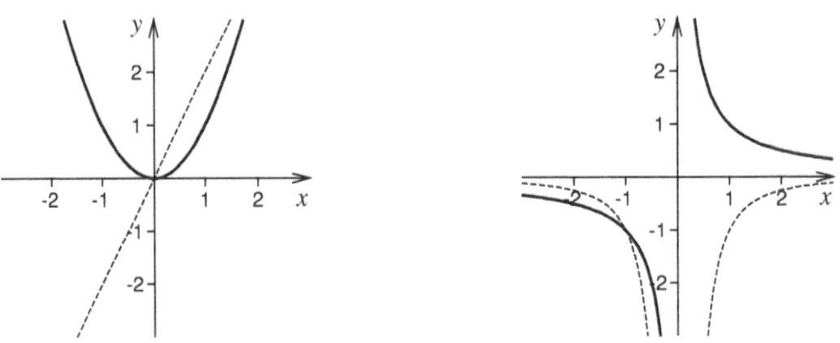

Abbildung 2.7: G_f und $G_{f'}$ in Beispiel 2.1.8 und 2.1.9

Beispiel 2.1.9. Es sei $f(x) = x^{-1}$ und $a \in \mathbb{R} \setminus \{0\}$. Dann ist

$$
\begin{aligned}
f(a+h) \;&=\; \frac{1}{a+h} = \frac{a}{a(a+h)} = \frac{a+h-h}{a(a+h)} = \frac{a+h}{a(a+h)} + \frac{-h}{a(a+h)} \\
&=\; \frac{1}{a} + \frac{-1}{a(a+h)} \cdot h = f(a) + r(h)h
\end{aligned}
$$

mit $r(h) := -(a(a+h))^{-1}$ für alle $a \neq 0$, $h \neq -a$. r ist stetig (rationale Funktion!), also ist f bei a differenzierbar mit $f'(a) = r(0) = -a^{-2}$ für alle $a \in \mathbb{R} \setminus \{0\}$. Somit:

$$
f(x) = x^{-1} \quad \Longrightarrow \quad f'(x) = -x^{-2} \quad \text{für alle } x \in \mathbb{R} \setminus \{0\} \; . \qquad \square
$$

Beispiel 2.1.10. Es sei $f(x) = mx + t$ und $a \in \mathbb{R}$ $(m, t \in \mathbb{R})$. Dann ist

$$
f(a+h) = m(a+h) + t = ma + t + mh = f(a) + r(h)h
$$

mit $r(h) := m$. r ist stetig (konstant!), also ist f bei a differenzierbar mit $f'(a) = r(0) = m$ für alle $a \in \mathbb{R}$. Somit:

$$
f(x) = mx + t \quad \Longrightarrow \quad f'(x) = m \quad \text{für alle } x \in \mathbb{R} \; .
$$

Dieses Ergebnis war zu erwarten: Eine Gerade mit Steigung m hat an jeder Stelle die Steigung m. $\square$

Aufgaben

1. Zeichnen Sie G_f mit Hilfe einer Wertetabelle der Schrittweite 0,01 an der Stelle a. Bestimmen Sie außerdem eine Näherung für $f'(a)$ anhand Ihrer Zeichnung.

   (a) $f(x) = x^2 - 4x + 4$, $a = 3$ (b) $f(x) = x^2 - 4x + 4$, $a = 4$
   (c) $f(x) = x^2 + 3x + 3$, $a = -2$ (d) $f(x) = x^2 + 3x + 3$, $a = -3$
   (e) $f(x) = x^2 - 4x$, $a = 2$ (f) $f(x) = x^2 + 2x$, $a = -1$
   (g) $f(x) = x^3 + 1$, $a = 1$ (h) $f(x) = x^3 - 2$, $a = -1$
   (i) $f(x) = 0{,}5 \cdot x + 2$, $a = -3$ (j) $f(x) = -2x + 6$, $a = 4$

2. Berechnen Sie jeweils $f'(a)$ und die Gleichung der zugehörigen Tangente für die Funktionen in Aufgabe 1. Zeichnen Sie G_f und die berechnete Tangente.

3. Berechnen Sie für den freien Fall mit Anfangsgeschwindigkeit 0 die mittleren Geschwindigkeiten für die Zeitintervalle $[0\,;1s]$, $[1s\,;2s]$, $[2s\,;3s]$, $[1s\,;1{,}1s]$ und $[1s\,;1{,}001s]$.

4. Nehmen wir an, auf der Erde leben zu einem Zeitpunkt 0 genau 6 Milliarden Menschen und diese Zahl verdoppelt sich alle 30 Jahre. Berechnen Sie die mittlere Wachstumsrate der Erdbevölkerung in den Zeitintervallen $[0\,;1a]$, $[0\,;1d]$, $[0\,;1h]$ und $[0\,;1s]$.

5. Nehmen wir an, ein radioaktives Präparat mit einer Halbwertszeit von einem Jahr bestehe zu einem Zeitpunkt 0 aus 10^{10} Atomkernen. Berechnen Sie die mittlere Zerfallsrate in den Zeitintervallen $[0\,;1a]$, $[0\,;1s]$, $[1a\,;1a+1s]$, $[2a\,;2a+1s]$ und $[3a\,;3a+1s]$.

6. Bestimmen Sie für die Funktionen in Aufgabe 1 jeweils $f'(x)$ wie in Beispiel 2.1.9. Zeichnen Sie G_f und $G_{f'}$ in ein gemeinsames Koordinatensystem und erläutern Sie die Beziehung zwischen G_f und $G_{f'}$.

2.2 Ableitungsregeln

Die Berechnung der Ableitung ist für viele Funktionen zu schwer oder zu umständlich, wenn man *nur die Definition* der Ableitung zur Verfügung hat. Wir besprechen daher Sätze, die uns das Rechnen und Argumentieren erleichtern.

Nach dem folgenden Satz kann man Summen gliedweise ableiten, z.B.:

$$(x^2 + 5x)' = (x^2)' + (5x)' = 2x + 5 \ .$$

Satz 2.2.1. Summenregel. *Es seien f und g differenzierbar bei $a \in D_f = D_g$. Dann ist auch die Funktion $f + g$ bei a differenzierbar mit*

$$(f + g)'(a) = f'(a) + g'(a) \ .$$

BEWEIS. Nach Voraussetzung gibt es Funktionen r und s, die bei 0 stetig sind, sodass

$$f(a + h) = f(a) + r(h) \cdot h \quad \text{und} \quad g(a + h) = g(a) + s(h) \cdot h$$

für alle $h \in \mathbb{R}$ mit $a + h \in D_f = D_g$. Damit:

$$
\begin{aligned}
(f + g)(a + h) &= f(a + h) + g(a + h) \\
&= f(a) + r(h) \cdot h + g(a) + s(h) \cdot h \\
&= \big(f(a) + g(a)\big) + \big(r(h) + s(h)\big) \cdot h \\
&= (f + g)(a) + (r + s)(h) \cdot h
\end{aligned}
$$

für alle $h \in \mathbb{R}$ mit $a + h \in D_f = D_g$. Nach Voraussetzung und Satz 1.5.7 ist $r + s$ stetig bei 0, also $f + g$ differenzierbar bei a. Außerdem ist

$$(f + g)'(a) = (r + s)(0) = r(0) + s(0) = f'(a) + g'(a) \quad . \qquad \square$$

Differenzen werden wie Summen abgeleitet (Beweis analog):

$$(f - g)'(a) = f'(a) - g'(a) \ .$$

Damit ist zum Beispiel

$$(x^2 - 3x + 2)' = (x^2)' - (3x)' + 2' = 2x - 3 \ .$$

Für Produkte könnte man eine Regel der Form $(f \cdot g)' \overset{?}{=} f' \cdot g'$ vermuten. Das ist aber falsch, denn sonst wäre $(x^2)' = (x \cdot x)' \overset{?}{=} x' \cdot x' = 1 \cdot 1 = 1$ im Widerspruch zu $(x^2)' = 2x$ (Beispiel 2.1.8).

Satz 2.2.2. Produktregel. *Es seien f und g differenzierbar bei $a \in D_f = D_g$. Dann ist auch die Funktion $f \cdot g$ bei a differenzierbar mit*

$$(f \cdot g)'(a) = f(a) \cdot g'(a) + f'(a) \cdot g(a) \ .$$

BEWEIS. Nach Voraussetzung gibt es Funktionen r und s, die bei 0 stetig sind, sodass

$$f(a + h) = f(a) + r(h)h \quad \text{und} \quad g(a + h) = g(a) + s(h)h$$

für alle $h \in \mathbb{R}$ mit $a + h \in D_f = D_g$. Damit:

$$\begin{aligned}
(f \cdot g)(a + h) &= f(a + h) \cdot g(a + h) \\
&= \big(f(a) + r(h)h\big) \cdot \big(g(a) + s(h)h\big) \\
&= f(a)g(a) + f(a)s(h)h + r(h)h\,g(a) + r(h)h\,s(h)h \\
&= (f \cdot g)(a) + \big(f(a)s(h) + r(h)g(a) + r(h)s(h)h\big)h
\end{aligned}$$

für alle $h \in \mathbb{R}$ mit $a + h \in D_f = D_g$. Nach Voraussetzung und Satz 1.5.7 ist der Term in der großen Klammer stetig bei $h = 0$ (dabei sind $f(a)$ und $g(a)$ konstante Zahlen), also $f \cdot g$ differenzierbar bei a. Außerdem ist

$$\begin{aligned}
(f \cdot g)'(a) &= f(a)s(0) + r(0)g(a) + r(0)s(0) \cdot 0 \\
&= f(a) \cdot g'(a) + f'(a) \cdot g(a) \quad .
\end{aligned}$$

$\square$

Korollar 2.2.3. *Sei $n \in \mathbb{N}$ und $f(x) = x^n$ für alle $x \in \mathbb{R}$. Dann ist $f'(x) = nx^{n-1}$ für alle $x \in \mathbb{R}$.*

BEWEIS. Vollständige Induktion:
$n = 1$: Siehe 2.1.10.
„$n \mapsto n + 1$": Wenn die Aussage für n gilt, dann auch für $n + 1$:

$$(x^{n+1})' = (x \cdot x^n)' = x \cdot (x^n)' + x' \cdot x^n = xnx^{n-1} + x^n = (n + 1)x^n \quad . \qquad \square$$

Einen Spezialfall von Satz 2.2.2 erhält man, wenn die Funktion g konstant ist: Für $k \in \mathbb{R}$ und differenzierbares f folgt wegen $k' = 0$

$$(k \cdot f)'(x) = k \cdot f'(x) + k' \cdot f(x) = k \cdot f'(x) \quad \text{für alle } x \in D_f \ .$$

Konstante Faktoren bleiben beim Ableiten also einfach stehen. Damit ist zum Beispiel

$$(7 \cdot x^3)' = 7 \cdot (x^3)' = 7 \cdot 3x^2 = 21x^2 \ .$$

Zusammen mit der Summenregel können wir Polynomfunktionen jetzt sehr leicht ableiten. Zum Beispiel ist

$$\big(13x^4 - 7x^3 + 5x - 9\big)' = (13x^4)' - (7x^3)' + (5x)' - 9' = 52x^3 - 21x^2 + 5 \ .$$

Wie leitet man $(x^2 + 3)^{17}$ ab? Mit unseren bisherigen Mitteln wird das eine ziemlich lange Rechnung, da wir zuerst ausmultiplizieren oder eine Produktregel für 17 Faktoren verwenden müssten. Doch mit Hilfe der folgenden Regel wird die Rechnung sehr kurz.

Satz 2.2.4. Kettenregel. *Es sei f differenzierbar an der Stelle $a \in D_f$, g diffe-renzierbar an der Stelle $b = f(a) \in D_g$ und $W_f \subseteq D_g$. Dann ist auch die Funktion $g \circ f$ bei a differenzierbar mit*

$$(g \circ f)'(a) = g'(b) \cdot f'(a) = g'\big(f(a)\big) \cdot f'(a) \quad .$$

BEWEIS. Nach Voraussetzung gibt es Funktionen r und s, die bei 0 stetig sind, sodass

$$f(a + h) = f(a) + r(h) \cdot h \quad \text{und} \quad g(b + \overline{h}) = g(b) + s(\overline{h}) \cdot \overline{h}$$

für alle $h, \overline{h} \in \mathbb{R}$ mit $a + h \in D_f$ und $b + \overline{h} \in D_g$. Damit:

$$
\begin{aligned}
(g \circ f)(a + h) &= g\big(f(a + h)\big) \\
&= g\big(f(a) + r(h)h\big) \\
&\overset{(*)}{=} g(b + \overline{h}) \\
&= g(b) + s(\overline{h})\overline{h} \\
&\overset{(*)}{=} g(b) + \Big(s\big(r(h)h\big)\,r(h)\Big) \cdot h \,.
\end{aligned}
$$

An den Stellen $(*)$ haben wir $\overline{h} := r(h)h$ benutzt; dabei folgt wegen $W_f \subseteq D_g$ aus $a + h \in D_f$ automatisch $b + \overline{h} = f(a + h) \in D_g$. Der Term in der großen Klammer setzt sich aus stetigen Funktionen zusammen, ist also ebenfalls stetig und hat für $h = 0$ den Wert $s(0) \cdot r(0) = g'(b) \cdot f'(a)$. Damit folgt die Behauptung. $\qquad\square$

Beispiel 2.2.5. Wir können jetzt $(x^2 + 3)^{17}$ sehr schnell ableiten: Die „äußere" Funktion ist $g(y) = y^{17}$ mit Ableitung $g'(y) = 17y^{16}$. Die „innere" Funktion ist $f(x) = x^2 + 3$ mit Ableitung $f'(x) = 2x$. Die gesamte Funktion ist die Verkettung $g(f(x)) = (x^2 + 3)^{17}$, und nach der Kettenregel folgt

$$\Big((x^2 + 3)^{17}\Big)' = g'\big(f(x)\big) \cdot f'(x) = 17(x^2 + 3)^{16} \cdot 2x = 34x(x^2 + 3)^{16} \quad . \qquad\square$$

Für die bisherigen Ableitungsregeln stellen Definitionsmengen kaum ein Problem dar. Doch bei dem nun folgenden Satz zur Ableitung von Quotienten $\frac{f(x)}{g(x)}$ verhält sich das (zunächst) anders: Der Quotient ist nur an Stellen a mit $g(a) \neq 0$ definiert, also ist die Frage nach der Ableitung auch nur an solchen Stellen sinnvoll. Doch für die Differenzierbarkeit genügt ein einzelner Punkt in der Definitionsmenge nicht: Man benötigt Intervalle mit mehr als einem Punkt (siehe Definition 2.1.3). Es wäre denkbar, dass a die einzige Stelle mit $g(a) \neq 0$ ist, oder dass es in jeder noch so kleinen Umgebung von a immer wieder Stellen x mit $g(x) = 0$ gibt.

Nach dem folgenden Satz sind differenzierbare Funktionen aber stetig, das heißt für ein differenzierbares g mit $g(a) \neq 0$ gibt es eine ganze Umgebung von a, in der $g(x) \neq 0$ gilt.

Satz 2.2.6. *Es sei f differenzierbar an der Stelle $a \in D_f$. Dann ist f auch stetig bei a.*

BEWEIS. Nach Voraussetzung gibt es eine bei 0 stetige Funktion r mit

$$f(a + h) = f(a) + r(h) \cdot h \quad \text{bzw.} \quad f(x) = f(a) + r(x - a) \cdot (x - a)$$

für $x = a + h \in D_f$. Die Verkettung $x \mapsto x - a \mapsto r(x - a)$ ist bei a stetig, das heißt f setzt sich aus Funktionen zusammen, die bei a stetig sind, also ist f ebenfalls bei a stetig. $\qquad\square$

Aus der Differenzierbarkeit folgt also die Stetigkeit, aber nicht umgekehrt: Die Betragsfunktion ist bei 0 stetig, aber nicht differenzierbar (siehe Beispiel 2.1.6).

Satz 2.2.7. Quotientenregel. *Es seien f und g differenzierbar bei $a \in D_f = D_g$ mit $g(a) \neq 0$. Dann ist auch $\dfrac{f}{g}$ bei a differenzierbar mit*

$$\left(\frac{f}{g}\right)'(a) = \frac{g(a)f'(a) - f(a)g'(a)}{\big(g(a)\big)^2} \quad .$$

BEWEIS. Nach Satz 2.2.6 ist g stetig bei a, also ist $\frac{f}{g}$ wegen $g(a) \neq 0$ in einer ganzen Umgebung von a definiert. Nach der Produkt- und Kettenregel und Beispiel 2.1.9 ist $\dfrac{f}{g} = f \cdot \dfrac{1}{g}$ bei a differenzierbar mit

$$
\begin{aligned}
\left(\frac{f}{g}\right)'(a) &= \left(f \cdot \frac{1}{g}\right)'(a) = \left(f \cdot \left(\frac{1}{g}\right)' + f' \cdot \frac{1}{g}\right)(a) \\[2ex]
&= \left(f \cdot \frac{-1}{g^2} \cdot g' + f' \cdot \frac{1}{g}\right)(a) \\[2ex]
&= f(a) \cdot \frac{-g'(a)}{\big(g(a)\big)^2} + \frac{f'(a)}{g(a)} = \frac{g(a)f'(a) - f(a)g'(a)}{\big(g(a)\big)^2} \quad .
\end{aligned}
$$

$\qquad\square$

Eine verbreitete Merkhilfe für die Formel der Quotientenregel ist

$$\left(\frac{Z}{N}\right)' = \frac{NAZ - ZAN}{N^2} \quad .$$

Dabei steht „NAZ" für „Nenner mal Ableitung des Zählers" und „ZAN" für „Zähler mal Ableitung des Nenners". Einen Spezialfall von 2.2.7 erhält man für $f(x) = 1$ und $g(x) = x^n$ mit $n \in \mathbb{N}$:

$$(x^{-n})' = \left(\frac{1}{x^n}\right)' = \frac{x^n \cdot 0 - 1 \cdot nx^{n-1}}{x^{2n}} = -nx^{-n-1} \quad .$$

Wir können nun alle rationalen Funktionen ableiten. Zum Beispiel:

$$\left(\frac{5x^{12} - 4}{x^2 + 1}\right)' = \frac{(x^2 + 1) \cdot 60x^{11} - (5x^{12} - 4) \cdot 2x}{(x^2 + 1)^2} = \frac{50x^{13} + 60x^{11} + 8x}{(x^2 + 1)^2} \quad .$$

Aber auch die Ableitungen der Logarithmus-, Exponential- und Winkelfunktionen sind jetzt nicht mehr schwer:

Satz 2.2.8. *Für alle* $x \in \mathbb{R}^+$ *ist* $\ln'(x) = x^{-1}$.

BEWEIS. Nach 1.7.2 und 1.7.3 ist

$$\frac{x-1}{x} = a_0 \leq \ln(x) \leq b_0 = x - 1 \,, \text{ also } \frac{1}{x} \leq \frac{\ln(x)}{x-1} \leq 1$$

für alle $x \in \mathbb{R}^+ \setminus \{1\}$, und damit

$$\ln'(1) = \lim_{h \to 0} \frac{\ln(1+h) - \ln(1)}{h} = \lim_{x \to 1} \frac{\ln(x)}{x-1} = 1 \,.$$

Für $a \in \mathbb{R}^+$ folgt

$$\frac{\ln(a+h) - \ln(a)}{h} = \frac{\ln(\frac{a+h}{a})}{h} = \frac{\ln(1 + \frac{h}{a})}{\frac{h}{a}} \cdot a^{-1} \longrightarrow \ln'(1) \cdot a^{-1} = a^{-1}$$

für $h \to 0$, also $\ln'(a) = a^{-1}$. $\qquad\qquad\qquad\qquad\qquad\qquad\qquad\qquad\quad\square$

Satz 2.2.9. *Für alle* $x \in \mathbb{R}$ *ist* $\arctan'(x) = \dfrac{1}{1+x^2}$.

BEWEIS. Wir verwenden die Abkürzung $f := \arctan$. Nach Aufgabe 8 in Abschnitt 1.8 ist $\lim\limits_{h \to 0} \frac{f(h)}{h} = 1$, also folgt $f'(0) = 1$.
Sei $a \neq 0$. Für $|h| < |a|$ haben $a + h$ und a das gleiche Vorzeichen, also folgt $(a+h)(-a) < 0 < 1$, und damit können wir das Additionstheorem 1.8.7 für $x = a+h$ und $y = -a$ anwenden:

$$f(a+h) - f(a) = f(a+h) + f(-a) = f\left(\frac{h}{1+(a+h)a}\right) \,.$$

Somit:

$$\frac{f(a+h) - f(a)}{h} = \frac{f\left(\frac{h}{1+(a+h)a}\right)}{\frac{h}{1+(a+h)a}} \cdot \frac{1}{1+(a+h)a} \longrightarrow 1 \cdot \frac{1}{1+a^2}$$

für $h \to 0$. $\qquad\qquad\qquad\qquad\qquad\qquad\qquad\qquad\qquad\qquad\qquad\qquad\quad\square$

Aus *ln* und *arctan* gewinnt man Exponential- und Winkelfunktionen durch Umkehrung (siehe Abschnitte 1.7 und 1.8). Wir benötigen daher einen Satz zur Ableitung von Umkehrfunktionen.

Satz 2.2.10. *Es seien A und B offene Intervalle, $f : A \longrightarrow B$ stetig mit Umkehrfunktion $f^{-1} : B \longrightarrow A$, $a \in A$ und f bei a differenzierbar mit $f'(a) \neq 0$. Dann ist f^{-1} bei $b := f(a)$ differenzierbar mit*

$$\left(f^{-1}\right)'(b) = \frac{1}{f'(a)} \quad .$$

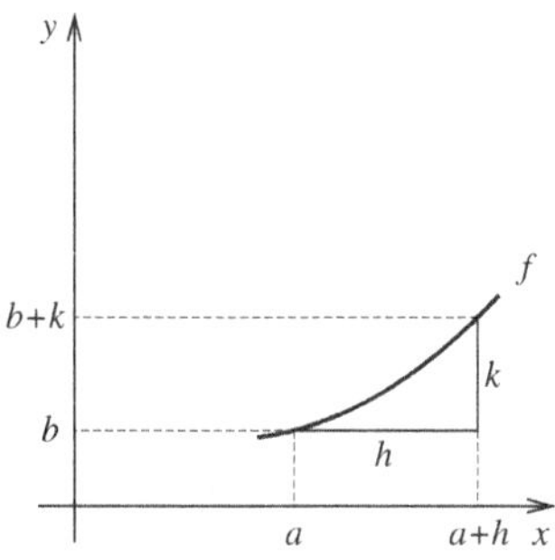
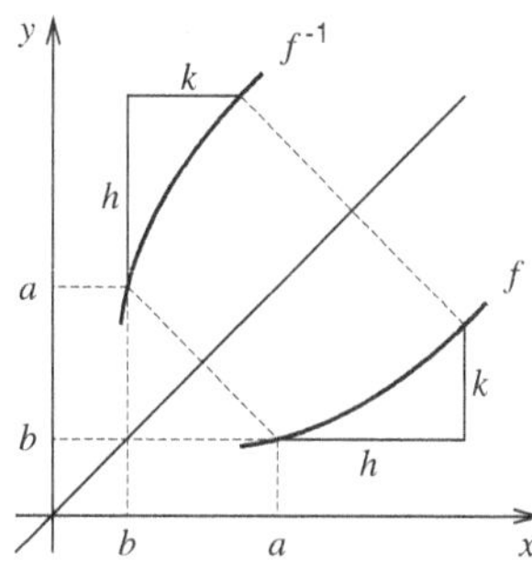

Abbildung 2.8: Ableitung der Umkehrfunktion

Die Gleichung $(f^{-1})'(b) = \dfrac{1}{f'(a)}$ liegt auch anschaulich nahe: Den Graphen von f^{-1} erhält man durch Spiegelung des Graphen von f an der Geraden $y = x$; dabei werden die Rollen der Katheten in den Steigungsdreiecken vertauscht (siehe Abbildung 2.8 rechts). Diesen anschaulichen Zusammenhang muss man nur genau aufschreiben um daraus einen Beweis zu erhalten:

BEWEIS. Nach Voraussetzung gibt es eine bei 0 stetige Funktion r mit

$$f(a + h) - f(a) = r(h) \cdot h \quad \text{für alle } h \text{ mit } a + h \in A .$$

Für $h \neq 0$ ist $r(h) \neq 0$, denn $f(a + h) - f(a) \neq 0$ (da f umkehrbar); außerdem ist $r(0) = f'(a) \neq 0$. Damit sind alle $r(h) \neq 0$.
Sei $k \in \mathbb{R}$ mit $b + k \in B$. Setze $h := f^{-1}(b + k) - f^{-1}(b)$ (siehe Abbildung 2.8 links). Dann folgt $k = f(a + h) - f(a)$, also

$$k = r(h) \cdot h \quad \text{bzw.} \quad h = \frac{1}{r(h)} \cdot k \quad \text{bzw.}$$

$$f^{-1}(b + k) - f^{-1}(b) = \frac{1}{r\big(f^{-1}(b + k) - f^{-1}(b)\big)} \cdot k .$$

Der große Bruch setzt sich nach Voraussetzung und 1.5.20 aus stetigen Funktionen zusammen, ist daher selbst bei 0 stetig und hat für $k = 0$ den Wert $\frac{1}{r(0)} = \frac{1}{f'(a)}$. $\square$

Mit Hilfe von Satz 2.2.10 können wir Exponential- und Winkelfunktionen ableiten: Aus $e^x := \ln^{-1}(x)$ folgt nach 2.2.10 und 2.2.8

$$(e^x)' = \frac{1}{\ln'(e^x)} = e^x \quad \text{für alle } x \in \mathbb{R} .$$

Damit folgt für die Ableitung der Potenzfunktionen $x \mapsto x^t$

$$(x^t)' = (e^{t \ln(x)})' = (e^{t \ln(x)}) \cdot t \cdot x^{-1} = t x^{t-1} \quad \text{für alle } t \in \mathbb{R} \text{ und } x > 0 .$$

Aus $\tan := \arctan^{-1}$ folgt nach 2.2.10 und 2.2.9

$$\tan'(x) = \frac{1}{\arctan'(\tan(x))} = 1 + \tan(x)^2 \quad \text{für } |x| < \tfrac{\pi}{2} .$$

Aus $\cos(x) := (1 + (\tan(x)^2)^{-\frac{1}{2}}$ und $\sin(x) := \tan(x)\cos(x)$ (für $|x| < \frac{\pi}{2}$, siehe Abschnitt 1.8) folgt

$$\begin{aligned}
\cos'(x) &= -\tfrac{1}{2}(1 + \tan(x)^2)^{-\frac{3}{2}} \cdot 2\tan(x)(1 + \tan(x)^2) \\
&= -\tan(x)(1 + \tan(x)^2)^{-\frac{1}{2}} \\
&= -\sin(x)\,, \\
\sin'(x) &= \tan(x)(-\sin(x)) + (1 + \tan(x)^2)\cos(x) \\
&= -\tan(x)\sin(x) + \cos(x) + \tan(x)\sin(x) \\
&= \cos(x)\,.
\end{aligned}$$

Diese Terme für $\tan'(x)$, $\cos'(x)$ und $\sin'(x)$ gelten nicht nur für $|x| < \frac{\pi}{2}$, sondern für alle x aus der jeweiligen Definitionsmenge (Übung!).

Aufgaben

1. Berechnen Sie den Term der Ableitung:

   (a) $f(x) = 3x^2 - 4x + 4$ (b) $f(x) = 7x^2 - 9x + 41$
   (c) $f(x) = -5x^6 + 31x^2 - 13x$ (d) $f(x) = -9x^7 - 20x^4 + 2$
   (e) $f(x) = ax^2 + bx + c$ (f) $f(x) = 3x^4 + kx^3 + d$
   (g) $f(x) = x^{2n} - rx^s + t$ (h) $f(x) = ix^n + dax$
   (i) $f(x) = x^{m+n} - x^{n^2}$ (j) $g(x) = 0{,}5fix^2 + 0{,}5fox^2y$

2. Bestimmen Sie die Gleichungen aller Tangenten an G_f, die parallel zur Geraden G_g verlaufen:

   (a) $f(x) = x^2 - 2x + 2$, $g(x) = x - 2$

   (b) $f(x) = x^2 + 4x$, $g(x) = -x + 3$

   (c) $f(x) = \frac{1}{3}x^3 - \frac{1}{2}x^2 + 1$, $g(x) = 2x - 4$

   (d) $f(x) = \frac{1}{3}x^3 - 2x$, $g(x) = -x + 3$

   (e) $f(x) = \frac{1}{3}x^3 - \frac{1}{2}x^2 - 6x$, $g(x) = 1$

   (f) $f(x) = \frac{1}{4}x^4 + x^3 + x^2 + 1$, $g(x) = 3$

3. Bestimmen Sie die Gleichungen aller Tangenten an G_f, die senkrecht zur Geraden G_g verlaufen:

   (a) $f(x) = \frac{1}{4}x^2 + 3x + 1$, $g(x) = -\frac{1}{2}x + 1$

   (b) $f(x) = -2x^2 + x + 2$, $g(x) = \frac{1}{3}x - 2$

   (c) $f(x) = \frac{1}{3}x^3 - \frac{1}{2}x^2 + 1$, $g(x) = -\frac{4}{3}x - 1$

   (d) $f(x) = \frac{1}{3}x^3 - 2x$, $g(x) = -x + 3$

4. Differenzieren Sie mit der Produktregel:

(a) $f(x) = (x+3)x$

(b) $f(x) = x^2(3-2x)$

(c) $f(x) = (1-x)(3+x)$

(d) $f(x) = (4+x^3)(x^4-1)$

(e) $f(x) = (3x^r + s)(a - bx^c)$

(f) $f(x) = (rx^3 + s)^2$

5. Differenzieren Sie mit der Kettenregel:

(a) $f(x) = (x+3)^2$

(b) $f(x) = (3 - 2x^7)^4$

(c) $f(x) = (1 - x^2 + x^4)^n$

(d) $f(x) = (x^4 - 1)^{3k}$

(e) $f(x) = (ax + b)^{31}$

(f) $f(x) = (rx^3 + s)^n$

6. Differenzieren Sie mit der Quotientenregel:

(a) $f(x) = \dfrac{1}{x+2}$

(b) $f(x) = \dfrac{x}{x-5}$

(c) $f(x) = \dfrac{x+3}{x-1}$

(d) $f(x) = \dfrac{x^2-1}{x^3+1}$

(e) $f(x) = \dfrac{1-x^2-x^4}{x^6+2}$

(f) $f(x) = \dfrac{x^a - x^b}{x^c - d}$

7. Berechnen Sie jeweils $(f^{-1})'(b)$ am Punkt $(b\,;a) \in G_{f^{-1}}$:

(a) $f(x) = x^2$, $(4\,;2)$

(b) $f(x) = x^3$, $(8\,;2)$

(c) $f(x) = x^3 - 2x$, $(-1\,;1)$

(d) $f(x) = x^4 - 3x^3$, $(-8\,;2)$

(e) $f(x) = \dfrac{x^2-1}{x^2+9}$, $(0\,;1)$

(f) $f(x) = \dfrac{x}{x^2+1}$, $(0{,}4\,;2)$

(g) $f(x) = \cos(x)$, $(y\,;x)$

(h) $f(x) = \sin(x)$, $(y\,;x)$

8. Berechnen Sie $f'(x)$:

(a) $f(x) = \sqrt{x} \cdot (1 - 3x^2)$

(b) $f(x) = (x^t + x^s)\sqrt{x}$

(c) $f(x) = \sqrt{x^2 + x + 7}$

(d) $f(x) = \sqrt{x^t + x^s}$

(e) $f(x) = x^2 \cos(x)$

(f) $g(x) = \cos(x)\sin(x)$

(g) $f(x) = \cos(kx - c)$

(h) $g(x) = \sin(\cos(x))$

(i) $f(x) = \dfrac{\sin(x)}{x}$

(j) $f(x) = \dfrac{\sqrt{x}}{\cos(x)}$

(k) $f(x) = 3e^x + e^3$

(l) $f(x) = e^x - x^e$

(m) $f(x) = \sqrt{x}\,e^x$

(n) $f(x) = x^4 e^x$

(o) $f(x) = e^{-x^2}$

(p) $f(x) = e^{1+\sqrt{x-2}}$

(q) $f(x) = \dfrac{1}{\sqrt[5]{e^x}}$

(r) $f(x) = e^{\cos(x)+\sin(x)}$

(s) $f(x) = x^x$

(t) $f(x) = \sqrt{x}^{\sqrt{x}}$

(u) $f(x) = \ln(\sqrt{x})$

(v) $f(x) = (\ln(x))^4$

(w) $f(x) = \sin(\ln(x))$

(x) $f(x) = \ln|x|$

(y) $f(x) = \log_7(\ln(x))$

(z) $f(x) = \log_9\left(x - \sqrt{1 + x^3}\,\right)$

(ä) $f(x) = \ln\dfrac{e^x + x}{\sqrt{x}}$

(ö) $f(x) = \log_2(3^x - 5^{-x})$

2.3 Mittelwertsatz und lokale Eigenschaften

Graphen differenzierbarer Funktionen sehen bei hinreichender Vergrößerung beinahe so aus wie ihre Tangenten, wobei die Ableitung jeweils die Steigung der Tangente ist. Es liegt daher nahe, dass sich Eigenschaften von Tangenten auf die zugehörigen Funktionen übertragen: Eine Funktion, deren Ableitung in einem ganzen Intervall 0 ist, ist in diesem Intervall konstant; eine Funktion mit positiver Ableitung an einer Stelle ist zumindest in der Nähe der Stelle streng monoton steigend.

Diese Zusammenhänge sind (nach kurzer Überlegung) anschaulich plausibel. Doch wir mussten bereits an mehreren Beispielen erfahren, dass plausible Vermutungen falsch sein können, auch wenn sie noch so einleuchtend klingen. Und tatsächlich ist der letzte der vorhin genannten „naheliegenden Zusammenhänge" falsch:

Beispiel 2.3.1. Es sei

$$f(x) := \begin{cases} x + x^2 \cos\left(\frac{\pi}{x}\right) & \text{für} \quad x \neq 0 \\ 0 & \text{für} \quad x = 0 \end{cases} \; .$$

Dann ist $f'(0) = 1$:

$$f'(0) = \lim_{x \to 0} \frac{f(x) - f(0)}{x} = \lim_{x \to 0} \left(1 + x \cdot \cos\left(\frac{\pi}{x}\right)\right) = 1 \; .$$

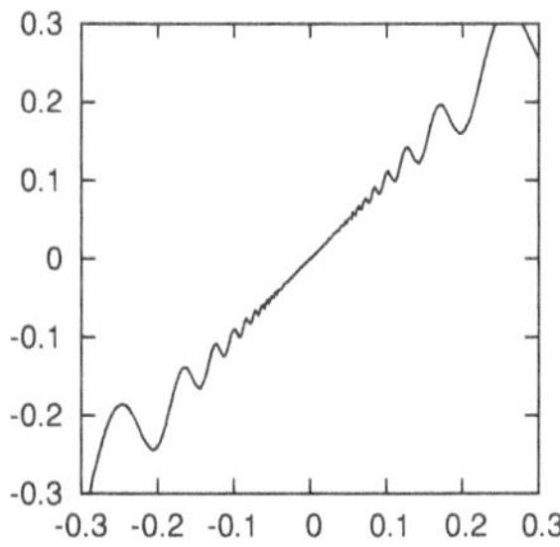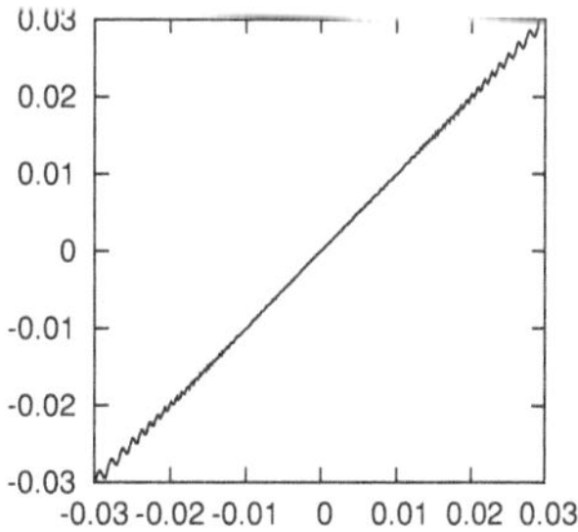

Abbildung 2.9: $f(x) = x + x^2 \cos\left(\frac{\pi}{x}\right)$

Aber f ist in keiner Umgebung von 0 monoton: Für alle $n \in \mathbb{N}$ ist $\frac{1}{n+1} < \frac{1}{n}$, aber $f\left(\frac{1}{n+1}\right) > f\left(\frac{1}{n}\right)$ für ungerades n und $f\left(\frac{1}{n+1}\right) < f\left(\frac{1}{n}\right)$ für gerades n:
Für ungerades n ist $\cos(n\pi) = -1$ und $\cos((n+1)\pi) = 1$, also $f\left(\frac{1}{n}\right) = \frac{1}{n} - \frac{1}{n^2}$ und $f\left(\frac{1}{n+1}\right) = \frac{1}{n+1} + \frac{1}{(n+1)^2}$. Somit:

$$f\left(\frac{1}{n+1}\right) - f\left(\frac{1}{n}\right) = \frac{n+2}{(n+1)^2} - \frac{n-1}{n^2} = \frac{n^2+n+1}{n^2(n+1)^2} > 0 \; .$$

Die Aussage für gerades n folgt analog. $\qquad\qquad\square$

„Plausibles Vermuten" führt also auch bei Zusammenhängen zwischen f' und f manchmal nur zu einem vermeintlichen „Verständnis" von Aussagen, die in Wahrheit falsch sind. Den Schlüssel zum wirklichen Verständnis und Beweis von Zusammenhängen zwischen f' und f liefert der *Mittelwertsatz*. Mit ihm werden viele Situationen auf einen gemeinsamen Grundgedanken zurückgeführt, der vergleichsweise einfach bewiesen und angewendet werden kann: Zu jeder Sekante gibt es eine parallele Tangente (unter gewissen Voraussetzungen). Bei der Herleitung des Mittelwertsatzes spielen *Maxima* und *Minima* eine wichtige Rolle.

Definition 2.3.2. Es sei f eine Funktion, $\delta > 0$ und $a \in D_f$ mit $f(a) \le f(x)$ für alle $x \in \,]\,a - \delta\,;a + \delta\,[\,\cap\, D_f$. Dann heißt a *lokale Minimalstelle*, $f(a)$ *lokales Minimum* und $(a\,;f(a))$ *lokaler Tiefpunkt* von f. Gilt $f(a) \le f(x)$ sogar für alle $x \in D_f$ dann heißt a *globale Minimalstelle*, $f(a)$ *globales Minimum* und $(a\,;f(a))$ *globaler Tiefpunkt* von f (vergleiche Definition 1.9.4). Analog: *Maximalstelle*, *Maximum* und *Hochpunkt*. Eine *Extremalstelle* ist eine Minimal- oder Maximalstelle. $\qquad\square$

Das Wort „lokal" bedeutet also soviel wie „zumindest in einer Umgebung". In Abbildung 2.10 sind -3 und 1 lokale Minimalstellen, -2 und 2 lokale Maximalstellen. 1 ist die globale Minimalstelle und -2 ist die globale Maximalstelle. Da -2 im Inneren der Definitionsmenge $[-3\,;2]$ liegt, wird -2 manchmal auch *innere Maximalstelle* genannt. Entsprechend heißt -3 *Rand-Minimalstelle*. Allgemein heißt a *innerer Punkt* einer Menge $M \subseteq \mathbb{R}$, wenn es ein $\delta > 0$ gibt mit $]\,a - \delta\,;a + \delta\,[\,\subseteq M$.

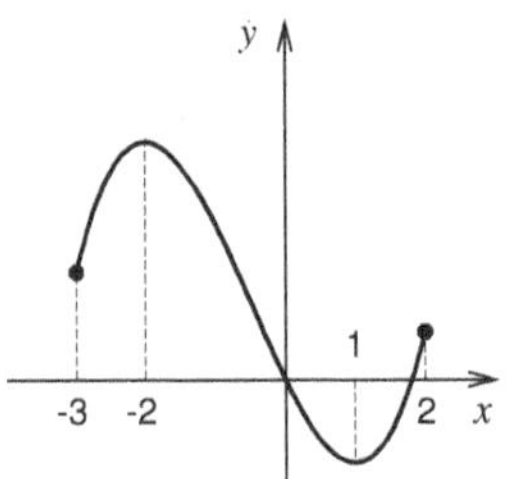

Abbildung 2.10: Extremalstellen

Die Ableitung liefert ein notwendiges, aber noch nicht hinreichendes Kriterium für innere Extremalstellen:

Satz 2.3.3. *Es sei a eine innere Extremalstelle von f und f differenzierbar bei a. Dann ist $f'(a) = 0$.*

BEWEIS. Es sei a eine innere Minimalstelle, das heißt es gibt ein $\delta > 0$ mit

$$]\,a - \delta\,;a + \delta\,[\,\subseteq D_f \quad \text{und} \quad f(a) \le f(a + h) \quad \text{für alle } h \in \,]-\delta\,;\delta\,[\,.$$

Außerdem gibt es eine bei 0 stetige Funktion r mit

$$f(a + h) - f(a) = r(h) \cdot h \quad \text{für alle } h \in \,]-\delta\,;\delta\,[\,.$$

Damit ist $r(h) \cdot h \geq 0$ für alle $h \in \,]-\delta\,;\delta\,[$, also $r(h) \leq 0$ für $h \in \,]-\delta\,;0\,[$ und $r(h) \geq 0$ für $h \in \,]\,0\,;\delta\,[$. Aus der Stetigkeit von r folgt $f'(a) = r(0) = 0$. Den Fall „a Maximalstelle" zeigt man analog. $\qquad\square$

Bei differenzierbaren Funktionen kann es innere Extremalstellen also nur bei Nullstellen der Ableitung geben. Die Bedingung $f'(a) = 0$ ist aber noch nicht hinreichend dafür, dass a eine Extremalstelle ist: Für $f(x) = x^3$ ist $f'(0) = 0$, aber 0 ist keine Extremalstelle.

Der folgende Satz ist ein Spezialfall des Mittelwertsatzes:

Lemma 2.3.4. Satz von Rolle. *Es sei $a < c$, f stetig in $[\,a\,,c\,]$, differenzierbar in $]\,a\,,c\,[$ und $f(a) = f(c)$. Dann gibt es ein $b \in]\,a\,,c\,[$ mit $f'(b) = 0$.*

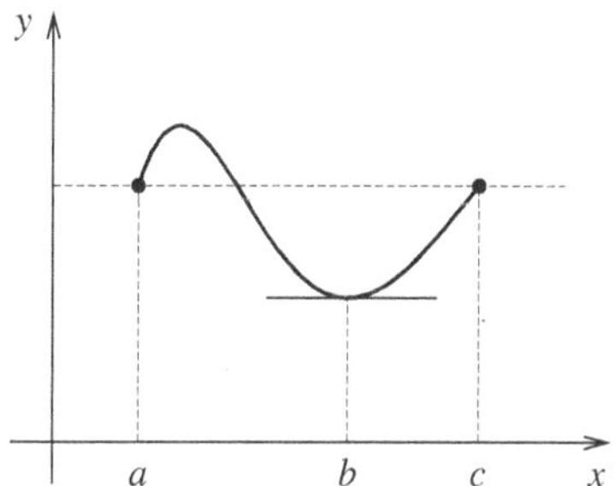

Abbildung 2.11: Satz von Rolle

BEWEIS. Für konstantes f ist $f'(x) = 0$ sogar für alle $x \in]\,a\,,c\,[$ und es ist nichts weiter zu zeigen. Sei f also nicht konstant. Nach dem Extremwertsatz besitzt f ein globales Minimum und Maximum. Da f nicht konstant ist, kann $f(a) = f(c)$ nicht gleichzeitig ein globales Minimum und Maximum sein. Damit gibt es eine globale Minimal- oder Maximalstelle $b \in]\,a\,,c\,[$. Nach Satz 2.3.3 folgt $f'(b) = 0$. $\qquad\square$

Satz 2.3.5. Mittelwertsatz. *Es sei $a < c$, f stetig in $[\,a\,,c\,]$ und differenzierbar in $]\,a\,,c\,[$. Außerdem sei*

$$m := \frac{f(c) - f(a)}{c - a}$$

die Steigung der Sekante zu den Stellen a und c. Dann gibt es ein $b \in]\,a\,,c\,[$ mit $f'(b) = m$ (das heißt es gibt eine parallele Tangente).

BEWEIS. Im Fall $f(a) = f(c)$ wären wir in der Situation des Satzes von Rolle. Man gewinnt aus f aber leicht eine Funktion g mit $g(a) = g(c)$: Setze

$$g(x) := f(x) - m(x - a) \quad \text{für alle } x \in [\,a\,,c\,]\,.$$

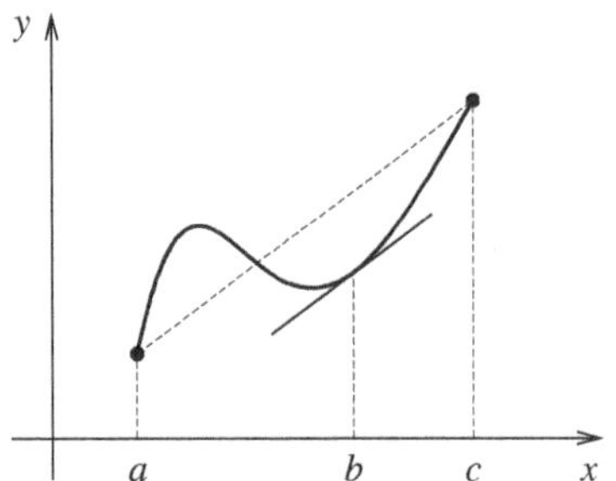

Abbildung 2.12: Mittelwertsatz

(Idee: Ziehe von f eine Gerade ab, die parallel zur Sekante verläuft; dann ist die neue Sekante horizontal, genau wie im Satz von Rolle.)
Damit gilt $g(a) = f(a) - m(a - a) = f(a)$ und

$$g(c) = f(c) - \frac{f(c) - f(a)}{c - a} \cdot (c - a) = f(c) - \big(f(c) - f(a)\big) = f(a) = g(a) \quad .$$

Außerdem ist g stetig in $[\,a\,,c\,]$ und differenzierbar in $]\,a\,,c\,[$. Der Satz von Rolle ist somit auf g anwendbar, also gibt es ein $b \in\,]\,a\,,c\,[$ mit $g'(b) = 0$. Wegen $g'(x) = f'(x) - m$ folgt $0 = g'(b) = f'(b) - m$, und damit die Behauptung. $\square$

Die Sekantensteigung könnte man als *mittlere Steigung* des Graphen bezeichnen, die Tangentensteigung als *momentane Steigung*. Nach Satz 2.3.5 gibt es unter gewissen Voraussetzungen eine Stelle, an der die momentane Steigung gleich der mittleren Steigung ist. Daher der Name „Mittelwertsatz".

Wie bereits angekündigt, werden wir nun einige Zusammenhänge zwischen f und f' aus dem Mittelwertsatz herleiten.

Ist f eine konstante Funktion, so ist ihre Ableitung überall 0. Es gilt auch die Umkehrung:

Lemma 2.3.6. *Es sei $a < c$, f stetig in $[\,a\,,c\,]$ und differenzierbar in $]\,a\,,c\,[$. Außerdem sei $f'(x) = 0$ für alle $x \in\,]\,a\,,c\,[$. Dann ist f in $[\,a\,,c\,]$ konstant.*

BEWEIS. Die Annahme, f wäre nicht konstant, führt zu einem Widerspruch: Nach dieser Annahme gäbe es zwei verschiedenen Funktionswerte, und die zugehörige Sekante hätte eine Steigung $m \neq 0$. Da alle Voraussetzungen des Mittelwertsatzes erfüllt sind, gäbe es dann auch ein $b \in\,]\,a\,,c\,[$ mit $f'(b) = m \neq 0$ im Widerspruch zur Voraussetzung. $\square$

Satz 2.3.7. *Es sei $a < c$, f und g stetig in $[\,a\,,c\,]$ und differenzierbar in $]\,a\,,c\,[$. Außerdem sei $f'(x) = g'(x)$ für alle $x \in\,]\,a\,,c\,[$. Dann gibt es eine Zahl $k \in \mathbb{R}$, sodass $g(x) = f(x) + k$ für alle $x \in [\,a\,,c\,]$, das heißt G_g und G_f gehen in $[\,a\,,c\,]$ durch Parallelverschiebung auseinander hervor.*

BEWEIS. Nach Voraussetzung gilt $g'(x) - f'(x) = 0$ für alle $x \in \,]\,a\,,c\,[\,$, die Funktion $g - f$ ist stetig in $[\,a\,,c\,]$ und differenzierbar in $\,]\,a\,,c\,[\,$, das heißt $g - f$ erfüllt alle Voraussetzungen von Lemma 2.3.6 und ist damit konstant in $[\,a\,,c\,]$. Es gibt also ein $k \in \mathbb{R}$ mit $g(x) - f(x) = k$ für alle $x \in [\,a\,,c\,]$. $\hfill\square$

Beispiel 2.3.8. Gegeben sei $f : \mathbb{R} \longrightarrow \mathbb{R}$ mit $f(x) = x^2$. Gesucht sind alle Funktionen F mit $F' = f$. Zum Beispiel hat jede Funktion $F(x) = \frac{1}{3}x^3 + k$ diese Eigenschaft, wobei k eine konstante Zahl ist. Nach Satz 2.3.7 hat man dann aber bereits alle F mit $F' = f$ gefunden: Ist G eine Funktion mit $G' = f$, so ist $G' = f = F'$, also unterscheiden sich G und F nur durch eine Konstante. $\hfill\square$

Definition 2.3.9. Es seien F und f Funktionen mit $F' = f$. Dann heißt F *Stammfunktion von f*. $\hfill\square$

Die Aussage von Satz 2.3.7 bedeutet also, dass sich Stammfunktionen unter bestimmten Voraussetzungen nur durch einen konstanten Summanden unterscheiden.

Die Beziehung $F' = f$ führt zu einer neuen Art von Gleichungen. Bisher wurden in die Variablen von Gleichungen, wie etwa $x^2 - x = 0$, *Zahlen* eingesetzt. Doch die Variable y in der Gleichung $y' = f$ steht für eine *Funktion*. Entsprechend besteht auch die Lösungsmenge $\mathbb{L}$ von $y' = f$ aus *Funktionen*: Für $f : \mathbb{R} \to \mathbb{R}$ mit $f(x) = x^2$ wie in Beispiel 2.3.8 ist $\mathbb{L} = \{\, F : \mathbb{R} \to \mathbb{R} \mid F(x) = \frac{1}{3}x^3 + k \,, \ k \in \mathbb{R} \,\}$. Gleichungen, die Beziehungen zwischen Funktionen mit Hilfe von Ableitungen ausdrücken, werden *Differentialgleichungen* (DGL) genannt.

Beispiel 2.3.10. Gegeben sei die Funktion $g : \mathbb{R} \to \mathbb{R}$ mit $g(x) = 12x^3 - 5$. Gesucht ist die Lösungsmenge der DGL $y' = g$. Eine Lösung ist zum Beispiel $f : \mathbb{R} \to \mathbb{R}$ mit $f(x) = 3x^4 - 5x$. Nach 2.3.7 besteht die Lösungsmenge aus allen $f_k : \mathbb{R} \to \mathbb{R}$ mit $f_k(x) = 3x^4 - 5x + k$ und $k \in \mathbb{R}$. $\hfill\square$

Eine Stammfunktion von f ist nichts anderes als eine Lösung der DGL $y' = f$. Für Polynome $f(x)$ finden wir leicht alle Lösungen von $y' = f$. Aber bei $f(x) = x^{-1}$ oder $f(x) = (1 + x^2)^{-1}$ würden wir uns bisher sehr schwer tun, wenn wir nichts über *ln* oder *arctan* wüssten. Kapitel 3 enthält ein Verfahren, das zu allen Funktionen, die auf einem Intervall stetig sind, Stammfunktionen liefert (Hauptsatz der Differential- und Integralrechnung).

Mit Differentialgleichungen sucht man aber nicht nur Stammfunktionen. Zum Beispiel zielen $y' = k \cdot y$ und $y'' = -k^2 \cdot y$ (mit $k \in \mathbb{R}$) in eine ganz andere Richtung: Man sucht Funktionen, deren Steigungen f' (bzw. deren Änderungsraten f'' der Steigungen) proportional zu f sind. „Zufällig" kennen wir Lösungen: e^{kx} und $\sin(kx)$. Der Mittelwertsatz (bzw. Folgerung 2.3.6) liefert wieder das entscheidende Argument für die Gesamtheit aller Lösungen:

Lemma 2.3.11. *Es seien $a, k \in \mathbb{R}$ und $f : \mathbb{R} \longrightarrow \mathbb{R}$ differenzierbar mit*

$$f' = k \cdot f \quad \text{und} \quad f(0) = a \,.$$

Dann ist $f(x) = a \cdot e^{kx}$ für alle $x \in \mathbb{R}$.

BEWEIS. Setze $g(x) := \frac{f(x)}{e^{kx}}$. Dann gilt für alle $x \in \mathbb{R}$

$$g'(x) = \frac{e^{kx} \cdot f'(x) - f(x) \cdot k \cdot e^{kx}}{e^{2kx}} = \frac{e^{kx} \cdot k \cdot f(x) - f(x) \cdot k \cdot e^{kx}}{e^{2kx}} = 0 \, ,$$

also ist g nach 2.3.6 konstant. Wegen $g(0) = \frac{f(0)}{e^0} = a$ folgt $g(x) = a$ für alle $x \in \mathbb{R}$, und damit die Behauptung. $\square$

Jetzt kann man auch verstehen, warum so viele Vorgänge in Natur, Technik, Ökonomie und so weiter mit Hilfe von Exponentialfunktionen beschrieben werden: In vielen Situationen ist die Änderungsrate proportional zur jeweils vorhandenen Menge (z.B. die Wachstumsrate von Bakterien, die Zerfallsrate eines radioaktiven Präparats, die Zuwachsrate eines Kapitals); und nach 2.3.11 sind die Funktionen f mit $f(x) = a \cdot e^{kx}$ die einzigen, bei denen die Änderungsrate f' proportional zu f ist.

f' ist die Änderungsrate von f, also ist f'' die Änderungsrate von f'. Wenn die „Änderung der Änderung" proportional zu f mit negativem Proportionalitätsfaktor ist (z.B. bei Spiralfedern: $F = ma = my'' = -Dy$), dann erhält man Sinus- und Kosinusfunktionen:

Lemma 2.3.12. *Es seien $a, b, k \in \mathbb{R}$, $k \neq 0$ und $f : \mathbb{R} \longrightarrow \mathbb{R}$ zweimal differenzierbar mit*

$$f'' = -k^2 \cdot f \, , \ f(0) = a \ und \ f'(0) = b \, .$$

Dann ist $f(x) = a \cdot \cos(kx) + \frac{b}{k} \cdot \sin(kx)$ für alle $x \in \mathbb{R}$.

BEWEIS. Setze $g(x) := a \cdot \cos(kx) + \frac{b}{k} \cdot \sin(kx)$ und $h := g - f$. Zu zeigen: $h = 0$. Es ist $g'' = -k^2 \cdot g$ und $h'' = -k^2 \cdot h$ (Beweis durch Ableiten), also

$$\left(k^2 h^2 + h'^2\right)' = 2k^2 hh' + 2h'h'' = 0 \, .$$

Nach 2.3.6 ist $k^2 h^2 + h'^2$ konstant. Wegen $h(0) = 0 = h'(0)$ ist $k^2 h^2 + h'^2$ sogar konstant 0. Da Quadrate nicht negativ werden, folgt $h = 0$. $\square$

Die entscheidende Idee dieses Beweises, nämlich $k^2 y^2 + y'^2$ zu betrachten, hängt mit der Energieerhaltung zusammen: Bei einem Federpendel ist $k^2 = \frac{D}{m}$, also ist $\frac{1}{2} m \left(k^2 y^2 + y'^2\right) = \frac{1}{2} Dy^2 + \frac{1}{2} my'^2$ die Summe aus potentieller und kinetischer Energie (denn y' ist die Geschwindigkeit).

Nach 2.3.12 ist die Sinusfunktion ist die einzige Funktion mit $f'' = -f$, $f(0) = 0$ und $f'(0) = 1$. Man kann mit 2.3.12 auch Additionstheoreme für Sinus und Kosinus herleiten: Für $y \in \mathbb{R}$ und $f(x) := \sin(x + y)$ ist $f'' = -f$, $a = f(0) = \sin(y)$ und $b = f'(0) = \cos(y)$. Mit 2.3.12 folgt also

$$\sin(x + y) = a\cos(x) + b\sin(x) = \sin(x)\cos(y) + \cos(x)\sin(y) \, .$$

Wir haben jetzt nur einige spezielle Typen von DGL gelöst. Eine sytematische Einführung in die Theorie der DGL bietet zum Beispiel [Wal] (allerdings werden dort Kenntnisse aus dem ersten Jahr eines Mathematikstudiums vorausgesetzt).

Nach dem folgenden Satz überträgt sich die Monotonie von Tangenten auf ihre Graphen: Sind in einem Intervall alle Tangenten streng monoton steigend, dann ist auch die Originalfunktion in diesem Intervall streng monoton steigend. (Man beachte den Unterschied zu Beispiel 2.3.1.)

Satz 2.3.13. *Es sei $a < b$, f stetig in $[a,b]$ und differenzierbar in $]a,b[$. Außerdem sei $f'(x) > 0$ (bzw. $f'(x) < 0$) für alle $x \in\,]a,b[$. Dann ist f in $[a,b]$ streng monoton steigend (bzw. fallend).*

BEWEIS. Wir zeigen den Fall $f'(x) > 0$. Es seien $x_1, x_2 \in [a,b]$ mit $x_1 < x_2$. Die Annahme $f(x_1) \geq f(x_2)$ führt zu einem Widerspruch, denn dann gäbe es eine Sekante mit Steigung $m \leq 0$, also nach dem Mittelwertsatz auch ein $x \in\,]a,b[$ mit $f'(x) = m \leq 0$ im Widerspruch zur Voraussetzung. $\square$

Mit Satz 2.3.13 kann man Monotoniebereiche bestimmen, sobald man das Vorzeichen der Ableitung kennt:

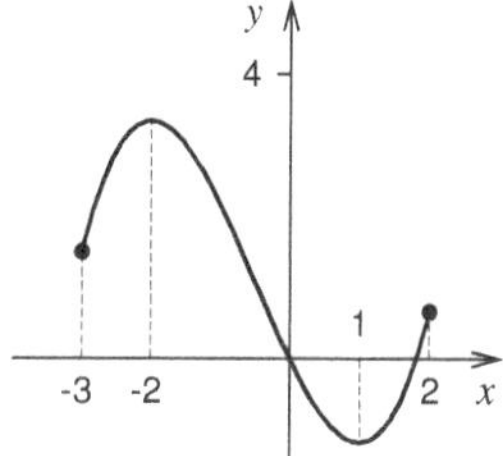

Abbildung 2.13: $f(x) = \frac{1}{3}x^3 + \frac{1}{2}x^2 - 2x$ in Beispiel 2.3.14

Beispiel 2.3.14. Es sei $f(x) = \frac{1}{3}x^3 + \frac{1}{2}x^2 - 2x$, $D_f = [-3\,;2]$. Dann ist $f'(x) = x^2 + x - 2 = (x+2)(x-1)$. Wir erstellen eine Vorzeichentabelle für die einzelnen Faktoren von $f'(x)$, denn daraus lassen sich leicht die Vorzeichen von $f'(x)$ und schließlich nach Satz 2.3.13 die Monotoniebereiche von f ablesen. Die Ableitung $f'(x)$ wird nur 0 für $x = -2$ und $x = 1$; nur dort könnte sich das Vorzeichen von $f'(x)$ ändern. Also teilen wir $\mathbb{R}$ auf in die Bereiche $]-3\,;-2[$, $]-2\,;1[$ und $]1\,;2[$, siehe Tabelle 2.1. Die Funktion f ist also nach Satz 2.3.13 in $[-3\,;-2]$ und

	$-3 < x < -2$	$-2 < x < 1$	$1 < x < 2$
$(x+2)$	$-$	$+$	$+$
$(x-1)$	$-$	$-$	$+$
$f'(x)$	$+$	$-$	$+$
f	steigend	fallend	steigend

Tabelle 2.1: Monotoniebereiche in Beispiel 2.3.14

$[1\,;2]$ streng monoton steigend und in $[-2\,;1]$ streng monoton fallend. Die (lokalen) Minimalstellen sind -3 und 1, die (lokalen) Maximalstellen sind -2 und 2. $\square$

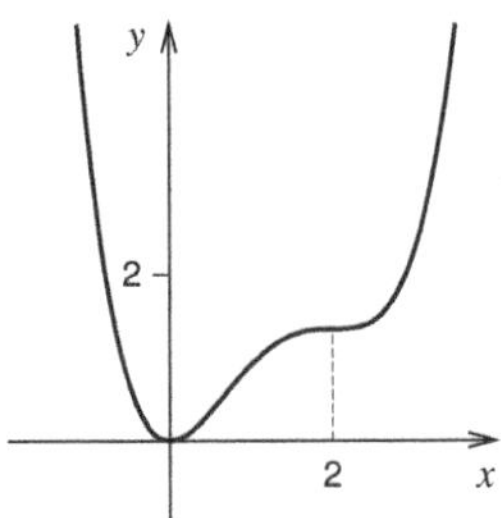

Abbildung 2.14: $f(x) = \frac{1}{4}x^4 - \frac{4}{3}x^3 + 2x^2$ in Beispiel 2.3.15

Beispiel 2.3.15. Wir bestimmen die Monotoniebereiche der Funktion f, wobei $f(x) = \frac{1}{4}x^4 - \frac{4}{3}x^3 + 2x^2$, $D_f = \mathbb{R}$. Es ist

$$f'(x) = x^3 - 4x^2 + 4x = x(x^2 - 4x + 4) = x(x-2)^2 \quad .$$

Die Ableitung $f'(x)$ wird nur 0 für $x = 0$ und $x = 2$, also teilen wir $\mathbb{R}$ auf in die Bereiche $]-\infty;0[$, $]0;2[$ und $]2;\infty[$, siehe Tabelle 2.2. Die Funktion f

	$x < 0$	$0 < x < 2$	$2 < x$
x	$-$	$+$	$+$
$(x-2)^2$	$+$	$+$	$+$
$f'(x)$	$-$	$+$	$+$
f	fallend	steigend	steigend

Tabelle 2.2: Monotoniebereiche in Beispiel 2.3.15

ist also nach Satz 2.3.13 in $]-\infty;0]$ streng monoton fallend und in $[0;2]$ und $[2;\infty[$ streng monoton steigend, also in $[0;\infty[$ streng monoton steigend. Die einzige Extremalstelle ist 0. $\qquad\qquad\qquad\qquad\qquad\qquad\qquad\qquad\qquad\qquad\quad$ $\square$

Als nächste lokale Eigenschaft besprechen wir die *Krümmung*. Wenn die Steigungen der Tangenten zunehmen, dann ist der Graph nach links gekrümmt (siehe Abbildung 2.15): Würde man auf einer Straße von der Gestalt des Graphen fahren (in Richtung größerer x-Werte), so müsste man nach links lenken. Daher legen wir fest:

Definition 2.3.16. Eine differenzierbare Funktion f (bzw. ihr Graph) heißt *linksgekrümmt im Intervall I*, wenn f' in I streng monoton steigt. Entsprechend heißt G_f *rechtsgekrümmt in I*, wenn f' in I streng monoton fällt. $\qquad\qquad$ $\square$

Die Monotonie einer Funktion f haben wir im vorherigen Abschnitt mit dem Vorzeichen von f' bestimmt. Genauso können wir die Monotonie der Funktion f' mit dem Vorzeichen von f'' bestimmen, also mit der Ableitung von f', falls f zweimal differenzierbar ist.

Abbildung 2.15: Links- bzw. rechtsgekrümmt

Beispiel 2.3.17. Wir bestimmen die Krümmung der Funktion in Beispiel 2.3.14 mit $f''(x) = 2x + 1$: Wegen $f''(x) < 0$ für alle $x < -\frac{1}{2}$ ist f' streng monoton fallend und f rechtsgekrümmt in $]-\infty\,;-\frac{1}{2}]$. Analog ist f linksgekrümmt in $[-\frac{1}{2}\,;\infty[$.

Beispiel 2.3.18. Wir bestimmen die Krümmung der Funktion in Beispiel 2.3.15 mit einer Vorzeichentabelle für $f''(x) = 3x^2 - 8x + 4 = 3(x - \frac{2}{3})(x - 2)$: Siehe Tabelle 2.3. $\qquad\qquad\square$

	$x < \frac{2}{3}$	$\frac{2}{3} < x < 2$	$2 < x$
$(x - \frac{2}{3})$	$-$	$+$	$+$
$(x - 2)$	$-$	$-$	$+$
$f''(x)$	$+$	$-$	$+$
f	linksg.	rechtsg.	linksg.

Tabelle 2.3: Krümmung in Beispiel 2.3.18

An den Stellen $\frac{2}{3}$ und 2 ändert die Funktion in Beispiel 2.3.18 ihre Krümmung. Solche Stellen nennt man *Wendestellen* und die zugehörigen Punkte von G_f *Wendepunkte* (siehe Abbildung 2.16).

Definition 2.3.19. Es sei $\delta > 0$ und f differenzierbar in $]a - \delta\,;a + \delta[$. Besitzt f in $]a - \delta\,;a]$ und $[a\,;a + \delta[$ entgegengesetzte Krümmung, so heißt a *Wendestelle von f* und $(a\,;f(a))$ *Wendepunkt von f*. $\qquad\square$

Dass f in $]a - \delta\,;a]$ und $[a\,;a + \delta[$ entgegengesetzte Krümmung besitzt heißt, dass f' in $]a - \delta\,;a]$ und $[a\,;a + \delta[$ entgegengesetzte strenge Monotonie besitzt, also ist a eine Extremalstelle von f'. Ist f' differenzierbar, dann folgt nach Satz 2.3.3 $f''(a) = 0$. (Eine Wendestelle ist nach Definition immer ein innerer Punkt von $D_{f'}$.) Analog zu Satz 2.3.3 besitzen wir damit ein notwendiges, aber nicht hinreichendes Kriterium für Wendestellen:

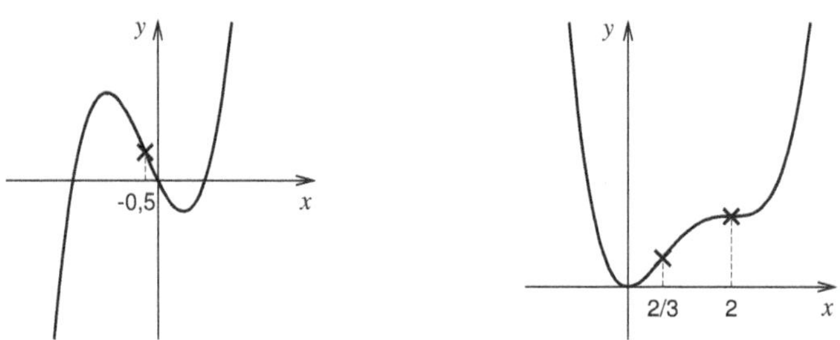

Abbildung 2.16: Wendepunkte in Beispiel 2.3.17 und 2.3.18

Satz 2.3.20. *Es sei a eine Wendestelle von f, $\delta > 0$ und f zweimal differenzierbar in $]\,a - \delta\,;a + \delta\,[$. Dann ist $f''(a) = 0$.*

BEWEIS. Satz 2.3.3 mit f' statt f. $\square$

Wendepunkte kann es also bei zweimal differenzierbaren Funktionen nur an Stellen a mit $f''(a) = 0$ geben. Doch die Bedingung $f''(a) = 0$ ist nicht hinreichend: Zum Beispiel ist $f(x) = x^4$ stets linksgekrümmt, also gibt es keine Wendepunkte, obwohl $f''(0) = 0$.

Die Bedingungen in Satz 2.3.3 und 2.3.20 sind also notwendig, aber nicht hinreichend. Man kann sie jedoch zu hinreichenden Bedingungen erweitern, falls die betreffende Funktion jeweils ein weiteres mal differenzierbar ist:

Satz 2.3.21. *Es sei f differenzierbar in $]\,c\,;d\,[$ und an einer Stelle $a \in\,]\,c\,;d\,[$ zweimal differenzierbar. Ist $f'(a) = 0$ und $f''(a) > 0$ (bzw. $f''(a) < 0$), dann ist a eine lokale Minimalstelle (bzw. Maximalstelle) von f.*

BEWEIS. Wir zeigen den Fall $f''(a) > 0$. Nach Voraussetzung ist $f'(a) = 0$ und f' differenzierbar bei a, also gibt es eine bei 0 stetige Funktion r, sodass

$$r(0) = f''(a) \quad \text{und} \quad f'(a + h) = f'(a) + r(h) \cdot h = r(h) \cdot h$$

für alle $h \in \mathbb{R}$ mit $a + h \in\,]\,c\,,d\,[$. Da r bei 0 stetig ist mit $r(0) = f''(a) > 0$, ist $r(h)$ auch noch in einer kleinen Umgebung um 0 positiv, das heißt es gibt ein $\delta > 0$ mit

$$r(h) > 0 \quad \text{für alle} \quad h \in\,]-\delta\,;\delta\,[\quad .$$

Daraus folgt wegen $f'(a + h) = r(h) \cdot h$ (siehe oben)

$$f'(a + h) < 0 \text{ für } h \in\,]-\delta\,;0\,[\quad \text{und} \quad f'(a + h) > 0 \text{ für } h \in\,]\,0\,;\delta\,[\quad .$$

Somit ist f nach Satz 2.3.13 im Intervall $[\,a - \delta\,;a\,]$ streng monoton fallend und in $[\,a\,;a + \delta\,]$ streng monoton steigend, also a eine lokale Minimalstelle. $\square$

Satz 2.3.22. *Es sei f zweimal differenzierbar in $]\,c\,;d\,[$ und bei $a \in\,]\,c\,;d\,[$ dreimal differenzierbar. Ist $f''(a) = 0$ und $f'''(a) \neq 0$, dann ist a eine Wendestelle von f.*

BEWEIS. Siehe Beweis von Satz 2.3.21 mit jeweils einer zusätzlichen Ableitung: f' statt f, f'' statt f' und f''' statt f''. $\qquad\square$

Die Bedingungen in Satz 2.3.21 und 2.3.22 sind hinreichend, aber nicht notwendig für eine Extremal- bzw. Wendestelle: Zum Beispiel ist 0 eine Minimalstelle von $f(x) = x^4$, obwohl $f''(0) = 0$; und 0 ist eine Wendestelle von $f(x) = x^5$, obwohl $f'''(0) = 0$. Im Fall $f''(a) = 0$ bzw. $f'''(a) = 0$ weiß man also leider nichts über Extremal- bzw. Wendestellen; dann hilft aber eine Vorzeichentabelle weiter (falls man entsprechende Vorzeichen bestimmen kann).

Wir besitzen jetzt alle wichtigen Hilfsmittel für die so genannten *Kurvendiskussionen*. Dabei geht es im wesentlichen darum, die Gestalt eines Funktionsgraphen mit den Nullstellen oder Vorzeichen von f, f' und f'' zu bestimmen (also Nullstellen, Extrempunkte und Wendepunkte von f). Außerdem untersucht man noch die Definitionslücken und Ränder (einschließlich $\pm\infty$) von D_f auf Konvergenz/Divergenz, und eine eventuelle Symmetrie zur y-Achse oder zum Ursprung. Der Graph einer Funktion f ist genau dann symmetrisch zur y-Achse (bzw. zum Ursprung), wenn D_f symmetrisch zur 0 ist und $f(-x) = f(x)$ (bzw. $f(-x) = -f(x)$) für alle $x \in D_f$.

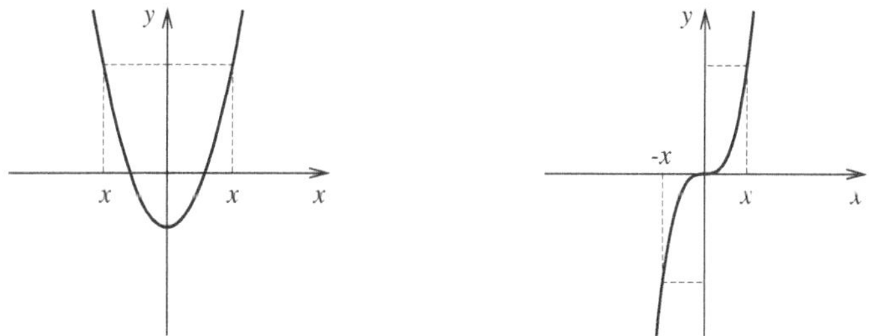

Abbildung 2.17: Symmetrie zur y-Achse bzw. zum Ursprung

Beispiel 2.3.23. Kurvendiskussion von $f(x) = \frac{1}{4}x^4 - \frac{4}{3}x^3 + 2x^2$ (Beispiel 2.3.15 und 2.3.18):

1. Symmetrie: Zwar ist die maximale Definitionsmenge $D_f = \mathbb{R}$, aber f ist eine Polynomfunktion mit geraden und ungeraden Exponenten, also ist f nicht symmetrisch zur y-Achse oder zum Ursprung.

2. Nullstellen: $f(x) = \frac{1}{12}x^2(3x^2 - 16x + 24)$. Der Term $3x^2 - 16x + 24$ hat keine reelle Nullstelle (Diskriminante $(-16)^2 - 4 \cdot 3 \cdot 24 = -32 < 0$), also ist 0 die einzige Nullstelle von f.

3. Monotonie/Extrema: Nach Beispiel 2.3.15 ist f in $\,]-\infty\,;0\,]$ streng monoton fallend und in $[\,0\,;\infty\,[$ streng monoton steigend. Damit ist $(0\,;0)$ der einzige Tiefpunkt und es existieren keine Hochpunkte.

4. Krümmung/Wendepunkte: Die Krümmung haben wir bereits in 2.3.18 bestimmt. Die einzigen Wendepunkte sind also $\left(\frac{2}{3};\frac{44}{81}\right)$ und $\left(2;\frac{4}{3}\right)$.

5. Verhalten am Rand von D_f:

$$\lim_{x\to-\infty} f(x) = \lim_{x\to-\infty}\left(x^4\left(\frac{1}{4}-\frac{4}{3x}+\frac{2}{x^2}\right)\right) = \infty = \lim_{x\to\infty} f(x)\quad.$$

Berechnet man jetzt noch eine kleine Wertetabelle für f, so kann man G_f recht genau zeichnen. Außerdem folgt $W_f = \mathbb{R}_0^+$ mit dem Zwischenwertsatz aus 3., 5. und der Tatsache, dass f in ganz $\mathbb{R}$ stetig ist (Polynom!). $\qquad\square$

Aufgaben

1. Zeigen Sie die Aussage für gerades n in Beispiel 2.3.1.

2. Beweisen Sie Satz 2.3.3 im Fall „a Maximalstelle".

3. Bestimmen Sie alle Stellen mit horizontaler Tangente:

   (a) $f(x) = x^2 - 4x + 1$ $\qquad$ (b) $f(x) = x^3 + 3x^2 + 3$

   (c) $f(x) = \dfrac{x}{x^2+1}$ $\qquad$ (d) $f(x) = \dfrac{x-a}{x-b}$

   (e) $f(x) = \cos(x)$ $\qquad$ (f) $f(x) = \tan(x)$

   (g) $f(x) = \sin(\frac{\pi}{x})$ $\qquad$ (h) $g(x) = \cos(\frac{\pi}{x})$

4. Finden Sie Beispiele dafür, dass die Aussage des Mittelwertsatzes falsch wird, wenn f nur in $]a,c[$ stetig ist bzw. wenn f nicht in ganz $]a,c[$ differenzierbar ist.

5. Interpretieren Sie den Mittelwertsatz für den Fall, dass Orts- und Geschwindigkeitsfunktionen betrachtet werden.

6. Finden Sie jeweils alle Stammfunktionen:

   (a) $f(x) = x^2 - 4x + 1$ $\qquad$ (b) $f(x) = x^3 + 3x^2 + 3$

   (c) $f(x) = 2x^3 - 3x^2 - 36x + \pi$ $\qquad$ (d) $f(x) = \frac{1}{2}x^4 + \frac{2}{3}x^3 - 4x^2 - 8x$

   (e) $f(x) = a(x-b)^n + c$ $\qquad$ (f) $f(x) = a\sin(bx+c)$

   (g) $f(x) = -x\sin(x) + \cos(x)$ $\qquad$ (h) $f(x) = -\frac{1}{x^2}\cdot\cos(\frac{1}{x})$

7. Lösen Sie die DGL $f' = k\cdot f + l$, wobei $k,l \in \mathbb{R}$, $f : \mathbb{R} \longrightarrow \mathbb{R}$.

8. Beweisen Sie $\cos(x+y) = \cos(x)\cos(y) - \sin(x)\sin(y)$ für alle $x,y \in \mathbb{R}$.

9. Bestimmen Sie die Monotoniebereiche, Extrempunkte und W_f:

(a) $f(x) = x^2 - 4x + 1$, $D_f = [3\,;4]$.

(b) $f(x) = x^3 + 3x^2 + 3$, $D_f = [-4\,;1]$.

(c) $f(x) = 2x^3 - 3x^2 - 36x + 10$, $D_f = [-3\,;\infty\,[$.

(d) $f(x) = \frac{1}{2}x^4 + \frac{2}{3}x^3 - 4x^2 - 8x$, $D_f =]-\infty\,;2]$.

(e) $f(x) = \dfrac{x^2}{2} - \dfrac{3}{x}$, $D_f = [-3\,;0\,[$.

(f) $f(x) = \dfrac{5}{x^2} + \dfrac{x^3}{3}$, $D_f = \mathbb{R} \setminus \{0\}$.

(g) $f(x) = \dfrac{6x + 9}{x^2 + 4}$, $D_f = \mathbb{R}$.

(h) $f(x) = \frac{1}{2}x - \sin(x)$, $D_f = \mathbb{R}$.

10. Bestimmen Sie Krümmung und Wendepunkte wie in Beispiel 2.3.18:

(a) $f(x) = x^4 - 6x^2 + 2x + 1$ (b) $f(x) = \frac{1}{3}x^4 - 4x^3 + x$

(c) $f(x) = x^{-1}$ (d) $f(x) = x \cdot |x|$

(e) $f(x) = \cos(x)$ (f) $f(x) = \tan(x)$

(g) $f(x) = \dfrac{x^2 - 1}{x^2 + 9}$ (h) $f(x) = \dfrac{x}{x^2 + 1}$

(i) $f(x) = \dfrac{x + 2}{x - 2}$ (j) $f(x) = \left(\dfrac{x + 2}{x - 2}\right)^2$

11. Wenden Sie Satz 2.3.21 auf die Funktionen in Aufgabe 9 an (falls möglich).

12. Wenden Sie Satz 2.3.22 auf die Funktionen in Aufgabe 10 an (falls möglich).

13. Bestimmen Sie Definitionsmenge, Symmetrie, Nullstellen, Extrem- und Wendepunkte.

(a) $f(x) = x\,e^x$ (b) $f(x) = e^{-x^2}$

(c) $f(x) = \frac{1}{2}(e^x - e^{-x})$ (d) $f(x) = \frac{1}{2}(e^x + e^{-x})$

(e) $f(x) = \dfrac{e^x - 1}{e^x + 1}$ (f) $f(x) = \dfrac{1 - e^{1/x}}{1 + e^{1/x}}$

(g) $f(x) = \ln(x^2)$ (h) $f(x) = \ln|2 - x|$

(i) $f(x) = (\ln(x))^2$ (j) $f(x) = \sqrt{\ln(x)}$

(k) $f(x) = (x - 3)^2 + \ln(x^4)$ (l) $f(x) = \ln(x^2 + x - 6)$

2.4 Klassische Mechanik

Dem Engländer Sir Isaac Newton (1643-1727) gelang es mit seiner nach ihm benannten Mechanik, eine unglaubliche Fülle verschiedenster Bewegungen auf einige wenige Prinzipien zurückzuführen. Für eine solche Theorie fehlten damals teilweise noch entsprechend leistungsfähige mathematische Begriffe und Methoden. Doch mit der Analysis, an deren Entwicklung er selbst beteiligt war, konnte er seine Theorie schließlich formulieren.

Übrigens steht die aktuelle Physik immer noch vor ähnlichen Problemen wie damals Newton. Seit etwa 100 Jahren sucht man zum Beispiel nach einer Theorie, mit der man alle vier (zur Zeit bekannten) physikalischen Grundkräfte beschreiben kann. Diese Theorie wird manchmal auch mit dem unpassenden Schlagwort „Weltformel" bezeichnet. Und auch heute scheint, wie damals bei Newton, ein Hauptproblem darin zu liegen, dass wir noch nicht über eine dafür geeignete Mathematik verfügen.

Im Folgenden soll anhand einiger Beispiele angedeutet werden, wie man mit Hilfe der Analysis viele Aussagen der klassischen Mechanik aus nur wenigen Grundprinzipien gewinnen kann. Uns fehlen zwar noch wichtige Teile der Analysis (vor allem Integrale, Differentialgleichungen und mehrdimensionale Analysis), aber für bestimmte Bewegungen reichen unsere Methoden bereits aus, um zum Beispiel Bewegungsgleichungen, Energien und Zentripetalkräfte herzuleiten, ja sogar um so zentrale Aussagen wie den Energie- und Impulserhaltungssatz für viele Kräfte zu beweisen.

Ausgangspunkt sind die Grundgrößen Zeit t, Ort x, Masse m und Kraft F. Sie werden in der Physik durch Angabe eines Messverfahrens (Uhr, Maßstab, Waage, Spiralfeder) innerhalb eines jeweiligen Bezugssystems definiert. Alle anderen mechanischen Größen werden auf diese Größen zurückgeführt.

Die eindimensionale Bewegung eines Körpers wird mit einer so genannten *Ortsfunktion*

$$x : \quad I \longrightarrow \mathbb{R}$$
$$t \longmapsto x(t)$$

beschrieben, wobei I ein Zeitintervall, t ein Zeitpunkt und $x(t)$ der Ort des Körpers zum Zeitpunkt t ist. Die Variable x wird in der Physik sowohl für einen einzelnen Ort als auch für eine ganze Ortsfunktion benutzt. Analoges gilt für andere physikalische Größen; zum Beispiel kann F für einen speziellen Wert einer Kraft stehen, aber auch für eine ganze Funktion, die jedem Ort x die dort wirkende Kraft $F(x)$ zuordnet. Die Existenz einer solchen *Kraftfunktion* bedeutet insbesondere, dass die im betrachteten physikalischen System wirkende Kraft nur vom Ort abhängt. Hängt eine Kraft zum Beispiel von t, x und v ab, so ordnet die zugehörige Kraftfunktion jedem Tripel (t, x, v) die Kraft $F(t, x, v)$ zu.

Sämtliche Funktionen dieses Abschnitts sollen hinreichend oft differenzierbar sein. Mit den oben angegebenen Grundgrößen und der uns inzwischen zur Verfügung stehenden Analysis können wir bereits viele weitere physikalische Größen definieren. Zum Beispiel:

Definition 2.4.1. Es sei I ein Zeitintervall, J ein Ortsintervall und

$$
\begin{array}{ccccccccc}
x & : & I & \longrightarrow & \mathbb{R} & \quad \text{bzw.} \quad & F & : & J & \longrightarrow & \mathbb{R} \\
& & t & \longmapsto & x(t) & & & & x & \longmapsto & F(x)
\end{array}
$$

eine Orts- bzw. Kraftfunktion. *Geschwindigkeit v*, *Impuls p* und *Beschleunigung a* sind dann definiert als Funktionen von I nach $\mathbb{R}$ mit $v = x'$, $p = mv$ und $a = v' = x''$, wobei m die Masse des betrachteten Körpers ist. Die Funktion $T : v \mapsto \frac{1}{2}mv^2$ heißt *kinetische Energie*. Ist $U : J \longrightarrow \mathbb{R}$ eine Stammfunktion von $-F$, das heißt $U' = -F$, so nennt man U auch ein *Potential* oder eine *potentielle Energie* des Systems. $\qquad\square$

Warum die Größen ausgerechnet so wie in 2.4.1 definiert werden, überlassen wir der Physik. Es soll hier nur die Bedeutung der Analysis für die Physik verdeutlicht werden. Übrigens kann man die kinetische Energie ebenfalls als eine Stammfunktion auffassen, nämlich als Stammfunktion der Impulsfunktion $v \mapsto mv$.

Beispiel 2.4.2. Wir betrachten eine vertikale Bewegung eines Körpers der Masse m in der Nähe der Erdoberfläche. Wenn die x-Achse „nach oben" orientiert ist, dann zeigt die Gewichtskraft F in die entgegengesetzte Richtung und ist praktisch konstant (bei geringem Höhenunterschied), das heißt es gilt $F(x) = -mg$ für alle $x \in J$, wobei J ein „kleines" Höhenintervall und g der Ortsfaktor ist. Dann ist $U(x) = mgx$ eine Stammfunktion von $-F$, also nach Definition 2.4.1 ein Potential. In diesem Fall schreibt man oft $U(h) = mgh$ und spricht von einer Höhenenergie.$\square$

Beispiel 2.4.3. Bei einer Spiralfeder gilt $F(x) = -Dx$, wobei D die Federhärte und x die Auslenkung aus der Ruhelage ist. Dann ist $U(x) = \frac{1}{2}Dx^2$ eine Stammfunktion von $-F$, also nach Definition 2.4.1 ein Potential. In diesem Fall spricht man von einer Spannenergie. $\qquad\square$

Wir leiten nun einige Aussagen der klassischen Mechanik her.

Lemma 2.4.4. Bewegungsgleichungen. *Es sei x, $v : I \longrightarrow \mathbb{R}$ die Orts- bzw. Geschwindigkeitsfunktion eines Körpers, der sich mit einer konstanten Beschleunigung a bewegt. Außerdem sei $x_0 := x(0)$ und $v_0 := v(0)$. Dann gilt für alle $t \in I$:*

$$
v(t) = at + v_0 \quad \text{und} \quad x(t) = \frac{1}{2}\, a\, t^2 + v_0 t + x_0 \quad .
$$

BEWEIS. $v(t)$ und $at + v_0$ unterscheiden sich nach Satz 2.3.7 höchstens um eine Konstante, da ihre Ableitungen gleich sind: Nach Definition ist $v'(t) = a$; außerdem ist auch $(at + v_0)' = a$. Da aber $v(t)$ und $at + v_0$ bei $t = 0$ gleich sind, sind sie auch insgesamt gleich.

$x(t)$ und $\frac{1}{2}at^2 + v_0 t + x_0$ unterscheiden sich nach Satz 2.3.7 höchstens um eine Konstante, da ihre Ableitungen gleich sind: Nach Definition ist $x'(t) = v(t)$; außerdem ist auch $(\frac{1}{2}at^2 + v_0 t + x_0)' = at + v_0 = v(t)$. Da beide Terme bei $t = 0$ aber gleich sind, sind sie auch insgesamt gleich. $\qquad\square$

Satz 2.4.5. Energieerhaltung. *Es sei I ein Zeitintervall, J ein Ortsintervall, $x : I \longrightarrow J$ eine Ortsfunktion und $F : J \longrightarrow \mathbb{R}$ eine (nur vom Ort abhängende) Kraftfunktion, die ein Potential U besitzt. Dann ist die Gesamtenergie*

$$
\begin{aligned}
E := T + U \; : \quad I &\longrightarrow \quad \mathbb{R} \\
t &\longmapsto \quad T(v(t)) + U(x(t))
\end{aligned}
$$

konstant.

Beweis. Nach der Kettenregel und Definition 2.4.1 gilt für alle $t \in I$

$$
\begin{aligned}
E'(t) &= T'(v(t)) \cdot v'(t) + U'(x(t)) \cdot x'(t) \\
&= m \, v(t) \, a(t) - F(x(t)) \, v(t) \\
&= \big(m \, a(t) - F(x(t)) \big) \cdot v(t) \quad .
\end{aligned}
$$

Nach dem zweiten Gesetz von Newton folgt damit $E'(t) = 0$ für alle $t \in I$, also ist E nach Lemma 2.3.6 konstant. $\qquad\square$

Übrigens: Mit dem Begriff des *Integrals* kann man zeigen, dass jedes stetige $F : J \longrightarrow \mathbb{R}$ ein Potential besitzt. Satz 2.4.5 gilt damit für sehr viele Kräfte.

Satz 2.4.6. Impulserhaltung. *Es sei I ein Zeitintervall, $p_1, p_2 : I \longrightarrow \mathbb{R}$ die Impulse zweier Körper der Massen m_1 bzw. m_2 und $F_1(t)$ bzw. $F_2(t)$ die Kraft zum Zeitpunkt $t \in I$, die der Körper 2 auf den Körper 1 ausübt bzw. umgekehrt. Wenn keine weiteren ("äußeren") Kräfte wirken, dann ist der Gesamtimpuls $p := p_1 + p_2$ zeitlich konstant.*

Beweis. Nach dem dritten Gesetz von Newton ist $F_2 = -F_1$, also folgt zusammen mit dem zweiten Gesetz von Newton

$$
\begin{aligned}
p'(t) &= p_1'(t) + p_2'(t) = m_1 \, v_1'(t) + m_2 \, v_2'(t) = m_1 \, a_1(t) + m_2 \, a_2(t) \\
&= F_1(t) + F_2(t) = F_1(t) - F_1(t) = 0 \quad .
\end{aligned}
$$

Damit ist p nach Lemma 2.3.6 konstant. $\qquad\square$

Aufgaben

1. Zeigen Sie: Der Impuls eines Körpers ist zeitlich konstant, wenn sein Potential *translationsinvariant* ist, d.h. wenn $U(x) = U(x + \tilde{x})$ für alle $x, \tilde{x} \in \mathbb{R}$ gilt.

2. Es sei $x : \mathbb{R} \longrightarrow \mathbb{R}$ die Ortsfunktion eines Federpendels. Zeigen Sie: Im Fall $x(0) = 0$ ist $x(t) = c \cdot \sin(d \cdot t)$ mit geeigneten $c, d \in \mathbb{R}$.

3. Ein Körper bewege sich auf einer Kreisbahn vom Radius r mit einer konstanten Winkelgeschwindigkeit ω. Stellen Sie die Ortsfunktionen für die x- und y-Koordinate des Körpers auf und leiten Sie seine Zentripetalbeschleunigung her. (Zerlegen Sie die Bewegung in x- und y-Richtung.)

2.5 Newton-Verfahren

Das Lösen von Gleichungen ist in Kapitel 1 der Anlass dafür, sich mit Grenzwert und Stetigkeit auseinanderzusetzen. Inzwischen steht uns der Begriff der Ableitung zur Verfügung. Dadurch erhalten wir Zugang zum *Newton-Verfahren*, das deutlich schneller und einfacher durchzuführen ist als die bisher verwendeten Intervallschachtelungen.

Die Grundidee lautet wie folgt: Die Schnittpunkte des Graphen von f mit der x-Achse liefern die Lösungen der Gleichung $f(x) = 0$. Wenn sich f in der Nähe eines Schnittpunktes a durch Tangenten annähern lässt, und wenn x_0 bereits in der Nähe von a liegt, dann sollte der Schnittpunkt der zugehörigen Tangente t mit der x-Achse eine gute Näherung für a liefern. Statt der schwierigen Gleichung $f(x) = 0$ löst man die einfache Gleichung $t(x) = 0$ und erhält eine Näherungslösung für $f(x) = 0$.

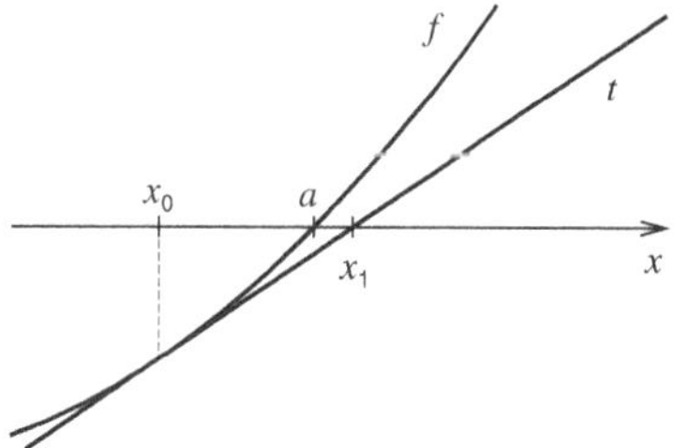

Abbildung 2.18: Newton-Verfahren

Beispiel 2.5.1. Wir lösen $f(x) := x^2 - 2 = 0$ mit dem Newton-Verfahren. (Natürlich kennen wir bereits die zugehörigen Lösungen; dieses Beispiel soll vor allem die Idee des Newton-Verfahrens verdeutlichen.) Die Funktion f ist differenzierbar mit Tangente

$$t(x) = f(x_0) + f'(x_0) \cdot (x - x_0)$$

an einer Stelle $x_0 \in \mathbb{R}$. Für „$x \approx x_0$" ist „$f(x) \approx t(x)$", also lösen wir statt $f(x) = 0$ jeweils $t(x) = 0$ und beginnen mit einer groben Näherung der Lösung $\sqrt{2}$, nämlich $1 \approx \sqrt{2}$:

Für $x_0 := 1$ ist $t(x) = f(1) + f'(1) \cdot (x - 1) = -1 + 2(x - 1) = 2x - 3$, also lösen wir $2x - 3 = 0$ nach x auf: $x = 1{,}5$. Die Zahl $1{,}5$ liegt bereits deutlich näher an der Lösung $\sqrt{2}$ als $x_0 = 1$, also wiederholen wir die gleiche Rechnung mit $x_1 := 1{,}5$ statt $x_0 = 1$:

Für $x_1 := 1{,}5$ ist $t(x) = f(1{,}5) + f'(1{,}5) \cdot (x - 1{,}5) = 0{,}25 + 3(x - 1{,}5) = 3x - 4{,}25$, also lösen wir $3x - 4{,}25 = 0$ nach x auf: $x = 1{,}41\overline{6}$. Die Zahl $1{,}41\overline{6}$ liegt deutlich näher an der Lösung $\sqrt{2}$ als $x_1 = 1{,}5$, also wiederholen wir die gleiche Rechnung mit $x_2 := 1{,}41\overline{6}$ statt $x_1 = 1{,}5$.

Allgemein: Die jeweils nächste Näherung x_{n+1} erhält man aus x_n durch Auflösen von $f(x_n) + f'(x_n) \cdot (x_{n+1} - x_n) = 0$ nach x_{n+1}:

$$x_{n+1} = x_n - \frac{f(x_n)}{f'(x_n)} = x_n - \frac{x_n^2 - 2}{2x_n} =: g(x_n) \ .$$

Damit wird eine Folge $(x_n)_n$ von Näherungswerten rekursiv definiert:

$$x_1 := g(1) = 1{,}5 \ , \quad x_2 := g(x_1) = 1{,}41\overline{6} \ , \quad x_3 := g(x_2) = 1{,}41421\ldots \ , \ \ldots \qquad \Box$$

Beispiel 2.5.2. Gesucht sind Lösungen von $f(x) = x^5 - 4x + 2 = 0$, vergleiche Beispiel 1.1.2. Wie im vorherigen Beispiel bilden wir

$$g(x) := x - \frac{f(x)}{f'(x)} = x - \frac{x^5 - 4x + 2}{5x^4 - 4}$$

und berechnen rekursiv, ausgehend von einem Startwert x_0, die Zahlen

$$x_1 := g(x_0) \ , \quad x_2 := g(x_1) \ , \quad x_3 := g(x_2) \ , \quad x_4 := g(x_3) \ , \ \ldots$$

Bei einem Taschenrechner mit Speicher-Variable „x" tippt man zum Beispiel (nach der zweiten Zeile eventuell nur noch „=" drücken)

```
0.5 → x                          0.5
x-(x^5-4x+2)/(5x^4-4) → x        0.5084745762...
x-(x^5-4x+2)/(5x^4-4) → x        0.5084994844...
x-(x^5-4x+2)/(5x^4-4) → x        0.5084994846...
x-(x^5-4x+2)/(5x^4-4) → x        0.5084994846...
```

Die Startwerte $x_0 = 1{,}5$ bzw. $x_0 = -1{,}5$ ergeben zwei weitere Näherungslösungen: $1{,}2435963905\ldots$ bzw. $-1{,}5185121527\ldots$ $\qquad \Box$

Beim Newton-Verfahren zur Lösung von $f(x) = 0$ wird also eine Folge von Näherungswerten rekursiv definiert:

$$x_{n+1} := g(x_n) \ \text{mit} \ g(x) := x - \frac{f(x)}{f'(x)} \ .$$

Damit besitzen wir ein einfaches und wirkungsvolles Verfahren zum Lösen vieler Gleichungen: Zunächst wird eine Gleichung auf die Form $f(x) = 0$ gebracht. Dann sucht man (zum Beispiel mit einer Wertetabelle) „günstige" Startwerte x_0, die „nahe" bei einer Lösung liegen, und berechnet rekursiv die Folge $(x_n)_n$.

Allerdings wissen wir noch nicht, unter welchen Voraussetzungen unser Verfahren funktioniert. Zum Beispiel könnte bei bestimmten Startwerten einer der Nenner $f'(x_n)$ gleich 0 werden. (Ein anderer Startwert führt dann eventuell zum Ziel – oder auch nicht.) Es gibt sogar Funktionen, bei denen fast kein Startwert zu einer Lösung führt, obwohl kein Nenner 0 ist. Dabei entsteht manchmal ein sehr interessantes chaotisches Verhalten:

Beispiel 2.5.3. Es sei $f(x) = \left| \frac{1}{x} - 1 \right|^s$ mit $s \in \mathbb{Q} \setminus \{0\}$. Dann ist

$$g(x) := x - \frac{f(x)}{f'(x)} = x + rx(1-x) \quad \text{für alle } x \in \mathbb{R} \setminus \{0\,;1\}\,,\ r := s^{-1}$$

(Übung!). Als Startwert wählen wir stets ein „$x_0 \approx 1$", zum Beispiel 0,9. Für $r = 1,5$ oder 1,9 konvergiert das Newton-Verfahren gegen 1, also gegen die Lösung von $f(x) = 0$. Doch für $r = 2,1$ konvergiert das Verfahren gegen einen *Zweierzyklus*, das heißt die entstehende Folge $(x_n)_{n\in\mathbb{N}}$ pendelt immer genauer zwischen $0{,}823\ldots$ und $1{,}128\ldots$. Für $r = 2,5$ konvergiert das Verfahren gegen einen Viererzyklus aus $0{,}535\ldots$, $1{,}157\ldots$, $0{,}701\ldots$ und $1{,}224\ldots$. Trägt man nach rechts die Konstante r und nach oben die jeweils entstehenden Zyklen an, so entsteht Abbildung 2.19. Das linke Bild wurde mit einem Programm im Bereich $r \in [\,1{,}9\,;3\,]$ gezeichnet.

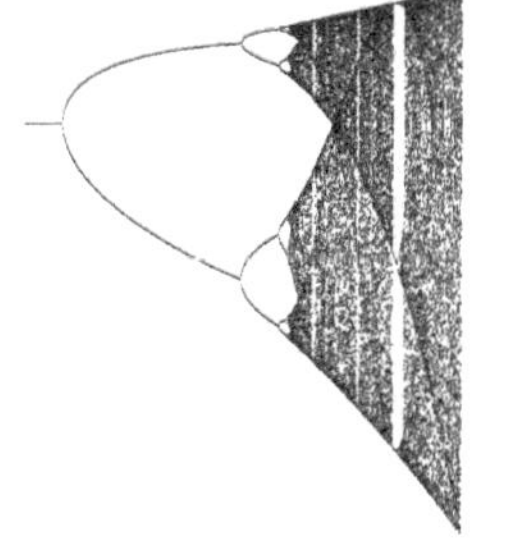
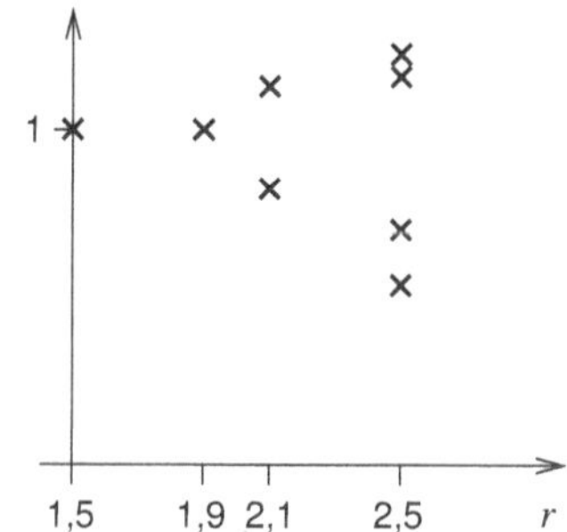

Abbildung 2.19: Verhulst-Prozess

Folgen $(x_n)_{n\in\mathbb{N}}$ mit $x_{n+1} = g(x_n)$ und $g(x) = x + rx(1-x) = (1 + r - rx)x$ sind auch unter dem Namen *Verhulst-Prozess* bekannt. Ein Wachstum mit konstanter Rate r wird durch $g(x) = (1+r)x$ beschrieben und führt zu einer exponentiellen Zunahme: $x_n = (1+r)^n \cdot x_0$. Doch jedes reale Wachstum ist letztlich beschränkt. 1845 formulierte P.F. Verhulst Gesetzmäßigkeiten, mit denen begrenzte Wachstums-Prozesse beschrieben werden können. Statt einer konstanten Wachstumsrate r verwendete er $r - rx$; dadurch wird ein Wachstum bei steigendem x wieder kleiner. Für $r < 2$ pendeln sich solche Prozesse auf den stabilen Wert 1 ein. Doch für $r > 2$ entstehen zunächst stabile Zyklen, die ab etwa $r = 2,57$ in Chaos übergehen. $\qquad\square$

Das Newton-Verfahren kann sich also chaotisch verhalten. Wir suchen daher nach Bedingungen, unter denen das Newton-Verfahren gegen Lösungen von Gleichungen konvergiert.

Im linken Teil von Abbildung 2.20 wurde $y = x$ und die Graphen von $g(x) = x + rx(1-x)$ für $r = 1$ und $r = 3$ gezeichnet. Die Zahl 1 ist ein *Fixpunkt* für alle $r \in \mathbb{R}$, das heißt für alle r ist $g(1) = 1$. Eine Folge $(x_n)_{n\in\mathbb{N}}$ mit $x_{n+1} = g(x_n)$ und Startwert $x_0 = 1$ ist also konstant 1. Ob eine Folge mit einem anderen Startwert „$x_0 \approx 1$" gegen 1 konvergiert hängt davon ab, „wie flach oder wie steil der Graph von g in der Nähe von 1 verläuft". Im rechten Teil von Abbildung 2.20 wurde ein

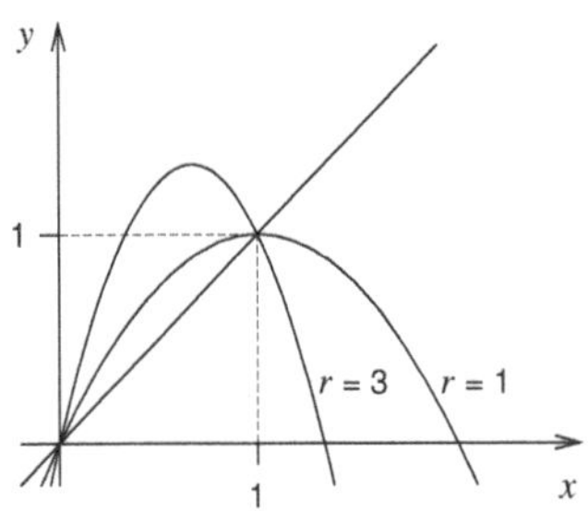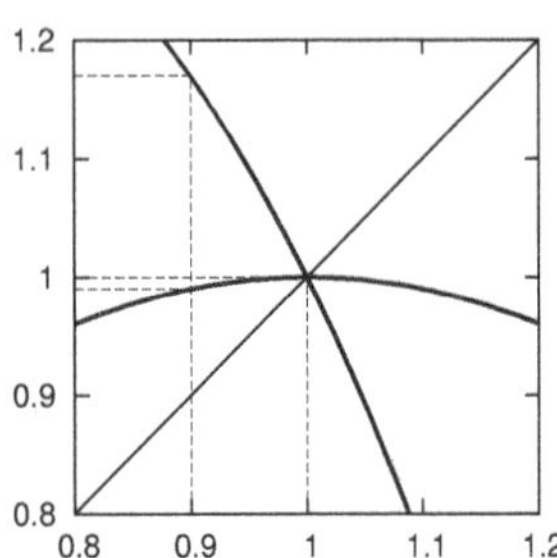

Abbildung 2.20: $g(x) = x + rx(1 - x)$

kleiner Ausschnitt des linken Bildes vergrößert. Man erkennt, dass für $r = 1$ der Abstand $|g(0{,}9) - 1|$ deutlich kleiner als $|0{,}9 - 1|$ ist. Setzt man $g(0{,}9)$ erneut in g ein, so wird der Abstand $|g(g(0{,}9)) - 1|$ so klein, dass er in der Zeichnung kaum mehr zu erkennen ist. Für $r = 1$ konvergiert daher jede Folge mit $x_{n+1} = g(x_n)$ und Startwert „$x_0 \approx 1$" gegen 1. Dieses Verhalten wird manchmal auch so formuliert: „Der Fixpunkt zieht alle Punkte seiner Umgebung an." Solche Fixpunkte heißen auch *Attraktoren*.

Für $r = 3$ ist der Abstand $|g(0{,}9) - 1|$ deutlich größer als $|0{,}9 - 1|$. Es nützt auch nichts, wenn der Startwert „sehr nahe" bei 1 liegt: Für $x_0 = 1 + 10^{-8}$ (Durchmesser eines H-Atoms: $10^{-8}cm$) ist $x_{23} = 0{,}91\dots$. „Der Fixpunkt 1 stößt alle Punkte seiner Umgebung ab."

Das folgende Lemma präzisiert und verallgemeinert unsere Überlegungen zu Attraktoren:

Lemma 2.5.4. *Es sei A ein offenes Intervall, $g : A \longrightarrow \mathbb{R}$ differenzierbar, g' stetig, $a \in A$ mit $g(a) = a$ und $g'(a) = 0$. Dann gibt es ein $\delta \in \mathbb{R}$, sodass jede Folge $(x_n)_{n \in \mathbb{N}}$ mit $x_{n+1} = g(x_n)$ und $x_0 \in \,]\, a - \delta \, ; a + \delta \, [$ gegen a konvergiert.*

BEWEIS. Wegen $g'(a) = 0$ und g' stetig gibt es ein $\delta > 0$ mit

$$|g'(x)| \le \frac{1}{2} \quad \text{für alle } \; x \in \,]\, a - \delta \, ; a + \delta \, [\, .$$

Außerdem gibt es für jedes $x \in \,]\, a - \delta \, ; a + \delta \, [\, \backslash \{a\}$ nach dem Mittelwertsatz ein b zwischen a und x mit

$$g'(b) = \frac{g(x) - g(a)}{x - a}\, .$$

Wegen $g(a) = a$ und $|g'(b)| \le \frac{1}{2}$ folgt für alle $x \in \,]\, a - \delta \, ; a + \delta \, [$

$$|g(x) - a| \le \frac{1}{2} \cdot |x - a|\, , \quad \text{insbesondere} \; \; g(x) \in \,]\, a - \delta \, ; a + \delta \, [\, .$$

Bei jedem Einsetzen in g wird der Abstand zu a also mindestens halbiert. Daher folgt induktiv $|x_n - a| \le 2^{-n}|x_0 - a| \to 0$. $\qquad\qquad\qquad\square$

Satz 2.5.5. Newton-Verfahren.
Es sei A ein offenes Intervall, $f : A \longrightarrow \mathbb{R}$ zweimal differenzierbar, f'' stetig und a eine Nullstelle von f mit $f'(a) \neq 0$. Dann gibt es ein $\overline{\delta} > 0$ mit $f'(x) \neq 0$ für alle $x \in \,]a - \overline{\delta}\,;a + \overline{\delta}[$. Setze

$$g(x) := x - \frac{f(x)}{f'(x)} \quad \text{für alle } x \in \,]a - \overline{\delta}\,;a + \overline{\delta}[\quad .$$

Dann gibt es ein $\delta \in \mathbb{R}$ mit $0 < \delta < \overline{\delta}$, sodass jede Folge $(x_n)_{n \in \mathbb{N}}$ mit $x_{n+1} = g(x_n)$ und $x_0 \in \,]\,a - \delta\,;a + \delta\,[$ gegen a konvergiert.

BEWEIS. f' ist differenzierbar, also auch stetig; aus $f'(a) \neq 0$ folgt damit die Behauptung für $\overline{\delta}$. Wegen

$$g'(x) = 1 - \frac{(f'(x))^2 - f(x)f''(x)}{(f'(x))^2} = \frac{f(x)f''(x)}{(f'(x))^2}$$

und $f(a) = 0$ ist $g'(a) = 0$ und $g(a) = a$. Außerdem ist g' stetig, da f'' stetig. Damit erfüllt g alle Voraussetzungen von Lemma 2.5.4. $\hfill \square$

Aufgaben

1. Berechnen Sie mit dem Newton-Verfahren jeweils näherungsweise alle Lösungen mit der Genauigkeit Ihres Taschenrechners:

   (a) $\frac{1}{2}x^2 - 2x + 1 = 0$ $\qquad$ (b) $2x^2 - 3x - 1 = 0$

   (c) $\frac{1}{2}x^2 - 2x + 3 = 0$ $\qquad$ (d) $2x^2 - 3x + 2 = 0$

   (e) $x^3 - 2x = \frac{1}{2}$ $\qquad$ (f) $x^4 - 3x^3 = -1$

   (g) $\dfrac{x^2 - 1}{x^2 + 9} = x + 2$ $\qquad$ (h) $\dfrac{x}{x^2 + 1} = x^2 - 1$

   (i) $\frac{1}{5}x = \cos(x)$ $\qquad$ (j) $\sin(4x) = 1 - x^2$

2. Zeigen Sie $g(x) = x + rx(1 - x)$ in Beispiel 2.5.3.

3. Berechnen Sie die Zyklen in Beispiel 2.5.3 für $r \in \{1{,}9\,;1{,}95\,;\ldots\,;2{,}55\}$ und zeichnen sie das zugehörige Diagramm (Abbildung 2.19).

4. Vereinfachen Sie zunächst $x - f(x)/f'(x)$. Warum konvergiert das Newton-Verfahren nicht? Welche Voraussetzungen von Satz 2.5.5 sind nicht erfüllt?

   (a) $f(x) = |x - 1|^{\frac{1}{3}}$ $\qquad\qquad$ (b) $f(x) = |x^2 - 2|^{\frac{1}{5}}$

2.6   Über die Sprache der Ringe

In diesem Abschnitt geht es darum, noch einmal über das bisher Erreichte nachzudenken. Dabei sollen vier Dinge erreicht werden: Ein Einblick in die Gemeinsamkeit vieler Begriffe und Ideen, die zunächst sehr verschieden erscheinen; ein besserer Überblick über den inneren Aufbau der Analysis; ein Verständnis für den großen Vorteil, den abstrakte Begriffe wie *Gruppe*, *Ring* oder *Homomorphismus* besitzen; und schließlich eine erste Antwort auf die grundsätzliche Frage, ob auch noch eine „ganz andere Analysis" denkbar ist. Wer es eilig hat, oder wem die folgenden Überlegungen zu abstrakt sind, kann den vorliegenden Abschnitt auch überschlagen: Kapitel 3 ist unabhängig von Abschnitt 2.6 (bis auf einige Begriffe, die man aber nachschlagen kann).

Wahrscheinlich ist Ihnen, lieber Leser, bereits aufgefallen, dass wir bei verschiedenen Themen immer wieder Vorgehensweisen und Argumente benutzt haben, die in ihrer logischen Struktur sehr ähnlich, ja geradezu identisch waren. Zum Beispiel haben wir uns jeweils mit der gleichen Methode möglichst viele konvergente Folgen, stetige Funktionen und differenzierbare Funktionen verschafft: Nach einigen Beispielen wurde gezeigt, dass Summe und Produkt zweier Objekte einer bestimmten Art (etwa zwei stetige Funktionen) wieder ein Objekt von der gleichen Art ergeben (wieder eine stetige Funktion); dadurch stand uns sehr schnell eine große Fülle von Objekten einer bestimmten Art zur Verfügung.

„Objekte einer bestimmten Art" fasst man zu einer Menge M zusammen; und Addition und Multiplikation sind Beispiele für *Verknüpfungen* auf einer Menge M:

Definition 2.6.1. Es sei M eine Menge. Dann ist $M \times M$ die Menge aller Paare (a, b) mit $a, b \in M$. Eine *Verknüpfung auf M* ist eine Funktion $*$, die jedem Paar $(a, b) \in M \times M$ ein Element $a * b \in M$ zuordnet:

$$* : M \times M \longrightarrow M \, , \, (a, b) \longmapsto a * b \, . \qquad \square$$

Wir kennen bereits viele Verknüpfungen (siehe auch Aufgaben):

Beispiel 2.6.2. 1. Die Addition natürlicher Zahlen:

$$+ : \mathbb{N} \times \mathbb{N} \longrightarrow \mathbb{N} \, , \, (a, b) \longmapsto a + b \, .$$

Die Subtraktion liefert eine Verknüpfung auf $\mathbb{Z}$, aber nicht auf $\mathbb{N}$, da zum Beispiel 3 und 5 in $\mathbb{N}$ liegen, aber $3 - 5 \notin \mathbb{N}$.

2. Die Menge aller Funktionen $f : D \longrightarrow \mathbb{R}$ bezeichnen wir mit $\mathbb{R}^D$. In 1.5.6 wurde die Addition zweier Funktionen definiert, das heißt eine Verknüpfung

$$+ : \mathbb{R}^D \times \mathbb{R}^D \longrightarrow \mathbb{R}^D \, , \, (f, g) \longmapsto f + g \, .$$

Im Fall $D = \mathbb{N}$ ist $\mathbb{R}^D$ die Menge aller Folgen $f = (f_1, f_2, f_3, \ldots)$ (siehe Definition 1.2.1); die Addition von Folgen ist ein Spezialfall der Addition von Funktionen (vergleiche 1.2.6 mit 1.5.6). Im Fall $D = \{1; 2; 3\}$ benutzt man für $f \in \mathbb{R}^D$ auch die Schreibweise $f = (f_1, f_2, f_3)$ mit $f_i = f(i) \in \mathbb{R}$ für $i \in D$; die Elemente von $\mathbb{R}^D$

heißen *Tripel*; statt $\mathbb{R}^{\{1;2;3\}}$ schreibt man auch $\mathbb{R}^3$; die Addition von Vektoren im $\mathbb{R}^3$ ist damit ebenfalls ein Spezialfall der Addition von Funktionen.

Die Division ist keine Verknüpfung auf $\mathbb{R}^D$ (wobei $D \neq \{\}$), da $\frac{f}{g}$ keine Funktion mit Definitionsmenge D ist, wenn g Nullstellen besitzt.

3. Die Verkettung von Funktionen (1.5.9) definiert eine Verknüpfung auf $\mathbb{R}^{\mathbb{R}}$:

$$\circ : \mathbb{R}^{\mathbb{R}} \times \mathbb{R}^{\mathbb{R}} \longrightarrow \mathbb{R}^{\mathbb{R}} \, , \, (f,g) \longmapsto f \circ g \, .$$

Für $\{\} \neq D \neq \mathbb{R}$ definiert $\circ$ keine Verknüpfung auf $\mathbb{R}^D$, da $f \circ g$ für $f, g \in \mathbb{R}^D$ nicht definiert ist, wenn es ein $x \in D$ mit $g(x) \notin D$ gibt. $\qquad\square$

Bei den Rechenregeln für Verknüpfungen gibt es zahlreiche Gemeinsamkeiten. Zum Beispiel gibt es ein Assoziativgesetz der Addition von reellen Zahlen, ein Assoziativgesetz der Multiplikation von Folgen, ein Assoziativgesetz der Verkettung von Funktionen und viele weitere Assoziativgesetze; die Formulierungen dieser Assoziativgesetze unterscheiden sich nur durch die verwendeten Rechenzeichen und durch die Mengen, deren Elemente verknüpft werden. Das gilt auch für Kommutativgesetze und für viele weitere Regeln.

Definition 2.6.3. Es sei $*$ eine Verknüpfung auf einer Menge M.
$*$ heißt *assoziativ*, wenn $(a * b) * c = a * (b * c)$ für alle $a, b, c \in M$.
$*$ heißt *kommutativ*, wenn $a * b = b * a$ für alle $a, b \in M$.
$n \in M$ heißt *neutral*, wenn $n * a = a = a * n$ für alle $a \in M$.
Ist $n \in M$ neutral, $a, b \in M$ mit $a * b = n = b * a$, dann heißt b *invers zu a*.
Es sei $\diamond$ ebenfalls eine Verknüpfung auf M. Das Paar $(*, \diamond)$ heißt *distributiv*, wenn $(a * b) \diamond c = a \diamond c + a \diamond c$ und $a \diamond (b * c) = a \diamond b * a \diamond c$ für alle $a, b, c \in M$. $\qquad\sqcup$

Im Axiomensystem der reellen Zahlen haben wir bei „neutral" und „invers" nur $a * n = a$ und $a * b = n$ gefordert, weil dort auch das Kommutativgesetz zur Verfügung steht. Doch bei einer nicht-kommutativen Verknüpfung, wie etwa der Subtraktion in $\mathbb{Z}$, kann folgendes geschehen: Die 0 ist „rechts-neutral", d.h. $a - 0 = a$, aber nicht „links-neutral", d.h. $0 - a \neq a$.

Beispiel 2.6.4. Die Verknüpfung $+ : \mathbb{Z} \times \mathbb{Z} \longrightarrow \mathbb{Z}$ ist assoziativ und kommutativ; 0 ist das (einzige) neutrale Element, und zu jedem $x \in \mathbb{Z}$ gibt es genau ein inverses Element, nämlich $-x$.

Die Verknüpfung $\cdot : \mathbb{Z} \times \mathbb{Z} \longrightarrow \mathbb{Z}$ ist assoziativ und kommutativ; 1 ist das (einzige) neutrale Element; 1 und -1 sind die einzigen Zahlen, zu denen es (in $\mathbb{Z}$ bezüglich „$\cdot$") ein inverses Element gibt; das Paar $(+, \cdot)$ ist distributiv.

Der Verknüpfung $- : \mathbb{Z} \times \mathbb{Z} \longrightarrow \mathbb{Z}$ mangelt es an guten Eigenschaften: Sie ist weder assoziativ noch kommutativ, da z.B. $(5 - 3) - 1 \neq 5 - (3 - 1)$ und $5 - 3 \neq 3 - 5$; es gibt kein neutrales Element, da für $a - n = a$ nur $n = 0$ in Frage kommt, aber $0 - a \neq a$ für alle $a \neq 0$; da es kein neutrales Element gibt, ist die Rede von inversen Elementen sinnlos; und überhaupt ist die Verknüpfung „$-$" überflüssig, da sie wegen $a - b = a + (-b)$ durch die Addition inverser Elemente ersetzt werden kann. Zur Ehrenrettung von „$-$" sei gesagt, dass immerhin $(-, \cdot)$ distributiv ist.

Die Division ist keine Verknüpfung auf $\mathbb{Z}$, da z.B. $3 : 5 \notin \mathbb{Z}$. $\qquad\square$

Beispiel 2.6.5. Aus den Rechenregeln für $\mathbb{R}$ ergeben sich Rechenregeln für die Menge $\mathbb{R}^D$ aller Funktionen $f : D \longrightarrow \mathbb{R}$:
Die Verknüpfung $+ : \mathbb{R}^D \times \mathbb{R}^D \longrightarrow \mathbb{R}^D$, $(f,g) \longmapsto f+g$ ist kommutativ: Für alle $f, g \in \mathbb{R}^D$ gilt $f+g = g+f$, da nach dem Kommutativgesetz der Addition reeller Zahlen $f(x) + g(x) = g(x) + f(x)$ für alle $x \in D$ gilt (die Werte $f(x)$ und $g(x)$ sind reelle Zahlen!). Analog folgt: $+$ ist assoziativ; die konstante Funktion $n \in \mathbb{R}^D$ mit Wert 0 ist das (einzige) neutrale Element, und zu jedem $f \in \mathbb{R}^D$ gibt es genau ein inverses Element $-f$.
Die Verknüpfung $\cdot : \mathbb{R}^D \times \mathbb{R}^D \longrightarrow \mathbb{R}^D$, $(f,g) \longmapsto f \cdot g$ ist assoziativ und kommutativ; die konstante Funktion $\nu \in \mathbb{R}^D$ mit Wert 1 ist das (einzige) neutrale Element; zu $f \in \mathbb{R}^D$ gibt es genau dann das inverse Element $\frac{1}{f}$, wenn f keine Nullstelle besitzt; das Paar $(+, \cdot)$ ist distributiv.
Die Verknüpfung $- : \mathbb{R}^D \times \mathbb{R}^D \longrightarrow \mathbb{R}^D$, $(f,g) \longmapsto f-g$ ersetzen wir aufgrund schlechter Erfahrungen lieber gleich durch die Addition $f + (-g)$.
Die Division ist keine Verknüpfung auf $\mathbb{R}^D$; und sollte $\frac{f}{g}$ doch einmal in ganz D definiert sein, dann kann man die Division durch die Multiplikation mit dem Inversen ersetzen: $\frac{f}{g} = f \cdot \frac{1}{g}$. $\square$

Es wäre recht mühsam, wenn man bei jeder Verknüpfung immer alle Rechenregeln einzeln aufzählen müsste. Bestimmte Regeln treten ohnehin oft gemeinsam auf, also fasst man sie unter Begriffen wie *Gruppe, Ring* oder *Körper* zusammen:

Definition 2.6.6. Eine Gruppe ist ein Paar $(G, *)$, wobei G eine Menge und $*$ eine Verknüpfung auf G ist, sodass gilt:

1. $*$ ist assoziativ.

2. Es gibt ein neutrales Element.

3. Zu jedem $g \in G$ gibt es ein inverses Element.

Ist $*$ außerdem kommutativ, dann heißt $(G, *)$ *abelsch*. $\square$

Nach 2.6.4 und 2.6.5 sind $(\mathbb{Z}, +)$ und $(\mathbb{R}^D, +)$ abelsche Gruppen, $(\mathbb{Z}, \cdot)$ und $(\mathbb{R}^D, \cdot)$ sind keine Gruppen.

Definition 2.6.7. Ein Ring ist ein Tripel $(R, *, \diamond)$, wobei R eine Menge und $*, \diamond$ Verknüpfungen auf R sind, sodass gilt:

1. $(R, *)$ ist eine abelsche Gruppe.

2. $(*, \diamond)$ ist distributiv.

3. $\diamond$ ist assoziativ.

4. Es gibt ein neutrales Element bezüglich $\diamond$.

Ist $\diamond$ außerdem kommutativ, dann heißt $(R, *, \diamond)$ *kommutativ*. $\square$

Die Aussagen von 2.6.4 und 2.6.5 lauten damit kurz und bündig: $(\mathbb{Z}, +, \cdot)$ und $(\mathbb{R}^D, +, \cdot)$ sind kommutative Ringe.

Definition 2.6.8. Es sei $(R, *, \diamond)$ ein kommutativer Ring, n neutral bzgl. „$*$" und e neutral bzgl. „$\diamond$". Wenn $e \neq n$ und jedes $r \in R \setminus \{n\}$ ein inverses Element bzgl. „$\diamond$" besitzt, dann heißt $(R, *, \diamond)$ *Körper*. $\square$

Zum Beispiel sind $(\mathbb{Q}, +, \cdot)$ und $(\mathbb{R}, +, \cdot)$ Körper (siehe Körperaxiome für $\mathbb{R}$ in Abschnitt 1.3). Die nahe Verwandtschaft zwischen $(\mathbb{R}, +, \cdot)$ und allgemeinen Ringen führt dazu, dass man gewohnte Schreibweisen von $\mathbb{R}$ auf allgemeine Ringe überträgt: Statt „$*$" und „$\diamond$" in $(R, *, \diamond)$ schreibt man oft wieder „$+$" und „$\cdot$", und für die neutralen Elemente bzgl. „$+$" und „$\cdot$" verwendet man die Zeichen „0" und „1"; für inverse Elemente bzgl. „$+$" bzw. „$\cdot$" schreibt man „$-x$" bzw. „x^{-1}".

Da es viele Ringe gibt, kann man mit ihnen viele verschiedene Situationen vergleichen, zusammenfassen und vereinheitlichen, was auch eine Menge Arbeit sparen kann: Alle Aussagen, die man allgemein für Ringe gezeigt hat, stehen sofort zur Verfügung sobald man weiß, dass ein gegebenes Objekt ein Ring ist. Zum Beispiel gelten Regeln wie $x \cdot 0 = 0$, $x \cdot (-1) = -x$ oder $(-1) \cdot (-1) = 1$ in allen Ringen:

Beispiel 2.6.9. Es sei $(R, +, \cdot)$ ein Ring. In 1.3.2 bis 1.3.5 wird nur benutzt, dass $(\mathbb{R}, +)$ eine kommutative Gruppe ist; da $(R, +)$ ebenfalls eine kommutative Gruppe ist, kann man die Aussagen und Beweise in 1.3.2 bis 1.3.5 wörtlich abschreiben, wenn man $\mathbb{R}$ durch R ersetzt:

$$\exists_1\, n \in R\; \forall x \in R : x + n = x\,.$$
$$\forall x \in R\; \exists_1\, y \in R : x + y = 0\,.$$
$$\forall a, b \in R\; \exists_1\, x \in R : a + x = b\,.$$
$$\forall x \in R\; : -(-x) = x\,.$$

Man gehe die in 1.3.2 bis 1.3.5 formulierten Beweise ruhig noch einmal durch: Es werden nur Eigenschaften benutzt, die in jedem Ring zur Verfügung stehen.

Beispiel 1.3.6 kann man nicht auf alle Ringe übertragen, da inverse Elemente bzgl. „$\cdot$" und das Kommutativgesetz für „$\cdot$" verwendet werden. Doch immerhin ist das neutrale Element bzgl. „$\cdot$" stets eindeutig bestimmt: Es seien e und $\tilde{e}$ neutral, d.h. $\forall x \in R : e \cdot x = x \cdot e = x = \tilde{e} \cdot x = x \cdot \tilde{e}$. Dann folgt

$$\begin{aligned} \tilde{e} &= \tilde{e} \cdot e \qquad &\text{(da } e \text{ neutral)} \\ &= e \qquad &\text{(da } \tilde{e} \text{ neutral)}\,. \end{aligned}$$

Die Beweise für $x \cdot 0 = 0$, $x \cdot (-1) = -x$ und $(-1) \cdot (-1) = 1$ in 1.3.7 und 1.3.8 kann man wieder abschreiben; und $(-x) \cdot (-y) = x \cdot y$ kann mit einer kleinen Änderung ebenfalls bewiesen werden. (Hinweis: Man kann zeigen, dass $(-1) \cdot y = y \cdot (-1)$ für alle $y \in R$ gilt. Übung!) $\square$

Viele Ringe entstehen dadurch, dass man eine geeignete Teilmenge eines bereits gegebenen Rings wählt.

Definition 2.6.10. Es sei $(R, +, \cdot)$ ein Ring und $T \subseteq R$ mit

    1. $x, y \in T \implies x + y, \, x \cdot y \in T$;

    2. $1 \in T$ und $-1 \in T$.

Dann heißt $(T, +, \cdot)$ *Teilring* von $(R, +, \cdot)$.   □

Strenggenommen müssten wir für „+" und „ $\cdot$ " in $(T, +, \cdot)$ andere Zeichen verwenden, wie etwa „$+_T$" und „ $\cdot_T$ ", da es sich dabei um Verknüpfungen mit einer anderen Definitions- und Zielmenge handelt: $+ : R \times R \to R$, aber $+_T : T \times T \to T$. Doch letztlich rechnet man in der Teilmenge T genauso wie in R, das heißt für $x, y \in T$ ist $x +_T y = x + y$, also schreiben wir statt „$+_T$" wieder „+". (In $\mathbb{R}$ und $\mathbb{Q} \subseteq \mathbb{R}$ verwendet man auch keine verschiedenen Rechenzeichen.)

In Definition 2.6.10 trägt $(T, +, \cdot)$ zurecht den Namen „Teil-*Ring*":

Lemma 2.6.11. *Jeder Teilring ist selbst wieder ein Ring.*

BEWEIS. Es sei $(T, +, \cdot)$ ein Teilring von $(R, +, \cdot)$.
Nach Voraussetzung definieren die Verknüpfungen „+" und „ $\cdot$ " auf R auch Verknüpfungen auf T.
Assoziativ-, Kommutativ- und Distributivgesetze übertragen sich sofort von R auf T: Zum Beispiel gilt $x + y = y + x$ für alle $x, y \in R$, also insbesondere auch für alle $x, y \in T \subseteq R$.
T enthält das neutrale Element 0, da $0 = 1 + (-1) \in T$ nach Voraussetung.
Mit jedem $x \in T$ ist auch das Inverse $-x \in T$, da $-x = (-1) \cdot x \in T$ nach 2.6.9 und Voraussetzung.
T enthält nach Voraussetzung das neutrale Element 1.
Damit sind alle notwendigen Eigenschaften eines Rings nachgewiesen.   □

Jetzt erkennt man, dass in verschiedenen Abschnitten dieses Buches an jeweils entscheidenden Stellen eigentlich immer wieder das Gleiche geschieht: Es wird gezeigt, dass ein Teilring von $(\mathbb{R}^D, +, \cdot)$ vorliegt:

Beispiel 2.6.12. Es sei $\mathcal{K} := \{ (x_n)_n \in \mathbb{R}^{\mathbb{N}} \mid (x_n)_n \text{ konvergiert} \}$. Nach 1.4.5 gilt

$$(x_n)_n, \, (y_n)_n \in \mathcal{K} \implies (x_n)_n + (y_n)_n, \, (x_n)_n \cdot (y_n)_n \in \mathcal{K}.$$

Die „1" in $\mathbb{R}^{\mathbb{N}}$, das heißt das neutrale Element bzgl. „ $\cdot$ ", ist die konstante Folge $(1)_n$; außerdem ist $-(1)_n = (-1)_n$ und $(1)_n, (-1)_n \in \mathcal{K}$. Nach Definition 2.6.10 ist also $(\mathcal{K}, +, \cdot)$ ein Teilring von $(\mathbb{R}^{\mathbb{N}}, +, \cdot)$.

Der Ring $(\mathcal{K}, +, \cdot)$ ist sogar kommutativ, aber kein Körper, da zum Beispiel $\left(\frac{1}{n}\right)_n \in \mathcal{K}$, aber das Inverse $\left(\frac{1}{n}\right)_n^{-1} = (n)_n$ liegt nicht in $\mathcal{K}$. Immerhin hat nach Satz 1.4.6 jedes $(x_n)_n \in \mathcal{K}$ ein Inverses $(x_n)_n^{-1} \in \mathcal{K}$, wenn $x_n \neq 0$ für alle $n \in \mathbb{N}$ und $(x_n)_n \to a \neq 0$.

Mit diesen Ring-Eigenschaften werden in Abschnitt 1.4 die meisten Folgen auf Konvergenz untersucht (Beispiel 1.4.7 und zugehörige Aufgaben).   □

Das gleiche Schema wird für Stetigkeit und Differenzierbarkeit benutzt:

Beispiel 2.6.13. Es sei $a \in D \subseteq \mathbb{R}$ und $\mathcal{C}_a(D) := \{f \in \mathbb{R}^D \mid f$ stetig bei $a\}$. Nach Satz 1.5.7 gilt

$$f, g \in \mathcal{C}_a(D) \quad \Longrightarrow \quad f + g, \, f \cdot g \in \mathcal{C}_a(D) \,.$$

Die „1" in $\mathbb{R}^D$ ist die konstante Funktion mit Funktionswert $1 \in \mathbb{R}$. Aus der Definition der Stetigkeit folgt sofort, dass alle konstanten Funktionen stetig sind, also insbesondere $1, -1 \in \mathcal{C}_a(D)$. Damit ist $(\mathcal{C}_a(D), +, \cdot)$ ein Teilring von $(\mathbb{R}^D, +, \cdot)$. Daraus folgt zusammen mit der Stetigkeit von $id : x \mapsto x$, dass alle Polynomfunktionen stetig sind.

Der Ring $(\mathcal{C}_a(D), +, \cdot)$ ist kommutativ, aber kein Körper, da zum Beispiel $id \in \mathcal{C}_0(D)$, aber $\frac{1}{id} \notin \mathcal{C}_0(D)$, da $\frac{1}{id}$ bei 0 nicht definiert ist. Immerhin hat nach Satz 1.5.7 jedes $f \in \mathcal{C}_a(D)$ ein Inverses $\frac{1}{f} \in \mathcal{C}_a(D)$, wenn $f(x) \neq 0$ für alle $x \in D$. Damit folgt, dass alle rationalen Funktionen stetig sind. $\square$

Beispiel 2.6.14. Es sei $a \in D \subseteq \mathbb{R}$, wobei es ein $\delta > 0$ geben soll, sodass die Schnittmenge $]a - \delta\,;a + \delta[\cap D$ ein Intervall mit mehr als einem Punkt ist. Setze $\mathcal{D}_a(D) := \{f \in \mathbb{R}^D \mid f$ differenzierbar bei $a\}$. Nach Satz 2.2.1 gilt

$$f, g \in \mathcal{D}_a(D) \quad \Longrightarrow \quad f + g, \, f \cdot g \in \mathcal{D}_a(D) \,.$$

Die „1" in $\mathbb{R}^D$ ist die konstante Funktion mit Funktionswert $1 \in \mathbb{R}$. Aus der Definition der Differenzierbarkeit folgt sofort, dass alle konstanten Funktionen differenzierbar sind, also insbesondere $1, -1 \in \mathcal{D}_a(D)$. Damit ist $(\mathcal{D}_a(D), +, \cdot)$ ein Teilring von $(\mathbb{R}^D, +, \cdot)$. Daraus folgt zusammen mit der Differenzierbarkeit von $id : x \mapsto x$ (2.1.10), dass alle Polynomfunktionen differenzierbar sind.

Der Ring $(\mathcal{D}_a(D), +, \cdot)$ ist kommutativ, aber kein Körper, da zum Beispiel $id \in \mathcal{D}_0(D)$, aber $\frac{1}{id} \notin \mathcal{D}_0(D)$, da $\frac{1}{id}$ bei 0 nicht definiert ist. Immerhin hat nach der Quotientenregel 2.2.7 jedes $f \in \mathcal{D}_a(D)$ ein Inverses $\frac{1}{f} \in \mathcal{D}_a(D)$, wenn $f(x) \neq 0$ für alle $x \in D$. Damit folgt, dass alle rationalen Funktionen differenzierbar sind. $\square$

Mit der Sprache der Ringe kann man auch Gemeinsamkeiten zwischen Mengen erkennen, die auf den ersten Blick scheinbar nichts miteinander zu tun haben. Betrachten wir zum Beispiel die Menge aller ganzzahligen Vielfachen von 7, und die Menge aller Funktionen f, die an einer Stelle a differenzierbar sind, wobei $f(a) = 0$:

$$7\mathbb{Z} := \{7k \mid k \in \mathbb{Z}\} \quad \text{und} \quad \mathcal{D}_{a,0}(D) := \{f \in \mathcal{D}_a(D) \mid f(a) = 0\} \,.$$

Beides sind Teilmengen von kommutativen Ringen, nämlich von $\mathbb{Z}$ bzw. von $\mathcal{D}_a(D)$; sie sind selbst keine Ringe, da jeweils das neutrale Element bzgl. „$\cdot$" fehlt. Die bemerkenswerteste Gemeinsamkeit besteht aber darin, dass $7\mathbb{Z}$ und $\mathcal{D}_{a,0}(D)$ „Vielfachen-Mengen" sind: Nach Definition 2.1.3 ist eine Funktion $f : D \longrightarrow \mathbb{R}$ genau dann ein Element von $\mathcal{D}_{a,0}(D)$, wenn es eine bei 0 stetige Funktion r gibt mit

$$f(a + h) = r(h) \cdot h \quad \text{bzw.} \quad f(x) = r(x - a) \cdot (x - a)$$

für $x = a + h \in D$. Die Funktion $r : h \longmapsto r(h)$ ist genau dann bei 0 stetig, wenn $s : x \longmapsto s(x) := r(x - a)$ bei a stetig ist. Somit:

$$\mathcal{D}_{a,0}(D) = \{(x - a) \cdot s \mid s \in \mathcal{C}_a(D)\} \, ,$$

wobei „$(x - a) \cdot s$" die Funktion $D \longrightarrow \mathbb{R}$, $x \longmapsto (x - a) \cdot s(x)$ bezeichnet.

Die Gemeinsamkeit von $\mathbb{Z}$ und $\mathcal{D}_{a,0}(D)$ können wir also so formulieren: $7\mathbb{Z}$ ist die Menge aller Vielfachen von 7 im kommutativen Ring $\mathbb{Z}$; $\mathcal{D}_{a,0}(D)$ ist die Menge aller Vielfachen von $(x - a)$ im kommutativen Ring $\mathcal{C}_a(D)$. Dadurch wird auch die Beziehung zwischen „differenzierbar" und „stetig" noch einmal verdeutlicht: Die bei a differenzierbaren Funktionen f sind genau die bei a stetigen Vielfachen von $(x - a)$, wenn $f(a) = 0$. (Im Fall $f(a) \neq 0$ wird noch eine Konstante addiert.)

Jetzt kann man auch Argumente, die bereits von den ganzen Zahlen her bekannt sind, auf differenzierbare Funktionen übertragen:

Beispiel 2.6.15. Es sei $f(x) = \cos(x)$ und $g(x) = \frac{1}{2} + \left|x - \frac{\pi}{2}\right|$. Ist $f \cdot g$ bei $a = \frac{\pi}{2}$ differenzierbar? Unsere Ableitungsregeln sind nicht anwendbar, da g bei $\frac{\pi}{2}$ nicht

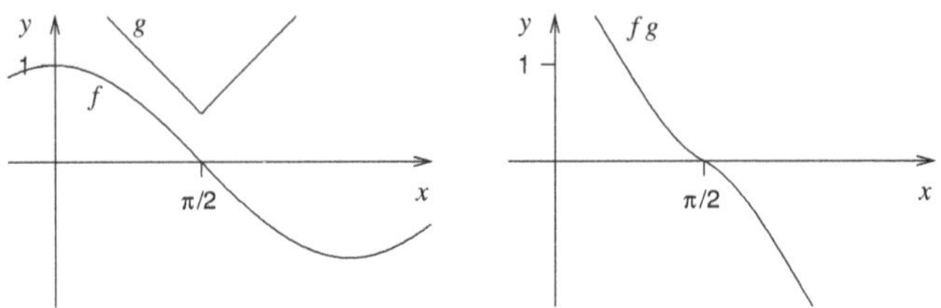

Abbildung 2.21: Produkt aus „differenzierbar" und „stetig" in 2.6.15

differenzierbar ist. Ein Vergleich von $\mathcal{D}_{a,0}(D) \subseteq \mathcal{C}_a(D)$ mit $7\mathbb{Z} \subseteq \mathbb{Z}$ hilft weiter, da aus analogen Gründen gilt:

$$i \in 7\mathbb{Z} \text{ und } r \in \mathbb{Z} \implies i \cdot r \in 7\mathbb{Z} \, ,$$
$$f \in \mathcal{D}_{a,0}(D) \text{ und } g \in \mathcal{C}_a(D) \implies f \cdot g \in \mathcal{D}_{a,0}(D) \, .$$

Beweis: $i \in 7\mathbb{Z}$ bedeutet, dass es ein $k \in \mathbb{Z}$ gibt mit $i = 7 \cdot k$, also $i \cdot r = 7 \cdot (k \cdot r) \in 7\mathbb{Z}$, da $k \cdot r \in \mathbb{Z}$. Analog:
$f \in \mathcal{D}_{a,0}(D)$ bedeutet, dass es ein $s \in \mathcal{C}_a(D)$ gibt mit $f = (x - a) \cdot s$, also ist $f \cdot g = (x - a) \cdot (s \cdot g) \in \mathcal{D}_{a,0}(D)$, da $s \cdot g \in \mathcal{C}_a(D)$. $\qquad\qquad$ □

Die Überlegungen dieses Beispiels kann man verallgemeinern:

Definition 2.6.16. Es sei $(R, +, \cdot)$ ein kommutativer Ring und $I \subseteq R$ mit

1. $(I, +)$ ist eine Gruppe;

2. $i \in I$ und $r \in R \implies i \cdot r \in I$.

Dann nennen wir I ein *Ideal von R*. $\qquad\qquad$ □

Hinter Beispiel 2.6.15 steckt der folgende allgemeine Zusammenhang:

Lemma 2.6.17. *Es sei* $(R, +, \cdot)$ *ein kommutativer Ring*, $g \in R$ *und* gR *die Menge* $\{g \cdot r \mid r \in R\}$. *Dann ist* gR *ein Ideal von* R, *genannt* Hauptideal von R mit Erzeuger g.

BEWEIS. Die Verknüpfung „+" auf R definiert auch eine Verknüpfung auf gR: Es seien $i, j \in gR$; wir zeigen $i + j \in gR$: Es gibt $r, s \in R$ mit $i = g \cdot r$ und $j = g \cdot s$, also $i + j = g \cdot r + g \cdot s = g \cdot (r + s) \in gR$.

„+" ist auf gR assoziativ, da „+" sogar auf ganz R assoziativ ist.

gR enthält das neutrale Element „0" bzgl. „+", da $0 = g \cdot 0$ nach 2.6.9.

Für jedes $i \in gR$ ist auch $-i \in gR$, da $i = g \cdot r$ für ein $r \in R$ und nach 2.6.9 $-i = i \cdot (-1) = g \cdot r \cdot (-1)$.

Damit ist $(gR, +)$ eine Gruppe.

Sei $i \in gR$ und $r \in R$; wir zeigen $i \cdot r \in gR$: Es gibt ein $s \in R$ mit $i = g \cdot s$, also ist $i \cdot r = g \cdot (s \cdot r) \in gR$. $\qquad\square$

Halten wir also fest: $7\mathbb{Z}$ ist das von 7 erzeugte Hauptideal in $\mathbb{Z}$; $\mathcal{D}_{a,0}(D)$ ist das von $(x - a)$ erzeugte Hauptideal in $\mathcal{C}_a(D)$.

Die Menge $\mathcal{N}$ der Nullfolgen ist ebenfalls ein Ideal, wie wir gleich sehen werden. Dabei hat $\mathcal{N}$ eine grundlegende Bedeutung für das vorliegende Buch: Die Differenzierbarkeit wird mit Hilfe der Stetigkeit definiert; die Stetigkeit wird mit Hilfe konvergenter Folgen definiert; konvergente Folgen werden mit Hilfe von Nullfolgen definiert; und Nullfolgen werden mit Hilfe der Anordnung „$\overset{sch}{<}$" des Rings $(\mathbb{R}^{\mathbb{N}}, +, \cdot)$ definiert: $\mathcal{N}$ besteht aus den betragsmäßig unendlich kleinen Elementen von $\mathbb{R}^{\mathbb{N}}$, das heißt

$$\mathcal{N} := \left\{ (x_n)_n \in \mathbb{R}^{\mathbb{N}} \mid \text{ Für alle } \epsilon \in \mathbb{R}^+ \text{ ist } (|x_n|)_n \overset{sch}{<} \epsilon \right\}.$$

Die gesamte bisher entwickelte Theorie ruht also auf zwei Säulen: auf dem Axiomensystem der reellen Zahlen und auf dem angeordneten Ring $\mathbb{R}^{\mathbb{N}}$, wobei man der Menge $\mathcal{N}$ der betragsmäßig unendlich kleinen Elemente eine besondere Rolle zuschreibt.

Geht man die Beweise noch einmal durch, die wir beim Aufbau der Analysis verwendet haben, so erkennt man, dass von Anfang an Ring-Eigenschaften nachgewiesen und benutzt wurden: Die ersten Beweise dieses Buches (1.3.2 bis 1.3.5) kann man in allen Ringen führen (s. 2.6.9); Lemma 1.4.1 handelt von der Transitivität und Verträglichkeit von „$\overset{sch}{<}$" mit den Verknüpfungen „+" und „$\cdot$" im Ring $\mathbb{R}^{\mathbb{N}}$; mit 1.4.1 wird in 1.4.3 und 1.4.4 letztlich gezeigt, dass $\mathcal{N}$ ein Ideal im Ring der beschränkten Folgen ist; und die Ideal-Eigenschaft von $\mathcal{N}$ liefert in 1.4.5 die wesentlichen Argumente dafür, dass „+" und „$\cdot$" Verknüpfungen auf der Menge $\mathcal{K}$ der konvergenten Folgen sind.

Korollar 2.6.18. $\mathcal{N}$ *ist ein Ideal im Ring* $\mathcal{B}$ *der beschränkten Folgen.*

BEWEIS. $(\mathcal{B}, +, \cdot)$ ist ein Teilring von $(\mathbb{R}^{\mathbb{N}}, +, \cdot)$ (Übung!), also selbst ein Ring. Außerdem ist $\mathcal{N} \subseteq \mathcal{B}$ nach 1.4.3.

$(\mathcal{N}, +)$ ist eine Gruppe: Nach 1.4.4 ist „+" eine Verknüpfung auf $\mathcal{N}$; das Assoziativgesetz überträgt sich von $\mathbb{R}^{\mathbb{N}}$ auf $\mathcal{N}$; die konstante Nullfolge $(0)_n$ ist das neutrale Element bzgl. „+" und liegt in $\mathcal{N}$; nach 1.4.3 liegt für alle $(x_n)_n \in \mathcal{N}$ auch das Inverse $(-x_n)_n$ in $\mathcal{N}$.

Aus $(x_n)_n \in \mathcal{N}$ und $(y_n)_n \in \mathcal{B}$ folgt $(x_n)_n \cdot (y_n)_n \in \mathcal{N}$ nach 1.4.3. $\qquad\square$

Im Gegensatz zu $7\mathbb{Z}$ und $\mathcal{D}_{a,0}(D)$ gilt aber:

Lemma 2.6.19. $\mathcal{N}$ *ist kein Hauptideal von* $\mathcal{B}$.

BEWEIS. Annahme: Es gibt einen Erzeuger $(g_n)_n$ von $\mathcal{N}$. Dann ist zum Beispiel $\left(\frac{1}{n}\right)_n$ ein Vielfaches von $(g_n)_n$, das heißt es gibt ein $(x_n)_n \in \mathcal{B}$ mit $(g_n x_n)_n = \left(\frac{1}{n}\right)_n$; damit ist insbesondere $g_n \neq 0$ für alle $n \in \mathbb{N}$.

Aus $(g_n)_n \in \mathcal{N}$ und der Stetigkeit der Wurzelfunktion folgt $(\sqrt{|g_n|})_n \in \mathcal{N}$. $(g_n)_n$ erzeugt $\mathcal{N}$, also gibt es ein $(y_n)_n \in \mathcal{B}$ mit $(g_n y_n)_n = (\sqrt{|g_n|})_n$. Aber $(y_n)_n = \left(\frac{\sqrt{|g_n|}}{g_n}\right)_n$ ist unbeschränkt wegen $(g_n)_n \to 0$: Widerspruch zu $(y_n)_n \in \mathcal{B}$. $\qquad\square$

Fassen wir zusammen:

1. Die Begriffe *konvergent*, *stetig* und *differenzierbar* werden letztlich mit Hilfe von $\mathbb{R}$ und dem angeordneten Ring $\mathbb{R}^{\mathbb{N}}$ definiert.

2. Die Mengen $\mathcal{K}$, $\mathcal{C}_a(D)$ und $\mathcal{D}_a(D)$ (konvergente Folgen, bei a stetige Funktionen, bei a differenzierbare Funktionen) sind Ringe. Ring-Eigenschaften sind wichtige Hilfsmittel bei der Frage, welche Folgen bzw. Funktionen konvergent, stetig oder differenzierbar sind.

Uns fehlt aber noch ein dritter Aspekt: In der Analysis geht es nicht nur darum, ob Folgen konvergent oder Funktionen differenzierbar sind, sondern auch darum, zugehörige „Ergebnisse" zu berechnen, zum Beispiel den Grenzwert $\lim_{n \to \infty}(x_n)_n$ einer Folge $(x_n)_n$, den Wert $f'(a)$ einer Funktion f oder die Ableitungsfunktion f' einer Funktion f. Auch hier gibt es Gemeinsamkeiten, die man in einer einheitlichen Sprache ausdrücken kann.

Eine erste Gemeinsamkeit besteht darin, dass $\lim_{n \to \infty}(\ldots)$ und $(\ldots)'(a)$ Übergänge zwischen Ringen bewirken: In $\lim_{n \to \infty}(\ldots)$ werden Folgen $(x_n)_n \in \mathcal{K}$ eingesetzt, und man erhält Zahlen $\lim_{n \to \infty}(x_n)_n \in \mathbb{R}$, das heißt $\lim_{n \to \infty}(\ldots)$ ordnet jedem Element des Rings $\mathcal{K}$ ein Element des Rings $\mathbb{R}$ zu. In $(\ldots)'(a)$ werden Funktionen $f \in \mathcal{D}_a(D)$ eingesetzt, und man erhält Zahlen $f'(a) \in \mathbb{R}$, das heißt $(\ldots)'(a)$ ordnet jedem Element des Rings $\mathcal{D}_a(D)$ ein Element des Rings $\mathbb{R}$ zu. Um die formale Ähnlichkeit zwischen $\lim_{n \to \infty}(\ldots)$ und $(\ldots)'(a)$ zu unterstreichen schreiben wir auch $\delta_a(\ldots)$ statt

$(\dots)'(a)$, und $\delta(\dots)$ statt $(\dots)'$. $\lim\limits_{n\to\infty}$, δ_a und δ sind also Funktionen zwischen Ringen:

$$
\begin{aligned}
\lim_{n\to\infty} &: & \mathcal{K} &\longrightarrow \mathbb{R} &, & \quad (x_n)_n &\longmapsto & \lim_{n\to\infty}(x_n)_n \\
\delta_a &: & \mathcal{D}_a(D) &\longrightarrow \mathbb{R} &, & \quad f &\longmapsto & \delta_a(f) := f'(a) \\
\delta &: & \mathcal{D}(D) &\longrightarrow \mathbb{R}^D &, & \quad f &\longmapsto & \delta(f) := f' \, ,
\end{aligned}
$$

wobei $\mathcal{D}(D)$ die Menge der differenzierbaren Funktionen $f : D \longrightarrow \mathbb{R}$ bezeichnet.

Eine weitere Gemeinsamkeit von $\lim\limits_{n\to\infty}$ und δ besteht darin, dass sie sich bezüglich der Addition analog verhalten:

$$
\lim_{n\to\infty}\big((x_n)_n + (y_n)_n\big) = \lim_{n\to\infty}(x_n)_n + \lim_{n\to\infty}(y_n)_n \quad \text{und} \quad \delta(f+g) = \delta(f) + \delta(g)
$$

für alle $(x_n)_n, (y_n)_n \in \mathcal{K}$ und $f, g \in \mathcal{D}(D)$. Allerdings verhalten sich $\lim\limits_{n\to\infty}$ und δ bei der Multiplikation unterschiedlich:

$$
\lim_{n\to\infty}\big((x_n)_n \cdot (y_n)_n\big) = \lim_{n\to\infty}(x_n)_n \cdot \lim_{n\to\infty}(y_n)_n \, , \quad \text{aber} \quad \delta(f\cdot g) = \delta(f)\cdot g + f\cdot \delta(g) \, .
$$

Die Gemeinsamkeiten von $\lim\limits_{n\to\infty}$ und δ beziehen sich also vor allem auf die *Gruppen* $(\mathcal{K}, +)$, $(\mathbb{R}, +)$ und $(\mathcal{D}(D), +)$; wenn man berücksichtigt, dass $\mathcal{K}$, $\mathbb{R}$ und $\mathcal{D}(D)$ sogar *Ringe* sind, dann ergeben sich wieder deutliche Unterschiede. Wir formulieren diese Gemeinsamkeiten und Unterschiede mit dem Begriff *Homomorphismus*:

Definition 2.6.20. Ein *Gruppen-Homomorphismus* von der Gruppe $(G, *)$ in die Gruppe $(H, \diamond)$ ist eine Funktion $\varphi : G \longrightarrow H$ mit

$$
\varphi(a * b) = \varphi(a) \diamond \varphi(b) \quad \text{für alle } a, b \in G \, .
$$

Ein *Ring-Homomorphismus* vom Ring $(R, *, \star)$ in den Ring $(S, \diamond, \circ)$ ist ein Gruppen-Homomorphismus φ von der Gruppe $(R, *)$ in die Gruppe $(S, \diamond)$, sodass zusätzlich

$$
\varphi(1_R) = 1_S \quad \text{und} \quad \varphi(a \star b) = \varphi(a) \circ \varphi(b) \quad \text{für alle } a, b \in R
$$

gilt, wobei 1_R bzw. 1_S das neutrale Element bzgl. „$\star$" bzw. „$\circ$" ist. $\qquad\square$

Homomorphismen tauchen in vielen Situationen auf:

Beispiel 2.6.21. Der Logarithmus $\ln : \mathbb{R}^+ \longrightarrow \mathbb{R}$ ist ein Gruppen-Homomorphismus von $(\mathbb{R}^+, \cdot)$ nach $(\mathbb{R}, +)$: $\ln(xy) = \ln(x) + \ln(y)$ für alle $x, y \in \mathbb{R}^+$ (siehe 1.7.4).

Die e-Funktion $\exp : \mathbb{R} \longrightarrow \mathbb{R}^+$ ist ein Gruppen-Homomorphismus von $(\mathbb{R}, +)$ nach $(\mathbb{R}^+, \cdot)$: $\exp(x + y) = \exp(x) \cdot \exp(y)$ für alle $x, y \in \mathbb{R}$ (siehe 1.7.13).

Für $m \in \mathbb{R}$ ist $f_m : \mathbb{R} \longrightarrow \mathbb{R}$, $x \longmapsto mx$ ein Gruppen-Homomorphismus von $(\mathbb{R}, +)$ nach $(\mathbb{R}, +)$: $f(x + y) = m \cdot (x + y) = mx + my = f(x) + f(y)$.

Durch $f : x \longmapsto x^2$ wird kein Gruppen-Homomorphismus von $(\mathbb{R}, +)$ nach $(\mathbb{R}, +)$, aber ein Gruppen-Homomorphismus von $(\mathbb{R}^+, \cdot)$ nach $(\mathbb{R}^+, \cdot)$ definiert: $f(x+y) = (x+y)^2 \neq x^2 + y^2 = f(x) + f(y)$ z.B. für $x = 1 = y$, aber $f(xy) = (xy)^2 = x^2 y^2 = f(x)f(y)$ für alle $x, y \in \mathbb{R}^+$.

$\lim\limits_{n \to \infty} : \mathcal{K} \longrightarrow \mathbb{R}$ ist ein Ring-Homomorphismus (siehe 1.4.5).

$\delta : \mathcal{D}(D) \longrightarrow \mathbb{R}^D$ ist ein Gruppen-, jedoch kein Ring-Homomorphismus (siehe 2.2.1 und 2.2.2), aber immerhin *linear*, das heißt für alle $f, g \in \mathcal{D}(D)$ und $\lambda \in \mathbb{R}$ ist $\delta(f + g) = \delta(f) + \delta(g)$ und $\delta(\lambda \cdot f) = \lambda \cdot \delta(f)$. $\qquad\qquad\square$

Übrigens: Bei Gruppen-Homomorphismen muss man $\varphi(0) = 0$ nicht fordern, weil das automatisch gilt: $\varphi(0) = \varphi(0 + 0) = \varphi(0) + \varphi(0)$, also folgt $0 = \varphi(0)$ durch Addition mit dem Inversen von $\varphi(0)$ bzgl. „+". Dieses Argument funktioniert bei Ringen mit $\varphi(1)$ statt $\varphi(0)$ nicht, weil das Inverse von $\varphi(1)$ bzgl. „ $\cdot$ " nicht existieren muss. Die Forderung $\varphi(1) = 1$ ist nicht überflüssig, da zum Beispiel die Nullfunktion $\varphi : \mathbb{R} \longrightarrow \mathbb{R}$, $x \longmapsto 0$ zwar $\varphi(a + b) = \varphi(a) + \varphi(b)$ und $\varphi(a \cdot b) = \varphi(a) \cdot \varphi(b)$ für alle $a, b \in \mathbb{R}$ erfüllt, aber nicht $\varphi(1) = 1$.

Homomorphie-Eigenschaften werden an vielen Stellen dieses Buches nicht nur deswegen verwendet, weil sie interessant und schön sind, sondern auch, weil sie sehr nützlich sind. Das Schema ist dabei immer das gleiche: Wenn $a, b \in G$ gegeben sind, dann kann man $\varphi(a * b)$ auf zwei Arten berechnen: Entweder man berechnet zuerst $a * b$ und danach $\varphi(a * b)$, oder man berechnet zuerst $\varphi(a)$ und $\varphi(b)$ und danach $\varphi(a) \diamond \varphi(b)$; die Ergebnisse sind gleich, wenn φ ein Homomorphismus ist.

Beispiel 2.6.22. Es wäre ungeschickt, $\lim\limits_{n \to \infty} \frac{2n^2+5}{n^2}$ direkt mit Hilfe der Definition des Grenzwertes zu berechnen. Daher zerlegt man den Bruch in seine Bestandteile und benutzt, dass $\lim\limits_{n \to \infty}$ ein Ring-Homomorphismus von $(\mathcal{K}, +, \cdot)$ nach $(\mathbb{R}, +, \cdot)$ ist:

$$\lim_{n \to \infty} \frac{2n^2 + 5}{n^2} = \lim_{n \to \infty} \left(2 + 5 \cdot \frac{1}{n} \cdot \frac{1}{n}\right)$$
$$= \lim_{n \to \infty} (2) + \lim_{n \to \infty} (5) \cdot \lim_{n \to \infty} \left(\frac{1}{n}\right) \cdot \lim_{n \to \infty} \left(\frac{1}{n}\right)$$
$$= 2 + 5 \cdot 0 \cdot 0 = 2,$$

siehe Beispiel 1.4.7. $\qquad\qquad\square$

Beispiel 2.6.23. Es wäre ungeschickt, $\left(x^2 + 5x + 7\right)'$ direkt mit Hilfe der Definition der Ableitung zu berechnen. Man benutzt daher, dass die Ableitung $(\ldots)'$ ein linearer Homomorphismus ist (s. 2.6.21):

$$\left(x^2 + 5x + 7\right)' = (x^2)' + 5(x)' + (7)' = 2x + 5.$$ $\qquad\square$

Beispiel 2.6.24. In Abschnitt 1.7 wird der natürliche Logarithmus (mit Hilfe konvergenter Folgen) konstruiert, um Gleichungen wie $3^x = 5$ zu lösen. Die entscheidende Idee für diese Konstruktion wird am Anfang des Abschnitts aus der Homomorphie-Eigenschaft

$$g(2) \cdot g(4) = 3^2 \cdot 3^4 = 3^{2+4} = g(2 + 4) \quad (\text{mit } g(x) = 3^x)$$

entwickelt: Wenn f den Exponenten zur Basis 3 liefern soll, $f(3^x) = x$, dann ist f die Umkehrung von g, und mit $a := g(2)$ und $b := g(4)$ folgt

$$f(ab) = f\big(g(2)g(4)\big) = f\big(g(2+4)\big) = 2 + 4 = f(a) + f(b)\,.$$

In Lemma 1.7.1 stellt sich heraus, dass Funktionen $f : \mathbb{R}^+ \longrightarrow \mathbb{R}$ mit der Eigenschaft, dass $f(ab) = f(a) + f(b)$ für alle $a, b \in \mathbb{R}^+$ gilt, geeignet sind, Gleichungen der Form $a^x = b$ nach x aufzulösen. Im Anschluss an Lemma 1.7.1 wird daher ausdrücklich nach einer Funktion mit $f(ab) = f(a) + f(b)$ gesucht. Diese Homomorphie-Eigenschaft wird auch immer wieder benutzt, um weitere Eigenschaften des Logarithmus nachzuweisen: So kann man zum Beispiel aus Stetigkeit und Ableitung an der Stelle 1 mit Hilfe der Homomorphie-Eigenschaft sehr leicht auf Stetigkeit und Ableitung an allen anderen Stellen schließen (siehe 1.7.6 und 2.2.8). $\square$

Beispiel 2.6.25. Beim Arkustangens in Abschnitt 1.8 werden „beinahe" Homomorphismen benutzt. Es ist

$$\arctan(c_0) := \lim_{n \to \infty} 2^n c_n \,,\ \text{wobei } c_{n+1} := f(c_n)\,,\ f(x) := \frac{x}{\sqrt{1+x^2}+1}\,.$$

In Lemma 1.8.6 wird

$$f\left(\frac{x+y}{1-xy}\right) = \frac{f(x)+f(y)}{1-f(x)f(y)} \quad \text{für alle } x, y \in \mathbb{R} \text{ mit } xy < 1$$

gezeigt. Mit $x * y := \frac{x+y}{1-xy}$ erhalten wir

$$f(x * y) = f(x) * f(y) \quad \text{für alle } x, y \in \mathbb{R} \text{ mit } xy < 1\,,$$

das heißt, f ist „beinahe" ein Homomorphismus (die Einschränkung $xy < 1$ ist leider notwendig). Mit dieser Eigenschaft von f wird in 1.8.7 das Additionstheorem des Arkustangens bewiesen, der damit „beinahe" zu einem Homomorphismus von $(\mathbb{R}, *)$ nach $(\mathbb{R}, +)$ wird:

$$\arctan(x * y) = \arctan(x) + \arctan(y) \quad \text{für alle } x, y \in \mathbb{R} \text{ mit } xy < 1\,.$$

Diese „fast-Homomorphie-Eigenschaft" wird auch benutzt, um weitere Eigenschaften des Arkustangens nachzuweisen: So kann man zum Beispiel aus Stetigkeit und Ableitung an der Stelle 0 mit Hilfe der „fast-Homomorphie-Eigenschaft" sehr leicht auf Stetigkeit und Ableitung an allen anderen Stellen schließen (siehe 1.8.9 und 2.2.9). $\square$

Homomorphismen eignen sich also hervorragend zum Rechnen und Argumentieren. Das trifft insbesondere für *bijektive* Homomorphismen zu: Mit ihnen kann man erkennen, dass die Gruppen, zwischen denen sie vermitteln, „im Wesentlichen gleich" sind, obwohl sie möglicherweise sehr verschieden aussehen. Stellen Sie sich einmal vor, man setzt jeder Zahl einen Hut auf, also $\hat{1}, \hat{2}, \hat{3}, \ldots$, und macht einen Kreis um das Pluszeichen, also $\oplus$, rechnet sonst aber genauso wie zuvor: $\hat{1} \oplus \hat{3} = \hat{4}$

und so weiter. Auf diese Weise erhält man nichts Neues, außer dass die Rechnungen etwas anders aussehen. Man erhält auch nichts Neues, wenn man, statt einem Hut, links neben die Zahl so eine komische Schlangenlinie „φ" setzt und das Ganze noch mit zwei Bögen „(" und „)" verziert: $\varphi(1), \varphi(2), \varphi(3), \ldots$. Dann sehen die Rechnungen eben so aus: $\varphi(1) \oplus \varphi(3) = \varphi(4) = \varphi(1+3)$ und so weiter. Statt der Gruppe $(\mathbb{R}, +)$ haben wir dann die Gruppe $(\mathcal{R}, \oplus)$ vor uns, wobei $\mathcal{R} := \{\varphi(x) \mid x \in \mathbb{R}\}$.

Wahrscheinlich wird jeder sofort sagen, dass $(\mathbb{R}, +)$ und $(\mathcal{R}, \oplus)$ zwar verschieden aussehen, in Wahrheit aber doch „gleich" sind, da jedem $x \in \mathbb{R}$ genau ein $\varphi(x) \in \mathcal{R}$ entspricht und umgekehrt, und da man in beiden Mengen gleich rechnet, denn $\varphi(x) \oplus \varphi(y) = \varphi(x + y)$.

Wahrscheinlich wird aber nicht jeder sofort sagen, dass $(\mathbb{R}, +)$ und $(\mathbb{R}^+, \cdot)$ „gleich" sind: *Alle* reellen Zahlen sind doch etwas anderes als *nur die positiven* reellen Zahlen, und die Addition ist etwas anderes als die Multiplikation! Doch in Wahrheit sind wir jetzt in der gleichen Situation wie zuvor, wenn wir „φ" durch die e-Funktion $\exp : \mathbb{R} \longrightarrow \mathbb{R}^+$ ersetzen: $\exp$ ist bijektiv, das heißt jedem $x \in \mathbb{R}$ entspricht genau ein $\exp(x) \in \mathbb{R}^+$ und umgekehrt, und in beiden Mengen rechnet man mittels $\exp$ gleich: $\exp(x) \cdot \exp(y) = \exp(x + y)$.

Wenn man *alle* speziellen Eigenschaften vergleicht, dann ist $\mathbb{R}^+$ natürlich etwas anderes als $\mathbb{R}$, genauso wie „$\hat{3}$" etwas anderes ist als „3". Aber in gewisser Hinsicht, das heißt wenn man bestimmte Merkmale außer Acht lässt, dann sind sie „im Wesentlichen gleich" (je nachdem, was man als wesentlich ansieht). Das präzisieren wir mit dem Begriff *isomorph*:

Definition 2.6.26. Ein *Isomorphismus* von Gruppen bzw. Ringen ist ein bijektiver Homomorphismus von Gruppen bzw. Ringen. Gruppen bzw. Ringe G und H nennt man *isomorph* zueinander, wenn es einen Isomorphismus $\varphi : G \longrightarrow H$ gibt. $\square$

Übrigens ist die Umkehrung φ^{-1} von einem Isomorphismus $\varphi : G \longrightarrow H$ immer ein Isomorphismus $\varphi^{-1} : H \longrightarrow G$ (Übung!).

Beispiel 2.6.27. $\exp : \mathbb{R} \longrightarrow \mathbb{R}^+$ ist ein Isomorphismus zwischen den Gruppen $(\mathbb{R}, +)$ und $(\mathbb{R}^+, \cdot)$, mit Umkehrung $\ln : \mathbb{R}^+ \longrightarrow \mathbb{R}$. Das kann man auch praktisch verwenden: Angenommen, eine Maschine wurde bereits so programmiert, dass sie addieren kann. Mit Hilfe von $\exp$ und $\ln$ könnte ihr dann sehr schnell auch das Multiplizieren beigebracht werden: Da $\ln : \mathbb{R}^+ \longrightarrow \mathbb{R}$ ein Homomorphismus ist, gilt $\ln(a \cdot b) = \ln(a) + \ln(b)$, und da $\exp$ die Umkehrung von $\ln$ ist, folgt

$$a \cdot b = \exp\big(\ln(a) + \ln(b)\big) \quad \text{für alle } a, b \in \mathbb{R}^+.$$

Das Multiplizieren kann also mit $\ln$ und $\exp$ auf das Addieren zurückgeführt werden. Das wurde zum Beispiel auch beim Rechenschieber benutzt: Zwei Zahlen kann man mit einem Lineal addieren, indem man zwei Strecken entsprechender Längen aneinander legt; und mit einer logarithmischen Skala erhält man eine Zuordnung $a \longmapsto \ln(a)$. $\square$

Beispiel 2.6.28. Die Gruppen $(\mathbb{Q}, +)$ und $(\mathbb{Q}^+, \cdot)$ sind nicht isomorph zueinander. Annahme: Es gibt einen Isomorphismus $\varphi : \mathbb{Q} \longrightarrow \mathbb{Q}^+$. Dann gibt es ein $a \in \mathbb{Q}$ mit

$\varphi(a) = 2$, weil φ bijektiv ist. Wegen $\frac{a}{2} \in \mathbb{Q}$ folgt

$$\varphi\left(\tfrac{a}{2}\right) \cdot \varphi\left(\tfrac{a}{2}\right) = \varphi\left(\tfrac{a}{2} + \tfrac{a}{2}\right) = \varphi(a) = 2,$$

das heißt $\varphi\left(\frac{a}{2}\right) \in \mathbb{Q}^+$ ist eine Quadratwurzel von 2, im Widerspruch zu 1.1.4. Übrigens zeigt dieses Beispiel, dass man mit einem Rechenschieber auch (näherungsweise) Wurzeln ziehen kann: Dem Halbieren in $(\mathbb{R}, +)$ entspricht vermöge $\exp : \mathbb{R} \longrightarrow \mathbb{R}^+$ das Wurzelziehen in $(\mathbb{R}^+, \cdot)$. $\qquad\square$

Beispiel 2.6.29. Nach 2.6.34 sind $\mathcal{C}_a(D)$ und $\mathcal{D}_{a,0}(D)$ als Gruppen zueinander isomorph. Natürlich sind sie nicht als Ringe zueinander isomorph, da $\mathcal{D}_{a,0}(D)$ kein Ring ist (es fehlt die „Eins"). $\qquad\square$

Es mag vielleicht überraschen, dass auch die drei folgenden Gruppen „im Wesentlichen gleich sind": Die Ebene, die Menge der Fibonacci-Folgen und die Menge aller Schwingungen eines Federpendels. Dazu müssen wir diese Mengen zunächst mit einer Gruppenstruktur versehen (d.h. eine Verknüpfung definieren):

Die Punkte einer Ebene kann man bezüglich eines Koordinatensystems durch ihre Koordinaten $(x_1, x_2) \in \mathbb{R}^2$ festlegen, das heißt wir identifizieren eine Ebene mit $\mathbb{R}^2$. In $\mathbb{R}^2$ wird durch

$$(x_1, x_2) + (y_1, y_2) := (x_1 + y_1, x_2 + y_2) \quad \text{für alle } (x_1, x_2), (y_1, y_2) \in \mathbb{R}^2$$

eine Verknüpfung definiert (die übliche Vektor-Addition). Damit ist $(\mathbb{R}^2, +)$ eine abelsche Gruppe (Übung!).

Die Menge der Fibonacci-Folgen (siehe 1.2.3) ist

$$Fib := \{\, (x_n)_n \in \mathbb{R}^{\mathbb{N}} \mid x_{k+2} = x_{k+1} + x_k \text{ für alle } k \in \mathbb{N} \,\}.$$

Mit der üblichen Addition von Folgen ist $(Fib, +)$ eine abelsche Gruppe (Übung!).

Lemma 2.6.30. *Die Funktion $\varphi : Fib \longrightarrow \mathbb{R}^2$, $(x_n)_n \longmapsto (x_1, x_2)$ ist ein Gruppen-Isomorphismus.*

BEWEIS. φ ist ein Homomorphismus, da für alle $(x_n)_n, (y_n)_n \in Fib$ gilt:

$$\begin{aligned}
\varphi\big((x_n)_n + (y_n)_n\big) &= \varphi\big((x_n + y_n)_n\big) \\
&= (x_1 + y_1, x_2 + y_2) \\
&= (x_1, x_2) + (y_1, y_2) \\
&= \varphi\big((x_n)_n\big) + \varphi\big((y_n)_n\big).
\end{aligned}$$

φ ist bijektiv, da

$$\psi : \mathbb{R}^2 \longrightarrow Fib, \ (x_1, x_2) \longmapsto (x_n)_n \text{ mit } x_{k+2} := x_{k+1} + x_k \text{ für alle } k \in \mathbb{N}$$

(rekursive Definition!) eine Umkehrung von φ ist (vergleiche 1.2.3). $\qquad\square$

Bewegungen, die entlang einer Geraden verlaufen, werden durch Funktionen $f : \mathbb{R} \longrightarrow \mathbb{R}$, $x \longmapsto f(x)$ beschrieben, wobei x die Zeit und $f(x)$ der Ort ist, an dem sich ein Körper zum Zeitpunkt x befindet. Für die Bewegung eines Federpendels gilt die Differentialgleichung $f'' = -k^2 \cdot f$ (siehe 2.3.12), das heißt die Menge aller Bewegungen eines Federpendels wird durch die Menge

$$Fed := \{\, f \in \mathcal{D}^2(\mathbb{R}) \mid f'' = -k^2 \cdot f \,\}$$

beschrieben, wobei $k \in \mathbb{R}$ und $\mathcal{D}^2(\mathbb{R})$ die Menge aller zweimal differenzierbaren Funktionen $f : \mathbb{R} \longrightarrow \mathbb{R}$ bezeichnet. (Natürlich gibt es noch physikalische Einschränkungen: Federn können sich nicht beliebig dehnen, die Lichtgeschwindigkeit kann nicht überschritten werden, ...) Mit der üblichen Addition von Funktionen ist $(Fed, +)$ eine abelsche Gruppe (Übung!).

Lemma 2.6.31. *Die Funktion* $\varphi : Fed \longrightarrow \mathbb{R}^2$, $f \longmapsto (f(0), f'(0))$ *ist ein Gruppen-Isomorphismus.*

BEWEIS. φ ist ein Homomorphismus, da für alle $f, g \in Fed$ gilt:

$$\begin{aligned}
\varphi(f + g) &= (f(0) + g(0), f'(0) + g'(0)) \\
&= (f(0), f'(0)) + (g(0), g'(0)) \\
&= \varphi(f) + \varphi(g) \,.
\end{aligned}$$

φ ist nach 2.3.12 bijektiv: Für alle $(a, b) \in \mathbb{R}^2$ gibt es ein $f \in Fed$ mit $\varphi(f) = (a, b)$, nämlich $f(x) = a \cdot \cos(kx) + \frac{b}{k}\sin(kx)$, und f ist durch $(a, b) \in \mathbb{R}^2$ eindeutig bestimmt. $\qquad\square$

Übrigens: Wer bereits mit Vektorräumen vertraut ist, der kann jetzt leicht zeigen, dass $\mathbb{R}^2$, *Fib* und *Fed* nicht nur als Gruppen, sondern sogar als Vektorräume zueinander isomorph sind. Die zunächst unübersichtlichen Mengen *Fib* und *Fed* hat man dann mit nur zwei Basisvektoren im Griff.

Definition 2.6.32. Ein (reeller) Vektorraum ist ein Tripel $(V, +, \cdot)$, wobei $(V, +)$ eine abelsche Gruppe und $\cdot : \mathbb{R} \times V \longrightarrow V, (\lambda, v) \longmapsto \lambda v$ eine Funktion ist mit $1v = v$, $\lambda(\mu v) = (\lambda\mu)v$, $\lambda(v + w) = \lambda v + \lambda w$, $(\lambda + \mu)v = \lambda v + \mu v$ für alle $\lambda, \mu \in \mathbb{R}$ und $v, w \in V$. Die Funktion „ $\cdot$ " wird auch *skalare Multiplikation* genannt. Eine Funktion $\varphi : V \longrightarrow W$, wobei V und W Vektorräume sind, heißt *linear* (oder Vektorraum-Homomorphismus), wenn für alle $v, w \in V$ und $\lambda \in \mathbb{R}$ gilt: $\varphi(v + w) = \varphi(v) + \varphi(w)$ und $\varphi(\lambda v) = \lambda\varphi(v)$. $\qquad\square$

Zum Beispiel ist $\mathbb{R}^D$ für jede Menge D ein Vektorraum. Jede nicht leere Teilmenge U eines Vektorraums V ist selbst wieder ein Vektorraum, wenn $v + w \in U$ und $\lambda v \in U$ für alle $v, w \in U$ und $\lambda \in \mathbb{R}$; in diesem Fall heißt U auch *Untervektorraum von* V. *Fib* und *Fed* sind Untervektorräume von $\mathbb{R}^\mathbb{N}$ bzw. $\mathbb{R}^\mathbb{R}$. (Übung!)

Zum Abschluss unseres Rückblicks auf die ersten beiden Kapitel des vorliegenden Buches setzen wir uns noch ein wenig mit einer grundsätzlichen Frage auseinander: Kann es für $\mathbb{R}$ auch eine „ganz andere Analysis" geben? Genauer: Sind für $\mathbb{R}$ auch andere Grenzwert- und Ableitungsbegriffe als in 1.2.9 und 2.1.3 denkbar? Das ist natürlich eine sehr schwierige (und noch sehr vage formulierte) Frage.

Gehen wir einmal davon aus, dass die Eigenschaften „konvergent" und „differenzierbar" bereits definiert sind, und zwar so wie in 1.2.9 und 2.1.3; damit ist die Menge $\mathcal{K}$ der konvergenten Folgen und die Menge $\mathcal{D}_a$ der bei a differenzierbaren Funktionen festgelegt. Gibt es dann noch verschiedene Möglichkeiten, Funktionen $\mathcal{K} \longrightarrow \mathbb{R}$ und $\mathcal{D}_a \longrightarrow \mathbb{R}$ festzulegen, die man ebenfalls als „Grenzwert" und „Ableitung" bezeichnen könnte?

Wir wissen bereits, dass $\lim\limits_{n\to\infty} : \mathcal{K} \longrightarrow \mathbb{R}$ ein Ring-Homomorphismus ist. Es gibt natürlich auch andere Ring-Homomorphismen $\varphi : \mathcal{K} \longrightarrow \mathbb{R}$, zum Beispiel $\varphi((x_n)_n) := x_3$ (Übung!). Wir fragen uns also, welche zusätzlichen Eigenschaften $\lim\limits_{n\to\infty}$ eindeutig festlegen.

Am wichtigsten ist dabei die *Monotonie*: Eine Funktion $\varphi : \mathcal{K} \longrightarrow \mathbb{R}$ heißt *monoton* bezüglich „$\overset{sch}{\leq}$ ", wenn für alle $(x_n)_n, (y_n)_n \in \mathcal{K}$ gilt:

$$(x_n)_n \overset{sch}{\leq} (y_n)_n \quad \Longrightarrow \quad \varphi((x_n)_n) \leq \varphi((y_n)_n) .$$

Nach 1.4.2 ist $\lim\limits_{n\to\infty}$ monoton.

Fordert man jetzt noch, dass konstante Folgen gegen ihre Konstante konvergieren, dann ist $\lim\limits_{n\to\infty}$ eindeutig festgelegt. Wir benutzen dazu den Ring-Homomorphismus, der die konstanten Folgen liefert:

$$\kappa : \mathbb{R} \longrightarrow \mathcal{K} , \quad a \longmapsto (a)_n .$$

Wenn man κ und $\lim\limits_{n\to\infty}$ hintereinander ausführt, dann erhält man die Verkettung $\lim\limits_{n\to\infty} \circ\, \kappa = id$, das heißt es gilt $\lim\limits_{n\to\infty} (\kappa(a)) = \lim\limits_{n\to\infty} ((a)_n) = a$ für alle $a \in \mathbb{R}$. Der folgende Satz zeigt, dass $\lim\limits_{n\to\infty}$ die einzige Möglichkeit darstellt, die angegebenen Forderungen zu erfüllen:

Satz 2.6.33. *Es sei $\varphi : \mathcal{K} \longrightarrow \mathbb{R}$ ein bezüglich „$\overset{sch}{\leq}$ " monotoner Gruppen-Homomorphismus mit $\varphi \circ \kappa = id$. Dann ist $\varphi = \lim\limits_{n\to\infty}$.*

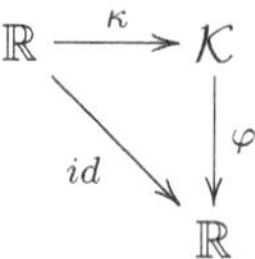

BEWEIS. Jede Folge in $\mathcal{K}$ lässt sich in der Form $(a)_n + (x_n)_n$ schreiben, wobei $a \in \mathbb{R}$, $(x_n)_n \to 0$ und $\lim\limits_{n\to\infty} ((a)_n + (x_n)_n) = a$. Wir müssen also $\varphi((a)_n + (x_n)_n) = a$ zeigen.

Da φ ein Homomorphismus ist, folgt wegen $\varphi((a)_n) = \varphi(\kappa(a)) = a$

$$\varphi((a)_n + (x_n)_n) = \varphi((a)_n) + \varphi((x_n)_n) = a + \varphi((x_n)_n) .$$

Wir müssen also nur noch $\varphi\big((x_n)_n\big) = 0$ zeigen. Wegen $(x_n)_n \to 0$ gilt

$$\kappa(-\epsilon) \overset{sch}{\leq} (x_n)_n \overset{sch}{\leq} \kappa(\epsilon) \quad \text{für alle } \epsilon \in \mathbb{R}^+ ,$$

also folgt aus $\varphi \circ \kappa = id$ und aus der Monotonie von φ

$$-\epsilon = \varphi(\kappa(-\epsilon)) \leq \varphi\big((x_n)_n\big) \leq \varphi(\kappa(\epsilon)) = \epsilon \quad \text{für alle } \epsilon \in \mathbb{R}^+ ,$$

und damit die Behauptung, da $\varphi\big((x_n)_n\big) \in \mathbb{R}$ und 0 die einzige Zahl $r \in \mathbb{R}$ ist mit $-\epsilon \leq r \leq \epsilon$ für alle $\epsilon \in \mathbb{R}^+$. $\qquad\square$

Auch die Ableitung $\delta_a : \mathcal{D}_a(D) \longrightarrow \mathbb{R}$, $f \longmapsto f'(a)$ kann man in der Sprache der Homomorphismen festlegen. Wie bereits erwähnt, ist $\mathcal{D}_{a,0}(D)$ das von $(x-a)$ erzeugte Hauptideal im Ring $\mathcal{C}_a(D)$. Dabei gilt:

Lemma 2.6.34. *Es sei $a \in D \subseteq \mathbb{R}$ und $]a - \delta, a + \delta[\cap D$ ein Intervall mit mehr als einem Punkt für ein $\delta > 0$. Dann ist*

$$\mu_a : \mathcal{C}_a(D) \longrightarrow \mathcal{D}_{a,0}(D) , \quad r \longmapsto (x-a) \cdot r$$

ein bijektiver Gruppen-Homomorphismus.

BEWEIS. μ_a ist bijektiv: Sei $f \in \mathcal{D}_{a,0}(D)$. Nach Definition der Differenzierbarkeit gibt es ein $r \in \mathcal{C}_a(D)$ mit $f(x) = (x-a) \cdot r(x)$ für alle $x \in D$, das heißt $f = \mu_a(r)$. Dabei ist r eindeutig durch f bestimmt: Es seien $r, \tilde{r} \in \mathcal{C}_a(D)$ mit $f = (x-a) \cdot r = (x-a) \cdot \tilde{r}$; für $x \neq a$ folgt sofort $r(x) = \tilde{r}(x)$, und $r(a) = \tilde{r}(a)$ gilt wegen der Stetigkeit von r und $\tilde{r}$.

Außerdem ist μ_a ein Gruppen-Homomorphismus:

$$\mu_a(r + \tilde{r}) = (x-a) \cdot (r + \tilde{r}) = (x-a) \cdot r + (x-a) \cdot \tilde{r} = \mu_a(r) + \mu_a(\tilde{r})$$

für alle $r, \tilde{r} \in \mathcal{C}_a(D)$. $\qquad\square$

Wenn man μ_a und δ_a hintereinander ausführt, dann erhält man die Verkettung $\delta_a \circ \mu_a =: \iota_a$; dabei ist $\iota_a(r) = \delta_a(\mu_a(r)) = \big((x-a) \cdot r\big)'(a) = r(a)$, das heißt die Wirkung von ι_a auf eine Funktion r besteht nur darin, a in r einzusetzen; man spricht daher auch von einem „Einsetzungs-Homomorphismus":

Lemma 2.6.35. *Es sei $a \in D \subseteq \mathbb{R}$ und T ein Teilring von $\mathbb{R}^D$. Dann ist $\iota_a : T \longrightarrow \mathbb{R}$, $f \longmapsto f(a)$ ein Ring-Homomorphismus.*

BEWEIS. Für alle $f, g \in T$ gilt

$$\iota_a(f + g) = (f + g)(a) = f(a) + g(a) = \iota_a(f) + \iota_a(g)$$
$$\iota_a(f \cdot g) = (f \cdot g)(a) = f(a) \cdot g(a) = \iota_a(f) \cdot \iota_a(g) .$$

Die „Eins" im Ring T ist die konstante Funktion mit Wert 1, die wir ebenfalls mit „1" bezeichnen; dabei gilt $\iota_a(1) = 1$. $\qquad\square$

Fordert man außer $\delta_a \circ \mu_a = \iota_a$ noch, dass die Ableitung konstanter Funktionen 0 ist, dann ist δ_a eindeutig festgelegt. Wir benutzen dazu den Ring-Homomorphismus $\kappa : \mathbb{R} \longrightarrow \mathcal{D}_a(D)$, wobei $\kappa(b)$ die konstante Funktion mit Wert b sein soll.

Satz 2.6.36. *Es sei* $a \in D \subseteq \mathbb{R}$ *und* $]a - \delta, a + \delta[\cap D$ *ein Intervall mit mehr als einem Punkt für ein* $\delta > 0$. *Außerdem sei* $\varphi : \mathcal{D}_a(D) \longrightarrow \mathbb{R}$ *ein Gruppen-Homomorphismus mit* $\varphi \circ \kappa = 0$ *und* $\varphi \circ \mu_a = \iota_a$. *Dann ist* $\varphi = \delta_a$.

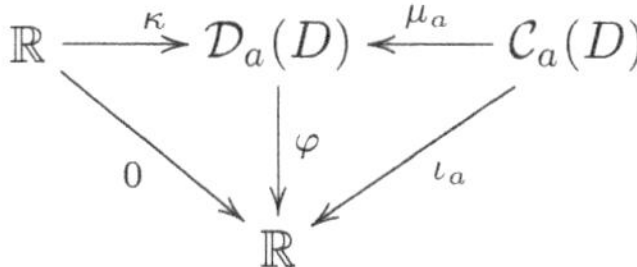

BEWEIS. Nach Definition der Ableitung kann jedes $f \in \mathcal{D}_a(D)$ in der Form $f(x) = b + (x - a) \cdot r(x)$ geschrieben werden, wobei $b \in \mathbb{R}$, $r \in \mathcal{C}_a(D)$ und $\delta_a(f) = f'(a) = r(a)$. Es ist also $f = \kappa(b) + \mu_a(r)$ und wir müssen $\varphi(f) = r(a)$ zeigen. Das folgt aber sehr schnell aus den angegebenen Voraussetzungen:

$$\varphi(f) = \varphi\big(\kappa(b) + \mu_a(r)\big) = \varphi(\kappa(b)) + \varphi(\mu_a(r)) = 0 + r(a) \, . \qquad \square$$

Aufgaben

1. Überprüfen Sie für $*$ und $\diamond : \mathbb{R} \times \mathbb{R} \longrightarrow \mathbb{R}$, $x * y := x \cdot y^2$, $x \diamond y := 3$ die Eigenschaften in 2.6.3.

2. Überprüfen Sie für $+$ und $\circ : \mathbb{R}^{\mathbb{R}} \times \mathbb{R}^{\mathbb{R}} \longrightarrow \mathbb{R}^{\mathbb{R}}$ die Eigenschaften in 2.6.3.

3. Überprüfen Sie für $+$ und $\times : \mathbb{R}^3 \times \mathbb{R}^3 \longrightarrow \mathbb{R}^3$ die Eigenschaften in 2.6.3. Dabei ist $\vec{x} \times \vec{y} := (x_2 y_3 - x_3 y_2, \ x_3 y_1 - x_1 y_3, \ x_1 y_2 - x_2 y_1)$ für $\vec{x} = (x_1, x_2, x_3)$ und $\vec{y} = (y_1, y_2, y_3) \in \mathbb{R}^3$. (Beachte: „$\times$" in „$\vec{x} \times \vec{y}$" bedeutet etwas anderes als „$\times$" in „$\mathbb{R}^3 \times \mathbb{R}^3$".)

4. Überprüfen Sie für $\cup$ und $\cap : \mathcal{P}(D) \times \mathcal{P}(D) \longrightarrow \mathcal{P}(D)$ (Vereinigungs- und Schnittmenge) die Eigenschaften in 2.6.3. Dabei ist $\mathcal{P}(D)$ die *Potenzmenge von* D, das heißt die Menge aller Teilmengen von D. Zum Beispiel ist $\mathcal{P}(\{1; 2\}) = \{\{\}, \{1\}, \{2\}, \{1; 2\}\}$.

5. Zeigen Sie: $(\mathbb{R}^+, \cdot)$ ist eine kommutative Gruppe.

6. Zeigen Sie: $(\mathbb{R}^2, +, \cdot)$ mit der Addition $(x_1, x_2) + (y_1, y_2) := (x_1 + y_1, x_2 + y_2)$ und der Multiplikation $(x_1, x_2) \cdot (y_1, y_2) := (x_1 y_1 - x_2 y_2, x_1 y_2 + x_2 y_1)$ ist ein Körper. (Das ist der Körper der komplexen Zahlen.)

7. Zeigen Sie: $\mathbb{Q}[\sqrt{2}] := \{a + b\sqrt{2} \mid a, b \in \mathbb{Q}\}$ ist mit der üblichen Addition und Multiplikation ein Körper.

8. Zeigen Sie: Die Menge R aller Polynomfunktionen ist mit der üblichen Addition und Multiplikation ein Ring.

9. Zeigen Sie: $\mathbb{R}^D_{a,0} := \{\, f \in \mathbb{R}^D \mid f(a) = 0 \,\}$ ist ein Ideal in $\mathbb{R}^D$.

10. Beschreiben Sie das von x^3 erzeugte Hauptideal im Ring der Polynome.

11. Bestimmen Sie das kleinste Ideal I im Ring $\mathbb{Z}$, das 4 und 6 enthält.

12. Bestimmen Sie das kleinste Ideal I im Ring R der Polynome, das $x - 1$ und $x^2 - 1$ enthält.

13. Es sei $\varphi : R \longrightarrow S$ ein Ring-Homomorphismus.
Zeigen Sie, dass $\ker(\varphi) := \{\, x \in R \mid \varphi(x) = 0 \,\}$ ein Ideal in R ist. Für welches φ ist $\ker(\varphi)$ gleich $\mathcal{N}$ bzw. $\mathcal{D}_{a,0}(D)$?

14. Zeigen Sie: Die Umkehrung von einem Isomorphismus $\varphi : G \longrightarrow H$ ist ein Isomorphismus $\varphi^{-1} : H \longrightarrow G$.

15. Ist $(\mathbb{Z}, +)$ isomorph zu $(\mathbb{Q}, +)$?

16. Zeigen Sie: Fib ist als Gruppe isomorph zu
$Aff := \{\, f \in \mathbb{R}^{\mathbb{R}} \mid \text{Es gibt } m, t \in \mathbb{R} \text{ mit } f(x) = mx + t \text{ für alle } x \in \mathbb{R} \,\}$.

17. Zeigen Sie: $\varphi : \mathcal{K} \longrightarrow \mathbb{R}$, $(x_n)_n \longmapsto x_3$ ist ein bezüglich „$\leq$" monotoner Ring-Homomorphismus mit $\varphi \circ \kappa = id$. (Vergleiche 2.6.33.)

Kapitel 3

Integral

Das Integral $\int_a^b f$ einer Funktion $f : D \longrightarrow \mathbb{R}_0^+$ mit $[a\,,b] \subseteq D$ soll der Inhalt der Fläche sein, die im Bereich $[a\,,b]$ zwischen Graph und x-Achse liegt (siehe Abbildung 3.1). Die Idee des Integrals wurde in Abschnitt 1.7 bereits benutzt, um den natürli-

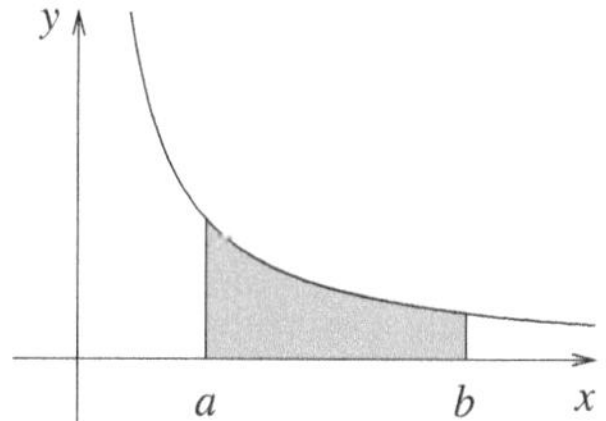

Abbildung 3.1: Fläche zwischen Graph und x-Achse in $[a\,,b]$

chen Logarithmus zu definieren: $\ln(b)$ ist der Flächeninhalt $\int_1^b f$ mit $f(x) = x^{-1}$; dabei wurde ein spezielles Näherungsverfahren verwendet, das nun verallgemeinert wird.

In den ersten drei Abschnitten stehen folgende Fragen im Mittelpunkt: Bei welchen Funktionen ist es überhaupt sinnvoll, von einem „Flächeninhalt" zu sprechen? Wie kann man einen solchen Begriff möglichst allgemein definieren? Welche grundlegenden Eigenschaften besitzt er? In Abschnitt 3.4 besprechen wir den *Hauptsatz der Differential- und Integralrechnung*, der einen engen Zusammenhang zwischen Ableitung und Integral herstellt. Damit können wir alle konkreten Beispiele von Funktionen, die wir bisher betrachtet haben, auf $x \longmapsto 1$, $x \longmapsto x$ und $x \longmapsto x^{-1}$ zurückführen. Außerdem kann man mit dem Hauptsatz viele Integrale sehr leicht berechnen. In 3.5 und 3.6 wird das Integral benutzt, um die Idee der Tangente zu verallgemeinern.

3.1 Treppenfunktionen

Die grundlegende Idee zur Berechnung von Integralen $\int\limits_a^b f$ lautet: Wenn man $[a,b]$ in kleine Teilintervalle zerlegt, dann kann man f innerhalb dieser Teilintervalle jeweils durch eine konstante Funktion annähern; dadurch entstehen Rechtecksflächen, die man leicht berechnen und aufsummieren kann; kleinere Teilintervalle ergeben dabei bessere Näherungen für das Integral.

Beispiel 3.1.1. Es sei $f(x) = x$ für alle $x \in \mathbb{R}$. Dann sollte $\int\limits_0^1 f$ natürlich $\frac{1}{2}$ sein, denn die zugehörige Fläche ist ein Dreieck mit Grundseite und Höhe 1. Das vorliegende Beispiel soll vor allem die oben angedeutete Idee erläutern:

Wir zerlegen $[0\,;1]$ durch $0 = \frac{0}{m} < \frac{1}{m} < \frac{2}{m} < \ldots < \frac{m}{m} = 1$ in m gleiche Teile, wobei $m \in \mathbb{N}$ (siehe Abbildung 3.2). Dann hat jedes Rechteck die Breite $\frac{1}{m}$. Als Höhe des Rechtecks über $\left[\frac{i-1}{m}\,;\frac{i}{m}\right]$ wählen wir $f\left(\frac{i}{m}\right) = \frac{i}{m}$; ein solches Rechteck hat dann den Flächeninhalt $\frac{i}{m^2}$. Die Summe dieser Rechtecksflächen ist für $m = 4$

$$\frac{1}{16} + \frac{2}{16} + \frac{3}{16} + \frac{4}{16} = \frac{1}{16} \cdot (1 + 2 + 3 + 4) = \frac{5}{8}\,.$$

Allgemein (siehe 1.4.11):

$$\sum_{i=1}^{m} \frac{i}{m^2} = \frac{1}{m^2} \sum_{i=1}^{m} i = \frac{1}{m^2} \cdot \frac{m(m+1)}{2} = \frac{1}{2} + \frac{1}{2m}\,.$$

Diese Summe konvergiert für $m \to \infty$ gegen $\frac{1}{2}$.　　　　　　　□

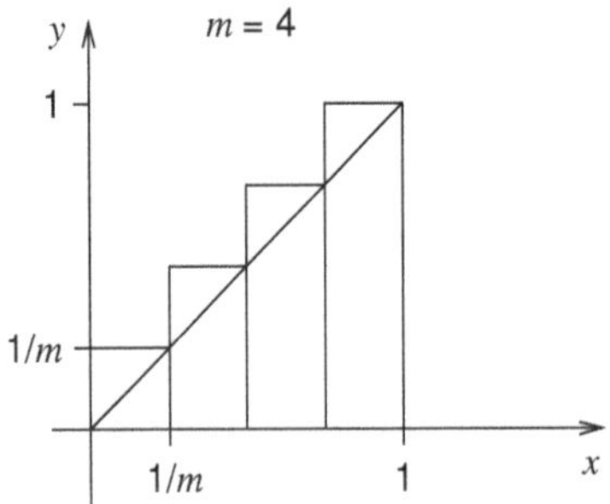

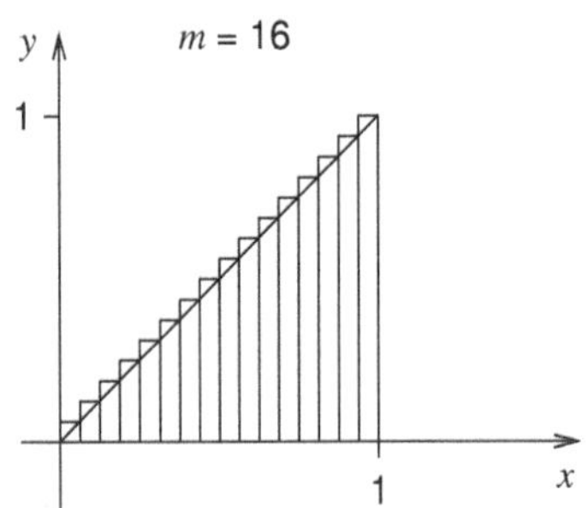

Abbildung 3.2: Näherungen des Integrals in Beispiel 3.1.1

Beispiel 3.1.2. Wir betrachten die Funktion $f : \mathbb{R} \longrightarrow \mathbb{R}$ mit

$$f(x) := \begin{cases} \frac{1}{2} & \text{für } x \in \mathbb{Q} \\ 1 & \text{für } x \in \mathbb{R} \setminus \mathbb{Q}\,. \end{cases}$$

Den zugehörigen Graphen (Abbildung 3.3) kann man eigentlich nur falsch zeichnen:
Die Linie auf der Höhe $\frac{1}{2}$ hat in Wahrheit unendlich viele, unendlich kleine Löcher,
nämlich für alle $x \in \mathbb{R} \setminus \mathbb{Q}$; genau dort hat dann die Linie auf der Höhe 1 ihre
Punkte, sonst lauter Löcher.

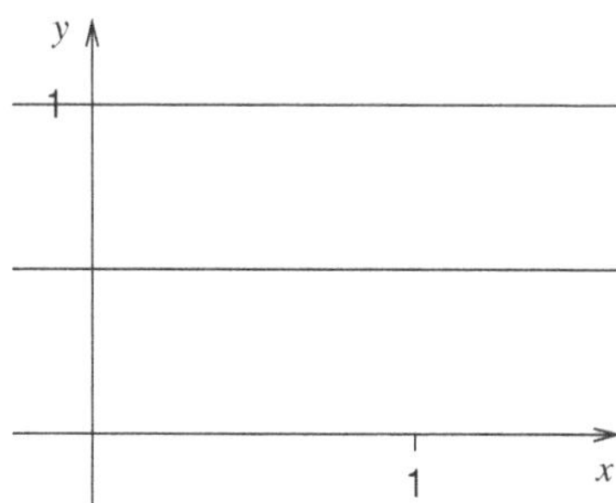

Abbildung 3.3: Ein merkwürdiger Graph (Beispiel 3.1.2)

Ist es sinnvoll, von einer Fläche zwischen Graph und x-Achse zu sprechen? Wenn
wir $\int_0^1 f$ (was auch immer das bedeuten mag) nach der gleichen Methode wie in
Beispiel 3.1.1 berechnen, dann erhalten wir folgendes: Alle Zerlegungspunkte $\frac{i}{m}$
liegen in $\mathbb{Q}$, das heißt $f\left(\frac{i}{m}\right)$ ist stets $\frac{1}{2}$; damit haben alle Rechtecke die Höhe $\frac{1}{2}$,
also ist $\int_0^1 f = \frac{1}{2}$.

Wenn wir aber Zerlegungspunkte in $\mathbb{R} \setminus \mathbb{Q}$ wählen, dann entstehen Rechtecke
der Höhe 1. Damit könnte $\int_0^1 f$ also auch 1 sein. $\qquad\qquad\square$

Beispiel 3.1.2 wirft folgende Fragen auf:

1. Bei welchen Funktionen ist es überhaupt sinnvoll, von einem „Flächeninhalt"
   zu sprechen? Solche Funktionen werden wir „integrierbar" nennen.

2. Wenn f „integrierbar" ist: Wie soll $\int_a^b f$ definiert werden? Insbesondere könnten verschiedene Zerlegungen von $[a\,,b]$ zu verschiedenen Werten führen.

Diese Fragen werden wir schrittweise für immer allgemeinere Funktionen klären:
Zunächst für konstante Funktionen, dann für Treppenfunktionen (das sind abschnittsweise konstante Funktionen) und schließlich für Funktionen, die man im Sin-
ne von Riemann durch Treppenfunktionen annähern kann (siehe Definition 3.2.2).

Konstante Funktionen f betrachten wir als integrierbar: Es gibt kaum Zweifel,
was $\int_a^b f$ bedeuten soll, da die zugehörige Fläche ein Rechteck ist.

Definition 3.1.3. Es sei $[a\,,b] \subseteq D \subseteq \mathbb{R}$, $f : D \longrightarrow \mathbb{R}$, $c \in \mathbb{R}$ und $f(x) = c$ für alle $x \in \,]a\,,b[$. Dann ist

$$\int\limits_a^b f \;:=\; \int\limits_a^b f(x)dx \;:=\; \int\limits_a^b c \;:=\; c \cdot (b-a)$$

das *Integral von f in* $[a\,,b]$.   □

Zum Beispiel ist $\int\limits_2^7 2 = 10$ und $\int\limits_1^9 -3 = -24$.

Man beachte: Die Werte $f(x)$ für $x \notin \,]a\,,b[$ spielen keine Rolle für das Integral. Außerdem kann c negativ sein. Das Integral enthält also zwei Informationen: Sein Betrag ist ein Flächeninhalt, und sein Vorzeichen hängt davon ab, ob der Graph von f oberhalb oder unterhalb der x-Achse liegt.

Unser Integralbegriff ist bisher noch sehr einfach. Wir formulieren aber trotzdem seine wichtigsten Eigenschaften: Sie dienen uns als roter Faden bis zum Ende von Abschnitt 3.2.

Es sei $Kons[a\,,b]$ die Menge aller Funktionen $f : [a\,,b] \longrightarrow \mathbb{R}$, die im offenen Intervall $]a\,,b[$ konstant sind. $Kons[a\,,b]$ ist eine Teilmenge von $\mathbb{R}^{[a,b]}$, die *alle* Funktionen $f : [a\,,b] \longrightarrow \mathbb{R}$ enthält. Es gilt sogar:

Lemma 3.1.4. *$Kons[a\,,b]$ ist ein Untervektorraum und Teilring von $\mathbb{R}^{[a,b]}$, das heißt es gilt:*

1. Die konstante Funktion 1 liegt in $Kons[a\,,b]$;

2. $\lambda \in \mathbb{R}$ und $f,g \in Kons[a\,,b] \;\Longrightarrow\; \lambda f\,,\, f+g\,,\, f\cdot g \,\in\, Kons[a\,,b]$.

BEWEIS. Übung!   □

Unser Integral kann als Funktion mit Definitionsmenge $Kons[a\,,b]$ und Zielmenge $\mathbb{R}$ betrachtet werden: In $\int\limits_a^b(\ldots)$ wird ein Element $f \in Kons[a\,,b]$ eingesetzt; als Wert entsteht dann die Zahl $\int\limits_a^b f$. Wer bisher nur *Zahlen* in Funktionen eingesetzt hat, dem mag es ungewohnt erscheinen, dass man auch *Funktionen* in (andere) Funktionen einsetzen kann. Dahinter verbirgt sich aber kein großes Geheimnis: Wurden bisher Zahlen auf Zahlen zugeordnet, so werden jetzt eben Funktionen auf Zahlen zugeordnet. (Eine Funktion, wie etwa das Integral, in die man Funktionen einsetzt, wird manchmal auch als *Operator* oder *Funktional* bezeichnet.)

Beispiel 3.1.5. Sei $[a\,,b] = [1\,;5]$ und $f_k : [1\,;5] \longrightarrow \mathbb{R}$ konstant mit $f_k(x) = k$. Die Funktion $\int\limits_1^5 : Kons[1\,;5] \longrightarrow \mathbb{R}$, $f \longmapsto \int\limits_1^5 (f)$ hat eine recht einfache Zuordnungsvorschrift; z.B. wird die Funktion f_3 auf die Zahl $\int\limits_1^5 (f_3) = 3 \cdot 4 = 12$ zugeordnet, oder die Funktion f_7 auf die Zahl $\int\limits_1^5 (f_7) = 7 \cdot 4 = 28$; allgemein: $f_k \longmapsto \int\limits_1^5 (f_k) = k \cdot 4$. □

Lemma 3.1.6. *Die Funktion* $\int_a^b : Kons[a,b] \longrightarrow \mathbb{R}$, $f \longmapsto \int_a^b f$ *ist linear und monoton, das heißt für alle* $\lambda \in \mathbb{R}$ *und* $f, g \in Kons[a,b]$ *gilt*

1. $\int_a^b (\lambda f) = \lambda \int_a^b (f)$ *und* $\int_a^b (f+g) = \int_a^b (f) + \int_a^b (g)$.

2. $f \leq g \implies \int_a^b (f) \leq \int_a^b (g)$.

Dabei bedeutet $f \leq g$, *dass* $f(x) \leq g(x)$ *für alle* $x \in [a,b]$.

BEWEIS. Es sei $\lambda \in \mathbb{R}$ und $f, g \in Kons[a,b]$. Dann gibt es $c, d \in \mathbb{R}$ mit $f(x) = c$ und $g(x) = d$ für alle $x \in \,]a,b[$. Somit:

$$\int_a^b (\lambda f) \;=\; (\lambda c)(b-a) \;=\; \lambda \cdot c(b-a) \;=\; \lambda \int_a^b (f)$$

$$\int_a^b (f+g) \;=\; (c+d)(b-a) \;=\; c(b-a) + d(b-a) \;=\; \int_a^b (f) + \int_a^b (g)$$

$$\int_a^b (f) \;=\; c(b-a) \;\leq\; d(b-a) \;=\; \int_a^b (g) \;\;,\;\; \text{wenn } c \leq d$$

(bei einem Intervall $[a,b]$ ist stets $a \leq b$, also $b - a \geq 0$). $\qquad\square$

Im Allgemeinen ist $\int_a^b (f \cdot g) \neq \int_a^b (f) \cdot \int_a^b (g)$, zum Beispiel

$$\int_0^5 (2 \cdot 3) \;=\; 2 \cdot 3 \cdot 5 \;\neq\; 2 \cdot 5 \cdot 3 \cdot 5 \;=\; \int_0^5 (2) \cdot \int_0^5 (3) \;,$$

das heißt $\int_a^b : Kons[a,b] \longrightarrow \mathbb{R}$ ist kein Ring-Homomorphismus (siehe 2.6.20).

Als nächstes betrachten wir *Treppenfunktionen*. Das sind Funktionen, die abschnittsweise konstant sind, wie etwa die Funktion in Abbildung 3.4.

Definition 3.1.7. Es sei $[a,b]$ ein Intervall.

1. Eine *Zerlegung von* $[a,b]$ ist eine endliche Folge $(x_0, x_1, \ldots, x_m)$, sodass $a = x_0 < x_1 < \ldots < x_m = b$.

2. Eine Funktion $t : [a,b] \longrightarrow \mathbb{R}$ heißt *Treppenfunktion*, wenn es eine Zerlegung $(x_0, x_1, \ldots, x_m)$ von $[a,b]$ gibt, sodass für alle $i \in \{1, \ldots, m\}$ gilt: t ist in $\,]x_{i-1}, x_i[$ konstant. $Trep[a,b]$ sei die Menge aller Treppenfunktionen $t : [a,b] \longrightarrow \mathbb{R}$. $\qquad\square$

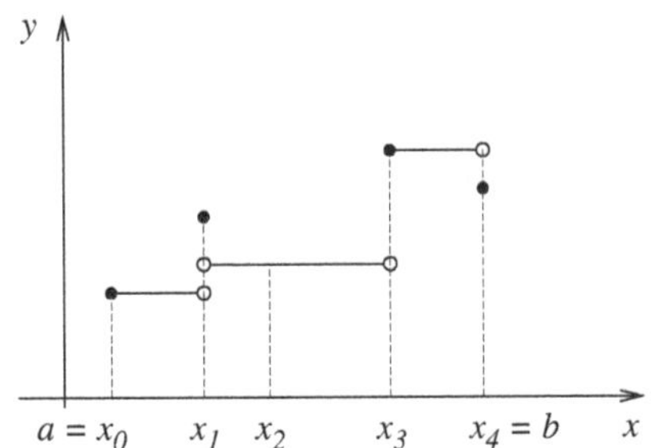

Abbildung 3.4: Treppenfunktion mit Zerlegung $(x_0, x_1, x_2, x_3, x_4)$

Zum Beispiel sind $(1\,;2\,;\frac{8}{3}\,;5)$ und $(1\,;5)$ Zerlegungen von $[\,1\,;5\,]$, aber $(1\,;2\,;2\,;5)$ und $(1\,;3\,;2\,;5)$ sind keine Zerlegungen. $[a\,,b]$ hat im Fall $a = b$ nur eine einzige Zerlegung, nämlich (a); dabei ist $m = 0$, $a = x_0 = b$ und $\{1, \ldots, m\} = \{\}$.

Nicht jede Zerlegung passt zu jeder Treppenfunktion. Zum Beispiel ist $(a, \frac{a+b}{2}, b)$ für $a < b$ zwar eine Zerlegung von $[a\,,b]$, aber keine Zerlegung für die Treppenfunktion in Abbildung 3.4. Daher legen wir fest:

Definition 3.1.8. Es sei $t : [a\,,b] \longrightarrow \mathbb{R}$ eine Treppenfunktion. Eine *Zerlegung für* t ist eine Zerlegung $(x_0, x_1, \ldots, x_m)$ von $[a\,,b]$, sodass für alle $i \in \{1, \ldots, m\}$ gilt: t ist in $]\,x_{i-1}\,, x_i\,[$ konstant. $\qquad\square$

Nach 3.1.4 ist $Kons[a\,,b]$ ein Untervektorraum und Teilring von $\mathbb{R}^{[a,b]}$. Das gilt auch für $Trep[a\,,b]$. Zum Beweis benötigen wir den Begriff der *Verfeinerung* und drei einfache Hilfssätze.

Definition 3.1.9. Es seien $Z_1 = (x_0, x_1, \ldots, x_m)$ und $Z_2 = (y_0, y_1, \ldots, y_n)$ Zerlegungen von $[a\,,b]$. Z_2 heißt *feiner* als Z_1, wenn $\{x_0, x_1, \ldots, x_m\} \subseteq \{y_0, y_1, \ldots, y_n\}$. Eine *gemeinsame Verfeinerung* von Z_1 und Z_2 ist eine Zerlegung von $[a\,,b]$, die feiner als Z_1 und Z_2 ist. $\qquad\square$

Eine feinere Zerlegung entsteht also, wenn man weitere Zerlegungspunkte hinzunimmt. Zum Beispiel ist $(1\,;2\,;3\,;4\,;5)$ eine gemeinsame Verfeinerung von $(1\,;2\,;5)$ und $(1\,;4\,;5)$.

Lemma 3.1.10. *Zu je zwei Zerlegungen eines Intervalls gibt es stets eine gemeinsame Verfeinerung.*

BEWEIS. Es seien $(x_0, x_1, \ldots, x_m)$ und $(y_0, y_1, \ldots, y_n)$ Zerlegungen von $[a\,,b]$. Wenn man die Zahlen in $\{x_0, x_1, \ldots, x_m, y_0, y_1, \ldots, y_n\}$ der Größe nach anordnet (wobei keine Zahl doppelt verwendet wird), dann erhält man eine gemeinsame Verfeinerung. $\qquad\square$

Lemma 3.1.11. *Es seien $Z_1 = (x_0, x_1, \ldots, x_m)$ und $Z_2 = (y_0, y_1, \ldots, y_n)$ Zerlegungen von $[a\,,b]$, wobei Z_2 feiner als Z_1 ist, und $j \in \{1, \ldots, n\}$. Dann gibt es ein $i \in \{1, \ldots, m\}$ mit $]\,y_{j-1}\,, y_j\,[\subseteq \,]\,x_{i-1}\,, x_i\,[$.*

BEWEIS. Z_1 ist eine Zerlegung von $[a,b]$, und $y_{j-1} \in [a,b[$, also existiert ein $i \in \{1,\ldots,m\}$ mit $y_{j-1} \in [x_{i-1},x_i[$. Es gibt ein k mit $x_i = y_k$, da Z_2 feiner als Z_1 ist. Damit ist $y_{j-1} < y_k$, also $y_j \le y_k$.
Insgesamt folgt $x_{i-1} \le y_{j-1} < y_j \le x_i$, und damit die Behauptung. $\square$

Lemma 3.1.12. *Es sei $Z = (x_0, x_1, \ldots, x_m)$ eine Zerlegung für eine Treppenfunktion $t : [a,b] \longrightarrow \mathbb{R}$. Dann ist jede feinere Zerlegung von $[a,b]$ ebenfalls eine Zerlegung für t.*

BEWEIS. Es sei $Z_2 = (y_0, y_1, \ldots, y_n)$ feiner als Z_1 und $j \in \{1,\ldots,n\}$.
Zu zeigen: t ist in $]y_{j-1}, y_j[$ konstant.
Nach Lemma 3.1.11 gibt es ein $i \in \{1,\ldots,m\}$ mit $]y_{j-1}, y_j[\subseteq]x_{i-1}, x_i[$. Z_1 ist eine Zerlegung für t, also ist t in $]x_{i-1}, x_i[$ konstant; damit ist t auch in $]y_{j-1}, y_j[$ konstant. $\square$

Lemma 3.1.13. *$Trep[a,b]$ ist ein Untervektorraum und Teilring von $\mathbb{R}^{[a,b]}$, das heißt es gilt:*

1. *Die konstante Funktion 1 liegt in $Trep[a,b]$;*

2. *$\lambda \subset \mathbb{R}$ und $s,t \in Trep[a,b] \implies \lambda t, s+t, s \cdot t \in Trep[a,b]$.*

BEWEIS. Die Aussagen $1 \in Trep[a,b]$ und $\lambda t \in Trep[a,b]$ sind unmittelbar klar. Es seien $s,t \in Trep[a,b]$, Z_1 eine Zerlegung für s und Z_2 eine Zerlegung für t. Nach 3.1.10 gibt es eine gemeinsame Verfeinerung $Z_3 = (x_0, x_1, \ldots, x_m)$, die nach 3.1.12 eine Zerlegung für s und für t ist. Somit:

$$\text{Für alle } i \in \{1,\ldots,m\} \text{ sind } s \text{ und } t \text{ in }]x_{i-1}, x_i[\text{ konstant.}$$

Aber dann sind auch $s+t$ und $s \cdot t$ in $]x_{i-1}, x_i[$ konstant, das heißt $s+t$ und $s \cdot t$ liegen in $Trep[a,b]$. $\square$

Treppenfunktionen betrachten wir ebenfalls als integrierbar: Die zugehörigen Flächen setzen sich aus endlich vielen Rechtecken zusammen; und für die einzelnen Rechtecke haben wir in 3.1.3 bereits ein Integral $\int_{x_{i-1}}^{x_i} t$ definiert.

Definition 3.1.14. Sei $Z = (x_0, x_1, \ldots, x_m)$ eine Zerlegung für eine Treppenfunktion $t : [a,b] \longrightarrow \mathbb{R}$. Dann ist

$$\int_Z t := \sum_{i=1}^{m} \int_{x_{i-1}}^{x_i} t$$

das *Integral von t bezüglich Z*. $\square$

Für den Fall $a = b$ in 3.1.14 ist $m = 0$ und $\sum_{i=1}^{0} \ldots = 0$ (siehe 1.4.11), also $\int_Z t = 0$.

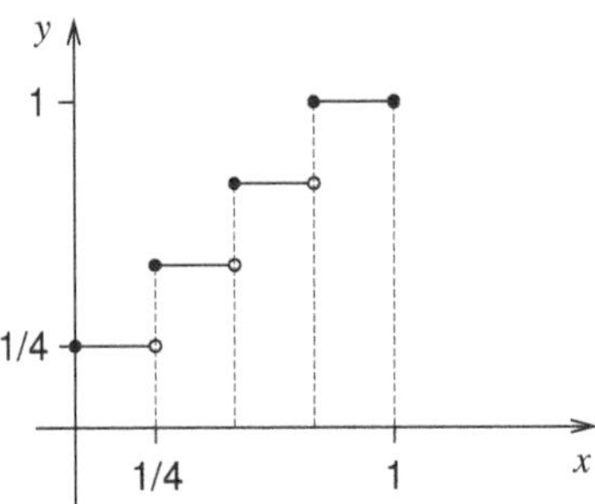

Abbildung 3.5: Treppenfunktion in Beispiel 3.1.15

Beispiel 3.1.15. Für $i \in \{1; 2; 3; 4\}$ sei (siehe Abbildung 3.5)

$$t(1) := 1 \text{ und } t(x) := \tfrac{i}{4} \text{ für } x \in \left[\tfrac{i-1}{4}, \tfrac{i}{4} \right[\, .$$

Dann ist t eine Treppenfunktion, $Z := (0, \tfrac{1}{4}, \tfrac{2}{4}, \tfrac{3}{4}, 1)$ eine Zerlegung für t und

$$\int_Z t = \int_0^{\frac{1}{4}} \frac{1}{4} + \int_{\frac{1}{4}}^{\frac{2}{4}} \frac{2}{4} + \int_{\frac{2}{4}}^{\frac{3}{4}} \frac{3}{4} + \int_{\frac{3}{4}}^{1} 1 = \frac{1}{16} + \frac{2}{16} + \frac{3}{16} + \frac{4}{16} = \frac{5}{8} \, .$$

$\qquad\qquad\qquad\qquad\qquad\qquad\qquad\qquad\qquad\qquad\qquad\qquad\qquad\qquad\qquad\qquad\qquad\qquad\square$

Man beachte, dass das Integral in 3.1.14 ausdrücklich *bezüglich einer Zerlegung* definiert wird. Beispiel 3.1.2 zeigt, dass man sehr sorgfältig prüfen sollte, ob Integrale eventuell von Zerlegungen abhängen. Satz 3.1.18 zeigt, dass das Integral einer Treppenfunktion t nicht von den Zerlegungen für t abhängt. Zunächst zwei Hilfssätze:

Lemma 3.1.16. *Es seien $Z_1 = (x_0, x_1, \ldots, x_m)$ und Z_2 Zerlegungen für eine Treppenfunktion $t : [a, b] \longrightarrow \mathbb{R}$, wobei Z_2 aus Z_1 durch Hinzunahme genau einer weiteren Zahl y entsteht. Dann gilt $\int_{Z_1} t = \int_{Z_2} t$.*

BEWEIS. Nach Voraussetzung gibt es ein $k \in \{1, \ldots, m\}$ mit

$$Z_2 = (x_0, \ldots, x_{k-1}, y, x_k, \ldots, x_m) \, ,$$

also ist

$$\int_{Z_2} t = \left(\sum_{i=1}^{k-1} \int_{x_{i-1}}^{x_i} t \right) + \int_{x_{k-1}}^{y} t + \int_{y}^{x_k} t + \left(\sum_{i=k+1}^{m} \int_{x_{i-1}}^{x_i} t \right) \, .$$

Da t in $]x_{k-1}, x_k[$ konstant ist, folgt $\int_{x_{k-1}}^{y} t + \int_{y}^{x_k} t = \int_{x_{k-1}}^{x_k} t$, und damit die Behauptung.

$\qquad\qquad\qquad\qquad\qquad\qquad\qquad\qquad\qquad\qquad\qquad\qquad\qquad\qquad\qquad\qquad\qquad\qquad\square$

Lemma 3.1.17. *Es seien $Z_1 = (x_0, x_1, \ldots, x_m)$ und $Z_2 = (y_0, y_1, \ldots, y_n)$ Zerlegungen für eine Treppenfunktion $t : [a, b] \longrightarrow \mathbb{R}$, wobei Z_2 feiner als Z_1 ist. Dann gilt $\int_{Z_1} t = \int_{Z_2} t$.*

BEWEIS. Da Z_2 feiner als Z_1 ist, gilt $m \le n$. Im Fall $m = n$ ist $Z_1 = Z_2$ und die Behauptung klar. Im Fall $m < n$ gibt es eine endliche Folge von Zerlegungen

$$Z_1 = Z_{1,0} \, , \; Z_{1,1} \, , \; Z_{1,2} \, , \; \ldots \, , \; Z_{1,k} = Z_2 \, ,$$

sodass $Z_{1,i+1}$ aus $Z_{1,i}$ durch Hinzunahme genau einer weiteren Zahl entsteht. Nach 3.1.16 folgt

$$\int_{Z_{1,0}} t \; = \; \int_{Z_{1,1}} t \; = \; \int_{Z_{1,2}} t \; = \ldots = \; \int_{Z_{1,k}} t \, ,$$

und damit die Behauptung. $\qquad\square$

Satz 3.1.18. *Es seien Z_1, Z_2 Zerlegungen für die Treppenfunktion $t : [a, b] \longrightarrow \mathbb{R}$. Dann gilt $\int_{Z_1} t = \int_{Z_2} t$.*

BEWEIS. Nach 3.1.10 gibt es eine gemeinsame Verfeinerung Z_3, die nach 3.1.12 ebenfalls eine Zerlegung für t ist. Mit 3.1.17 folgt

$$\int_{Z_1} t \; = \; \int_{Z_3} t \; = \; \int_{Z_2} t \, . \qquad\square$$

Das Integral in Definition 3.1.14 hängt also nicht von der Wahl einer Zerlegung für t ab. Daher legen wir fest:

Definition 3.1.19. Es sei $t : [a, b] \longrightarrow \mathbb{R}$ eine Treppenfunktion und Z eine Zerlegung für t. Dann ist

$$\int_a^b t \; := \; \int_a^b t(x)dx \; := \; \int_Z t$$

das *Integral von t*. $\qquad\square$

Auch für das Integral von Treppenfunktionen gelten folgende Rechenregeln (vergleiche 3.1.6):

Lemma 3.1.20. *Die Funktion $\int_a^b : \mathrm{Trep}[a, b] \longrightarrow \mathbb{R}, \, t \longmapsto \int_a^b t$ ist linear und monoton, das heißt für alle $\lambda \in \mathbb{R}$ und $s, t \in \mathrm{Trep}[a, b]$ gilt*

1. $\int_a^b (\lambda t) = \lambda \int_a^b (t)$ *und* $\int_a^b (s + t) = \int_a^b (s) + \int_a^b (t)$;

2. $s \le t \implies \int_a^b (s) \le \int_a^b (t)$.

BEWEIS. Es sei $\lambda \in \mathbb{R}$, $s, t \in Trep[a\,,b]$ und $Z = (x_0, x_1, \ldots, x_m)$ eine gemeinsame Zerlegung für s und t (die nach 3.1.10 und 3.1.12 existiert). Dann folgt mit 3.1.6:

$$\int_a^b (\lambda t) \;=\; \sum_{i=1}^m \int_{x_{i-1}}^{x_i} (\lambda t) \;=\; \sum_{i=1}^m \lambda \int_{x_{i-1}}^{x_i} (t) \;=\; \lambda \sum_{i=1}^m \int_{x_{i-1}}^{x_i} (t) \;=\; \lambda \int_a^b (t)$$

$$\int_a^b (s+t) \;=\; \sum_{i=1}^m \int_{x_{i-1}}^{x_i} (s+t) \;=\; \sum_{i=1}^m \left(\int_{x_{i-1}}^{x_i} (s) + \int_{x_{i-1}}^{x_i} (t) \right) \;=\; \int_a^b (s) + \int_a^b (t)$$

$$\int_a^b (s) \;=\; \sum_{i=1}^m \int_{x_{i-1}}^{x_i} (s) \;\leq\; \sum_{i=1}^m \int_{x_{i-1}}^{x_i} (t) \;=\; \int_a^b (t) \;,\ \text{wenn } s \leq t\,. \qquad \square$$

Eine weitere Rechenregel ist die sogenannte *Intervall-Additivität*:

Lemma 3.1.21. *Es sei $a \leq b \leq c$, $t : [a\,,c] \longrightarrow \mathbb{R}$ eine Treppenfunktion und t_1 bzw. t_2 die Einschränkung von t auf $[a\,,b]$ bzw. $[b\,,c]$.*
Dann ist $\int_a^c (t) \;=\; \int_a^b (t_1) + \int_b^c (t_2)\,.$

BEWEIS. Übung! $\qquad \square$

In Zukunft werden wir statt $\int_a^b t_1$ (wie in 3.1.21) einfach $\int_a^b t$ schreiben:

Definition 3.1.22. Es sei $[a_1\,,b_1] \subseteq [a\,,b]$, $t : [a\,,b] \longrightarrow \mathbb{R}$ eine Treppenfunktion und t_1 die Einschränkung von t auf $[a_1\,,b_1]$. Dann ist $\int_{a_1}^{b_1} t := \int_{a_1}^{b_1} t_1\,.$ $\qquad \square$

Aufgaben

1. Beweisen Sie Lemma 3.1.4.

2. Widerlegen Sie: $f < g \;\Longrightarrow\; \int_a^b (f) < \int_a^b (g)\,.$

3. Für welche $a, b, c, d \in \mathbb{R}$ gilt $\int_a^b (c \cdot d) = \int_a^b (c) \cdot \int_a^b (d)$?

4. Bestimmen Sie Zerlegungen und Treppenfunktionen für die Abbildungen 1.21 und 1.22 in Abschnitt 1.7.

5. Es sei $\mathcal{Z}[a\,,b]$ die Menge aller Zerlegungen von $[a\,,b]$. „$Z_1 \prec Z_2$" soll bedeuten: Z_2 ist feiner als Z_1. Zeigen Sie:

   (a) $Z \prec Z$ für alle $Z \in \mathcal{Z}[a\,,b]$.

   (b) $Z_1 \prec Z_2$ und $Z_2 \prec Z_3 \implies Z_1 \prec Z_3$ für $Z_1, Z_2, Z_3 \in \mathcal{Z}[a\,,b]$.

   (c) $\forall\, Z_1, Z_2 \in \mathcal{Z}[a\,,b]\ \exists\, Z_3 \in \mathcal{Z}[a\,,b]:\ Z_1 \prec Z_3$ und $Z_2 \prec Z_3$.

   (d) Im Fall $a < b\ \exists\, Z_1, Z_2 \in \mathcal{Z}[a\,,b]:$ weder $Z_1 \prec Z_2$ noch $Z_2 \prec Z_1$.

6. Beweisen Sie Lemma 3.1.21.

7. Für $f : [a\,,b] \longrightarrow \mathbb{R}$ sei $S_a^b(f) := \sum_{i=k}^{l} f(i)$ mit $\{k,\ldots,l\} = [a\,,b[\,\cap\,\mathbb{Z}$. Ist $S_a^b(\ldots)$ linear, monoton, Intervall-additiv, ein Ring-Homomorphismus? Bestimmen Sie Treppenfunktionen t mit $S_a^b(t) = \int_a^b (t)$ bzw. $S_a^b(t) \neq \int_a^b (t)$.

3.2   Riemann-Integral

Der Begriff des *Riemann-Integrals* kombiniert die Idee, die am Anfang von Abschnitt 3.1 angedeutet wurde, mit einer Idee, die auch bei Intervallschachtelungen verwendet wird. Zur Erinnerung: Eine Intervallschachtelung ist eine Folge von Intervallen $[l_n\,,r_n]$, und kann zum Beispiel benutzt werden, um $\sqrt{2}$ zu definieren. Dabei soll $l_n \leq \sqrt{2} \leq r_n$ gelten, aber natürlich kann man $\sqrt{2}$ nicht benutzen, um $\sqrt{2}$ zu definieren. Daher fordert man:

1. $l_n^2 \leq 2 \leq r_n^2$ für alle $n \in \mathbb{N}$;

2. $\lim\limits_{n\to\infty} (r_n - l_n) = 0$.

Dann ist $\sqrt{2} := \lim\limits_{n\to\infty} l_n = \lim\limits_{n\to\infty} r_n$.

Das übertragen wir auf Integrale: „ $\int\limits_a^b f$ “ soll auch für Funktionen f definiert werden, die nicht notwendig Treppenfunktionen sind. Unsere Absicht ist, ein solches Integral durch zwei Folgen von Treppenfunktionen s_n und t_n einzugrenzen (denn für Treppenfunktionen kennen wir bereits ein Integral): $\int\limits_a^b s_n \ \leq \ \text{„}\int\limits_a^b f\text{“} \ \leq \ \int\limits_a^b t_n$.

Natürlich kann man „ $\int\limits_a^b f$ “ nicht benutzen, um „ $\int\limits_a^b f$ “ zu definieren. Daher fordern wir (und denken dabei an die Monotonie des Integrals):

1. $s_n \leq f \leq t_n$ für alle $n \in \mathbb{N}$;

2. $\lim\limits_{n\to\infty} \left(\int\limits_a^b (t_n) - \int\limits_a^b (s_n) \right) = 0$,

wobei $f \leq g$ für Funktionen $f, g : D \longrightarrow \mathbb{R}$ bedeutet: $f(x) \leq g(x)$ für alle $x \in D$.
Dann wäre „ $\int\limits_a^b f$ “ $:= \lim\limits_{n\to\infty} \int\limits_a^b s_n = \lim\limits_{n\to\infty} \int\limits_a^b t_n$ denkbar. Mit dieser Idee sind zwei interessante Fragen verbunden:

1. Für manche f gibt es keine Folgen $(s_n)_n$ und $(t_n)_n$ mit den soeben genannten Eigenschaften (siehe Beispiel 3.2.1). Wie bekommt man die Menge aller f in den Griff, für die geeignete $(s_n)_n$ und $(t_n)_n$ existieren?

2. Für manche f gibt es mehrere geeignete Folgen $(s_n)_n\,,(\tilde{s}_n)_n\,,(t_n)_n\,,(\tilde{t}_n)_n$; gilt dann immer $\lim\limits_{n\to\infty} \int\limits_a^b s_n = \lim\limits_{n\to\infty} \int\limits_a^b \tilde{s}_n = \lim\limits_{n\to\infty} \int\limits_a^b t_n = \lim\limits_{n\to\infty} \int\limits_a^b \tilde{t}_n$, oder muss man sich zur eindeutigen Festlegung von „ $\int\limits_a^b f$ “ noch etwas anderes überlegen?

Beispiel 3.2.1. Es sei $f : \mathbb{R} \longrightarrow \mathbb{R}$ die Funktion in 3.1.2 und $s_n, t_n : [0\,;1] \longrightarrow \mathbb{R}$ Treppenfunktionen mit $s_n \leq f \leq t_n$. Dann ist $\int\limits_0^1 s_n \leq \frac{1}{2}$ und $\int\limits_0^1 t_n \geq 1$, denn jedes Intervall, das mehr als einen Punkt enthält, enthält sowohl rationale als auch irrationale Zahlen. Damit kann $\int_0^1 (t_n) - \int_0^1 (s_n)$ nicht gegen 0 konvergieren. $\qquad\square$

Wir untersuchen im Folgenden zunächst die grundlegenden Eigenschaften der Menge aller Funktionen f, für die es geeignete $(s_n)_n$ und $(t_n)_n$ gibt.

Definition 3.2.2. Eine Funktion $f : [a\,,b] \longrightarrow \mathbb{R}$ heißt *(Riemann-)integrierbar*, wenn es zwei Folgen von Treppenfunktionen $s_n, t_n : [a\,,b] \longrightarrow \mathbb{R}$ gibt, sodass

1. $s_n \leq f \leq t_n$ für alle $n \in \mathbb{N}$;

2. $\displaystyle\lim_{n \to \infty} \int_a^b (t_n - s_n) = 0$.

$\mathcal{I}[a\,,b]$ sei die Menge der integrierbaren Funktionen $f : [a\,,b] \longrightarrow \mathbb{R}$. $\qquad\square$

Beispiel 3.2.3. Für alle $a \leq b$ ist $f : [a\,,b] \longrightarrow \mathbb{R}$, $x \longmapsto x$ integrierbar: Sei $n \in \mathbb{N}$ und $h_n := \frac{b-a}{n}$. Für $i \in \{1; 2; \dots; n\}$ sei (siehe Abbildung 3.6)

$$t_n(b) := b \text{ und } t_n(x) := a + ih_n \text{ für } x \in [a + (i-1)h_n\,, a + ih_n[\ .$$

t_n ist eine Treppenfunktion mit Zerlegung $(a, a + h_n, a + 2h_n, \dots, b)$. Definiere s_n durch $s_n(x) := t_n(x) - h_n$ für alle $x \in [a\,,b]$. Dann ist $s_n \leq f \leq t_n$ für alle $n \in \mathbb{N}$, und

$$\int_a^b (t_n - s_n) = \int_a^b \frac{h-a}{n} = \frac{(b-a)^2}{n} \to 0 \quad \text{für } n \to \infty\ . \qquad\square$$

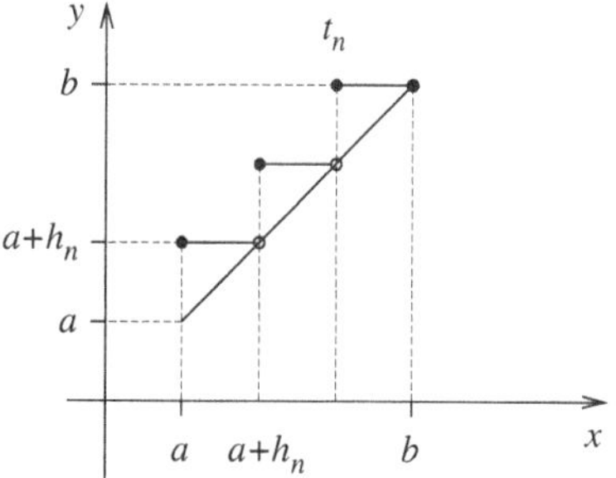

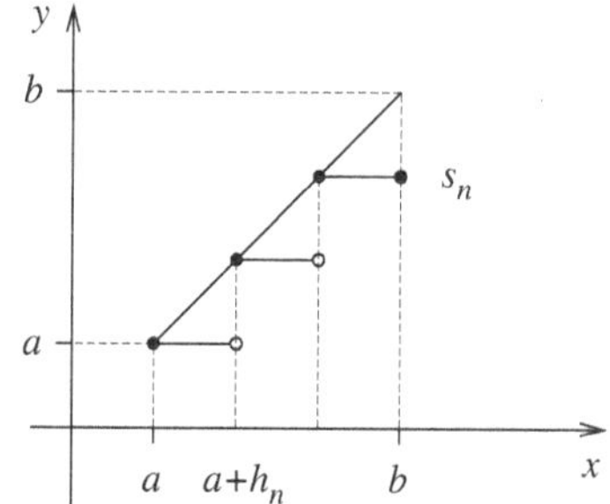

Abbildung 3.6: Treppenfunktionen t_n und s_n in Beispiel 3.2.3

Satz 3.2.4. $\mathcal{I}[a\,,b]$ *ist ein Untervektorraum von* $\mathbb{R}^{[a,b]}$*, das heißt* $\mathcal{I}[a\,,b]$ *ist nicht leer, und für alle* $\lambda \in \mathbb{R}$ *und* $f, g \in \mathcal{I}[a\,,b]$ *sind* λf *und* $f + g$ *in* $\mathcal{I}[a\,,b]$.

BEWEIS. $\mathcal{I}[a\,,b]$ ist nicht leer, da konstante Funktionen integrierbar sind.
Es sei $\lambda \in \mathbb{R}$ und $f, g \in \mathcal{I}[a\,,b]$. Nach Definition gibt es Treppenfunktionen s_n, t_n, u_n, v_n mit

1. $s_n \leq f \leq t_n$ und $u_n \leq g \leq v_n$ für alle $n \in \mathbb{N}$;

2. $\displaystyle\lim_{n\to\infty} \int_a^b (t_n - s_n) \;=\; 0 \;=\; \lim_{n\to\infty} \int_a^b (v_n - u_n)$.

Dann gilt $\lambda s_n \leq \lambda f \leq \lambda t_n$ oder $\lambda s_n \geq \lambda f \geq \lambda t_n$ für alle $n \in \mathbb{N}$ (je nach Vorzeichen von λ), und mit 3.1.20 folgt

$$\lim_{n\to\infty} \int_a^b (\lambda t_n - \lambda s_n) \;=\; \lim_{n\to\infty} \lambda \int_a^b (t_n - s_n) \;=\; 0 \,,$$

also $\lambda f \in \mathcal{I}[a\,,b]$.
Außerdem ist $s_n + u_n \leq f + g \leq t_n + v_n$ für alle $n \in \mathbb{N}$, und

$$\lim_{n\to\infty} \int_a^b (t_n + v_n - u_n - s_n) \;=\; \lim_{n\to\infty} \left(\int_a^b (t_n - s_n) + \int_a^b (v_n - u_n) \right) \;=\; 0 \,,$$

also folgt $f + g \in \mathcal{I}[a\,,b]$. $\hfill\square$

Für den Beweis, dass $\mathcal{I}[a\,,b]$ auch ein Teilring von $\mathbb{R}^{[a,b]}$ ist, treffen wir einige Vorbereitungen: Für $D \subseteq \mathbb{R}$ und $f : D \longrightarrow \mathbb{R}$ werden durch

$$f^+(x) := \begin{cases} f(x) & \text{für } f(x) > 0 \\ 0 & \text{sonst} \end{cases} \qquad \text{und} \qquad f^-(x) := \begin{cases} f(x) & \text{für } f(x) < 0 \\ 0 & \text{sonst} \end{cases}$$

Funktionen $f^+, f^- : D \longrightarrow \mathbb{R}$ definiert.

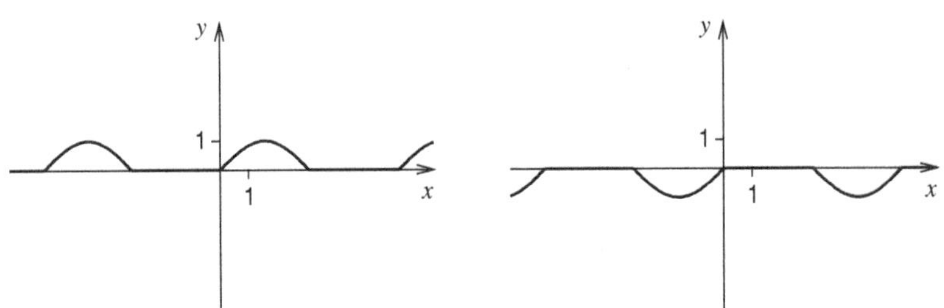

Abbildung 3.7: $\sin^+$ und $\sin^-$

Lemma 3.2.5. *Für alle Funktionen* $f, g : D \longrightarrow \mathbb{R}$ *gilt:*

$$f \leq g \quad \Longrightarrow \quad f^+ \leq g^+ \;\; und \;\; 0 \leq g^+ - f^+ \leq g - f \,.$$

BEWEIS. Es seien $f, g : D \longrightarrow \mathbb{R}$ Funktionen mit $f \leq g$.
In jedem Fall gilt $f^+ \leq g^+$:
1. Fall: $f(x) > 0$. Dann ist $f^+(x) = f(x)$ und $g^+(x) = g(x)$, also $f^+(x) \leq g^+(x)$.
2. Fall: $f(x) \leq 0$. Dann ist $f^+(x) = 0 \leq g^+(x)$.

In jedem Fall gilt $g^+ - f^+ \leq g - f$:

1. Fall: $g(x) > 0$. Dann ist $g^+(x) = g(x)$, also $g^+(x) - f^+(x) \leq g(x) - f(x)$ wegen $f(x) \leq f^+(x)$.

2. Fall: $g(x) \leq 0$. Dann ist $f^+(x) = g^+(x) = 0$, also $g^+(x) - f^+(x) = 0$, und damit $g^+(x) - f^+(x) \leq g(x) - f(x)$. $\qquad\square$

Lemma 3.2.6. *Für alle $f \in \mathcal{I}[a\,,b]$ sind $f^+, f^-, |f| \in \mathcal{I}[a\,,b]$.*

BEWEIS. Es sei $f \in \mathcal{I}[a\,,b]$. Dann gibt es Treppenfunktionen s_n, t_n mit

$$s_n \leq f \leq t_n \text{ für alle } n \in \mathbb{N}, \quad \text{und} \quad \lim_{n\to\infty} \int_a^b (t_n - s_n) = 0 \,.$$

s_n^+ und t_n^+ sind ebenfalls Treppenfunktionen, und mit 3.2.5 folgt

$$s_n^+ \leq f^+ \leq t_n^+ \text{ für alle } n \in \mathbb{N}, \quad \text{und} \quad \lim_{n\to\infty} \int_a^b (t_n^+ - s_n^+) = 0 \,,$$

also ist $f^+ \in \mathcal{I}[a\,,b]$.

Nach 3.2.4 ist $-f \in \mathcal{I}[a\,,b]$, also $(-f)^+ \in \mathcal{I}[a\,,b]$, also $-\big((-f)^+\big) \in \mathcal{I}[a\,,b]$, also $f^- \in \mathcal{I}[a\,,b]$ wegen $f^- = -\big((-f)^+\big)$.

Nach 3.2.4 folgt $f^+ - f^- \in \mathcal{I}[a\,,b]$, also $|f| \in \mathcal{I}[a\,,b]$, da $|f| = f^+ - f^-$. $\qquad\square$

Lemma 3.2.7. *Für alle $f \in \mathcal{I}[a\,,b]$ ist $f^2 \in \mathcal{I}[a\,,b]$.*

BEWEIS. Es sei $f \in \mathcal{I}[a\,,b]$. Nach 3.2.6 ist $|f|$ integrierbar, also gibt es Treppenfunktionen $\tilde{s}_n, \tilde{t}_n$ mit

$$\tilde{s}_n \leq |f| \leq \tilde{t}_n \text{ für alle } n \in \mathbb{N}, \quad \text{und} \quad \lim_{n\to\infty} \int_a^b (\tilde{t}_n - \tilde{s}_n) = 0 \,.$$

Wegen $|f| \leq \tilde{t}_1$ ist $|f|$ nach oben beschränkt, das heißt es gibt ein $m \in \mathbb{R}$ mit $0 \leq |f| \leq m$. Es kann eventuell Werte von $\tilde{s}_n$ bzw. $\tilde{t}_n$ geben, die kleiner als 0 bzw. größer als m sind. In diesem Fall ändern wir $\tilde{s}_n$ und $\tilde{t}_n$ wie folgt:

$$s_n := \tilde{s}_n^+ \text{ und } t_n(x) := \begin{cases} \tilde{t}_n(x) & \text{für } \tilde{t}_n(x) < m \\ m & \text{sonst} \end{cases}$$

für alle $n \in \mathbb{N}$. Dann sind s_n, t_n Treppenfunktionen mit

$$0 \leq s_n \leq |f| \leq t_n \leq m \text{ und } \tilde{s}_n \leq s_n \leq |f| \leq t_n \leq \tilde{t}_n \text{ für alle } n \in \mathbb{N} \,,$$

also $\lim_{n\to\infty} \int_a^b (t_n - s_n) = 0$. Damit folgt

$$s_n^2 \leq f^2 \leq t_n^2 \text{ für alle } n \in \mathbb{N}, \quad \text{und} \quad \lim_{n\to\infty} \int_a^b (t_n^2 - s_n^2) = 0$$

wegen $t_n^2 - s_n^2 = (t_n + s_n)(t_n - s_n) \leq 2m(t_n - s_n)$. Also: $f^2 \in \mathcal{I}[a\,,b]$. $\qquad\square$

Satz 3.2.8. *$\mathcal{I}[a,b]$ ist ein Teilring von $\mathbb{R}^{[a,b]}$, das heißt es gilt:*

1. Die konstanten Funktionen 1 und -1 liegen in $\mathcal{I}[a,b]$;

2. $f, g \in \mathcal{I}[a,b] \implies f+g, f \cdot g \in \mathcal{I}[a,b]$.

BEWEIS. Die konstanten Funktionen 1 und -1 sind Treppenfunktionen, also liegen sie in $\mathcal{I}[a,b]$. Es seien $f, g \in \mathcal{I}[a,b]$. Mit 3.2.4 und 3.2.7 folgt $f+g \in \mathcal{I}[a,b]$ und

$$f \cdot g = \tfrac{1}{4}\big((f+g)^2 - (f-g)^2\big) \in \mathcal{I}[a,b] \ . \qquad \square$$

Jetzt folgt, dass alle Polynomfunktionen $f : [a,b] \longrightarrow \mathbb{R}$ integrierbar sind: Aus den konstanten Funktionen und der Identität $x \longmapsto x$ (die nach 3.2.3 in $[a,b]$ integrierbar ist) erhält man durch Addition und Multiplikation alle Polynomfunktionen. (Übrigens haben wir nach dem gleichen Muster auch gezeigt, dass alle Polynomfunktionen stetig und differenzierbar sind.)

In das Integral $\int_a^b(\ldots)$ können wir bisher nur Treppenfunktionen einsetzen, das heißt $\int_a^b$ ist bisher eine Funktion mit Definitionsmenge $Trep[a,b]$:

$$\int_a^b : Trep[a,b] \longrightarrow \mathbb{R} \ , \ t \longmapsto \int_a^b t \ .$$

In Definition 3.2.2 wurde die Menge $\mathcal{I}[a,b]$ festgelegt, auf die unser Integral erweitert werden soll. Unser Ziel ist also eine Funktion

$$\int_a^b : \mathcal{I}[a,b] \longrightarrow \mathbb{R} \ .$$

Dazu fehlt noch die Festlegung der Werte $\int_a^b f$ für alle $f \in \mathcal{I}[a,b]$. Es liegt nahe, $\int_a^b f$ durch $\lim\limits_{n\to\infty} \int_a^b s_n$ oder $\lim\limits_{n\to\infty} \int_a^b t_n$ zu definieren (mit s_n, t_n wie in Definition 3.2.2). Es wäre aber denkbar, dass es zum gleichen f auch $\tilde{s}_n, \tilde{t}_n$ gibt, die zu anderen Grenzwerten führen; dann wäre $\int_a^b f$ nicht eindeutig festgelegt. Das entscheidende Argument für die Eindeutigkeit des Integrals liefert das folgende Lemma.

Lemma 3.2.9. *Es seien $X, Y \subseteq \mathbb{R}$ nicht leer, mit $x \leq y$ für alle $x \in X$ und $y \in Y$. Außerdem sei $(x_n)_n$ eine Folge in X , $(y_n)_n$ eine Folge in Y und $\lim\limits_{n\to\infty} (y_n - x_n) = 0$. Dann ist*

$$\lim_{n\to\infty} x_n = \lim_{n\to\infty} y_n = \sup(X) = \inf(Y) \ .$$

BEWEIS. X ist durch y_1 nach oben beschränkt, also existiert $\sup(X)$ nach 1.9.6. Y ist durch x_1 nach unten beschränkt, also existiert $\inf(Y)$ nach 1.9.6. Dabei gilt

$\sup(X) \leq \inf(Y)$: Nach 1.9.6 ist $\sup(X)$ bzw. $\inf(Y)$ ein Berührpunkt von X bzw. Y, das heißt es gibt Folgen $(\tilde{x}_n)_n$ in X und $(\tilde{y}_n)_n$ in Y mit $\lim\limits_{n\to\infty} \tilde{x}_n = \sup(X)$ und $\lim\limits_{n\to\infty} \tilde{y}_n = \inf(Y)$; wegen $\tilde{x}_n \leq \tilde{y}_n$ für alle $n \in \mathbb{N}$ folgt $\sup(X) \leq \inf(Y)$, da $\lim\limits_{n\to\infty}$ monoton ist (siehe 1.4.2).

Somit gilt $x_n \leq \sup(X) \leq \inf(Y) \leq y_n$ für alle $n \in \mathbb{N}$, also folgt die Behauptung wegen $\lim\limits_{n\to\infty} (y_n - x_n) = 0$. $\qquad\qquad\square$

Satz 3.2.10. *Es sei $f \in \mathcal{I}[a,b]$ und $(s_n)_n, (t_n)_n$ wie in Definition 3.2.2. Dann ist*

$$\lim_{n\to\infty} \int_a^b s_n \;=\; \lim_{n\to\infty} \int_a^b t_n \;=\; \sup(X) \;=\; \inf(Y)\,, \;\; \text{wobei}$$

$$X = \{\int_a^b s \mid s \in \mathit{Trep}[a,b] \text{ und } s \leq f\}\,, \; Y = \{\int_a^b t \mid t \in \mathit{Trep}[a,b] \text{ und } f \leq t\}\,.$$

BEWEIS. X und Y erfüllen die Voraussetzungen von 3.2.9:

Für $x \in X$, $y \in Y$ gibt es $s, t \in \mathit{Trep}[a,b]$ mit $x = \int_a^b s$, $y = \int_a^b t$ und $s \leq f \leq t$; aus der Monotonie von $\int_a^b$ (siehe 3.1.20) folgt $x \leq y$.

Setze $x_n := \int_a^b s_n$ und $y_n := \int_a^b t_n$ für alle $n \in \mathbb{N}$. Dann ist $x_n \in X$, $y_n \in Y$ und $\lim\limits_{n\to\infty} (y_n - x_n) = 0$. Nach 3.2.9 folgt die Behauptung. $\qquad\square$

Mit diesem Satz können wir das bisherige Integral $\int_a^b : \mathit{Trep}[a,b] \longrightarrow \mathbb{R}$ von $\mathit{Trep}[a,b]$ nach $\mathcal{I}[a,b]$ fortsetzen: Die betreffenden Grenzwerte hängen nicht von einer speziellen Wahl der Treppenfunktionen ab, wenn die Voraussetzungen von Definition 3.2.2 erfüllt sind.

Definition 3.2.11. Es sei $f \in \mathcal{I}[a,b]$ und $(s_n)_n$ wie in Definition 3.2.2. Dann ist

$$\int_a^b f \;:=\; \int_a^b f(x)dx \;:=\; \lim_{n\to\infty} \int_a^b s_n$$

das *Integral von f*. $\qquad\qquad\qquad\qquad\qquad\qquad\qquad\qquad\qquad\square$

Das „neue" Integral $\int_a^b : \mathcal{I}[a,b] \longrightarrow \mathbb{R}$ ist eine *Fortsetzung* des „alten" Integrals $\int_a^b : \mathit{Trep}[a,b] \longrightarrow \mathbb{R}$, das heißt $\mathit{Trep}[a,b] \subseteq \mathcal{I}[a,b]$, und beide Integrale liefern für $f \in \mathit{Trep}[a,b]$ den gleichen Wert (setze $s_n := f$).

Die Rechenregeln 3.1.20 und 3.1.21, die für Integrale von Treppenfunktionen gelten, übertragen sich auf alle integrierbaren Funktionen:

Satz 3.2.12. *Die Funktion $\int_a^b : \mathcal{I}[a\,,b] \longrightarrow \mathbb{R}$, $f \longmapsto \int_a^b f$ ist linear und monoton, das heißt für alle $\lambda \in \mathbb{R}$ und $f,g \in \mathcal{I}[a\,,b]$ gilt*

1. $\displaystyle\int_a^b (\lambda f) = \lambda \int_a^b (f) \ \ und \ \ \int_a^b (f+g) = \int_a^b (f) + \int_a^b (g) \ ;$

2. $\displaystyle f \leq g \ \implies \ \int_a^b (f) \leq \int_a^b (g) \ .$

BEWEIS. Es sei $\lambda \in \mathbb{R}$, $f,g \in \mathcal{I}[a\,,b]$, $s_n, t_n, u_n, v_n \in \mathit{Trep}[a\,,b]$ mit

$$s_n \leq f \leq t_n\,,\ u_n \leq g \leq v_n\,,\ \lim_{n\to\infty} \int_a^b (t_n - s_n) \ = \ 0 \ = \ \lim_{n\to\infty} \int_a^b (v_n - u_n) \ .$$

Dann folgt mit 3.1.20

$$\int_a^b (\lambda f) \ = \ \lim_{n\to\infty} \int_a^b (\lambda s_n) \ = \ \lim_{n\to\infty} \lambda \int_a^b (s_n) \ = \ \lambda \int_a^b (f)$$

$$\int_a^b (f+g) \ = \ \lim_{n\to\infty} \int_a^b (s_n + u_n) \ = \ \lim_{n\to\infty} \left(\int_a^b (s_n) + \int_a^b (u_n) \right) \ = \ \int_a^b (f) + \int_a^b (g)\,.$$

Im Fall $f \leq g$ ist $s_n \leq v_n$, also folgt mit 3.1.20 und 3.2.10

$$\int_a^b (f) \ = \ \lim_{n\to\infty} \int_a^b (s_n) \ \leq \ \lim_{n\to\infty} \int_a^b (v_n) \ = \ \int_a^b (g) \ . \qquad \square$$

Satz 3.2.13. *Es sei $a \leq b \leq c$, $f : [a\,,c] \longrightarrow \mathbb{R}$ eine Funktion und f_1 bzw. f_2 die Einschränkung von f auf $[a\,,b]$ bzw. $[b\,,c]$. Dann gilt:*

$$f \ integrierbar \ \iff \ f_1 \ und \ f_2 \ integrierbar \ .$$

In diesem Fall ist $\displaystyle \int_a^c (f) \ = \ \int_a^b (f_1) + \int_b^c (f_2)\,.$

BEWEIS. „$\Rightarrow$": Sei f integrierbar und $(s_n)_n, (t_n)_n$ wie in Definition 3.2.2. Außerdem seien $s_{1,n}$ und $t_{1,n}$ bzw. $s_{2,n}$ und $t_{2,n}$ die Einschränkungen von s_n und t_n auf $[a\,,b]$ bzw. $[b\,,c]$. Dann gilt

$$s_{1,n} \leq f_1 \leq t_{1,n}\,,\ 0 \leq t_{1,n} - s_{1,n} \leq t_n - s_n\,,$$
$$s_{2,n} \leq f_2 \leq t_{2,n}\,,\ 0 \leq t_{2,n} - s_{2,n} \leq t_n - s_n\,,$$

also $\displaystyle \lim_{n\to\infty} \int_a^b (t_{1,n} - s_{1,n}) = 0$ und $\displaystyle \lim_{n\to\infty} \int_a^b (t_{2,n} - s_{2,n}) = 0$,

das heißt f_1 und f_2 sind integrierbar. Außerdem folgt mit 3.1.21

$$\int_a^c (f) = \lim_{n\to\infty} \int_a^c (s_n) = \lim_{n\to\infty} \left(\int_a^b (s_{1,n}) + \int_b^c (s_{2,n}) \right) = \int_a^b (t_1) + \int_b^c (t_2)\,.$$

„$\Leftarrow$": Übung! $\qquad\qquad\qquad\qquad\qquad\qquad\qquad\qquad\qquad\qquad\qquad\qquad\qquad\quad \square$

In Zukunft schreiben wir $\int_a^b f$ und $\int_b^c f$ statt $\int_a^b f_1$ und $\int_b^c f_2$. Allgemein:

Definition 3.2.14. Es sei $f : D \longrightarrow \mathbb{R}$ eine Funktion, $[a\,,b] \subseteq D$ und g die Einschränkung von f auf $[a\,,b]$. Wenn g integrierbar ist, dann heißt f *integrierbar in* $[a\,,b]$, und

$$\int_a^b f := \int_a^b g$$

das *Integral von* f *in* $[a\,,b]$. $\qquad\square$

Zum Schluss noch eine grundsätzliche Frage: Kann man für $\mathcal{I}[a\,,b]$ auch ein anderes „Integral" $\varphi : \mathcal{I}[a\,,b] \longrightarrow \mathbb{R}$ definieren? Natürlich kann man sich sehr viele verschiedene Funktionen $\varphi : \mathcal{I}[a\,,b] \longrightarrow \mathbb{R}$ ausdenken. Doch der Begriff des Integrals soll unsere anschauliche Vorstellung von einem Flächeninhalt präzisieren. Dazu schreibt man am besten genau auf, welche Eigenschaften eines „Flächeninhalts" als grundlegend betrachtet werden sollen. Zum Beispiel:

1. Rechtecke haben den Inhalt „Länge mal Breite".

2. Wenn sich eine Fläche aus endlich vielen Rechtecken zusammensetzt, die sich nicht überschneiden (nur die Ränder dürfen gemeinsame Punkte haben), dann ist ihr Inhalt die Summe aus den Inhalten der einzelnen Rechtecke.

3. Für je zwei Flächen A und B mit $A \subseteq B$ gilt: Der Flächeninhalt von A ist höchstens so groß wie der Flächeninhalt von B.

Die erste Forderung führt zum Integral konstanter Funktionen, siehe Definition 3.1.3 (dort wird ein *orientierter* Flächeninhalt definiert, also ein „Inhalt mit Vorzeichen"). Die zweite Forderung führt zum Integral von Treppenfunktionen, siehe Definition 3.1.14. Die dritte Forderung führt zur Monotonie des Integrals, siehe 3.2.12: Für $f,g : [a\,,b] \longrightarrow \mathbb{R}_0^+$ mit $f \leq g$ liegt die Fläche von $\int_a^b f$ in der Fläche von $\int_a^b g$.

Die drei genannten Forderungen (bzw. ihre genaueren Formulierungen in 3.1.3, 3.1.14 und 3.2.12) werden auch als *Axiome des Integrals* bezeichnet. Es ist bemerkenswert, dass sie das Integral für Funktionen aus $\mathcal{I}[a\,,b]$ bereits eindeutig festlegen:

Satz 3.2.15. *Es sei* $\varphi : \mathcal{I}[a\,,b] \longrightarrow \mathbb{R}$ *eine monotone Funktion mit* $\varphi(t) = \int_a^b t$ *für alle* $t \in Trep[a\,,b]$. *Dann ist* $\varphi(f) = \int_a^b f$ *für alle* $f \in \mathcal{I}[a\,,b]$.

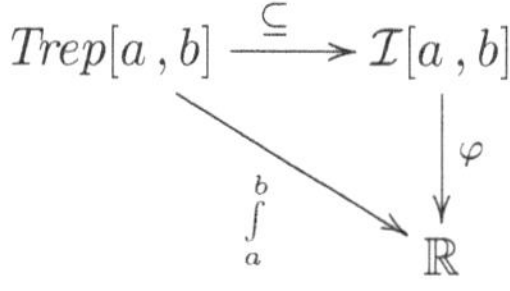

BEWEIS. Es sei $f \in \mathcal{I}[a\,,b]$. Dann gibt es $s_n, t_n \in \mathit{Trep}[a\,,b]$ mit

$$s_n \leq f \leq t_n \text{ für alle } n \in \mathbb{N}, \text{ und } \lim_{n \to \infty} \int_a^b (t_n - s_n) = 0 \,.$$

Nach Voraussetung folgt

$$\int_a^b s_n = \varphi(s_n) \leq \varphi(f) \leq \varphi(t_n) = \int_a^b t_n \text{ für alle } n \in \mathbb{N} \,,$$

also $\varphi(f) = \lim_{n \to \infty} \int_a^b s_n = \int_a^b f$. $\hfill \square$

Dieser Satz hat eine wichtige Anwendung, wenn das Riemann-Integral erweitert werden soll: Das Lebesgue-Integral (siehe [For3]) ist eine monotone Funktion φ : $\mathcal{L}[a\,,b] \longrightarrow \mathbb{R}$, wobei $\mathcal{I}[a\,,b] \subseteq \mathcal{L}[a\,,b]$; außerdem hat φ für alle Treppenfunktionen den gleichen Wert wie das Riemann-Integral. Nach Satz 3.2.15 hat φ dann auch für alle $f \in \mathcal{I}[a\,,b]$ den gleichen Wert wie das Riemann-Integral.

Aufgaben

1. Beweisen Sie: Jede Treppenfunktion ist Riemann-integrierbar.

2. Bestimmen Sie Treppenfunktionen $s, t : [a\,,b] \longrightarrow \mathbb{R}$ mit $a < b$, $s \leq t$, $\int_a^b (t - s) = 0$ und $s \neq t$.

3. Bestimmen Sie Treppenfunktionen $s_n, t_n : [a\,,b] \longrightarrow \mathbb{R}$ mit $s_n < t_n$ für alle $n \in \mathbb{N}$ und $\lim_{n \to \infty} \int_a^b (t_n - s_n) = 0$, aber $n \leq s_n(x)$ für alle $n \in \mathbb{N}$ und alle $x \in [a\,,b]$.

4. Beweisen Sie: $f : [1\,;b] \longrightarrow \mathbb{R}$, $x \longmapsto x^{-1}$ ist integrierbar (siehe Abschnitt 1.7).

5. Zeigen Sie: $f = f^+ + f^-$, $|f| = f^+ - f^-$, $(f^+)^- = 0$, $(1 + \sin)^+ - 1 = \sin$.

6. Berechnen Sie $\int_0^b f$ für $f(x) := x$, indem Sie die Überlegungen in Beispiel 3.1.1 verallgemeinern.

7. Führen Sie den Beweis von Satz 3.2.13 zu Ende.

8. Es seien $f, g : [a\,,b] \longrightarrow \mathbb{R}$ und $c \in [a\,,b]$ mit $f(x) = g(x)$ für alle $x \in [a\,,b] \setminus \{c\}$. Zeigen Sie: Wenn f integrierbar ist, dann ist auch g integrierbar und $\int_a^b g = \int_a^b f$.

9. Zeigen Sie: Die Funktion $\varphi : \mathcal{I}[a,b] \longrightarrow \mathbb{R}$, $f \longmapsto f(a)$ ist linear und monoton, aber $\varphi \neq \int\limits_a^b$ (vergleiche 3.2.15).

10. Bestimmen Sie eine lineare und monotone Funktion $\varphi : \mathcal{I}[a,b] \longrightarrow \mathbb{R}$ mit $\varphi(t) = \int\limits_a^b t$ für alle $t \in Kons[a,b]$, aber $\varphi \neq \int\limits_a^b$ (vergleiche 3.2.15).

3.3 Gleichmäßige Konvergenz und Stetigkeit

Ein wichtiges Ergebnis dieses Abschnitts lautet:

Alle stetigen Funktionen $f : [a,b] \longrightarrow \mathbb{R}$ sind integrierbar.

Den wesentlichen Grund für diese Tatsache könnte man grob so formulieren: Wenn f stetig ist, dann gibt es Treppenfunktionen, die „beliebig nahe bei f liegen" (Satz 3.3.15); und wenn es Treppenfunktionen gibt, die „beliebig nahe bei f liegen", dann ist f integrierbar (Satz 3.3.9). Um „nahe bei f" zu präzisieren, definieren wir einen Abstand zwischen Funktionen.

Dabei orientieren wir uns an der Definition von Abständen zwischen reellen Zahlen. Für $x, y \in \mathbb{R}$ ist $|x|$ der Abstand zwischen x und 0, und $|x - y|$ ist der Abstand zwischen x und y. Für Funktionen f und g soll analog gelten: $\|f\|$ ist der Abstand zwischen f und der Nullfunktion, und $\|f - g\|$ ist der Abstand zwischen f und g.

Den Abstand $\|f\|$ zwischen $f : D \longrightarrow \mathbb{R}$ und der Nullfunktion definieren wir durch den maximalen Abstand zwischen den Funktionswerten $f(x)$ und 0, das heißt $\|f\| := \max\{\,|f(x)| \mid x \in D\,\}$, falls dieser maximale Abstand existiert. Dann ist zum Beispiel $\|f\| = 1$ für $f : \mathbb{R} \longrightarrow \mathbb{R}$ mit $f(x) = \sin(x)$, und $\|g\| = 1{,}5$ für $g : [0\,;4] \longrightarrow \mathbb{R}$ mit $g(x) = \frac{3}{8}x$.

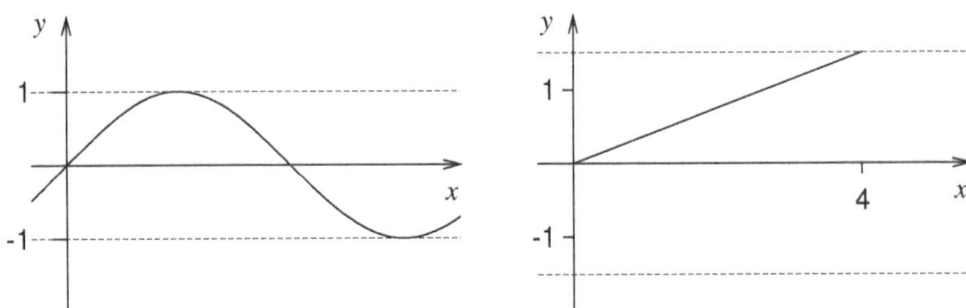

Abbildung 3.8: $\|\sin\| = 1$ und $\|g\| = 1{,}5$

Allerdings: Für $g : [0\,;4[\, \longrightarrow \mathbb{R}$ mit $g(x) = \frac{3}{8}x$ gibt es kein maximales $|g(x)|$. Daher ersetzen wir das Maximum durch das Supremum; dieses Supremum existiert genau dann, wenn f beschränkt ist. Für unbeschränkte f definieren wir kein $\|f\|$.

Definition 3.3.1. Es sei $D \subseteq \mathbb{R}$. Dann ist $\mathcal{B}(D)$ die Menge der beschränkten Funktionen $f : D \longrightarrow \mathbb{R}$. Für $f \in \mathcal{B}(D)$ ist

$$\|f\| := \sup\{\,|f(x)| \mid x \in D\,\}$$

die *(Supremums-) Norm von* f. $\qquad\qquad\square$

Beispiel 3.3.2. In 2.3.14 hat f das globale Maximum $\frac{10}{3}$ und das globale Minimum $-\frac{7}{6}$, also ist $\|f\| = \frac{10}{3}$. Die Funktion $g := f - 3$ hat dann die globalen Extrema $\frac{1}{3}$ und $-\frac{25}{6}$, also ist $\|g\| = \frac{25}{6}$. $\qquad\qquad\square$

Das folgende Lemma nennt einige Bedingungen, unter denen eine Funktion f beschränkt ist, unter denen also $\|f\|$ existiert.

Lemma 3.3.3. *Es gilt:*

1. $f, g \in \mathcal{B}(D)$, $\lambda \in \mathbb{R}$ $\implies$ $f + g$, $f \cdot g$, $\lambda \cdot f \in \mathcal{B}(D)$.

2. *Jede Treppenfunktion* $f : [a, b] \longrightarrow \mathbb{R}$ *ist beschränkt.*

3. *Jede integrierbare Funktion* $f : [a, b] \longrightarrow \mathbb{R}$ *ist beschränkt.*

4. *Jede stetige Funktion* $f : [a, b] \longrightarrow \mathbb{R}$ *ist beschränkt.*

BEWEIS. Übung! $\qquad\qquad\qquad\qquad\qquad\qquad\qquad\qquad\qquad\qquad\qquad\qquad$ $\square$

$\mathcal{B}(D)$ ist also ein Untervektorraum und Teilring von $\mathbb{R}^D$. Außerdem bilden die Treppenfunktionen, die integrierbaren und die stetigen Funktionen Untervektorräume und Teilringe von $\mathcal{B}([a, b])$ (siehe 3.1.13, 3.2.4, 3.2.8, 2.6.13).

Der folgende Satz enthält die wichtigsten Eigenschaften der Norm:

Satz 3.3.4. *Es seien* $f, g \in \mathcal{B}(D)$ *und* $\lambda \subset \mathbb{R}$. *Dann gilt:*

1. $\|f\| \geq 0$, *wobei* $\|f\| = 0$ *genau dann, wenn* $f = 0$.

2. $\|\lambda \cdot f\| = |\lambda| \cdot \|f\|$.

3. $\|f + g\| \leq \|f\| + \|g\|$ *(Dreiecksungleichung).*

4. $\|f \cdot g\| \leq \|f\| \cdot \|g\|$.

BEWEIS. Übung! $\qquad\qquad\qquad\qquad\qquad\qquad\qquad\qquad\qquad\qquad\qquad\qquad$ $\square$

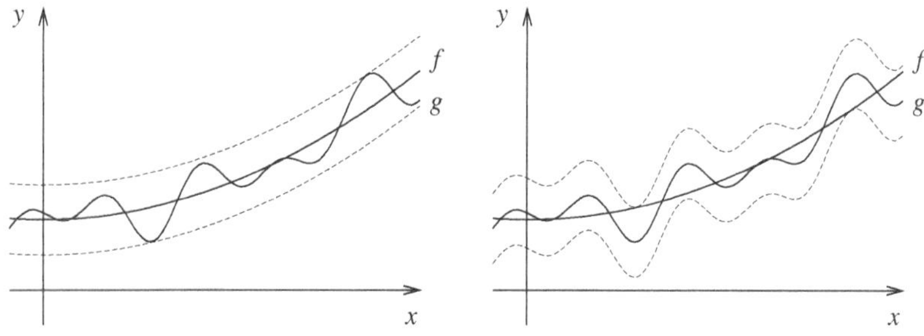

Abbildung 3.9: Zur Bedeutung des Abstands $\|f - g\|$

Den *Abstand zweier Funktionen* $f, g \in \mathcal{B}(D)$ definieren wir durch $\|f - g\|$; nach 3.3.3.1 folgt, dass $\|f - g\|$ für alle $f, g \in \mathcal{B}(D)$ existiert. Abbildung 3.9 zeigt die anschauliche Bedeutung des Abstands $\|f - g\|$: Der Graph von g bleibt in einem „Schlauch", dessen Rand dadurch entsteht, dass der Graph von f um $\pm\|f - g\|$ in y-Richtung verschoben wird (linkes Bild); dabei berührt der Graph von g den Rand des „Schlauchs" (oder kommt zumindest „beliebig nahe" heran). Das gilt wegen $\|f - g\| = \|g - f\|$ auch umgekehrt: Der Graph von f bleibt in einem „Schlauch" um den Graphen von g (rechtes Bild).

Zu Beginn dieses Abschnitts haben wir angedeutet, dass eine Funktion f integrierbar ist, wenn es Treppenfunktionen t_n gibt, die „beliebig nahe bei f liegen". Das können wir nun so präzisieren: Die Folge der Abstände $\|t_n - f\|$ soll gegen 0 konvergieren. Zum Vergleich: Eine Folge $(x_n)_n$ von *Zahlen* $x_n \in \mathbb{R}$ konvergiert, wenn es eine Zahl $x \in \mathbb{R}$ gibt, sodass die Folge der Abstände $|x_n - x|$ eine Nullfolge ist. Die Konvergenz einer Folge von *Funktionen* $f_n \in \mathcal{B}(D)$ definieren wir analog:

Definition 3.3.5. Eine Folge $(f_n)_n$ von Funktionen $f_n \in \mathcal{B}(D)$ *konvergiert gleichmäßig*, wenn es eine Funktion $f \in \mathcal{B}(D)$ gibt, sodass die Folge der Abstände $\|f_n - f\|$ eine Nullfolge ist. Sprechweise: $(f_n)_n$ *konvergiert gleichmäßig gegen f, f ist ein gleichmäßiger Grenzwert von $(f_n)_n$.* Schreibweise: $(f_n)_n \to f$ bzw. $\lim\limits_{n \to \infty} f_n = f$. □

Satz 3.3.6. *Der Grenzwert einer gleichmäßig konvergenten Folge in $\mathcal{B}(D)$ ist eindeutig bestimmt.*

BEWEIS. Es seien f und g gleichmäßige Grenzwerte von $(f_n)_n$. Dann folgt mit der Dreiecksungleichung

$$\|g - f\| \leq \|g - f_n\| + \|f_n - f\| \to 0 \text{ für } n \to \infty \,,$$

also $\|g - f\| = 0$, und damit $g - f = 0$ nach 3.3.4.1. □

Beispiel 3.3.7. Für $n \in \mathbb{N}$ und $k \in \{1; 2; \ldots; n\}$ sei (siehe Abbildung 3.10)

$$t_n(1) := 1 \text{ und } t_n(x) := \tfrac{k}{n} \text{ für } x \in \left[\tfrac{k-1}{n}, \tfrac{k}{n}\right[\,.$$

Dadurch ist eine Folge $t_n : [0\,;1] \longrightarrow \mathbb{R}$ definiert, die gleichmäßig gegen die Funktion $f : [0\,;1] \longrightarrow \mathbb{R}$, $x \longmapsto x$ konvergiert, da $\|t_n - f\| = \tfrac{1}{n}$ für alle $n \in \mathbb{N}$. □

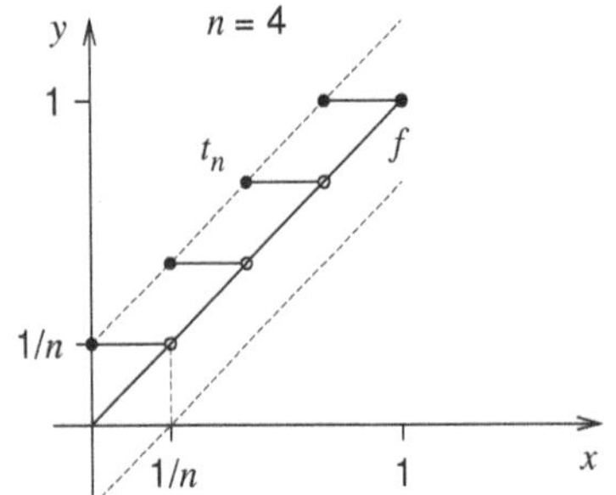

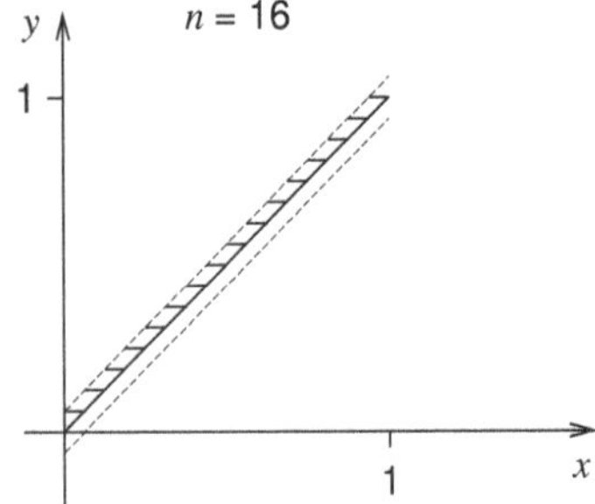

Abbildung 3.10: $\|t_n - f\| = \tfrac{1}{n}$

Beachte: $(f_n)_n \to f$ bedeutet etwas anderes als $(f_n(x))_n \to f(x)$ (mit $x \in D$): Im ersten Fall hat man es mit der Konvergenz einer Folge von *Funktionen* f_n zu tun, im zweiten Fall mit der Konvergenz einer Folge von *Zahlen* $f_n(x)$. Dabei kann es vorkommen, dass zwar $(f_n(x))_n \to f(x)$ für alle $x \in D$ gilt, aber nicht $(f_n)_n \to f$:

Beispiel 3.3.8. Für $n \in \mathbb{N}$ und $x \in \mathbb{R}$ sei (siehe Abbildung 3.11)

$$f_n(x) := \begin{cases} 1 & \text{für } 0 < x < \frac{1}{n} \\ 0 & \text{sonst.} \end{cases}$$

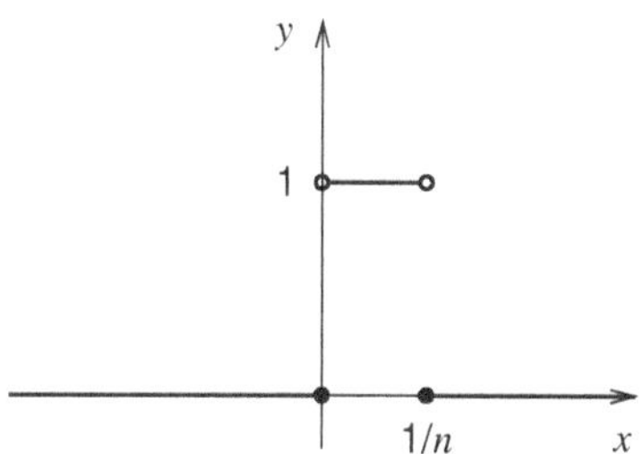

Abbildung 3.11: $(f_n)_n$ ist punktweise, aber nicht gleichmäßig konvergent

Dann ist zum Beispiel $(f_n(0,3))_n = (1; 1; 1; 0; 0; \ldots) \to 0$. Es gilt sogar $(f_n(x))_n \to 0$ für alle $x \in \mathbb{R}$: Für $x \leq 0$ ist $f_n(x) = 0$ für alle $n \in \mathbb{N}$; und für $x > 0$ gibt es nach Archimedes ein $N \in \mathbb{N}$ mit $\frac{1}{N} < x$, also ist $f_n(x) = 0$ für alle $n > N$. Man spricht hier auch von einer *punktweisen Konvergenz* der Folge $(f_n)_n$: Für jeden „Punkt" $x \in \mathbb{R}$ ist $(f_n(x))_n$ konvergent.

Aber $(f_n)_n \to 0$ ist falsch, da $\|f_n - 0\| = 1$ für alle $n \in \mathbb{N}$. Damit konvergiert $(f_n)_n$ zwar punktweise, aber nicht gleichmäßig. $\qquad\square$

Jetzt können wir einen Teil des Zusammenhangs, der am Anfang dieses Abschnitts angedeutet wurde, exakt formulieren und beweisen:

Satz 3.3.9. *Es sei* $f \in \mathcal{B}([a,b])$ *und* $(t_n)_n$ *eine Folge von Treppenfunktionen* $t_n : [a,b] \longrightarrow \mathbb{R}$*, die gleichmäßig gegen* f *konvergiert. Dann ist* f *integrierbar.*

BEWEIS. Setze $r_n := t_n - \|t_n - f\|$ und $s_n := t_n + \|t_n - f\|$ für alle $n \in \mathbb{N}$. Dann sind r_n, s_n Treppenfunktionen mit $r_n \leq f \leq s_n$ für alle $n \in \mathbb{N}$, denn

$$r_n - f = t_n - f - \|t_n - f\| \leq 0 \quad \text{und} \quad s_n - f = t_n - f + \|t_n - f\| \geq 0 \,.$$

Damit gilt $0 \leq s_n - r_n \leq \|s_n - r_n\|$, also folgt aus der Monotonie des Integrals (siehe 3.2.12)

$$0 \leq \int\limits_a^b (s_n - r_n) \leq \int\limits_a^b \|s_n - r_n\| = (b - a)\|s_n - r_n\| \,.$$

Außerdem: $\lim\limits_{n \to \infty} \|s_n - r_n\| = \lim\limits_{n \to \infty} 2\|t_n - f\| = 0$, also $\lim\limits_{n \to \infty} \int\limits_a^b (s_n - r_n) = 0$. Damit ist f integrierbar (siehe Definition 3.2.2). $\qquad\square$

Die Bedingung in Satz 3.3.9 ist hinreichend, aber nicht notwendig, das heißt nicht jede integrierbare Funktion ist ein gleichmäßiger Grenzwert von Treppenfunktionen:

Beispiel 3.3.10. Für $x \in [\,0\,;1\,]$ sei

$$f(x) := \begin{cases} 1 & \text{für } x \in \left\{ \frac{1}{n} \mid n \in \mathbb{N} \right\} \\ 0 & \text{sonst.} \end{cases}$$

Dann gibt es keine Folge von Treppenfunktionen, die gleichmäßig gegen f konvergiert: Zu jedem $c \in \mathbb{R}^+$ gibt es ein $n \in \mathbb{N}$ mit $\frac{1}{n} \in \,]\,0\,;c\,[$, das heißt f nimmt in jedem Intervall $]\,0\,;c\,[$ die Werte 0 und 1 an; also gilt $\|t - f\| \geq \frac{1}{2}$ für jede Treppenfunktion. Aber f ist integrierbar: Für $n \in \mathbb{N}$ und $x \in [\,0\,;1\,]$ sei

$$s_n(x) := \begin{cases} f(x) & \text{für } x \geq \frac{1}{n} \\ 0 & \text{sonst} \end{cases} \quad \text{und} \quad t_n(x) := \begin{cases} f(x) & \text{für } x \geq \frac{1}{n} \\ 1 & \text{sonst.} \end{cases}$$

Dann sind s_n, t_n Treppenfunktionen mit $s_n \leq f \leq t_n$ und $\int\limits_0^1 (t_n - s_n) = \frac{1}{n}$, also ist f nach Definition 3.2.2 integrierbar. $\qquad\square$

Als nächstes beweisen wir, dass alle stetigen Funktionen $f : [a\,,b] \longrightarrow \mathbb{R}$ integrierbar sind. Dazu benutzen wir folgenden Gedankengang:

1. $f : D \longrightarrow \mathbb{R}$ ist nach 3.3.9 integrierbar, wenn f ein gleichmäßiger Grenzwert von Treppenfunktionen ist.

2. f ist ein gleichmäßiger Grenzwert von Treppenfunktionen, wenn es zu jedem $\epsilon \in \mathbb{R}^+$ eine Treppenfunktion t mit $\|t - f\| < \epsilon$ gibt.

3. Man kann eine Treppenfunktion t mit $\|t - f\| < \epsilon$ definieren, indem man D in „hinreichend kleine" Teilintervalle $[a_k, a_{k+1}[$ zerlegt, wenn $f(x)$ in jedem dieser „kleinen" Intervalle um weniger als ϵ schwankt.

Die Bedingung im 3. Gedanken präzisieren wir so: Zu jedem $\epsilon \in \mathbb{R}^+$ gibt es eine „hinreichend kleine" Intervalllänge δ, wobei „hinreichend klein" folgendes bedeutet:

$$\text{Für alle } x, \bar{x} \in D \text{ mit } |x - \bar{x}| < \delta \text{ ist } |f(x) - f(\bar{x})| < \epsilon\,.$$

Für diese Eigenschaft gibt es einen eigenen Namen:

Definition 3.3.11. Eine Funktion $f : D \longrightarrow \mathbb{R}$ heißt *gleichmäßig stetig*, wenn gilt:

$$\forall\, \epsilon \in \mathbb{R}^+ \ \exists\, \delta \in \mathbb{R}^+ \ \forall\, x, \bar{x} \in D \text{ mit } |x - \bar{x}| < \delta \ : \ |f(x) - f(\bar{x})| < \epsilon\,. \qquad\square$$

Nicht jede stetige Funktion ist gleichmäßig stetig:

Beispiel 3.3.12. Wir wissen bereits, dass $f : \mathbb{R}^+ \longrightarrow \mathbb{R}$ mit $f(x) = x^{-1}$ stetig ist. Aber f ist nicht gleichmäßig stetig. Dazu müssen wir folgendes zeigen (zur Negation von Quantoren siehe Erläuterungen vor 1.3.22: wenn $\neg$ „über einen Quantor wandert", dann werden $\forall$ und $\exists$ vertauscht):

$$\exists\, \epsilon \in \mathbb{R}^+ \ \forall\, \delta \in \mathbb{R}^+ \ \exists\, x, \bar{x} \in \mathbb{R}^+ \text{ mit } |x - \bar{x}| < \delta \ : \ |f(x) - f(\bar{x})| \geq \epsilon\,.$$

Es sei $\epsilon := 1$ und $\delta \in \mathbb{R}^+$. Wegen

$$f(x) - f(x + \tfrac{\delta}{2}) = \tfrac{1}{x} - \tfrac{1}{x + \frac{\delta}{2}} = \frac{\frac{\delta}{2}}{x(x + \frac{\delta}{2})} \to \infty \ \text{für} \ x \to 0$$

gibt es ein $x \in \mathbb{R}^+$ mit $|f(x) - f(x + \tfrac{\delta}{2})| \geq 1$. Damit ist f nicht gleichmäßig stetig. In Abbildung 3.12 erkennt man den anschaulichen Grund: Wenn ein Intervall mit einer zuvor festgelegten Länge δ in Richtung 0 wandert, dann werden die Abstände der zugehörigen Funktionswerte z.B. größer als $\epsilon = 1$. $\qquad\qquad \square$

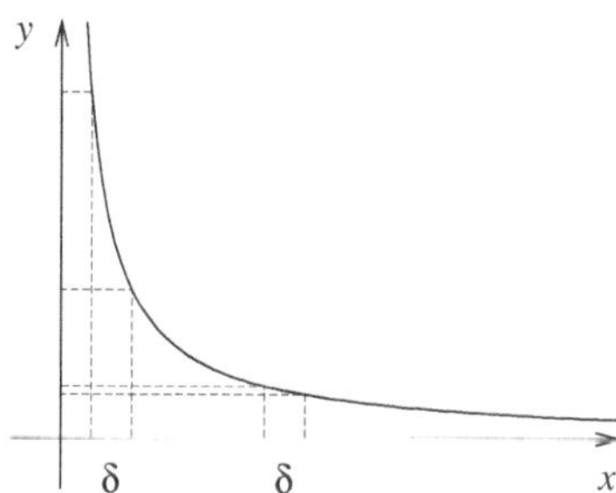

Abbildung 3.12: $f(x) = x^{-1}$ ist nicht gleichmäßig stetig

Die gleichmäßige Stetigkeit bedeutet anschaulich, dass es zu jedem ϵ ein δ mit folgender Eigenschaft gibt: Man kann Intervalle der Länge δ beliebig innerhalb der Definitionsmenge verschieben: Die Abstände der zugehörigen Funktionswerte bleiben kleiner als ϵ.

Dagegen gibt es bei der Stetigkeit jeweils für eine zuvor festgelegte Stelle ein geeignetes δ; an einer anderen Stelle benötigt man eventuell ein anderes δ. Nach dem folgenden Satz sind aber stetige Funktionen auch gleichmäßig stetig, wenn ihre Definitionsmenge ein abgeschlossenes Intervall ist.

Satz 3.3.13. *Jede stetige Funktion $f : [a\,,b] \longrightarrow \mathbb{R}$ ist gleichmäßig stetig.*

BEWEIS. Wir zeigen (ersetze δ durch $\tfrac{1}{n}$)

$$\forall\, \epsilon \in \mathbb{R}^+ \ \exists\, n \in \mathbb{N} \ \forall\, x, \bar{x} \in [a\,,b] \ \text{mit} \ |x - \bar{x}| < \tfrac{1}{n} \ : \ |f(x) - f(\bar{x})| < \epsilon\,.$$

Dazu nehmen wir das Gegenteil an:

$$\exists\, \epsilon \in \mathbb{R}^+ \ \forall\, n \in \mathbb{N} \ \exists\, x, \bar{x} \in [a\,,b] \ \text{mit} \ |x - \bar{x}| < \tfrac{1}{n} \ : \ |f(x) - f(\bar{x})| \geq \epsilon\,.$$

Es gibt also ein $\epsilon \in \mathbb{R}^+$ und Folgen $(x_n)_n, (\bar{x}_n)_n$ in $[a\,,b]$ mit

$$|x_n - \bar{x}_n| < \tfrac{1}{n} \ \text{und} \ |f(x_n) - f(\bar{x}_n)| \geq \epsilon \ \text{für alle} \ n \in \mathbb{N}$$

(wähle zu jedem $n \in \mathbb{N}$ geeignete $x_n, \bar{x}_n$ wie in der Annahme).
Nach Bolzano-Weierstraß hat $(x_n)_n$ eine konvergente Teilfolge $(x_{n_k})_k$.

Da x_n für alle $n \in \mathbb{N}$ in $[a,b]$ liegt, folgt $c := \lim\limits_{k \to \infty} x_{n_k} \in [a,b]$ nach 1.4.2.

Es ist $\lim\limits_{k \to \infty} x_{n_k} = \lim\limits_{k \to \infty} \bar{x}_{n_k}$ wegen $|x_n - \bar{x}_n| < \frac{1}{n}$ für alle $n \in \mathbb{N}$.

Aus der Stetigkeit von f folgt $\lim\limits_{k \to \infty} f(x_{n_k}) = f(c) = \lim\limits_{k \to \infty} f(\bar{x}_{n_k})$.

Das ist aber ein Widerspruch zu $|f(x_n) - f(\bar{x}_n)| \geq \epsilon$ für alle $n \in \mathbb{N}$. $\square$

Mit Satz 3.3.13 und dem 3. Gedanken, der vor Definition 3.3.11 angedeutet wurde, können wir das folgende Lemma beweisen:

Lemma 3.3.14. *Es sei $f : [a,b] \longrightarrow \mathbb{R}$ stetig. Dann gilt:*

$$\forall \epsilon \in \mathbb{R}^+ \; \exists \; \text{Treppenfunktion } t : [a,b] \longrightarrow \mathbb{R} \quad \text{mit} \quad \|t - f\| < \epsilon .$$

BEWEIS. Sei $\epsilon \in \mathbb{R}^+$. Dann gibt es nach 3.3.13 ein $\delta \in \mathbb{R}^+$, sodass

$$\forall x, \bar{x} \in [a,b] \text{ mit } |x - \bar{x}| < \delta : \; |f(x) - f(\bar{x})| < \tfrac{\epsilon}{2} .$$

Nach Archimedes gibt es ein $n \in \mathbb{N}$ mit $b - a < n\delta$ bzw. $\frac{b-a}{n} < \delta$.

Damit zerlegen wir $[a,b]$ in (hinreichend kleine) Teilintervalle der Länge $\frac{b-a}{n} < \delta$, und definieren eine geeignete Treppenfunktion:

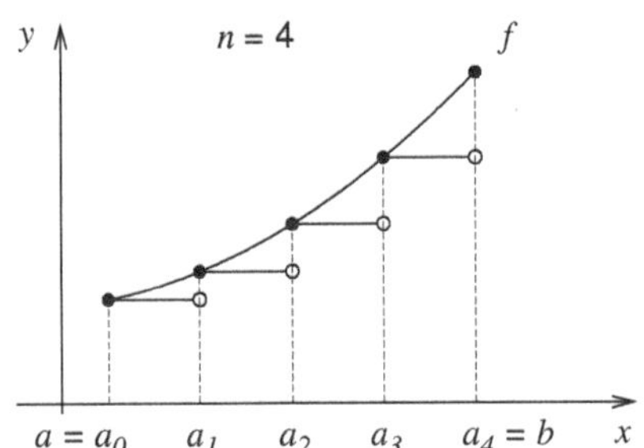

Abbildung 3.13: Zerlegung von $[a,b]$

Setze $a_k := a + k \cdot \frac{b-a}{n}$ für $k \in \{0; 1; \ldots; n\}$, $t(b) := f(b)$ und

$$t(x) := f(a_k) \quad \text{für } x \in [a_k, a_{k+1}[\, , \; k \in \{0; 1; \ldots; n-1\} .$$

Dann ist $t : [a,b] \longrightarrow \mathbb{R}$ eine Treppenfunktion mit $\|t - f\| < \epsilon$:

Sei $x \in [a,b]$. Wir zeigen $|t(x) - f(x)| < \tfrac{\epsilon}{2}$:

Für $x = b$ ist $|t(x) - f(x)| = 0$; für $x \in [a_k, a_{k+1}[\, , \; k \in \{0; 1; \ldots; n-1\}$ ist

$$|x - a_k| < \tfrac{b-a}{n} < \delta \, , \; \text{also } |t(x) - f(x)| = |f(a_k) - f(x)| < \tfrac{\epsilon}{2}$$

nach Wahl von δ (siehe oben). Damit folgt $\|t - f\| \leq \tfrac{\epsilon}{2} < \epsilon$. $\square$

Satz 3.3.15. *Jede stetige Funktion $f : [a,b] \longrightarrow \mathbb{R}$ ist ein gleichmäßiger Grenzwert von Treppenfunktionen.*

BEWEIS. Nach 3.3.14 gibt es zu jedem $n \in \mathbb{N}$ eine Treppenfunktion $t_n : [a\,,b] \longrightarrow \mathbb{R}$ mit $\|t_n - f\| < \frac{1}{n}$. Damit ist $\lim_{n\to\infty} \|t_n - f\| = 0$. $\qquad\square$

Korollar 3.3.16. *Jede stetige Funktion $f : [a\,,b] \longrightarrow \mathbb{R}$ ist integrierbar.*

BEWEIS. Nach 3.3.3.4 ist $f \in \mathcal{B}([a\,,b])$. Damit folgt die Behauptung nach 3.3.15 und 3.3.9. $\qquad\square$

Zwischen der Menge $\mathcal{C}([a\,,b])$ der stetigen, der Menge $\mathcal{I}([a\,,b])$ der integrierbaren und der Menge $\mathcal{B}([a\,,b])$ der beschränkten Funktionen besteht nach 3.3.16 und 3.3.3 folgender Zusammenhang:

$$\mathcal{C}([a\,,b]) \subset \mathcal{I}([a\,,b]) \subset \mathcal{B}([a\,,b])\,.$$

Diesen Zusammenhang wollen wir noch etwas näher beleuchten, und zwar im Hinblick auf Analogien zwischen Folgen $(f_n)_n$ in $\mathcal{B}([a\,,b])$ und Folgen $(x_n)_n$ in $\mathbb{R}$.

Es gibt Folgen $(x_n)_n$, deren Glieder im offenen Intervall $]0\,;2[$ liegen, deren Grenzwert aber außerhalb von $]0\,;2[$ liegt, zum Beispiel $\left(\frac{1}{n}\right)_n$. Doch bei abgeschlossenen Intervallen $[l\,,r] \subset \mathbb{R}$ gilt: Es sei $(x_n)_n$ eine Folge in $[l\,,r]$, die gegen $x \in \mathbb{R}$ konvergiert; dann ist $x \in [l\,,r]$ (das folgt aus der Monotonie des Grenzwerts, siehe 1.4.2). Wenn man $[l\,,r] \subset \mathbb{R}$ durch $\mathcal{C}([a\,,b]) \subset \mathcal{B}([a\,,b])$ ersetzt, dann erhält man eine analoge Aussage:

Satz 3.3.17. *Es sei $(f_n)_n$ eine Folge in $\mathcal{C}([a\,,b])$, die gleichmäßig gegen eine Funktion $f \in \mathcal{B}([a\,,b])$ konvergiert. Dann ist $f \in \mathcal{C}([a\,,b])$.*

BEWEIS. Sei $c \in [a\,,b]$. Zu zeigen: f ist bei c stetig. Dazu sei $(x_m)_m$ eine Folge in $[a\,,b]$ mit $(x_m)_m \to c$. Zu zeigen: $(f(x_m))_m \to f(c)$.
Sei $\epsilon \in \mathbb{R}^+$. Gesucht ist ein $M \in \mathbb{N}$ mit

$$\forall\, m > M\ :\ |f(x_m) - f(c)| < \epsilon\,.$$

Wegen $\lim_{n\to\infty} \|f_n - f\| = 0$ gibt es ein $n \in \mathbb{N}$ mit $\|f_n - f\| < \frac{\epsilon}{3}$.
Da f_n stetig ist, gibt es ein $M \in \mathbb{N}$ mit

$$\forall\, m > M\ :\ |f_n(x_m) - f_n(c)| < \frac{\epsilon}{3}\,.$$

Mit der Dreiecksungleichung folgt

$$\begin{aligned}
|f(x_m) - f(c)| \ &\leq\ |f(x_m) - f_n(x_m)| + |f_n(x_m) - f_n(c)| + |f_n(c) - f(c)| \\
&\leq\ \|f - f_n\| + |f_n(x_m) - f_n(c)| + \|f_n - f\| \\
&<\ \frac{\epsilon}{3} + \frac{\epsilon}{3} + \frac{\epsilon}{3}\ =\ \epsilon\,.
\end{aligned}$$

für alle $m > M$. $\qquad\square$

Die Gemeinsamkeit zwischen $\mathcal{C}([a\,,b]) \subset \mathcal{B}([a\,,b])$ und $[c,d] \subset \mathbb{R}$ besteht also in folgender Eigenschaft: Es sei $A \subseteq B$ und $(a_n)_n$ eine Folge in A, die gegen $a \in B$ konvergiert; dann ist $a \in A$. In so einem Fall nennt man A *abgeschlossen* (in B bezüglich konvergenter Folgen). Man nennt also $\mathcal{C}([a\,,b])$ abgeschlossen, und zwar genauer abgeschlossen *bezüglich der gleichmäßigen Konvergenz*.

Bezüglich der *punktweisen* Konvergenz ist $\mathcal{C}([a\,,b])$ nicht abgeschlossen, das heißt es gibt eine Folge von Funktionen $f_n \in \mathcal{C}([a\,,b])$, die punktweise gegen eine Funktion $f \notin \mathcal{C}([a\,,b])$ konvergiert: Die Folge $(f_n)_n$, die im linken Teil von Abbildung 3.14 angedeutet ist, konvergiert punktweise (aber nicht gleichmäßig) gegen eine unstetige Funktion f (vergleiche Beispiel 3.3.8; Übung!).

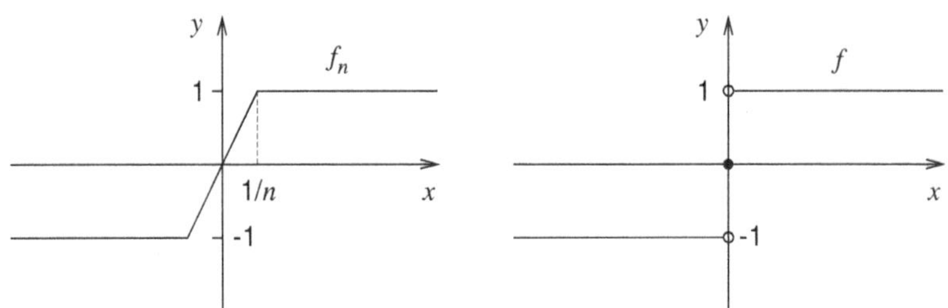

Abbildung 3.14: $(f_n)_n$ konvergiert punktweise gegen f

Die Menge $\mathcal{I}([a\,,b])$ der integrierbaren Funktionen ist nach dem folgenden Satz 3.3.19 ebenfalls abgeschlossen bezüglich gleichmäßiger Konvergenz. Zunächst formulieren wir einen Hilfssatz:

Lemma 3.3.18. *Wenn* $f : [a\,,b] \longrightarrow \mathbb{R}$ *integrierbar ist, dann gibt es zu jedem* $n \in \mathbb{N}$ *zwei Treppenfunktionen* s *und* t *mit* $s \le f \le t$ *und* $\int_a^b (t - s) < \frac{1}{n}$.

BEWEIS. Übung!   □

Satz 3.3.19. *Sei* $(f_n)_n$ *eine Folge in* $\mathcal{I}([a\,,b])$, *die gleichmäßig gegen eine Funktion* $f \in \mathcal{B}([a\,,b])$ *konvergiert. Dann ist* $f \in \mathcal{I}([a\,,b])$ *und*

$$\lim_{n \to \infty} \int_a^b f_n = \int_a^b f \,.$$

BEWEIS. f_n ist für alle $n \in \mathbb{N}$ integrierbar, also gibt es nach 3.3.18 Treppenfunktionen s_n und t_n mit $s_n \le f_n \le t_n$ und $\int_a^b (t_n - s_n) < \frac{1}{n}$.

Setze $\bar{s}_n := s_n - \|f_n - f\|$ und $\bar{t}_n := t_n + \|f_n - f\|$ für alle $n \in \mathbb{N}$. Dann folgt

$$\bar{s}_n \le f_n - \|f_n - f\| \le f \le f_n + \|f_n - f\| \le \bar{t}_n \text{ für alle } n \in \mathbb{N} \,, \text{ und}$$

$$0 \le \int_a^b (\bar{t}_n - \bar{s}_n) = \int_a^b (t_n - s_n + 2\|f_n - f\|) \le \frac{1}{n} + 2(b - a)\|f_n - f\| \to 0$$

für $n \to \infty$, also ist f nach Definition 3.2.2 integrierbar.
Nach Definition 3.2.11 ist

$$\int\limits_a^b f = \lim_{n\to\infty} \int\limits_a^b \bar{s}_n \quad \text{bzw.} \quad \lim_{n\to\infty} \int\limits_a^b (\bar{s}_n - f) = 0 .$$

Außerdem gilt nach Wahl von s_n und t_n (siehe oben)

$$0 \le \int\limits_a^b (f_n - s_n) \le \int\limits_a^b (t_n - s_n) < \tfrac{1}{n} , \quad \text{also} \quad \lim_{n\to\infty} \int\limits_a^b (f_n - s_n) = 0 .$$

Wegen $f_n - f = f_n - s_n + \|f_n - f\| + \bar{s}_n - f$ folgt damit

$$\int\limits_a^b (f_n) - \int\limits_a^b (f) = \int\limits_a^b (f_n - s_n) + (b-a)\|f_n - f\| + \int\limits_a^b (\bar{s}_n - f) \; \to \; 0$$

für $n \to \infty$. $\hfill \square$

Wegen $\lim\limits_{n\to\infty} \int\limits_a^b (f_n) = \int\limits_a^b (f)$ für alle $f, f_n \in \mathcal{I}([a\,,b])$ mit $(f_n)_n \to f$ spricht man
auch von der Stetigkeit des Integrals $\int\limits_a^b : \mathcal{I}([a\,,b]) \longrightarrow \mathbb{R}$. Zur Erinnerung: Eine
Funktion $g : D \longrightarrow \mathbb{R}$ heißt stetig, wenn $\lim\limits_{n\to\infty} g(x_n) = g(x)$ für alle $x, x_n \in D$ mit
$(x_n)_n \to x$.

Eine weitere Analogie zwischen konvergenten Folgen in $\mathbb{R}$ und konvergenten
Folgen in $\mathcal{B}(D)$ betrifft die sogenannten *Cauchy-Folgen* (siehe Definition 1.9.7).
Sie spielen für $\mathbb{R}$ eine wichtige Rolle, da man mit ihnen das Vollständigkeitsaxiom
formulieren kann: Jede Cauchy-Folge reeller Zahlen konvergiert gegen eine reelle
Zahl (das ist unsere vierte Version nach Satz 1.9.8). Definition 1.9.7 und Satz 1.9.8
kann man analog von $\mathbb{R}$ auf $\mathcal{B}(D)$ übertragen:

Definition 3.3.20. Eine Folge $(f_n)_n$ in $\mathcal{B}(D)$ heißt *Cauchy-Folge*, wenn gilt:

$$\forall \epsilon \in \mathbb{R}^+ \; \exists N \in \mathbb{N} \; \forall n, m > N : \|f_n - f_m\| < \epsilon . \hfill \square$$

Satz 3.3.21. *Eine Folge in $\mathcal{B}(D)$ ist genau dann gleichmäßig konvergent, wenn sie
eine Cauchy-Folge ist.*

BEWEIS. „$\Rightarrow$": Es sei $(f_n)_n$ eine Folge in $\mathcal{B}(D)$, die gleichmäßig gegen ein $f \in \mathcal{B}(D)$
konvergiert, und $\epsilon \in \mathbb{R}^+$. Dann gibt es ein $N \in \mathbb{N}$, sodass

$$\forall m, n > N : \|f_m - f\| < \tfrac{\epsilon}{2} \text{ und } \|f - f_n\| < \tfrac{\epsilon}{2} ,$$

also folgt mit der Dreiecksungleichung (siehe 3.3.4)

$$\forall m, n > N : \|f_m - f_n\| \le \|f_m - f\| + \|f - f_n\| < \epsilon .$$

„$\Leftarrow$": Es sei $(f_n)_n$ eine Cauchy-Folge in $\mathcal{B}(D)$. Wir definieren eine Funktion $f : D \longrightarrow \mathbb{R}$ durch $x \longmapsto \lim\limits_{n\to\infty} f_n(x)$; diese Grenzwerte existieren nach Satz 1.9.8, da $(f_n(x))_n$ für jedes $x \in D$ eine Cauchy-Folge reeller Zahlen ist (wegen $|f_m(x) - f_n(x)| \le \|f_m - f_n\|$). Die Folge $(f_n)_n$ konvergiert gleichmäßig gegen f: Sei $\epsilon \in \mathbb{R}^+$. Gesucht ist ein $N \in \mathbb{N}$ mit

$$\forall n > N \ : \ \|f_n - f\| < \epsilon \,.$$

Nach Voraussetzung gibt es ein $N \in \mathbb{N}$ mit

$$\forall m, n > N \ : \ \|f_m - f_n\| < \tfrac{\epsilon}{4} \,.$$

Dieses N ist für unsere Zwecke geeignet, da

$$\forall n > N \ \forall x \in D \ : \ |f_n(x) - f(x)| < \tfrac{\epsilon}{2}$$

gilt: Sei $n > N$ und $x \in D$. Wegen $f(x) = \lim\limits_{m\to\infty} f_m(x)$ gibt es ein $m > N$ mit $|f_m(x) - f(x)| < \tfrac{\epsilon}{4}$, also folgt mit der Dreiecksungleichung

$$|f_n(x) - f(x)| \le |f_n(x) - f_m(x)| + |f_m(x) - f(x)| < \tfrac{\epsilon}{4} + \tfrac{\epsilon}{4} = \tfrac{\epsilon}{2}. \qquad \square$$

Dieser Satz hat für $\mathcal{B}(D)$ eine ähnliche Bedeutung wie das Vollständigkeitsaxiom für $\mathbb{R}$. (Cauchy-Folgen in $\mathbb{R}$ und in $\mathcal{B}(D)$ bilden den Schlüssel für die zentralen Aussagen in Abschnitt 3.6.) Es gibt übrigens viele weitere Vektorräume, in denen, ähnlich wie in $\mathbb{R}$ oder $\mathcal{B}(D)$, „Beträge" bzw. „Normen" definiert sind, und in denen alle „Cauchy-Folgen" konvergieren. Sie werden unter dem Begriff *vollständiger normierter Raum* oder auch *Banach-Raum* zusammengefasst. $\mathbb{R}$ und $\mathcal{B}(D)$ sind Beispiele für Banach-Räume. Die Sprache der *Ringe* (Abschnitt 2.6) verallgemeinert Aussagen über Addition und Multiplikation reeller Zahlen. Die Sprache der *Banach-Räume* verallgemeinert Aussagen über konvergente Folgen reeller Zahlen.

Aufgaben

1. Beweisen Sie Lemma 3.3.3.

2. Beweisen Sie Satz 3.3.4.

3. Für $f, g \in \mathcal{B}(D)$ sei $d(f, g) := \|f - g\|$ (Abstand von f und g). Zeigen Sie:

   (a) $d(f, g) = 0 \iff f = g$.

   (b) $d(f, g) = d(g, f)$.

   (c) $d(f, h) \le d(f, g) + d(g, h)$.

4. Finden Sie eine Folge stetiger Funktionen f_n, die zwar punktweise, aber nicht gleichmäßig gegen die Nullfunktion konvergiert (vergleiche Beispiel 3.3.8).

5. Definieren Sie die Funktionen f_n, die in Abbildung 3.14 angedeutet sind, und zeigen Sie: $(f_n)_n$ konvergiert zwar punktweise, aber nicht gleichmäßig gegen f.

6. Zeigen Sie: Wenn $(f_n)_n$ gleichmäßig gegen f konvergiert, dann konvergiert $(f_n)_n$ auch punktweise gegen f.

7. Gibt es eine Folge von Treppenfunktionen, die punktweise gegen die Funktion f in Beispiel 3.3.10 konvergiert?

8. Zeigen Sie: $f : \mathbb{R} \longrightarrow \mathbb{R}, x \longmapsto x^2$ ist nicht gleichmäßig stetig.

9. Zeigen Sie: $f : \mathbb{R} \longrightarrow \mathbb{R}, x \longmapsto \sin(x)$ ist gleichmäßig stetig.

10. Beweisen Sie Lemma 3.3.18. Gilt auch der Kehrsatz?

11. Zeigen Sie: Zu jedem $f \in \mathcal{C}([a\,,b])$ gibt es eine Folge in $\mathcal{B}([a\,,b]) \setminus \mathcal{C}([a\,,b])$, die gleichmäßig gegen f konvergiert, wobei $a < b$.

12. Die Menge $\mathcal{D}([-1\,;1])$ der differenzierbaren Funktionen $[-1\,;1] \longrightarrow \mathbb{R}$ ist nicht abgeschlossen bzgl. gleichmäßiger Konvergenz. Konstruieren Sie dazu eine Folge in $\mathcal{D}([-1\,;1])$, die gleichmäßig gegen die Betragsfunktion konvergiert.

3.4　Hauptsatz

Inzwischen wissen wir, dass alle stetigen Funktionen $f : [l\,,r] \longrightarrow \mathbb{R}$ integrierbar sind. Uns fehlt aber noch ein praktisches Verfahren, mit dem man Integrale berechnen kann. Dazu dient (unter anderem) der *Hauptsatz der Differential- und Integralrechnung*, der einen engen Zusammenhang zwischen Ableitung und Integral herstellt. Dabei werden sogenannte *Integralfunktionen*

$$F : D \longrightarrow \mathbb{R}\ ,\ x \longmapsto \int\limits_{a}^{x} f$$

benutzt, wobei x auch kleiner als a sein kann. Doch bisher galt für die Grenzen a und b von Integralen $\int\limits_{a}^{b} f$ immer $a \le b$. Für $a > b$ definieren wir jetzt

$$\int\limits_{a}^{b} f := - \int\limits_{b}^{a} f \ .$$

Dafür gibt es mehrere Gründe, die zwar alle nicht *zwingend* sind, die aber doch andeuten, dass $\int\limits_{a}^{b} f := - \int\limits_{b}^{a} f$ eine *geschickte Wahl* ist: Zum einen galt bisher $\int\limits_{a}^{b} c = c \cdot (b - a)$ für $a \le b$ und konstante Funktionen c; wenn diese Gleichung auch für $a > b$ gelten soll, dann folgt

$$\int\limits_{a}^{b} c = c \cdot (b - a) = -c \cdot (a - b) = - \int\limits_{b}^{a} c \ .$$

Zum andern galt bisher $\int\limits_{a}^{c}(f) = \int\limits_{a}^{b}(f) + \int\limits_{b}^{c}(f)$ für $a \le b \le c$; wenn das auch für beliebige Größenverhältnisse zwischen a, b, c gelten soll, dann folgt für $a = c$

$$0 = \int\limits_{a}^{a}(f) = \int\limits_{a}^{b}(f) + \int\limits_{b}^{a}(f) \ ,\ \text{also}\ \int\limits_{a}^{b} f = - \int\limits_{b}^{a} f \ .$$

Damit die Regel $\int\limits_{a}^{c}(f) = \int\limits_{a}^{b}(f) + \int\limits_{b}^{c}(f)$ für alle Größenverhältnisse zwischen a, b, c gelten kann, ist es also *notwendig*, $\int\limits_{a}^{b} f := - \int\limits_{b}^{a} f$ für $a > b$ zu definieren; diese Festlegung (die wir ab jetzt immer voraussetzen) ist aber auch *hinreichend*:

Korollar 3.4.1. *Es sei D ein abgeschlossenes Intervall, $f : D \longrightarrow \mathbb{R}$ integrierbar und $a, b, c \in D$. Dann gilt*

$$\int\limits_{a}^{c}(f) = \int\limits_{a}^{b}(f) + \int\limits_{b}^{c}(f) \ .$$

Beweis. Übung! (Siehe Satz 3.2.13.) □

Definition 3.4.2. Es sei D ein Intervall, $a \in D$, $f : D \longrightarrow \mathbb{R}$ eine Funktion, die für alle $x \in D$ in $[x\,,a]$ bzw. $[a\,,x]$ integrierbar ist, und

$$F : D \longrightarrow \mathbb{R}\,,\; x \longmapsto \int\limits_a^x f\,.$$

Dann heißt F *Integralfunktion von f* (mit unterer Grenze a). $\hfill\square$

Beispiel 3.4.3. Gegeben sei die konstante Funktion $f : \mathbb{R} \longrightarrow \mathbb{R}$, $x \longmapsto m$. Dann ist $\int\limits_0^x f = m \cdot (x - 0) = mx$ für alle $x \in \mathbb{R}$, also $F : \mathbb{R} \longrightarrow \mathbb{R}$, $x \longmapsto mx$ eine Integralfunktion von f. Weitere Integralfunktionen erhält man durch $G_c(x) := \int\limits_c^x f = m \cdot (x - c)$ mit $c \in \mathbb{R}$. $\hfill\square$

Beispiel 3.4.4. Gegeben sei die Funktion $f : \mathbb{R} \longrightarrow \mathbb{R}$, $x \longmapsto x$. Zur Berechnung von $\int\limits_a^b f$ verwenden wir Treppenfunktionen t_n wie in Beispiel 3.2.3: Sei $a < b$, $n \in \mathbb{N}$ und $h_n = \frac{b-a}{n}$. Für $i \in \{1; 2; \ldots; n\}$ sei

$$t_n(b) := b \;\text{ und }\; t_n(x) := a + ih_n \;\text{ für }\; x \in [a + (i - 1)h_n\,,\; a + ih_n[\,.$$

Dann ist

$$\begin{aligned}
\int\limits_a^b t_n &= \sum_{i=1}^n (a + ih_n)h_n = ah_n \cdot \sum_{i=1}^n (1) + h_n^2 \cdot \sum_{i=1}^n (i)\\[2mm]
&= a \cdot \frac{b-a}{n} \cdot n + \frac{(b-a)^2}{n^2} \cdot \frac{n(n+1)}{2}\\[2mm]
&= (b-a)\left(a + (b-a) \cdot \frac{n+1}{2n}\right),
\end{aligned}$$

also

$$\begin{aligned}
\int\limits_a^b f &= \lim_{n \to \infty} \int\limits_a^b t_n = (b-a)\left(a + (b-a) \cdot \tfrac{1}{2}\right) = (b-a)\left(\tfrac{1}{2}b + \tfrac{1}{2}a\right)\\[2mm]
&= \tfrac{1}{2}(b^2 - a^2)\,.
\end{aligned}$$

Für $a > b$ folgt $\int\limits_a^b f = -\int\limits_b^a f = -\tfrac{1}{2}(a^2 - b^2) = \tfrac{1}{2}(b^2 - a^2)$. Die Integralfunktion von f mit unterer Grenze a hat also für alle $x \in \mathbb{R}$ den Term $F(x) = \int\limits_a^x f = \tfrac{1}{2}x^2 - \tfrac{1}{2}a^2$. $\square$

In Beispiel 3.4.3 und 3.4.4 ist $F' = f$. Das gilt sogar für alle stetigen f. Um das zu zeigen, verwenden wir den folgenden Satz bzw. sein Korollar.

Satz 3.4.5. (Spezieller) Mittelwertsatz der Integralrechnung.

Es sei $f : [a\,,b] \longrightarrow \mathbb{R}$ stetig. Dann gibt es ein $c \in [a\,,b]$ mit $\int_a^b f = f(c) \cdot (b - a)$.

BEWEIS. Nach dem Extremwertsatz existiert das globale Minimum m und das globale Maximum M der Funktion f. Mit der Monotonie des Integrals folgt (siehe auch Abbildung 3.15)

$$m \cdot (b - a) = \int_a^b m \le \int_a^b f \le \int_a^b M = M \cdot (b - a) \,.$$

Die Funktion $g : [a\,,b] \longrightarrow \mathbb{R}, x \longmapsto f(x) \cdot (b - a)$ ist stetig, und besitzt die Funktionswerte $m \cdot (b - a)$ und $M \cdot (b - a)$. Nach dem Zwischenwertsatz gibt es also ein $c \in [a\,,b]$ mit $\int_a^b f = g(c) = f(c) \cdot (b - a)$. $\qquad\qquad\square$

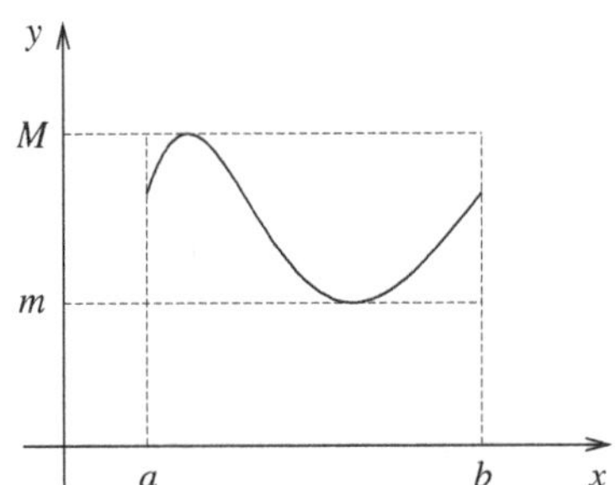

Abbildung 3.15: Zur Abschätzung $m(b - a) \le \int_a^b f \le M(b - a)$

Korollar 3.4.6. *Es sei D ein Intervall, $f : D \longrightarrow \mathbb{R}$ stetig, $a \in D$ und $h \in \mathbb{R}$ mit $a + h \in D$. Dann gibt es ein $l \in [0\,;1]$ mit $\int_a^{a+h} f = f(a + lh) \cdot h$.*

BEWEIS. Übung! (h kann auch negativ sein!) $\qquad\qquad\square$

Satz 3.4.7. Hauptsatz der Differential- und Integralrechnung.
Es sei D ein Intervall mit mehr als einem Punkt, $f : D \longrightarrow \mathbb{R}$ stetig und $a \in D$. Dann ist $F : D \longrightarrow \mathbb{R}, x \longmapsto \int_a^x f$ eine Stammfunktion von f, das heißt F ist differenzierbar mit $F' = f$.

BEWEIS. Es sei $x \in D$ und $(h_n)_n \to 0$ mit $h_n \ne 0$ und $x + h_n \in D$ für alle $n \in \mathbb{N}$. Zu zeigen: $\displaystyle\lim_{n\to\infty} \frac{F(x + h_n) - F(x)}{h_n} = f(x)$.

Nach 3.4.1 gilt für alle $n \in \mathbb{N}$

$$F(x + h_n) - F(x) = \int\limits_{a}^{x+h_n} (f) - \int\limits_{a}^{x}(f) = \int\limits_{x}^{x+h_n} (f) \, ,$$

also gibt es nach 3.4.6 zu jedem $n \in \mathbb{N}$ ein $l_n \in [0\,;1]$ mit

$$F(x + h_n) - F(x) = f(x + l_n h_n)h_n \, .$$

Aus der Stetigkeit von f folgt $\lim\limits_{n \to \infty} f(x + l_n h_n) = f(x)$ (wegen $(l_n h_n)_n \to 0$), und damit die Behauptung. $\qquad\square$

Der Hauptsatz stellt also einen engen Zusammenhang zwischen der Menge $\mathcal{C}(D)$ der stetigen Funktionen und der Menge $\mathcal{D}(D)$ der differenzierbaren Funktionen her, wenn D ein Intervall mit mehr als einem Punkt ist: Zu jedem $f \in \mathcal{C}(D)$ gibt es ein $F \in \mathcal{D}(D)$ mit $F' = f$.

Daraus folgt zum Beispiel die Energieerhaltung bei geradlinigen Bewegungen, wenn die zugehörige Kraftfunktion F stetig ist (siehe 2.4.5):

Korollar 3.4.8. *Es seien I und J Intervalle, $x : I \longrightarrow J$ zweimal differenzierbar und $F : J \longrightarrow \mathbb{R}$ stetig. Dann hat F eine Stammfunktion $U : J \longrightarrow \mathbb{R}$, und für $m \in \mathbb{R}$ ist*

$$\begin{aligned} E : \quad I \quad &\longrightarrow \quad \mathbb{R} \\ t \quad &\longmapsto \quad \tfrac{1}{2}m(x'(t))^2 + U(x(t)) \end{aligned}$$

konstant.

BEWEIS. Die Existenz der Stammfunktion U folgt aus dem Hauptsatz. Damit ist E nach 2.4.5 konstant. $\qquad\square$

Im Folgenden besprechen wir einige weitere Anwendungen des Hauptsatzes der Differential- und Integralrechnung:

1. Berechnung von Integralen, wenn man Stammfunktionen „sieht".

2. Herleitung weiterer Regeln für Integrale.

3. Die vielleicht bemerkenswerteste Anwendung: Man kann alle konkreten Beispiele von Funktionen, die wir bisher betrachtet haben, auf die Zuordnungen $x \longmapsto 1$, $x \longmapsto x$ und $x \longmapsto x^{-1}$ zurückführen.

Zu 1.: Bei vielen Funktionen kann man sofort Stammfunktionen angeben (Polynomfunktionen, Sinus, Kosinus, …). In solchen Fällen ist die Berechung von Integralen sehr einfach:

Korollar 3.4.9. *Es sei D ein Intervall mit mehr als einem Punkt, $a,b \in D$, $f : D \longrightarrow \mathbb{R}$ stetig und G eine Stammfunktion von f. Dann ist*

$$\int\limits_{a}^{b} f = G(b) - G(a) =: [G]_a^b \, .$$

BEWEIS. Setze $F(x) := \int_a^x f$ und $H(x) := G(x) - G(a)$ für alle $x \in D$. Dann ist $F(a) = 0 = H(a)$ und $F' = f = G' = H'$. Nach 2.3.7 folgt $F = H$, und damit die Behauptung. $\qquad\square$

Jetzt können wir die Werte vieler Integrale berechnen. Zum Beispiel:

$$\int_0^1 (x^3 + 2x)dx = \left[\tfrac{1}{4}x^4 + x^2\right]_0^1 = \tfrac{1}{4}1^4 + 1^2 - 0 = \tfrac{5}{4}$$

$$\int_0^\pi \sin(x)dx = \left[-\cos(x)\right]_0^\pi = -\cos(\pi) + \cos(0) = 2 \;.$$

Leider stößt diese Art der Berechnung schnell an ihre Grenzen: Wie soll man zum Beispiel $\int_0^1 e^{x^2} dx$ mit Korollar 3.4.9 berechnen? (Das funktioniert mit Potenzreihen, siehe Abschnitt 3.6.)

Zur Berechnung von Ableitungen benutzt man häufig die Produkt- oder Kettenregel. Diese Regeln können wir mit dem Hauptsatz auf Integrale übertragen. Für die zugehörigen Voraussetzungen wird folgende Sprechweise benutzt: Eine Funktion f heißt *stetig differenzierbar*, wenn f' existiert und stetig ist.

Satz 3.4.10. Substitutionsregel. *Es sei D ein Intervall mit mehr als einem Punkt, $\varphi : [a, b] \longrightarrow D$ stetig differenzierbar und $f : D \longrightarrow \mathbb{R}$ stetig. Dann ist*

$$\int_a^b \left((f \circ \varphi) \cdot \varphi'\right) = \int_{\varphi(a)}^{\varphi(b)} f \;.$$

BEWEIS. Aus der Voraussetzung folgt, dass $(f \circ \varphi) \cdot \varphi'$ stetig, also insbesondere integrierbar ist. Setze für alle $x \in [a, b]$ und alle $y \in D$

$$F(x) := \int_a^x \left((f \circ \varphi) \cdot \varphi'\right) \quad \text{und} \quad G(y) := \int_{\varphi(a)}^y f \;.$$

Dann folgt mit der Kettenregel und dem Hauptsatz

$$(G \circ \varphi)' = (G' \circ \varphi) \cdot \varphi' = (f \circ \varphi) \cdot \varphi' = F' \;.$$

Außerdem ist $F(a) = 0 = G(\varphi(a))$, und damit $F = G \circ \varphi$ nach 2.3.7. $\qquad\square$

Satz 3.4.11. Partielle Integration. *Es sei D ein Intervall mit mehr als einem Punkt, $a, b \in D$ und $f, g : D \longrightarrow \mathbb{R}$ stetig differenzierbar. Dann ist*

$$\int_a^b (f \cdot g') = [f \cdot g]_a^b - \int_a^b (f' \cdot g) \;.$$

BEWEIS. Aus der Voraussetzung folgt, dass $f \cdot g'$ und $f' \cdot g$ stetig, also insbesondere integrierbar sind. Setze für alle $x \in D$

$$F(x) := \int\limits_a^x (f \cdot g') \quad \text{und} \quad G(x) := [f \cdot g]_a^x - \int\limits_a^x (f' \cdot g) \ .$$

Dann folgt mit der Produktregel und dem Hauptsatz

$$G' = (f \cdot g)' - f' \cdot g = f \cdot g' = F' \ .$$

Außerdem ist $F(a) = 0 = G(a)$, und damit $F = G$ nach 2.3.7. $\qquad\square$

Beispiel 3.4.12. Wir berechnen $\int\limits_2^3 x e^{x^2} dx$ mit der Substitutionsregel: Setze $f(x) :=$ e^x und $\varphi(x) := x^2$. Dann ist $e^{x^2} = e^{\varphi(x)} = f(\varphi(x))$ und $\varphi'(x) = 2x$, also $\int\limits_2^3 x e^{x^2} dx = \frac{1}{2} \cdot \int\limits_2^3 f(\varphi(x))\varphi'(x)dx = \frac{1}{2} \cdot \int\limits_4^9 e^u du = \frac{1}{2}(e^9 - e^4)$. $\qquad\square$

Die Bezeichnung „Substitutionsregel" kommt übrigens von der Substitution $u := \varphi(x)$; dabei wird $f(\varphi(x))$ durch $f(u)$, und $\varphi'(x)dx$ durch du ersetzt; und für $x \in [a,b]$ ist $u \in [\varphi(a), \varphi(b)]$; damit: $\displaystyle\int\limits_a^b f(\varphi(x)) \cdot \varphi'(x) \, dx = \int\limits_{\varphi(a)}^{\varphi(b)} f(u) \, du$.

Beispiel 3.4.13. Wir berechnen $\int\limits_0^1 x \cos(x) \, dx$ mit partieller Integration. $f(x) := x$ und $g(x) := \sin(x)$. Dann ist $f'(x) = 1$ und $g'(x) = \cos(x)$, also $\int\limits_0^1 x \cos(x) \, dx =$ $[x \sin(x)]_0^1 - \int\limits_0^1 1 \cdot \sin(x) \, dx = \sin(1) - [-\cos(x)]_0^1 = \sin(1) + \cos(1) - 1$. $\qquad\square$

Die Regeln 3.4.10 und 3.4.11 sind aber nicht nur bei der konkreten Berechnung von Integralen hilfreich. Man kann mit ihnen auch allgemeinere Aussagen herleiten (siehe Abbildung 3.16):

Satz 3.4.14. *Es sei $f : [a,b] \longrightarrow D$ stetig und $c \in \mathbb{R}$. Dann ist*

$$\int\limits_{a-c}^{b-c} f(x+c)dx = \int\limits_a^b f(x)dx \ .$$

BEWEIS. Für $\varphi(x) := x + c$ folgt mit der Substitutionsregel

$$\int\limits_{a-c}^{b-c} f(x+c)dx = \int\limits_{a-c}^{b-c} f(\varphi(x))\varphi'(x)dx = \int\limits_a^b f(u)du \ .$$

$\qquad\square$

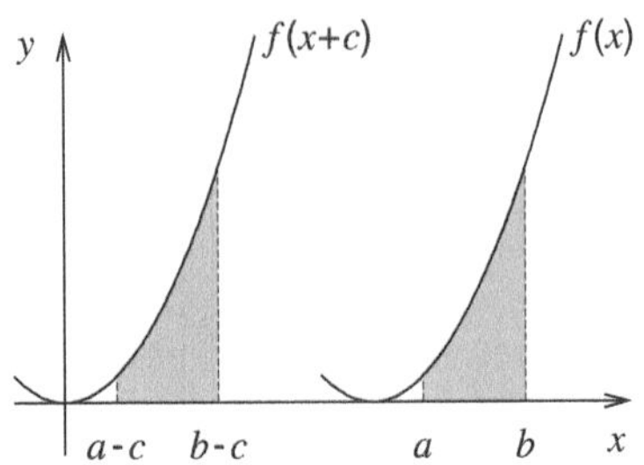

Abbildung 3.16: Verschobene Fläche

Für die Aussage von Satz 3.4.14 gibt es auch folgende Sprechweise: Das Riemann-Integral ist *invariant gegenüber Verschiebungen*.

Eine Anwendung der partiellen Integration: Für stetige f' gilt nach dem Hauptsatz

$$f(x) = \int_a^x f' \,,\ \text{falls } f(a) = 0 \,.$$

Das folgende Lemma verallgemeinert diese Aussage. Zunächst:

Definition 3.4.15. Es sei D ein Intervall mit mehr als einem Punkt, $p \in D$ und $n \in \mathbb{N}_0$. Für eine Funktion $f : D \longrightarrow \mathbb{R}$ bezeichnet $f^{[n]}$ die *n-te Ableitung von f*, wobei

$$f^{[0]} := f \quad \text{und} \quad f^{[k]} := (f^{[k-1]})' \text{ für } k \in \mathbb{N} \,.$$

Wenn $f^{[n]}$ existiert, dann heißt f *n-mal differenzierbar*. Außerdem ist

$$\mathcal{C}^n(D) := \{f : D \longrightarrow \mathbb{R} \mid f^{[n]} \text{ existiert und ist stetig}\} \,. \qquad \square$$

Wenn zum Beispiel g die Betragsfunktion ist, dann wird durch $f(x) := \int_0^x g$ eine Funktion $f \in \mathcal{C}^1(\mathbb{R})$ definiert; aber $f \notin \mathcal{C}^2(\mathbb{R})$.

Lemma 3.4.16. *Es sei D ein Intervall mit mehr als einem Punkt, $a, x \in D$, $n \in \mathbb{N}_0$, $f \in \mathcal{C}^{n+1}(D)$ und $f^{[i]}(a) = 0$ für $0 \le i \le n$. Dann ist*

$$f(x) \;=\; \frac{1}{n!} \int_a^x (x - t)^n f^{[n+1]}(t)\,dt \,.$$

BEWEIS. Vollständige Induktion:
$n = 0$: Nach Voraussetzung ist $f(a) = 0$ und f' stetig, also gilt nach dem Hauptsatz (bzw. 3.4.9):

$$f(x) \;=\; \int_a^x f' \;=\; \frac{1}{0!} \int_a^x (x - t)^0 f^{[1]}(t)\,dt \,.$$

„$n \mapsto n + 1$": Sei $f \in \mathcal{C}^{n+2}(D)$ und $f^{[i]}(a) = 0$ für $0 \leq i \leq n + 1$.
Dann gilt auch $f \in \mathcal{C}^{n+1}(D)$ und $f^{[i]}(a) = 0$ für $0 \leq i \leq n$, also nach Induktionsannahme

$$f(x) \;=\; \frac{1}{n!} \int_a^x (x - t)^n f^{[n+1]}(t)dt \;.$$

Mit partieller Integration folgt

$$\int_a^x (x - t)^n f^{[n+1]}(t)dt \;=\; \left[\frac{-1}{n + 1}(x - t)^{n+1} f^{[n+1]}(t) \right]_{t=a}^{t=x}$$

$$- \int_a^x \frac{-1}{n + 1}(x - t)^{n+1} f^{[n+2]}(t)dt$$

$$= \;\; \frac{1}{n + 1} \int_a^x (x - t)^{n+1} f^{[n+2]}(t)dt \;,$$

denn $\big[\ldots \big]_{t=a}^{t=x} = 0$ wegen $x - t = 0$ für $t = x$ und $f^{[n+1]}(t) = 0$ für $t = a$. Mit der Induktionsannahme folgt

$$f(x) \;=\; \frac{1}{(n + 1)!} \int_a^x (x - t)^{n+1} f^{[n+2]}(t)dt \;.$$

$\square$

Zum Abschluss zeigen wir, dass man mit dem Hauptsatz alle konkreten Beispiele von Funktionen, die wir bisher betrachtet haben, auf die Zuordnungen $x \longmapsto 1$, $x \longmapsto x$ und $x \longmapsto x^{-1}$ zurückführen kann.

Zur Definition konkreter Funktionen stehen uns fünf grundlegende Funktionen zur Verfügung:

1. Die konstante Funktion $\mathbb{R} \longrightarrow \mathbb{R}$, $x \longmapsto 1$.

2. Die Identität $\mathrm{id} : \mathbb{R} \longrightarrow \mathbb{R}$, $x \longmapsto x$.

3. Die Hyperbel $\mathbb{R} \setminus \{0\} \longrightarrow \mathbb{R}$, $x \longmapsto x^{-1}$.

4. Der natürliche Logarithmus $\ln : \mathbb{R}^+ \longrightarrow \mathbb{R}$.

5. Der Arkustangens $\arctan : \mathbb{R} \longrightarrow \mathbb{R}$.

Aus diesen Grundfunktionen kann man durch Vervielfachen, Addieren, Multiplizieren, Verketten, Umkehren, Einschränken und Zusammensetzen (d.h. Fortsetzen mit Hilfe einer bereits definierten Funktion) unsere restlichen Funktionen herstellen. Zum Beispiel erhält man aus den ersten beiden Grundfunktionen durch Vervielfachen, Addieren und Multiplizieren alle Polynomfunktionen; mit x^{-1} entstehen dann alle rationalen Funktionen; $x \longmapsto e^x$ entsteht durch Umkehrung von $x \longmapsto \ln(x)$;

die Funktion f in Beispiel 3.1.2 entsteht, wenn man $g : \mathbb{Q} \longrightarrow \mathbb{R}$, $x \longmapsto \frac{1}{2}$ und $h : \mathbb{R} \setminus \mathbb{Q} \longrightarrow \mathbb{R}$, $x \longmapsto 1$ zusammensetzt (d.h. g wird mit Hilfe von h fortgesetzt); dabei entstehen g und h aus der ersten Grundfunktion durch Vervielfachen und Einschränken.

Inzwischen besitzen wir eine weitere Möglichkeit, aus gegebenen Funktionen neue Funktionen zu definieren: Integralfunktionen. Damit können wir ln und arctan auf die ersten drei Grundfunktionen zurückführen:

Satz 3.4.17. $\ln(x) = \int_{1}^{x} t^{-1} dt$ *für alle* $x \in \mathbb{R}^{+}$. $\arctan(x) = \int_{0}^{x} \frac{1}{1+t^2} dt$ *für alle* $x \in \mathbb{R}$.

BEWEIS. Setze $l(x) := \int_{1}^{x} t^{-1} dt$ für alle $x \in \mathbb{R}^{+}$. Dann ist $l(1) = 0 = \ln(1)$, und mit dem Hauptsatz folgt $l'(x) = x^{-1} = \ln'(x)$ für alle $x \in \mathbb{R}^{+}$, also $l = \ln$ nach 2.3.7 (Eindeutigkeit von Stammfunktionen).

Setze $a(x) := \int_{0}^{x} \frac{1}{1+t^2} dt$ für alle $x \in \mathbb{R}$. Dann ist $a(0) = 0 = \arctan(0)$, und mit dem Hauptsatz und 2.2.9 folgt $a'(x) = \frac{1}{1+x^2} = \arctan'(x)$ für alle $x \in \mathbb{R}$, also $a = \arctan$ nach 2.3.7. $\qquad\square$

Die Gleichung $\ln(x) = \int_{1}^{x} t^{-1} dt$ sollte uns nicht sonderlich verwundern: In Abschnitt 1.7 wurde die Definition von $\ln(x)$ aus der Idee entwickelt, die Fläche unter der Hyperbel $y = x^{-1}$ im Bereich $[1\,,x]$ zu verwenden.

Auch $\arctan(x) = \int_{0}^{x} \frac{1}{1+t^2} dt$ bzw. $\arctan'(x) = \frac{1}{1+x^2}$ kann man anschaulich plausibel machen: In Abbildung 3.17 ist $\arctan(x)$ die Länge des Bogens von B nach D,

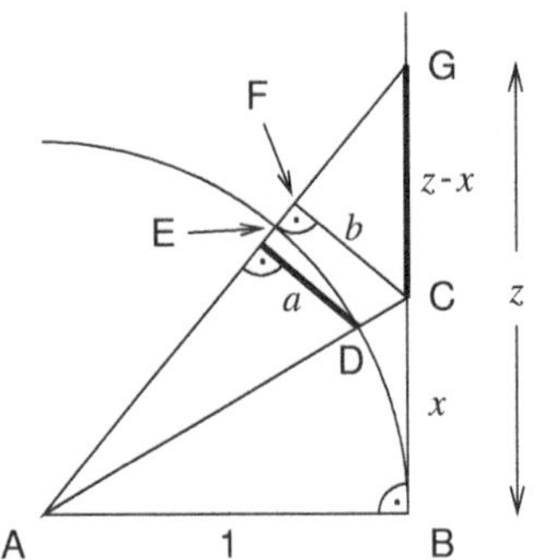

Abbildung 3.17: $\arctan'(x) \approx a/(z - x)$

$\arctan(z)$ ist die Länge des Bogens von B nach E, also ist $\arctan(z) - \arctan(x)$ die Länge des Bogens von D nach E. Dieser Bogen von D nach E hat ungefähr die Länge a der eingezeichneten Strecke. (In Abschnitt 1.8 wurden Bogenlängen als Grenzwerte mit Hilfe solcher Strecken definiert; siehe Abbildung 1.27.) Somit ist

$$\frac{\arctan(z) - \arctan(x)}{z - x} \approx \frac{a}{z - x}\,;$$

außerdem:

$$\frac{a}{z-x} = \frac{a}{b} \cdot \frac{b}{z-x} = \frac{\overline{AD}}{\overline{AC}} \cdot \frac{\overline{AB}}{\overline{AG}} = \frac{1}{\sqrt{1+x^2}} \cdot \frac{1}{\sqrt{1+z^2}} \;\to\; \frac{1}{1+x^2} \quad \text{für } z \to x \,.$$

Damit wird $\arctan'(x) = \lim\limits_{z\to x} \dfrac{\arctan(z) - \arctan(x)}{z-x} = \dfrac{1}{1+x^2}$ anschaulich plausibel. (Diese Überlegungen kann man auch noch genauer formulieren: a ist eine untere Abschätzung für die Länge des Bogens von D nach E, vgl. Abb. 1.27; damit ist $(1+x^2)^{-1}$ eine untere Abschätzung für $\arctan'(x)$. Eine ähnliche Überlegung anhand von Abb. 1.28 liefert $(1+x^2)^{-1}$ als obere Abschätzung.)

Der Arkustangens wurde in Abschnitt 1.8 mit Hilfe konvergenter Folgen definiert. Satz 3.4.17 zeigt, dass man den Arkustangens auch als Integralfunktion definieren kann: Setze

$$f(x) := \int_0^x \frac{1}{1+t^2}\,dt \quad \text{für alle } x \in \mathbb{R} \,.$$

Dann ist $\arctan = f$. Legt man diese Definition zugrunde, so werden viele Beweise deutlich einfacher: Nach dem Hauptsatz folgt sofort, dass f differenzierbar ist, wobei $f'(x) = (1+x^2)^{-1}$ (vergleiche den entsprechenden Satz 2.2.9 und seinen Beweis). Wegen $(1+x^2)^{-1} > 0$ für alle $x \in \mathbb{R}$ ist f streng monoton steigend; außerdem folgt aus der Differenzierbarkeit die Stetigkeit von f (vgl. 1.8.9). Auch der Beweis des Additionstheorems

$$f(x) + f(y) = f\left(\frac{x+y}{1-xy}\right) \quad \text{für } xy < 1$$

ist jetzt sehr einfach (im Gegensatz zu 1.8.6 und 1.8.7): Für $x = 0$ ist die Gleichung sicher richtig; da außerdem die Ableitungen beider Seiten übereinstimmen (Übung!), folgt die Behauptung nach 2.3.7 (Eindeutigkeit von Stammfunktionen).

Aufgaben

1. Beweisen Sie Korollar 3.4.1.

2. Für welche $t \in \mathbb{R}$ ist $F : \mathbb{R} \longrightarrow \mathbb{R}$, $x \longmapsto mx + t$ eine Integralfunktion von $f : \mathbb{R} \longrightarrow \mathbb{R}$, $x \longmapsto m$?

3. Für welche $t \in \mathbb{R}$ ist $F : \mathbb{R} \longrightarrow \mathbb{R}$, $x \longmapsto \frac{1}{2}x^2 + t$ eine Integralfunktion von $f : \mathbb{R} \longrightarrow \mathbb{R}$, $x \longmapsto x$?

4. Beweisen sie Korollar 3.4.6.

5. Zeigen Sie an einem Beispiel, dass der Hauptsatz 3.4.7 falsch wird, wenn man die Voraussetzung weglässt, dass f stetig ist.

6. Berechnen Sie durch Substitution:
$$\int_0^1 x(3+x^2)^4 dx \,, \quad \int_0^{\pi/2} (\sin(x))^3 \cos(x) dx \,, \quad \int_0^{2\pi} e^{\cos(x)} \sin(x) dx \,.$$

7. Berechnen Sie mit partieller Integration: $\int_0^1 x^2 e^x dx \,, \int_1^e x \ln(x) dx \,,$

$$\int_0^\pi (\cos(x))^2 dx \,, \quad \int_{-\pi}^\pi \cos(kx) \cos(nx) dx \text{ mit } k, n \in \mathbb{N} \,.$$

8. Es sei $f : \mathbb{R} \longrightarrow \mathbb{R}$ stetig mit $f(-x) = -f(x)$ für alle $x \in \mathbb{R}$. Beweisen Sie durch Substitution: $\int_{-a}^a f(x) dx = 0$ für alle $a \in \mathbb{R}$.

9. Beweisen Sie durch Substitution: $\int_1^b \frac{1}{x} dx = \int_a^{ab} \frac{1}{x} dx$ für alle $a, b \in \mathbb{R}^+$ (siehe Abbildung 1.20 in Abschnitt 1.7).

10. Beweisen Sie $\int_a^b f(x) dx = c \cdot \int_{a/c}^{b/c} f(cx) dx$ für $c \neq 0$ und f stetig. Welche geometrische Bedeutung hat diese Gleichung?

11. Beweisen Sie das Additionstheorem des Arkustangens mittels $\arctan(x) = \int_0^x \frac{1}{1+t^2} dt \,.$

12. Beweisen Sie die wichtigsten Eigenschaften des natürlichen Logarithmus mit Hilfe von $\ln(x) = \int_1^x t^{-1} dt \,.$

3.5 Taylorpolynome

Wie berechnet man $\displaystyle\lim_{x\to 0}\frac{e^x-1}{\sin(x)}$ und $\displaystyle\lim_{x\to 0}\frac{x^2}{\cos(x)-1}$? Das Problem bei diesen Termen besteht darin, dass Zähler und Nenner gegen 0 konvergieren. Wenn es sich dabei jeweils um Polynome handeln würde, die bei $x=0$ den Wert 0 annehmen, dann könnte man x ausklammern und kürzen, wie zum Beispiel bei

$$\lim_{x\to 0}\frac{x^2-2x}{x^2-x}=\lim_{x\to 0}\frac{x-2}{x-1}=2\ .$$

Wenn es also möglich wäre, Zähler und Nenner unserer problematischen Brüche „durch geeignete Polynome zu ersetzen", dann könnten wir ihren Grenzwert berechnen.

Bei der *Taylorentwicklung* sucht man Polynome, die „möglichst gute Näherungen" für jeweils gegebene Funktionen darstellen. Das ist letztlich eine Verallgemeinerung des Tangenten-Problems aus Abschnitt 2.1: Tangenten sind Geraden, die „möglichst gute Näherungen" für jeweils gegebene Funktionen darstellen (und die Terme für Geraden sind Polynome vom Grad 0 oder 1).

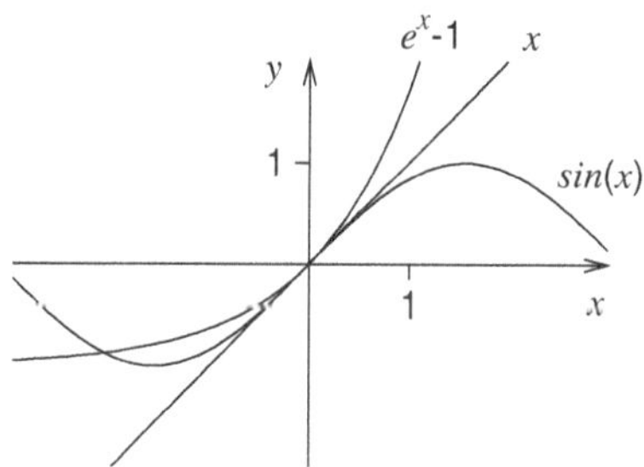

Abbildung 3.18: Tangente an e^x-1 und $\sin(x)$

Mit der Idee „Graph $\approx$ Tangente" können wir $\displaystyle\lim_{x\to 0}\frac{e^x-1}{\sin(x)}$ berechnen: e^x-1 und $\sin(x)$ besitzen bei $x=0$ die Tangente $y=x$, also lautet die Idee

$$x\approx 0\quad\Longrightarrow\quad\frac{e^x-1}{\sin(x)}\approx\frac{x}{x}=1\ .$$

Mit der Definition der Ableitung wird daraus eine exakte Berechnung. Zur Erinnerung: f ist bei 0 differenzierbar, wenn es eine bei 0 stetige Funktion r gibt mit $f(x)=f(0)+r(x)x$. Es gibt also stetige Funktionen r und s mit

$$e^x-1=0+r(x)x\quad\text{und}\quad\sin(x)=0+s(x)x\ ,$$

wobei $r(0)=(e^x-1)'(0)=1$ und $s(0)=\sin'(0)=1$; somit:

$$\lim_{x\to 0}\frac{e^x-1}{\sin(x)}=\lim_{x\to 0}\frac{r(x)x}{s(x)x}=\frac{r(0)}{s(0)}=1\ .$$

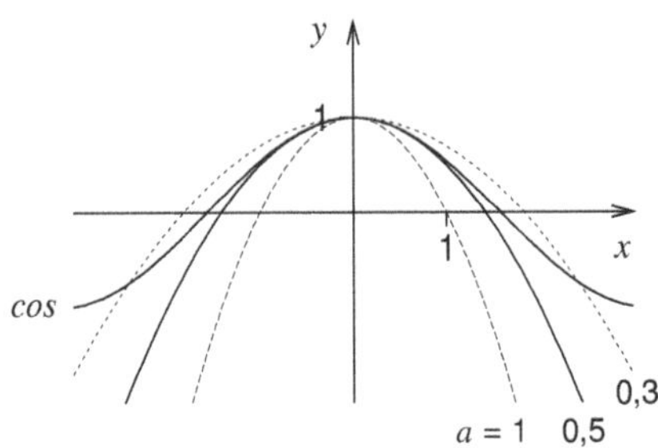

Abbildung 3.19: Parabeln $1 - ax^2$ an $\cos(x)$

Die Idee „Graph $\approx$ Tangente" funktioniert aber nicht bei $\lim\limits_{x \to 0} \dfrac{x^2}{\cos(x) - 1}$: Zähler und Nenner besitzen bei $x = 0$ die Tangente $y = 0$, also würde der sinnlose Bruch $\frac{0}{0}$ entstehen. Doch „Graph $\approx$ Parabel" könnte funktionieren: Durch ein wenig Probieren (siehe Abbildung 3.19) findet man $y = 1 - \frac{1}{2}x^2$ als „gute Näherung" für $\cos(x)$ bei $x = 0$, also gilt vielleicht

$$x \approx 0 \quad \Longrightarrow \quad \frac{x^2}{\cos(x) - 1} \approx \frac{x^2}{1 - \frac{1}{2}x^2 - 1} = -2 \; .$$

Die Idee, Graphen mit Hilfe von Polynomen anzunähern, soll im Folgenden präzisiert werden.

Zunächst definieren wir die Polynome, die eine „gute Näherung" darstellen sollen. Dabei orientieren wir uns an der Definition der Tangenten: Wenn eine Funktion f an einer Stelle p differenzierbar ist, dann wird die Tangente von f bei p durch eine Polynomfunktion g vom Grad 0 oder 1 dargestellt, wobei $g(p) = f(p)$ und $g'(p) = f'(p)$; also:

$$g(x) = f(p) + f'(p)(x - p) \; .$$

Das verallgemeinern wir so: Gesucht ist ein Polynom $g(x)$ vom Grad $\leq n$, sodass $g^{[k]}(p) = f^{[k]}(p)$ für $0 \leq k \leq n$; das erreicht man zum Beispiel für $n = 2$ durch

$$g(x) := f(p) + f'(p)(x - p) + \frac{f''(p)}{2}(x - p)^2 \; ,$$

denn dann ist $g(p) = f(p)$,

$$\begin{aligned} g'(x) &= f'(p) + f''(p)(x - p) \; , \quad g'(p) = f'(p) \\ g''(x) &= f''(p) \; , \quad g''(p) = f''(p) \; . \end{aligned}$$

Im vorherigen Beispiel mit $f = \cos$ und $p = 0$ erhalten wir

$$g(x) = \cos(0) + \cos'(0) \cdot x + \frac{\cos''(0)}{2} \cdot x^2 = 1 - \frac{1}{2}x^2 \; .$$

Allgemein:

Definition 3.5.1. Es sei D ein Intervall mit mehr als einem Punkt, $p \in D$, $n \in \mathbb{N}_0$ und $f : D \longrightarrow \mathbb{R}$ an der Stelle p n-mal differenzierbar. Dann ist $\tau_p^n(f) : \mathbb{R} \longrightarrow \mathbb{R}$ die Polynomfunktion mit Term

$$\tau_p^n(f)(x) := \sum_{k=0}^{n} \frac{f^{[k]}(p)}{k!} (x - p)^k .$$

$\tau_p^n(f)(x)$ heißt *n-tes Taylorpolynom von f bei p*. $\qquad\square$

Manchmal lassen wir auch Klammern weg und schreiben zum Beispiel $\tau_p^n f(x)$ statt $\tau_p^n(f)(x)$, oder $(\tau_p^n f)'$ statt $(\tau_p^n(f))'$.

Der folgende Satz 3.5.3 zeigt, dass die Polynome $g(x) := \tau_p^n(f)(x)$ die gewünschte Eigenschaft $g^{[k]}(p) = f^{[k]}(p)$ für $0 \leq k \leq n$ besitzen. Die zugehörige Beweisidee ist recht einfach: Wenn man ein Polynom von der Form $g(x) = \sum_{k=0}^{n} a_k(x - p)^k = a_0 + a_1(x - p) + a_2(x - p)^2 + a_3(x - p)^3 + \ldots$ zweimal ableitet, entsteht

$$g'(x) \;=\; a_1 + 2a_2(x - p) + 3a_3(x - p)^2 + \ldots \;=\; \sum_{k=1}^{n} k\, a_k(x - p)^{k-1}$$

$$g''(x) \;=\; 1 \cdot 2 \cdot a_2 + 2 \cdot 3 \cdot a_3(x - p) + \ldots \;=\; \sum_{k=2}^{n} (k - 1)k\, a_k(x - p)^{k-2} ,$$

also $g''(p) = 2!\, a_2$, denn $(p - p)^{k-2} = 0$ für $k > 2$. Allgemein:

Lemma 3.5.2. *Es sei $n \in \mathbb{N}_0$, $a_0, \ldots, a_n, p \in \mathbb{R}$ und $g(x) = \sum_{k=0}^{n} a_k(x - p)^k$. Dann gilt $g^{[k]}(p) = k!\, a_k$ für $0 \leq k \leq n$, das heißt $\tau_p^n(g) = g$.*

BEWEIS. Wir zeigen für alle $x \in \mathbb{R}$ und $0 \leq i \leq n$

$$g^{[i]}(x) = \sum_{k=i}^{n} \frac{k!}{(k - i)!} a_k(x - p)^{k-i}$$

durch Induktion nach i (die Behauptung folgt dann für $x = p$).

$i = 0$: Nach Voraussetzung ist $g^{[0]}(x) = g(x) = \sum_{k=0}^{n} \frac{k!}{k!} a_k(x - p)^k$.

„$i \mapsto i + 1$": Sei $0 \leq i < n$ und $g^{[i]}(x) = \sum_{k=i}^{n} \frac{k!}{(k-i)!} a_k(x - p)^{k-i}$. Dann folgt durch Ableiten

$$g^{[i+1]}(x) \;=\; \sum_{k=i+1}^{n} \frac{k!}{(k - i - 1)!} a_k(x - p)^{k-i-1}$$

$$=\; \sum_{k=i+1}^{n} \frac{k!}{(k - (i + 1))!} a_k(x - p)^{k-(i+1)} ,$$

und damit die Behauptung. $\qquad\square$

Satz 3.5.3. *Es sei D ein Intervall mit mehr als einem Punkt, $p \in D$, $n \in \mathbb{N}_0$ und $f : D \longrightarrow \mathbb{R}$ an der Stelle p n-mal differenzierbar. Dann gilt $(\tau_p^n f)^{[k]}(p) = f^{[k]}(p)$ für $0 \le k \le n$, das heißt $\tau_p^n(\tau_p^n(f)) = \tau_p^n(f)$.*

BEWEIS. Siehe Lemma 3.5.2 mit $g := \tau_p^n(f)$. $\qquad\qquad\qquad\qquad\qquad\square$

Wir berechnen einige Taylorpolynome:

Beispiel 3.5.4. Für $\exp(x) = e^x$ und $k \in \mathbb{N}_0$ ist $\exp^{[k]}(x) = e^x$, also $\exp^{[k]}(0) = 1$, und damit

$$\tau_0^n \exp(x) \; = \; \sum_{k=0}^{n} \frac{1}{k!} x^k \; = \; 1 + x + \frac{1}{2!} x^2 + \ldots + \frac{1}{n!} x^n \; .$$

Es ist $\ln^{[1]}(x) = x^{-1}$, $\ln^{[2]}(x) = -x^{-2}$, $\ln^{[3]}(x) = 2x^{-3}$, $\ldots$ Allgemein:

$$\ln^{[k]}(x) = (-1)^{k-1}(k-1)! \, x^{-k} \quad \text{für } k \ge 1$$

(Übung: vollständige Induktion!), also

$$\frac{\ln^{[0]}(1)}{0!} = \ln(1) = 0 \quad \text{und} \quad \frac{\ln^{[k]}(1)}{k!} = \frac{(-1)^{k-1}}{k} \quad \text{für } k \ge 1 \, ,$$

und damit

$$\tau_1^n \ln(x) \; = \; \sum_{k=1}^{n} \frac{(-1)^{k-1}}{k}(x - 1)^k \; .$$

Außerdem zeigt man mit vollständiger Induktion (Übung!):

$$\tau_0^{2n+1} \sin(x) \; = \; \sum_{k=0}^{n} \frac{(-1)^k}{(2k+1)!} x^{2k+1} \quad \text{und} \quad \tau_0^{2n} \cos(x) \; = \; \sum_{k=0}^{n} \frac{(-1)^k}{(2k)!} x^{2k} \; . \qquad \square$$

Mit diesen Beispielen lassen sich leicht weitere Taylorpolynome berechnen, wenn man geeignete Regeln für $\tau_p^n(\lambda \cdot f)$, $\tau_p^n(f + g)$, $\tau_p^n(f \cdot g)$ und $\tau_p^n(f \circ g)$ kennt. Man sieht sofort, dass $\tau_p^n(\ldots)$ linear ist: Für $\lambda \in \mathbb{R}$ und n-mal differenzierbare f und g gilt

$$\tau_p^n(\lambda \cdot f) = \lambda \cdot \tau_p^n(f) \quad \text{und} \quad \tau_p^n(f + g) = \tau_p^n(f) + \tau_p^n(g) \, ,$$

da die Ableitung linear ist: $(\lambda \cdot f)' = \lambda \cdot f'$ und $(f + g)' = f' + g'$.

Die Regel für $\tau_p^n(f \cdot g)$ ist einfacher als die Produktregel der Ableitung. Sie ist sogar so einfach, dass man zum Beispiel $\tau_0^2(e^x \cdot \sin(x)) = x + x^2$ sofort im Kopf berechnen kann; damit erhält man insbesondere auch $(e^x \sin(x))'(0) = 1$ und $(e^x \sin(x))''(0) = 2$ durch Kopfrechnen. Dazu muss man aber zuerst verstehen, dass das Rechnen mit Taylorpolynomen ein „Rechnen bis auf restliche Terme" ist. Was es damit auf sich hat, soll zunächst an einem konkreten Beispiel erläutert werden.

Beispiel 3.5.5. Wir wissen bereits, dass die Taylorentwicklungen von e^x und $\sin(x)$ so beginnen:

$$\tau_0^n e^x = 1 + x + \frac{1}{2}x^2 + \frac{1}{6}x^3 + \dots \quad \text{und} \quad \tau_0^n \sin(x) = x - \frac{1}{6}x^3 + \dots$$

Mit solchen Taylorpolynomen wollen wir e^x und $\sin(x)$ annähern. Unsere (bisher noch vage) Vorstellung lautet also:

$$e^x \approx 1 + x + \frac{1}{2}x^2 + \frac{1}{6}x^3 + \dots \quad \text{und} \quad \sin(x) \approx x - \frac{1}{6}x^3 + \dots$$

Wenn man diese Terme multipliziert und nach Potenzen von x sortiert, dann entsteht

$$e^x \cdot \sin(x) \approx x + x^2 + \left(\frac{1}{2} - \frac{1}{6} \right) x^3 + \dots$$

Damit könnte $\tau_0^2(e^x \cdot \sin(x)) = x + x^2$ gelten, denn das zweite Taylorpolynom von $e^x \cdot \sin(x)$ hat einen Grad ≤ 2 und soll $e^x \cdot \sin(x)$ annähern.

Diese Art der Berechnung von $x + x^2$ kann man noch abkürzen: Von e^x bzw. $\sin(x)$ benötigen wir nur die Terme $1 + x + \frac{1}{2}x^2$ bzw. x, denn die restlichen Terme $\frac{1}{6}x^3 + \dots$ und $-\frac{1}{6}x^3 + \dots$ sind Vielfache von x^3, während unser Ergebnis nur ein Polynom vom Grad ≤ 2 sein soll. Daher lassen wir alle Vielfachen von x^3 weg und multiplizieren nur

$$\tau_0^2(e^x) \cdot \tau_0^2(\sin(x)) = (1 + x + \tfrac{1}{2}x^2) \cdot x = x + x^2 + \tfrac{1}{2}x^3 \ .$$

Da $\tau_0^2(e^x \cdot \sin(x))$ ein Polynom vom Grad ≤ 2 ist, lassen wir $\frac{1}{2}x^3$ weg und erhalten $x + x^2$. $\qquad \square$

Dieses „Weglassen restlicher Terme" soll nun präzisiert werden.

Definition 3.5.6. Es sei $f : D \longrightarrow \mathbb{R}$ an der Stelle p n-mal differenzierbar. Die Funktion $r_p^n(f) := f - \tau_p^n(f) : D \longrightarrow \mathbb{R}$ heißt *n-tes Restglied von f bei p*. $\qquad \square$

Statt Andeutungen wie $e^x \approx \tau_0^2(e^x) + \frac{1}{6}x^3 + \dots$ in Beispiel 3.5.5 schreiben wir jetzt $e^x = \tau_0^2(e^x) + r_0^2(e^x)$. Damit scheint noch nichts gewonnen zu sein, da es sich dabei zunächst nur um eine neue Schreibweise handelt. Doch die Reste $r_p^n(f)$ haben besondere Eigenschaften:

Lemma 3.5.7. *Es seien f und g bei p n-mal differenzierbar. Dann gilt:*

1. $\tau_p^n\big(r_p^n(f)\big) = 0$.

2. Wenn $\tau_p^n(g) = 0$, dann ist $\tau_p^n(f \cdot g) = 0$.

BEWEIS. Zu 1.: τ_p^n ist linear, also folgt mit Satz 3.5.3

$$\tau_p^n\big(r_p^n(f)\big) = \tau_p^n\big(f - \tau_p^n(f)\big) = \tau_p^n(f) - \tau_p^n\big(\tau_p^n(f)\big) = 0 \ .$$

Zu 2.: Aus $\tau_p^n(g) = 0$ folgt $g^{[i]}(p) = 0$ für $0 \le i \le n$. Mit vollständiger Induktion zeigt man $(fg)^{[k]}(x) = \sum_{i=0}^{k} \binom{k}{i} f^{[k-i]}(x)\, g^{[i]}(x)$ (Übung!). Damit folgt die Behauptung. $\qquad\square$

Satz 3.5.8. *Es seien f und g bei p n-mal differenzierbar. Dann gilt:*

$$\tau_p^n(f \cdot g) = \tau_p^n\big(f \cdot \tau_p^n(g) \big) \ .$$

BEWEIS. Es ist

$$
\begin{aligned}
\tau_p^n(f \cdot g) &= \tau_p^n\big(f \cdot (\tau_p^n(g) + r_p^n(g)) \big) \\
&= \tau_p^n\big(f \cdot \tau_p^n(g) + f \cdot r_p^n(g) \big) \\
&= \tau_p^n\big(f \cdot \tau_p^n(g) \big) + 0
\end{aligned}
$$

wegen τ_p^n linear und 3.5.7. $\qquad\square$

Wenn man 3.5.8 zweimal anwendet, entsteht

$$\tau_p^n(f \cdot g) = \tau_p^n\big(\tau_p^n(f) \cdot \tau_p^n(g) \big) \ .$$

Dieser Satz rechtfertigt also unser Vorgehen in Beispiel 3.5.5 und präzisiert das „Weglassen aller Vielfachen von x^3" bzw. das „Rechnen modulo x^3", wie man auch sagt:

$$
\begin{aligned}
\tau_0^2\big(e^x \cdot \sin(x) \big) &= \tau_0^2\big(\tau_0^2(e^x) \cdot \tau_0^2(\sin(x)) \big) \\
&= \tau_0^2\big((1 + x + \tfrac{1}{2}x^2) \cdot x \big) \\
&= \tau_0^2\big(x + x^2 + \tfrac{1}{2}x^3 \big) \\
&= x + x^2 \ .
\end{aligned}
$$

Mit der Produktregel 3.5.8 kann man Funktionen oft einfacher ableiten als mit unserer bisherigen Produktregel $(fg)' = fg' + f'g$:

Beispiel 3.5.9. Es sei $f(x) := x^3 e^x$. Die „Holzhammer-Methode" zur Berechnung von $f'''(0)$ beginnt so:

$$
\begin{aligned}
f'(x) &= 3x^2 e^x + x^3 e^x \\
f''(x) &= 6x e^x + 3x^2 e^x + 3x^2 e^x + x^3 e^x = 6x e^x + 6x^2 e^x + x^3 e^x \\
f'''(x) &= \ldots \text{ (wer unbedingt will: Übung!)}
\end{aligned}
$$

Anschließend setzt man 0 ein. Wer aber schon ein wenig Übung mit Taylorpolynomen hat, sieht sofort $\tau_0^3(x^3 e^x) = x^3$, und damit $f'''(0) = 6$. Wer noch ein wenig Übung braucht, rechnet wie folgt:

$$
\begin{aligned}
\tau_0^3\big(x^3 \cdot e^x \big) &= \tau_0^3\big(\tau_0^3(x^3) \cdot \tau_0^3(e^x) \big) \\
&= \tau_0^3\big(x^3 \cdot (1 + x + \tfrac{1}{2}x^2 + \tfrac{1}{6}x^3) \big) \\
&= \tau_0^3\big(x^3 + x^4 + \tfrac{1}{2}x^5 + \tfrac{1}{6}x^6 \big) \\
&= x^3 \ .
\end{aligned}
$$

Nach Definition 3.5.1 ist daher $\tau_0^3 f(x) = x^3 = \frac{f'''(0)}{3!} x^3$, also $f'''(0) = 6$. $\qquad\square$

Nun zur Kettenregel: $\tau_p^n(g \circ f)$ wird ebenfalls modulo restlicher Terme berechnet. Zum Verständnis des folgenden Beweises sollte man sich zunächst klarmachen, dass

$$g \circ f = \sum_{k=0}^{n} a_k f^k \quad \text{für} \quad g(x) = \sum_{k=0}^{n} a_k x^k$$

gilt. Zum Beispiel gilt $g \circ f = f^3$ für $g(x) = x^3$, da

$$(g \circ f)(x) = g(f(x)) = f(x) \cdot f(x) \cdot f(x) = (f \cdot f \cdot f)(x) \ .$$

Ein weiteres Beispiel: $g \circ f = f^2 - 7f + 5$ für $g(x) = x^2 - 7x + 5$, da

$$(g \circ f)(x) = g(f(x)) = f(x) \cdot f(x) - 7 \cdot f(x) + 5 = (f \cdot f - 7 \cdot f + 5)(x) \ .$$

Mit Satz 3.5.8 folgt dann zum Beispiel für $g(x) = x^3$

$$\begin{aligned}
\tau_p^n(g \circ f) &= \tau_p^n(f \cdot f \cdot f) = \tau_p^n\big(\tau_p^n(f) \cdot \tau_p^n(f) \cdot \tau_p^n(f)\big) \\
&= \tau_p^n\big((\tau_p^n(f))^3\big) = \tau_p^n\big(g \circ (\tau_p^n(f))\big) \ .
\end{aligned}$$

(Streggenommen sollte man statt der „5" in $(f \cdot f - 7 \cdot f + 5)$ genauer „$5 \cdot \eta$" schreiben, wobei η die konstante Funktion mit Wert 1 ist, da in diesem Term *Funktionen* addiert werden; eine Verknüpfung „Funktion + Zahl" haben wir nicht definiert. Doch η wird oft weggelassen und „5" als Zeichen für eine Funktion aufgefasst; aus dem jeweiligen Zusammenhang ist meist klar, ob mit „5" eine *Zahl* oder eine konstante *Funktion* gemeint ist. Ebenso müsste man statt „$\tau_p^n(1)$" genauer „$\tau_p^n(1 \cdot \eta)$" schreiben.)

Lemma 3.5.10. *Es sei f bei p n-mal differenzierbar und g eine Polynomfunktion. Dann ist $\tau_p^n(g \circ f) = \tau_p^n(g \circ \tau_p^n(f))$.*

BEWEIS. Wir betrachten zunächst den Fall $g(x) = x^m$ mit $m \in \mathbb{N}_0$. Dann ist $g \circ f = f^m = f \cdot \ldots \cdot f$ (m Faktoren) und $g \circ \tau_p^n(f) = (\tau_p^n(f))^m$, also lautet die Behauptung $\tau_p^n(f^m) = \tau_p^n\big((\tau_p^n(f))^m\big)$. Für $m = 0$ folgt die Behauptung wegen $f^0 = 1 = (\tau_p^n(f))^0$, für $m = 1$ nach 3.5.3, und für $m \geq 2$ nach 3.5.8 durch Induktion nach m.

Nun zum allgemeinen Fall $g(x) = \sum_{k=0}^{m} a_k x^k$:

$$\begin{aligned}
\tau_p^n(g \circ f) &= \tau_p^n\left(\sum_{k=0}^{m} a_k f^k\right) = \sum_{k=0}^{m} a_k \tau_p^n(f^k) && (\text{da } \tau_p^n \text{ linear}) \\
&= \sum_{k=0}^{m} a_k \tau_p^n\big((\tau_p^n(f))^k\big) && (\text{siehe oben}) \\
&= \tau_p^n\left(\sum_{k=0}^{m} a_k (\tau_p^n(f))^k\right) && (\text{da } \tau_p^n \text{ linear}) \\
&= \tau_p^n(g \circ \tau_p^n(f)) \ . && \square
\end{aligned}$$

Dieses Lemma werden wir gleich noch verallgemeinern (hinsichtlich g). Zum Verständnis des folgenden Beweises sollte man sich vor Augen halten, dass $\tau_p^n(f) = 0$ genau dann gilt, wenn $f^{[k]}(p) = 0$ für alle $k \in \{0; 1; \ldots; n\}$.

Lemma 3.5.11. *Es sei f bei p n-mal differenzierbar und g bei $q = f(p)$ n-mal differenzierbar. Dann gilt:*

$$\tau_q^n(g) = 0 \quad \Longrightarrow \quad \tau_p^n(g \circ f) = 0 \;.$$

BEWEIS. Vollständige Induktion nach n:
$n = 0$: Sei $\tau_q^0(g) = 0$, das heißt $g(q) = 0$. Dann ist

$$\tau_p^0(g \circ f)(x) = (g \circ f)(p) = g(q) = 0 \;.$$

„$n \mapsto n + 1$": Sei $\tau_q^{n+1}(g) = 0$.
Dann ist auch $\tau_q^n(g) = 0$, also nach Induktionsannahme $\tau_p^n(g \circ f) = 0$.
Damit ist nur noch zu zeigen: $(g \circ f)^{[n+1]}(p) = 0$.
Wegen $\tau_q^{n+1}(g) = 0$ ist auch $\tau_q^n(g') = 0$,
also nach Induktionsannahme $\tau_p^n(g' \circ f) = 0$,
also nach 3.5.7.2 $\tau_p^n((g' \circ f) \cdot f') = 0$,
insbesondere $\big((g' \circ f) \cdot f'\big)^{[n]}(p) = 0$,
also $(g \circ f)^{[n+1]}(p) = 0$. $\square$

Satz 3.5.12. *Es sei f bei p n-mal differenzierbar und g bei $q = f(p)$ n-mal differenzierbar. Dann ist*

$$\tau_p^n(g \circ f) = \tau_p^n\big(\tau_q^n(g) \circ \tau_p^n(f)\big) \;.$$

BEWEIS.

$$
\begin{aligned}
\tau_p^n(g \circ f) &= \tau_p^n\big((\tau_q^n(g) + r_q^n(g)) \circ f\big) \\
&= \tau_p^n\big(\tau_q^n(g) \circ f + r_q^n(g) \circ f\big) \\
&= \tau_p^n\big(\tau_q^n(g) \circ f\big) + \tau_p^n\big(r_q^n(g) \circ f\big) && \text{(da } \tau_p^n \text{ linear)} \\
&= \tau_p^n\big(\tau_q^n(g) \circ f\big) && \text{(nach 3.5.11 und 3.5.7)} \\
&= \tau_p^n\big(\tau_q^n(g) \circ \tau_p^n(f)\big) \;. && \text{(nach 3.5.10)} \quad \square
\end{aligned}
$$

Beispiel 3.5.13. Wir berechnen $(e^{\cos x})'''(0)$ mit Satz 3.5.12:

$$
\begin{aligned}
\tau_0^3(e^{\cos x}) &= \tau_0^3\big(\tau_1^3(e^x) \circ \tau_0^3(\cos x)\big) \\
&= \tau_0^3\big((e + \tfrac{e}{1}(x - 1) + \tfrac{e}{2}(x - 1)^2 + \tfrac{e}{6}(x - 1)^3) \circ (1 - \tfrac{1}{2}x^2)\big) \\
&= \tau_0^3\big(e + \tfrac{e}{1}(-\tfrac{1}{2}x^2) + \tfrac{e}{2}(-\tfrac{1}{2}x^2)^2 + \tfrac{e}{6}(-\tfrac{1}{2}x^2)^3\big) \\
&= e - \tfrac{e}{2}x^2 \;,
\end{aligned}
$$

also $(e^{\cos x})'''(0) = 0$. $\square$

Nachdem wir nun wissen, was Taylorpolynome sind und wie man mit ihnen rechnet, untersuchen wir als nächstes, um wie viel sich $\tau_p^n(f)$ von f unterscheidet bzw. wie groß das Restglied $r_p^n(f) := f - \tau_p^n(f)$ ist. In Abbildung 3.20 erkennt man im Bereich $[-1\,;1]$ kaum einen Unterschied zwischen $\cos$, $\tau_0^2(\cos)$ und $\tau_0^4(\cos)$; das Bild enthält übrigens auch den Graphen von $\tau_0^8(\cos)$: sein Unterschied zum Kosinus ist im Bereich $[-3\,;3]$ unsichtbar klein.

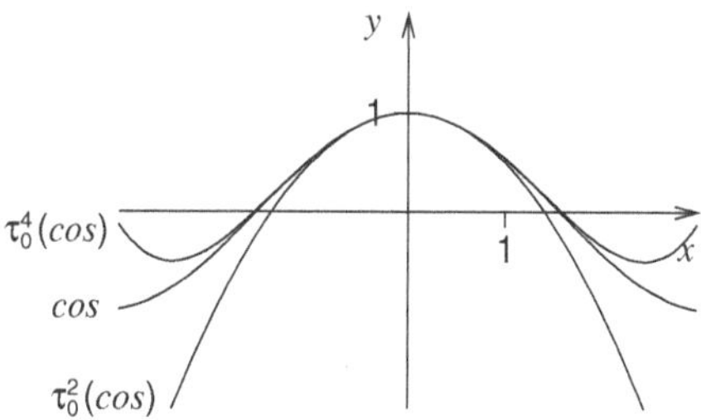

Abbildung 3.20: Näherungen für cos

Um $r_p^n(f)$ auf möglichst einfachem Wege abschätzen zu können betrachten wir eine Methode, bei der man $r_p^n(f)$ allein mit Hilfe von $f^{[n+1]}$ berechnen kann. Für $n = 0$ kennen wir diese Methode bereits: Aus dem Hauptsatz folgt für $f \in \mathcal{C}^1(D)$ (siehe 3.4.9)

$$r_p^0(f)(x) = f(x) - \tau_p^0(f)(x) = f(x) - f(p) = \int\limits_p^x f'(t)dt\,.$$

Die *Taylorformel* verallgemeinert diesen Zusammenhang:

Satz 3.5.14. Taylor-Formel. *Es sei D ein Intervall mit mehr als einem Punkt, $p \in D$, $n \in \mathbb{N}_0$ und $f \in \mathcal{C}^{n+1}(D)$. Dann gilt*

$$r_p^n(f)(x) = \frac{1}{n!}\int\limits_p^x (x-t)^n f^{[n+1]}(t)dt \quad \textit{für alle } x \in D\,.$$

BEWEIS. Die Funktion $r_p^n(f)$ erfüllt die Bedingungen von Lemma 3.4.16: $r_p^n(f) \in \mathcal{C}^{n+1}(D)$, denn $f \in \mathcal{C}^{n+1}(D)$ nach Voraussetzung, und $\tau_p^n f(x)$ ist ein Polynom; außerdem ist $(r_p^n(f))^{[i]}(p) = 0$ für $0 \le i \le n$ nach 3.5.7. Damit folgt nach 3.4.16

$$r_p^n(f)(x) = \frac{1}{n!}\int\limits_p^x (x-t)^n (r_p^n(f))^{[n+1]}(t)dt \quad \text{für alle } x \in D\,.$$

Außerdem ist $(r_p^n(f))^{[n+1]} = f^{[n+1]}$, denn $r_p^n(f) = f - \tau_p^n(f)$, und der Grad des Polynoms $\tau_p^n(f)(x)$ ist höchstens n, also $(\tau_p^n(f))^{[n+1]} = 0$. $\square$

Mit der Taylorformel und dem nun folgenden Mittelwertsatz kann man eine weitere Darstellung des Restglieds $r_p^n(f)$ herleiten (3.5.16), die in vielen Situationen sehr leicht anzuwenden ist. Satz 3.5.15 ist übrigens eine Verallgemeinerung von Satz 3.4.5, da $\int_a^b g = b - a$ für konstantes $g = 1$.

Satz 3.5.15. Mittelwertsatz der Integralrechnung.
Es seien $f, g : [a, b] \longrightarrow \mathbb{R}$ Funktionen, f stetig, g integrierbar und $g \geq 0$ oder $g \leq 0$ (das heißt g hat keinen Vorzeichenwechsel). Dann gibt es ein $c \in [a, b]$ mit
$$\int_a^b (fg) = f(c) \cdot \int_a^b g.$$

BEWEIS. 1. Fall: $g \geq 0$. Nach dem Extremwertsatz existiert das globale Minimum m und das globale Maximum M der Funktion f. Mit der Monotonie des Integrals folgt

$$m \cdot \int_a^b g = \int_a^b (mg) \leq \int_a^b (fg) \leq \int_a^b (Mg) = M \cdot \int_a^b g.$$

Die Funktion $h : [a, b] \longrightarrow \mathbb{R}, x \longmapsto f(x) \cdot \int_a^b g$ ist stetig (denn $\int_a^b g$ ist nur eine konstante Zahl), und besitzt die Funktionswerte $m \cdot \int_a^b g$ und $M \cdot \int_a^b g$. Nach dem Zwischenwertsatz gibt es also ein $c \in [a, b]$ mit $\int_a^b (fg) = h(c) = f(c) \cdot \int_a^b g$.

2. Fall: $g \leq 0$. Übung!   □

Satz 3.5.16. Restglieddarstellung von Lagrange. *Es seien D, p, n, f wie in Satz 3.5.14 (Taylorformel), und $x \in D$. Dann gibt es ein c in $[p, x]$ bzw. $[x, p]$ mit*

$$r_p^n(f)(x) = \frac{f^{[n+1]}(c)}{(n+1)!}(x - p)^{n+1}.$$

BEWEIS. $f^{[n+1]}$ und $t \longmapsto (x-t)^n$ erfüllen die Voraussetzungen des Mittelwertsatzes 3.5.15: $f^{[n+1]}$ ist stetig, und $(x-t)^n$ hat in $[p, x]$ bzw. $[x, p]$ keinen Vorzeichenwechsel. Daher gibt es ein c in $[p, x]$ bzw. $[x, p]$ mit

$$\int_p^x (x - t)^n f^{[n+1]}(t)dt = f^{[n+1]}(c) \int_p^x (x - t)^n dt = \frac{f^{[n+1]}(c)}{n+1}(x - p)^{n+1}.$$

Mit der Taylor-Formel 3.5.14 folgt jetzt die Behauptung.   □

Beispiel 3.5.17. Für $f = \cos$ und $p = 0$ gibt es nach 3.5.16 ein $c \in [0\,;\,0{,}5]$ mit

$$r_0^3(\cos)(0{,}5) = \frac{\cos^{[4]}(c)}{4!} \cdot 0{,}5^4 = \frac{\cos(c)}{4!} \cdot 0{,}5^4 \leq \frac{1}{4!} \cdot 0{,}5^4 \approx 2{,}6 \cdot 10^{-3}.$$ □

Mit Lagrange kann man eine Aussage verallgemeinern, die in unmittelbarem Zusammenhang mit der Definition der Ableitung steht: Für $n = 0$ erhalten wir im folgenden Satz 3.5.18

$$f(x) = f(p) + R(x)(x - p) \quad \text{und} \quad R(p) = f'(p) \,.$$

Das sind letztlich die Gleichungen, die auch in der Definition der Ableitung stehen (siehe 2.1.3).

Satz 3.5.18. *Es sei D ein Intervall mit mehr als einem Punkt, $p \in D$, $n \in \mathbb{N}_0$ und $f \in \mathcal{C}^{n+1}(D)$. Dann gibt es eine stetige Funktion $R : D \longrightarrow \mathbb{R}$, sodass für alle $x \in D$*

$$f(x) = \tau_p^n(f)(x) + R(x)(x - p)^{n+1} \quad \text{und} \quad R(p) = \frac{f^{[n+1]}(p)}{(n+1)!} \,.$$

BEWEIS. Setze

$$R(x) := \begin{cases} \dfrac{r_p^n(f)(x)}{(x - p)^{n+1}} & \text{für } x \in D \setminus \{p\} \\[2ex] \dfrac{f^{[n+1]}(p)}{(n+1)!} & \text{für } x = p \,. \end{cases}$$

Nach Lagrange folgt wegen der Stetigkeit von $f^{[n+1]}$

$$\lim_{x \to p} \frac{r_p^n(f)(x)}{(x - p)^{n+1}} = \frac{f^{[n+1]}(p)}{(n+1)!} \,,$$

also ist R stetig (für $x \neq p$ ist R ohnehin ein Quotient stetiger Funktionen). Aus der Definition von R folgt unmittelbar, dass auch die geforderten Gleichungen erfüllt sind. $\qquad\square$

Jetzt können wir das Problem lösen, mit dem dieser Abschnitt begann:

Beispiel 3.5.19. Nach 3.5.18 gibt es eine stetige Funktion $R : D \longrightarrow \mathbb{R}$ mit

$$\cos(x) = \tau_0^1 \cos(x) + R(x)x^2 = 1 + R(x)x^2 \quad \text{und} \quad R(0) = \frac{\cos^{[2]}(0)}{2!} = -\frac{1}{2} \,,$$

also folgt

$$\lim_{x \to 0} \frac{x^2}{\cos(x) - 1} = \lim_{x \to 0} \frac{x^2}{1 + R(x)x^2 - 1} = \frac{1}{R(0)} = -2 \,. \qquad\square$$

Unsere Berechnung von $\displaystyle\lim_{x \to 0} \frac{x^2}{\cos(x) - 1}$ kann man verallgemeinern:

Korollar 3.5.20. *Sei D ein Intervall mit mehr als einem Punkt, $p \in D$, $n \in \mathbb{N}_0$, $f, g \in \mathcal{C}^{n+1}(D)$ mit $f^{[k]}(p) = 0 = g^{[k]}(p)$ für alle $k \in \{0; \ldots; n\}$, und $g^{[n+1]}(p) \neq 0$. Dann ist*

$$\lim_{x \to p} \frac{f(x)}{g(x)} = \frac{f^{[n+1]}(p)}{g^{[n+1]}(p)} \,.$$

BEWEIS. Nach Voraussetzung ist $\tau_p^n(f) = 0 = \tau_p^n(g)$, also gibt es nach 3.5.18 stetige Funktionen $R, S : D \longrightarrow \mathbb{R}$ mit $f(x) = R(x)(x - p)^{n+1}$ und $g(x) = S(x)(x - p)^{n+1}$ für alle $x \in D$, $R(p) = \frac{f^{[n+1]}(p)}{(n+1)!}$ und $S(p) = \frac{g^{[n+1]}(p)}{(n+1)!}$. Damit folgt

$$\lim_{x \to p} \frac{f(x)}{g(x)} = \lim_{x \to p} \frac{R(x)}{S(x)} = \frac{R(p)}{S(p)} = \frac{f^{[n+1]}(p)}{g^{[n+1]}(p)} \,. \qquad \square$$

Korollar 3.5.20 ist übrigens ein Spezialfall der *Regeln von l'Hospital* (siehe [Brö1], Abschnitt V.1).

Eine weitere Anwendung von Satz 3.5.18 betrifft das lokale Verhalten von Funktionen. Für $f'(p) = 0$ und $f''(p) > 0$ (bzw. $f''(p) < 0$) ist p nach 2.3.21 eine lokale Minimalstelle (bzw. Maximalstelle). Aber was gilt im Fall $f''(p) = 0$? Für $f^{[1]}(p) = \ldots = f^{[n]}(p)$ ist $f(x) = f(p) + R(x)(x - p)^{n+1}$ mit einer stetigen Funktion R (siehe 3.5.18). In einer „kleinen" Umgebung von p ist $R(x) \approx R(p)$, also $f(x) \approx f(p) + R(p)(x - p)^{n+1}$. Das Verhalten von $f(x)$ ist daher mit dem Verhalten von $f(p) + R(p)(x - p)^{n+1}$ vergleichbar:

Abbildung 3.21: Verhalten von $a + b \cdot (x - p)^{n+1}$ für $b > 0$

Korollar 3.5.21. *Es sei D ein Intervall mit mehr als einem Punkt, $p \in D$, $n \in \mathbb{N}$, $f \in \mathcal{C}^{n+1}(D)$ mit $f^{[k]}(p) = 0$ für alle $k \in \{1; \ldots; n\}$, $f^{[n+1]}(p) > 0$. Dann gilt:*

1. Für gerades $n + 1$ ist p eine lokale Minimalstelle.

2. Für ungerades $n + 1$ ist f in einer Umgebung von p streng monoton steigend.

BEWEIS. Wir wenden Satz 3.5.18 auf $f' \in \mathcal{C}^n(D)$ an: Wegen $f'^{[k]}(p) = 0$ für alle $k \in \{0; \ldots; n - 1\}$ ist

$$f'(x) = 0 + R(x)(x - p)^n \quad \text{und} \quad R(p) = \frac{f'^{[n]}(p)}{n!} = \frac{f^{[n+1]}(p)}{n!} > 0$$

für alle $x \in D$ mit einer geeigneten stetigen Funktion $R : D \longrightarrow \mathbb{R}$. Daher gibt es ein offenes Intervall I mit $p \in I$ und $R(x) > 0$ für alle $x \in I \cap D$.
1. Fall: n ungerade. Dann gilt für alle $x \in I \cap D$: $f'(x) < 0$ für $x < p$, und $f'(x) > 0$ für $x > p$. Damit ist p eine lokale Minimalstelle.
2. Fall: n gerade. Dann ist $f'(x) > 0$ für alle $x \in I \cap D \setminus \{p\}$. Damit ist f in I streng monoton steigend. $\square$

Beispiel 3.5.22. Für $f(x) := 1 + \frac{1}{2}(x+1)(x-1)^5$ ist $f^{[1]}(1) = \ldots = f^{[4]}(1) = 0$ und $f^{[5]}(1) = 120$, also ist f in einer Umgebung von 1 streng monoton steigend. Für $R(x) := \frac{1}{2}(x+1)$ ist $f(x) = 1 + R(x)(x-1)^5$ und $R(1) = 1$; Abbildung 3.22 enthält zum Vergleich die Graphen von $f(x)$ und $g(x) := 1 + R(1)(x-1)^5$. $\qquad\square$

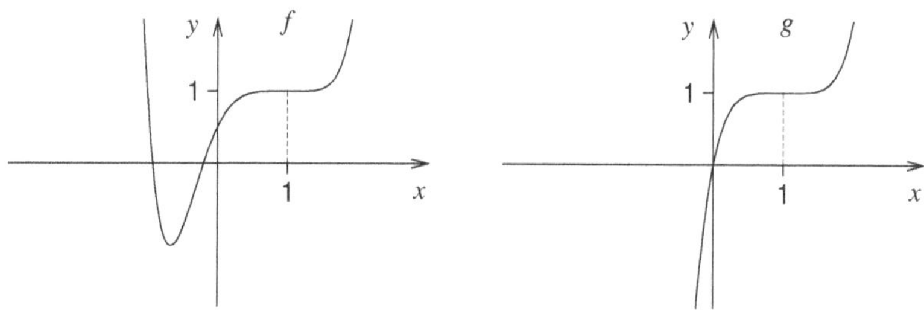

Abbildung 3.22: $f(x) = 1 + \frac{1}{2}(x+1)(x-1)^5$ und $g(x) = 1 + 1 \cdot (x-1)^5$

Zum Abschluss unternehmen wir noch einen kleinen Ausflug in die Physik:

Beispiel 3.5.23. Was bedeutet $E = mc^2$? Nun ja: E steht für Energie, m für Masse und c für die Lichtgeschwindigkeit. Aber *warum* gilt diese Gleichung? Eine Antwort auf diese Frage sucht man am besten in Physikbüchern. Dort findet der erstaunte Leser

$$E := mc^2 \ .$$

Ist das Aushängeschild der Relativitätstheorie nur eine Definition, eine willkürliche(?) Festlegung eines Begriffes, also etwas, das durch Experimente weder bestätigt noch widerlegt werden kann? Dann würde $E := mc^2$ nichts über die Natur aussagen.

Eine ganze Theorie auf eine Formel zu reduzieren ist natürlich grober Unfug. Man muss schon einige Zeit mit seinen Physikbüchern verbringen, um eine echte Antwort auf unsere Frage zu erhalten. Wir greifen nur einen Aspekt heraus (der die Nützlichkeit der Taylorentwicklung unterstreicht):

Zunächst sollte man sich klarmachen, dass „Energie" ein abstrakter Begriff ist, und nicht etwa ein „Ding", das man irgendwo ausgräbt oder vom Baum pflückt, um es anschließend zu untersuchen. Begriffe werden in der Physik verwendet, um „die" Natur zu beschreiben; man legt sie also nicht willkürlich fest. In der Relativitätstheorie gilt folgender

Grundsatz: Relativistische Begriffe werden so definiert, dass sie „im Grenzfall kleiner Geschwindigkeiten" mit den Begriffen der klassischen Physik übereinstimmen.

Grundbegriffe wie *Zeit*, *Länge* und *Masse* werden in der Physik durch Angabe eines Messverfahrens festgelegt. So wird etwa die *träge Masse* m mit Hilfe von Beschleunigungen definiert; die Beschleunigung ist die zweite Ableitung einer Zeit-Ort-Funktion, das heißt sie wird letztlich durch Messung von Zeiten und Längen bestimmt. Wenn man also bereits erkannt hat, dass Zeiten und Längen vom Beobachter abhängen, dann ist es nicht mehr verwunderlich, dass auch Massen vom Beobachter abhängen.

Es sei m_0 die Masse eines Teilchens, die ein Beobachter misst, der sich im Vergleich zum Teilchen mit einer „sehr kleinen" Geschwindigkeit bewegt; außerdem sei $m(v)$ die Masse des gleichen Teilchens, die ein anderer Beobachter misst, der sich im Vergleich zum Teilchen mit der Geschwindigkeit v bewegt. Die Relativitätstheorie kommt zu folgendem Ergebnis:

$$m(v) = \gamma(v) \cdot m_0 \quad \text{mit} \quad \gamma(v) = \left(1 - \frac{v^2}{c^2}\right)^{-\frac{1}{2}}.$$

Mit Hilfe einer Taylorentwicklung kann man verstehen, inwiefern mc^2 etwas mit der klassischen kinetischen Energie $E_{kin}(v) = \frac{m_0}{2}v^2$ zu tun hat:

$$\tau_0^n(mc^2)(v) = m_0 c^2 + \frac{m_0}{2}v^2 + \frac{3m_0}{8c^2}v^4 + \dots$$

Setze $E(v) := m(v) \cdot c^2$; dann ist

$$E(v) \approx E(0) + E_{kin}(v) \quad \text{für „kleine" } v \,,$$

das heißt $E(v) - E(0) \approx E_{kin}(v)$; dieser Term beschreibt die Zunahme der Energie eines Teilchens, das von 0 auf v beschleunigt wird. $\qquad\square$

Aufgaben

1. Berechnen Sie $\tau_0^3(x^5)$, $\tau_0^6(x^5)$, $\tau_1^3(x^5)$ und $\tau_1^6(x^5)$.

2. Beweisen Sie die Behauptungen in Beispiel 3.5.4.

3. Zeigen Sie $\tau_p^n(f)(x) = \tau_0^n(f \circ g)(x - p)$ für $g(x) := x + p$. (Voraussetzungen?)

4. Bestimmen Sie $\tau_p^{2n+1}(\sin(x))$ und $\tau_p^{2n+1}(\cos(x))$.

5. Zeigen Sie $(fg)^{[k]}(x) = \sum_{i=0}^{k} \binom{k}{i} f^{[k-i]}(x)\, g^{[i]}(x)$. (Voraussetzungen?)

6. Berechnen Sie $\tau_0^4(x^2\sin(x))$, $\tau_0^4(x^2\cos(x))$, $\tau_0^4(\cos(x)\sin(x))$ und $\tau_0^4(\cos(x)e^x)$ mit der Produktregel 3.5.8.

7. Berechnen Sie $\tau_0^3(e^{\sin(x)})$, $\tau_0^3(\cos(\sin(x)))$, $\tau_0^3(\sin(e^x - 1))$, $\tau_0^3(\sin(e^x))$ mit der Kettenregel 3.5.12.

8. Es sei D ein Intervall mit mehr als einem Punkt, $p \in D$, $n \in \mathbb{N}_0$, $f \in \mathcal{C}^{n+1}(D)$ und $f^{[n+1]}(x) = 0$ für alle $x \in D$. Zeigen Sie: f ist eine Polynomfunktion vom Grad $\leq n$.

9. Sei $p \in \mathbb{R}$, $n \in \mathbb{N}_0$ und $f(x)$ ein Polynom vom Grad $\leq n$. Zeigen Sie: $f(x)$ ist durch $f^{[0]}(p), \ldots, f^{[n]}(p)$ eindeutig festgelegt.

10. Zeigen Sie mit Lagrange: $|r_0^8(\cos(x))| < 0{,}06$ für $-3 < x < 3$.

11. Berechnen Sie $\lim\limits_{x \to 2} \dfrac{x^3 - 2x^2 + x - 2}{x^3 - 2x^2 + 3x - 6}$ auf zwei Arten: Mit Polynomdivision und mit Korollar 3.5.20.

12. Berechnen Sie $\lim\limits_{x \to 1} \dfrac{x - 1}{\sin(\pi x)}$, $\lim\limits_{x \to 0} \dfrac{e^{x^3} - 1}{\sin(x) - x}$ und $\lim\limits_{x \to 0}(x \ln(x))$.

13. Bestimmen Sie das lokale Verhalten von $f(x) = \cos(x) - 1 + \frac{1}{2}x^2$ bei $x = 0$ (vergleiche Beispiel 3.5.22).

3.6   Potenzreihen

Wie berechnet man $\int_0^x e^{t^2}\,dt$? Den Versuch, aus unseren bisher bekannten Funktionen (x^n, $\ln(x)$, e^x, $\sin(x)$, ...) in endlich vielen Schritten eine Stammfunktion von e^{t^2} zusammenzusetzen, wird man früher oder später aufgeben. (Natürlich ist $x \longmapsto \int_0^x e^{t^2}\,dt$ eine Stammfunktion für e^{t^2}, aber das allein ist zur Berechnung dieses Integrals nicht wirklich hilfreich.)

Wenn man e^{t^2} durch ein Polynom ersetzen könnte, dann wäre die Berechnung einfach. Nach Abschnitt 3.5 wissen wir, wie man e^{t^2} immerhin näherungsweise durch Polynome ersetzen kann: Zum Beispiel ist $\tau_0^6(e^{t^2}) = 1 + t^2 + \frac{1}{2}t^4 + \frac{1}{6}t^6$, also wäre folgendes denkbar:

$$e^{t^2} \approx 1 + t^2 + \tfrac{1}{2!}t^4 + \tfrac{1}{3!}t^6 \quad \text{für ,,} t \text{ nahe } 0\text{''}$$

$$\int_0^x e^{t^2}\,dt \approx x + \tfrac{1}{3}x^3 + \tfrac{1}{2!\cdot 5}x^5 + \tfrac{1}{3!\cdot 7}x^7 \quad \text{für ,,} x \text{ nahe } 0\text{''} .$$

Der Unterschied zwischen e^{t^2} und $\tau_0^n(e^{t^2})$ könnte mit wachsendem n immer kleiner werden, also gilt vielleicht

$$e^{t^2} = \sum_{k=0}^{\infty} \frac{1}{k!}t^{2k} := \lim_{n\to\infty} \sum_{k=0}^{n} \frac{1}{k!}t^{2k} \quad \text{für ,,gewisse''} x\,, \text{ und}$$

$$\int_0^x e^{t^2}\,dt = \sum_{k=0}^{\infty} \frac{1}{k!\cdot(2k+1)}\, x^{2k+1} .$$

Dieses Problem formulieren wir allgemein: Gegeben sei (irgend) eine Folge $(a_k)_k$ in $\mathbb{R}$ und ein Punkt $p \in \mathbb{R}$.

1. Für welche $x \in \mathbb{R}$ existiert $\sum_{k=0}^{\infty} a_k(x-p)^k := \lim_{n\to\infty} \sum_{k=0}^{n} a_k(x-p)^k$?

2. Sei $D := \{\, x \in \mathbb{R} \mid \sum_{k=0}^{\infty} a_k(x-p)^k \text{ existiert } \}$ und $f : D \longrightarrow \mathbb{R}$ mit $f(x) := \sum_{k=0}^{\infty} a_k(x-p)^k$. Ist $F : D \longrightarrow \mathbb{R}$ mit $F(x) := \sum_{k=0}^{\infty} \frac{a_k}{k+1}(x-p)^{k+1}$ eine Stammfunktion von f? (Kann man einfach gliedweise integrieren?)

Definition 3.6.1. Es sei $(a_k)_{k\geq 0}$ eine Folge in $\mathbb{R}$ und $x, p \in \mathbb{R}$. Die Folge $(A_n)_{n\geq 0}$ der Summen $A_n := \sum_{k=0}^{n} a_k(x-p)^k$ heißt *Potenzreihe* mit *Entwicklungspunkt* p und *Koeffizienten* a_k. Wenn $(A_n)_{n\geq 0}$ konvergiert, dann wird der Grenzwert von $(A_n)_{n\geq 0}$ mit $\sum_{k=0}^{\infty} a_k(x-p)^k$ bezeichnet. $\qquad\square$

In der Literatur findet man häufig zwei verschiedene Bedeutungen des Symbols $\sum_{k=0}^{\infty} a_k(x-p)^k$: Es bezeichnet sowohl den Grenzwert der Reihe $(A_n)_{n\geq 0}$, als auch die Reihe selbst.

Satz 3.6.2. *Es sei $(a_n)_{n\geq 0}$ eine Folge in $\mathbb{R}$ und $r,s \in \mathbb{R}$. Dann gilt:*

$$0 \leq |r| < |s| \text{ und } (|a_k s^k|)_{k\geq 0} \text{ beschränkt} \implies \left(\sum_{k=0}^{n} |a_k r^k|\right)_{n\geq 0} \text{ konvergiert}.$$

BEWEIS. Die Folge $\left(\sum_{k=0}^{n} |a_k r^k|\right)_{n\geq 0}$ ist monoton steigend, da $|a_k r^k| \geq 0$ für alle $k \in \mathbb{N}$. Nach dem Vollständigkeitsaxiom müssen wir also nur noch zeigen, dass diese Folge beschränkt ist.

Nach Voraussetzung gibt es ein $S \in \mathbb{R}$, sodass $|a_k s^k| \leq S$ für alle $k \in \mathbb{N}$. Mit $x := \left|\frac{r}{s}\right|$ ist $0 \leq x < 1$ und

$$|a_k r^k| = |a_k s^k| \cdot \left|\frac{r}{s}\right|^k \leq S \cdot x^k \text{ für alle } k \in \mathbb{N}.$$

Die Folge $\left(\sum_{k=0}^{n} |a_k r^k|\right)_{n}$ wird also durch das S-fache einer geometrischen Reihe beschränkt (siehe 1.4.14), denn für alle $n \in \mathbb{N}$ gilt

$$\sum_{k=0}^{n} |a_k r^k| \leq S \cdot \sum_{k=0}^{n} x^k \leq S \cdot \sum_{k=0}^{\infty} x^k = S \cdot \frac{1}{1-x}. \qquad \square$$

Wenn $\left(\sum_{k=0}^{n} |b_k|\right)_{n\geq 0}$ konvergiert, dann nennt man $\left(\sum_{k=0}^{n} b_k\right)_{n\geq 0}$ auch *absolut konvergent*. Aus der absoluten Konvergenz folgt die Konvergenz:

Satz 3.6.3. *Es sei $(b_n)_{n\geq 0}$ eine Folge in $\mathbb{R}$. Dann gilt:*

$$\left(\sum_{k=0}^{n} |b_k|\right)_{n\geq 0} \text{ konvergiert} \implies \left(\sum_{k=0}^{n} b_k\right)_{n\geq 0} \text{ konvergiert}.$$

BEWEIS. Wir zeigen, dass $(B_n)_n$ mit $B_n := \sum_{k=0}^{n} b_k$ eine Cauchy-Folge ist.

Sei $\epsilon \in \mathbb{R}^+$. Nach Voraussetzung konvergiert $(z_n)_n$, wobei $z_n := \sum_{k=0}^{n} |b_k|$. Nach 1.9.8 ist $(z_n)_n$ eine Cauchy-Folge, also gibt es ein $N \in \mathbb{N}$, sodass

$$\forall m,n > N : |z_n - z_m| < \epsilon.$$

Somit folgt für alle $m,n > N$ im Fall $m \leq n$ mit der Dreiecksungleichung

$$|B_n - B_m| = \left|\sum_{k=m+1}^{n} b_k\right| \leq \sum_{k=m+1}^{n} |b_k| = z_n - z_m < \epsilon.$$

Im Fall $m > n$ folgt analog $|B_n - B_m| = |B_m - B_n| < \epsilon$. Damit ist $(B_n)_n$ eine Cauchy-Folge, also nach 1.9.8 konvergent. $\qquad \square$

Beispiel 3.6.4. Die Reihe $\left(\sum_{k=0}^{n} \dfrac{x^k}{k!}\right)_{n \geq 0}$ konvergiert für alle $x \in \mathbb{R}$: Es sei $r \in \mathbb{R}$ und $s := |r| + 1$. Nach Archimedes gibt es ein $N \in \mathbb{N}$ mit $s < N$, also

$$\frac{s^k}{k!} = \frac{s^N}{N!} \cdot \frac{s}{N+1} \cdot \ldots \cdot \frac{s}{k} \leq \frac{s^N}{N!} \quad \text{für alle } k > N.$$

Die Folge $\left(\dfrac{s^k}{k!}\right)_k$ ist somit beschränkt, also folgt die Behauptung nach 3.6.2 und 3.6.3. (Die Folge $\left(\dfrac{s^k}{k!}\right)_k$ konvergiert sogar gegen 0, siehe Aufgaben.) $\qquad\Box$

Die geometrische Reihe $\left(\sum_{k=0}^{n} x^k\right)_{n \geq 0}$ konvergiert für $|x| < 1$ gegen $\frac{1}{1-x}$ (siehe 1.4.14); für $|x| \geq 1$ divergiert sie. Daher nennt man 1 den *Konvergenzradius* der geometrischen Reihe. Allgemein:

Definition 3.6.5. Es sei $(a_n)_{n \geq 0}$ eine Folge in $\mathbb{R}$. Dann heißt

$$R := \begin{cases} \sup\{s \in \mathbb{R} \mid (|a_k s^k|)_k \text{ beschränkt}\} & , \quad \text{falls sup existiert} \\ \infty & , \quad \text{sonst} \end{cases}$$

Konvergenzradius von $\sum_{k=0}^{\infty} a_k t^k$. Im Fall $R = \infty$ bedeutet $r < R$, dass $r \in \mathbb{R}$ gilt. $\Box$

Satz 3.6.6. *Es sei* R *der Konvergenzradius von* $\sum_{k=0}^{\infty} a_k t^k$. *Dann gilt: Die Reihe* $\left(\sum_{k=0}^{n} a_k(x - p)^k\right)_{n \geq 0}$ *konvergiert für* $|x - p| < R$, *und divergiert für* $|x - p| > R \in \mathbb{R}$.

BEWEIS. Für $|x - p| > R$ ist $(a_k|x - p|^k)_k$ unbeschränkt, also divergiert die Reihe. Sei $|x - p| < s < R$. Dann ist $(|a_k s^k|)_k$ beschränkt, denn sonst wäre $(|a_k t^k|)_k$ für alle $t \geq s$ unbeschränkt, was $s < R$ und der Definition von R widersprechen würde. Die Behauptung folgt damit nach 3.6.2 und 3.6.3. $\qquad\Box$

Die Menge $D := \{ x \in \mathbb{R} \mid \sum_{k=0}^{\infty} a_k(x - p)^k \text{ existiert } \}$ ist also stets ein Intervall. $]p - R, p + R[$ heißt auch *Konvergenzintervall*. An den Randpunkten von D sind Reihen manchmal konvergent, manchmal divergent:

Beispiel 3.6.7. Für $|x| < 1$ konvergiert $\left(\sum_{k=1}^{n} \dfrac{(-1)^{k-1}}{k} x^k\right)_{n \geq 1}$. Für $x = -1$ ist $\sum_{k=1}^{n} \dfrac{(-1)^{k-1}}{k} x^k = \dfrac{-1}{1} + \dfrac{-1}{2} + \ldots + \dfrac{-1}{n}$; diese Summe divergiert für $n \to \infty$ (siehe Aufgaben). Der Konvergenzradius unserer Reihe ist also 1. Für $x = 1$ ist $\sum_{k=1}^{n} \dfrac{(-1)^{k-1}}{k} x^k = \dfrac{1}{1} - \dfrac{1}{2} + \dfrac{1}{3} - \ldots + (-1)^{n+1}\dfrac{1}{n}$; diese Summe konvergiert für $n \to \infty$ (siehe Aufgaben). $\Box$

Die erste Aussage in 3.6.6 kann man auch so formulieren: Für jedes $k \in \mathbb{N}_0$ sei f_k die Funktion

$$f_k \;:\; \,]p-R\,,p+R\,[\;\longrightarrow\; \mathbb{R}$$
$$x \;\longmapsto\; a_k(x-p)^k \;.$$

Dann konvergiert $\left(\sum\limits_{k=0}^{n} f_k\right)_{n\geq 0}$ punktweise gegen

$$g \;:\; \,]p-R\,,p+R\,[\;\longrightarrow\; \mathbb{R}$$
$$x \;\longmapsto\; \sum\limits_{k=0}^{\infty} a_k(x-p)^k \;.$$

Zur Erinnerung (siehe 3.3.8): Eine Folge $(g_n)_n$ von Funktionen g_n konvergiert *punktweise* gegen eine Funktion g, wenn für jeden Punkt x aus der gemeinsamen Definitionsmenge gilt: $\lim\limits_{n\to\infty} \big(g_n(x)\big) = g(x)$.

Doch die *punktweise* Konvergenz reicht für unsere Zwecke noch nicht aus, da wir beabsichtigen, Potenzreihen gliedweise zu integrieren:

$$
\begin{aligned}
\int\limits_a^b \sum\limits_{k=0}^{\infty} a_k(x-p)^k dx
&= \int\limits_a^b \lim\limits_{n\to\infty} \sum\limits_{k=0}^{n} a_k(x-p)^k dx \\[2mm]
&\overset{?}{=} \lim\limits_{n\to\infty} \int\limits_a^b \sum\limits_{k=0}^{n} a_k(x-p)^k dx \\[2mm]
&= \lim\limits_{n\to\infty} \sum\limits_{k=0}^{n} \int\limits_a^h a_k(x-p)^k dx \\[2mm]
&= \sum\limits_{k=0}^{\infty} \int\limits_a^b a_k(x-p)^k dx \;.
\end{aligned}
$$

$\int\limits_a^b \lim\limits_{n\to\infty} g_n(x)dx = \lim\limits_{n\to\infty} \int\limits_a^b g_n(x)dx$ kann aber falsch sein, wenn $(g_n)_n$ nur punktweise konvergiert:

Beispiel 3.6.8. Für $n \in \mathbb{N}$ sei $g_n : [0\,;2] \longrightarrow \mathbb{R}$ mit

$$
g_n(x) := \begin{cases}
n^3 x & \text{für } 0 \leq x \leq \frac{1}{n} \\[1mm]
2n^2 - n^3 x & \text{für } \frac{1}{n} < x \leq \frac{2}{n} \\[1mm]
0 & \text{für } \frac{2}{n} < x \leq 2
\end{cases}
$$

(siehe Abbildung 3.23). Dann konvergiert $(g_n)_n$ punktweise gegen die Nullfunktion $g = 0$: Es ist $g_n(0) = 0$ für alle $n \in \mathbb{N}$, und für jedes $a \in \,]0\,;2]$ gilt $\lim\limits_{n\to\infty} g_n(a) = 0$, denn nach Archimedes gibt es ein $N \in \mathbb{N}$ mit $\frac{2}{N} < a$, also ist $g_n(a) = 0$ für alle $n > N$.

Damit ist $\int\limits_0^2 g = \int\limits_0^2 0 = 0$, aber die Folge der $\int\limits_0^2 g_n = n$ divergiert nach ∞. $\qquad\square$

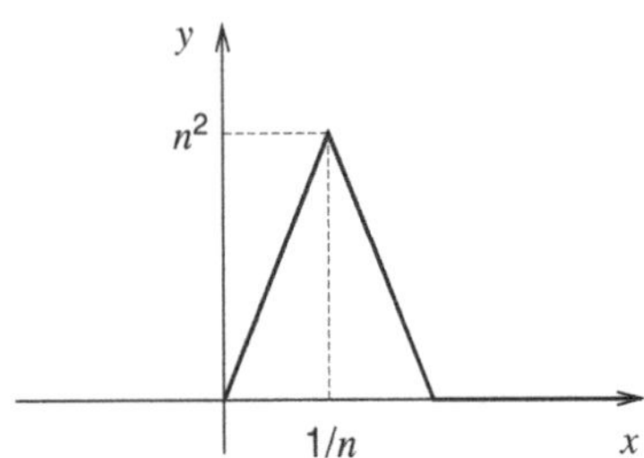

Abbildung 3.23: $(g_n)_n$ konvergiert punktweise gegen 0

Wenn $(g_n)_n$ *gleichmäßig* gegen g konvergiert, dann gilt nach Satz 3.3.19 $\int_a^b g = \lim_{n\to\infty} \int_a^b g_n$ (wenn alle g_n integrierbar). Daher suchen wir nach Bedingungen, unter denen Potenzreihen gleichmäßig konvergieren. (Man beachte die Analogie zwischen Satz 3.6.9 und Satz 3.6.3, einschließlich ihrer Beweise!)

Satz 3.6.9. Konvergenzsatz von Weierstraß. *Es sei* $(f_n)_{n\geq 0}$ *eine Folge beschränkter Funktionen* $f_n : D \longrightarrow \mathbb{R}$. *Dann gilt:*

$$\left(\sum_{k=0}^n \|f_k\|\right)_n \text{ konvergiert} \implies \left(\sum_{k=0}^n f_k\right)_n \text{ konvergiert gleichmäßig}.$$

BEWEIS. Wir zeigen, dass $(g_n)_n$ mit $g_n := \sum_{k=0}^n f_k$ eine Cauchy-Folge ist.

Sei $\epsilon \in \mathbb{R}^+$. Nach Voraussetzung konvergiert $(z_n)_n$, wobei $z_n := \sum_{k=0}^n \|f_k\|$. Nach 1.9.8 ist $(z_n)_n$ eine Cauchy-Folge, also gibt es ein $N \in \mathbb{N}$, sodass

$$\forall\, m, n > N \;:\; |z_n - z_m| < \epsilon.$$

Somit folgt für alle $m, n > N$ im Fall $m \leq n$ mit der Dreiecksungleichung

$$\|g_n - g_m\| = \left\|\sum_{k=m+1}^n f_k\right\| \leq \sum_{k=m+1}^n \|f_k\| = z_n - z_m < \epsilon.$$

Im Fall $m > n$ folgt analog $\|g_n - g_m\| = \|g_m - g_n\| < \epsilon$. Damit ist $(g_n)_n$ eine Cauchy-Folge, also nach 3.3.21 gleichmäßig konvergent. $\qquad\Box$

Korollar 3.6.10. *Es sei* R *der Konvergenzradius von* $\sum_{k=0}^\infty a_k t^k$, $0 \leq r < R$, $p \in \mathbb{R}$ *und*

$$\begin{aligned} f_k \;:\; [p-r, p+r] &\longrightarrow \mathbb{R} \\ x &\longmapsto a_k(x-p)^k \end{aligned}$$

für alle $k \in \mathbb{N}_0$. *Dann konvergiert* $\left(\sum_{k=0}^n f_k\right)_n$ *gleichmäßig.*

BEWEIS. Für alle $k \in \mathbb{N}_0$ ist $\|f_k\| = |a_k r^k|$, da

1. $|a_k(x-p)^k| \leq |a_k r^k|$ für alle $x \in [p-r, p+r]$, also $\|f_k\| \leq |a_k r^k|$;

2. $|a_k(x-p)^k| = |a_k r^k|$ für $x = p+r$, also $\|f_k\| \geq |a_k r^k|$.

Damit folgt die Behauptung nach 3.6.9 und 3.6.2. $\square$

Den gleichmäßigen Grenzwert der Reihe $\left(\sum\limits_{k=0}^{n} f_k \right)_n$ in Korollar 3.6.10 nennen wir $\sum\limits_{k=0}^{\infty} f_k$ (gleichmäßige Grenzwerte sind nach 3.3.6 eindeutig bestimmt). Wenn eine Folge $(g_n)_n$ gleichmäßig gegen g konvergiert, dann konvergiert sie auch punktweise gegen g, das heißt $g(x) = \lim\limits_{n \to \infty} (g_n(x))$ und

$$\left(\sum_{k=0}^{\infty} f_k \right)(x) = \sum_{k=0}^{\infty} (f_k(x)) \quad \text{für alle } x \in [p-r, p+r] \,.$$

Jetzt besitzen wir alle nötigen Hilfsmittel um zu zeigen, dass man Potenzreihen innerhalb ihres Konvergenzintervalls gliedweise integrieren kann:

Korollar 3.6.11. *Es sei $R > 0$ der Konvergenzradius von $\sum\limits_{k=0}^{\infty} a_k t^k$, $p \in \mathbb{R}$ und $g : \,]p-R, p+R[\longrightarrow \mathbb{R}$ mit $g(x) := \sum\limits_{k=0}^{\infty} a_k(x-p)^k$. Dann ist g in jedem Teilintervall $[a,b] \subset \,]p-R, p+R[$ integrierbar, wobei*

$$\int\limits_a^b \sum_{k=0}^{\infty} a_k(x-p)^k dx \;=\; \sum_{k=0}^{\infty} \int\limits_a^b a_k(x-p)^k dx \,.$$

BEWEIS. Es gibt ein $r \in \,]0, R[$ mit $a,b \in [p-r, p+r]$. Sei $(f_k)_k$ wie in 3.6.10. Nach 3.6.10 konvergiert die Folge der $g_n := \sum\limits_{k=0}^{n} f_k$ gleichmäßig, wobei $g(x) = \sum\limits_{k=0}^{\infty} f_k(x)$ für alle $x \in [p-r, p+r]$. Alle g_n sind Polynomfunktionen, insbesondere integrierbar, also ist g in $[p-r, p+r]$ nach 3.3.19 integrierbar, und

$$\int\limits_a^b \sum_{k=0}^{\infty} f_k \;=\; \int\limits_a^b g = \lim_{n \to \infty} \int\limits_a^b g_n \quad \text{(nach 3.3.19)}$$

$$=\; \lim_{n \to \infty} \sum_{k=0}^{n} \int\limits_a^b f_k \quad \text{(da } \int\limits_a^b \text{ linear)}$$

$$=\; \sum_{k=0}^{\infty} \int\limits_a^b f_k \,.$$
$\square$

Beispiel 3.6.12. Nach 3.6.4 konvergiert $\left(\sum\limits_{k=0}^{n} \frac{x^k}{k!} \right)_{n \geq 0}$ für alle $x \in \mathbb{R}$. Setze $g(x) :=$ $\sum\limits_{k=0}^{\infty} \frac{x^k}{k!}$ für alle $x \in \mathbb{R}$. Dann folgt mit Korollar 3.6.11 für alle $x \in \mathbb{R}$

$$\int\limits_{0}^{x} g(t)\,dt = \sum_{k=0}^{\infty} \int\limits_{0}^{x} \frac{t^k}{k!}\,dt = \sum_{k=0}^{\infty} \frac{x^{k+1}}{(k+1)!} = \sum_{k=1}^{\infty} \frac{x^k}{k!} = g(x) - 1 \, . \qquad \Box$$

Nach dem folgenden Satz 3.6.14 kann man man Potenzreihen innerhalb ihres Konvergenzintervalls auch gliedweise differenzieren. Dabei wird der Konvergenzradius nicht kleiner:

Lemma 3.6.13. *Es sei R der Konvergenzradius von $\sum\limits_{k=0}^{\infty} a_k t^k$ und R_1 der Konvergenzradius von $\sum\limits_{k=1}^{\infty} a_k k t^{k-1}$. Dann ist $R \leq R_1$.*

BEWEIS. Für $R = 0$ ist die Aussage klar. Sei $0 < R$. Nach Definition 3.6.5 genügt es zu zeigen, dass $(|a_k k r^{k-1}|)_k$ für $0 < r < R$ beschränkt ist.
Sei $0 < r < s < R$. Dann ist $(|a_k s^k|)_k$ beschränkt, und

$$\left(|a_k k r^{k-1}| \right)_k = \left(r^{-1} \cdot |a_k s^k| \cdot (k^{\frac{1}{k}} \cdot \tfrac{r}{s})^k \right)_k$$

ist ebenfalls beschränkt, denn $\frac{r}{s} < 1$ und $\lim\limits_{k \to \infty} (k^{\frac{1}{k}}) = 1$, also ist $(k^{\frac{1}{k}} \cdot \tfrac{r}{s})^k$ schließlich kleiner als 1. $\qquad \Box$

Satz 3.6.14. *Es sei $R > 0$ der Konvergenzradius von $\sum\limits_{k=0}^{\infty} a_k t^k$, $p \in \mathbb{R}$ und $g :]p - R, p + R[\longrightarrow \mathbb{R}$ mit $g(x) := \sum\limits_{k=0}^{\infty} a_k (x - p)^k$. Dann ist g differenzierbar, und für alle $x \in]p - R, p + R[$ gilt*

$$g'(x) = \sum_{k=1}^{\infty} a_k k (x - p)^{k-1} \, .$$

BEWEIS. Sei $0 < r < R$. $h : [p - r, p + r] \longrightarrow \mathbb{R}$ mit $h(x) := \sum\limits_{k=1}^{\infty} a_k k (x - p)^{k-1}$ ist nach 3.6.13 und 3.6.11 integrierbar, und

$$\int\limits_{p}^{x} h = \sum_{k=1}^{\infty} a_k (x - p)^k = g(x) - a_0 \quad \text{für alle } x \in [p - r, p + r] \, .$$

Außerdem ist h nach 3.3.17 stetig, also $g'(x) = h(x)$ für alle $x \in [p - r, p + r]$ nach dem Hauptsatz 3.4.7. Da jedes $x \in]p - R, p + R[$ in einem $[p - r, p + r]$ mit $0 < r < R$ liegt, folgt die Behauptung. $\qquad \Box$

Um die Frage zu beantworten, die am Anfang dieses Abschnitts steht, müssen wir jetzt nur noch geeignete Zusammenhänge zwischen Funktionen f, Taylorpolynomen $\tau_p^n(f)(x) = \sum_{k=0}^{n} \frac{f^{[k]}(p)}{k!}(x-p)^k$ und Potenzreihen herstellen.

Definition 3.6.15. Es sei D ein Intervall mit mehr als einem Punkt, $p \in D$ und $f : D \longrightarrow \mathbb{R}$ an der Stelle p unendlich oft differenzierbar. Die Reihe $\left(\tau_p^n(f)(x)\right)_{n \geq 0}$ heißt *Taylorreihe von f bei p*. Es sei R der Konvergenzradius von $\left(\tau_p^n(f)(x)\right)_{n \geq 0}$. Für $R > 0$ ist $\tau_p^\infty(f) : \left]p - R, p + R\right[\longrightarrow \mathbb{R}$ die Funktion mit

$$\tau_p^\infty(f)(x) = \sum_{k=0}^{\infty} \frac{f^{[k]}(p)}{k!}(x-p)^k \, ,$$

wobei $\left]p - R, p + R\right[:= \mathbb{R}$ im Fall $R = \infty$. $\qquad\square$

Wir haben schon mehrfach die Vermutung geäußert, dass $\left(\tau_p^n(f)(x)\right)_{n \geq 0}$ gegen $f(x)$ konvergiert, dass also $\tau_p^\infty(f) = f$ gilt. Für einige Funktionen können wir das inzwischen sehr leicht bestätigen:

Beispiel 3.6.16. Sei $g(x) := \sum_{k=0}^{\infty} \frac{x^k}{k!}$ für $x \in \mathbb{R}$. Nach 3.6.4 und 3.6.14 folgt

$$g'(x) \; = \; \sum_{k=1}^{\infty} \frac{x^{k-1}}{(k-1)!} \; = \; \sum_{k=0}^{\infty} \frac{x^k}{k!} \; = \; g(x) \quad \text{für alle } x \in \mathbb{R} \, .$$

Außerdem ist $g(0) = 1$. Mit Lemma 2.3.11 folgt $g(x) = e^x$ für alle $x \in \mathbb{R}$. Wegen $e^x = e^p \cdot e^{x-p}$ ist also (vergleiche Beispiel 3.5.4)

$$e^x \; = \; \sum_{k=0}^{\infty} \frac{e^p}{k!}(x-p)^k \; = \; \tau_p^\infty(e^x) \quad \text{für alle } x, p \in \mathbb{R} \, .$$

Eine Anwendung der Gleichung $e^x = \sum_{k=0}^{\infty} \frac{x^k}{k!}$: Für $n \in \mathbb{N}$ und $x > (n+2)!$ ist $e^x > \frac{x^{n+2}}{(n+2)!} > x^{n+1}$, also $\frac{1}{x} > \frac{x^n}{e^x}$; damit folgt

$$\lim_{x \to \infty} \frac{x^n}{e^x} = 0 \quad \text{für alle } n \in \mathbb{N} \, . \qquad\square$$

Beispiel 3.6.17. Die Reihe $\left(\sum_{k=0}^{n} \frac{(-1)^k}{(2k+1)!} x^{2k+1}\right)_n$ konvergiert für alle $x \in \mathbb{R}$: Die Folge $\left(\frac{s^{2k+1}}{(2k+1)!}\right)_{k \geq 0}$ ist eine Teilfolge von $\left(\frac{s^k}{k!}\right)_{k \geq 0}$, also nach 3.6.4 für alle $s \in \mathbb{R}_0^+$ beschränkt. Setze $g(x) := \sum_{k=0}^{\infty} \frac{(-1)^k}{(2k+1)!} x^{2k+1}$ für alle $x \in \mathbb{R}$. Dann ist

$$g'(x) \; = \; \sum_{k=0}^{\infty} \frac{(-1)^k}{(2k)!} x^{2k} \quad \text{und} \quad g''(x) \; = \; \sum_{k=1}^{\infty} \frac{(-1)^k}{(2k-1)!} x^{2k-1} \; = \; -g(x)$$

für alle $x \in \mathbb{R}$. Außerdem ist $g(0) = 0$ und $g'(0) = 1$, also folgt $g = \sin$ nach 2.3.12, und damit $g' = \cos$. Somit: $\tau_0^\infty(\sin) = \sin$ und $\tau_0^\infty(\cos) = \cos$ (vergleiche Beispiel 3.5.4). $\square$

Aus der geometrischen Reihe (siehe 1.4.14)

$$\sum_{k=0}^{\infty} x^k = \frac{1}{1-x} \quad \text{für } |x| < 1$$

gewinnt man Potenzreihen für $\ln$ und $\arctan$:

Beispiel 3.6.18. Für $|r| < 1$ ist $\ln'(1+r) = \frac{1}{1+r} = \frac{1}{1-(-r)} = \sum_{k=0}^{\infty} (-1)^k r^k$, also

$$\ln(1+r) = \sum_{k=0}^{\infty} \frac{(-1)^k}{k+1} r^{k+1} = \sum_{k=1}^{\infty} \frac{(-1)^{k-1}}{k} r^k, \text{ und damit (vgl. 3.5.4)}$$

$$\ln(x) = \sum_{k=1}^{\infty} \frac{(-1)^{k-1}}{k} (x-1)^k = \tau_1^\infty(\ln)(x) \quad \text{für alle } x \in {]0\,;2[}\,.$$

Für $|x| < 1$ ist $\arctan'(x) = \frac{1}{1+x^2} = \frac{1}{1-(-x^2)} = \sum_{k=0}^{\infty} (-1)^k x^{2k}$, also

$$\arctan(x) = \sum_{k=0}^{\infty} \frac{(-1)^k}{2k+1} x^{2k+1} \quad \text{für alle } x \in {]-1\,;1[}\,.$$

Mit 3.6.20 folgt $\tau_0^\infty(\arctan)(x) = \arctan(x)$ für $-1 < x < 1$. Man beachte: Die Potenzreihe für $\frac{1}{1+x^2}$ hat den Konvergenzradius 1, obwohl $\frac{1}{1+x^2}$ in ganz $\mathbb{R}$ definiert ist. $\square$

Jetzt können wir die Frage beantworten, mit der dieser Abschnitt begann: Nach 3.6.16 ist $e^{t^2} = \sum_{k=0}^{\infty} \frac{t^{2k}}{k!}$ für alle $t \in \mathbb{R}$, also folgt

$$\int_0^x e^{t^2}\, dt = \sum_{k=0}^{\infty} \frac{x^{2k+1}}{(2k+1)k!}\,,$$

da man nach 3.6.11 gliedweise integrieren darf.

Zum Abschluss fragen wir noch nach allgemeinen Zusammenhängen zwischen Potenzreihen und Taylorreihen. Jede Taylorreihe ist eine Potenzreihe. Jede Potenzreihe ist auch eine Taylorreihe: Nach einem Satz von Borel gibt es zu jeder Folge $(a_k)_k$ reeller Zahlen eine unendlich oft differenzierbare Funktion $f : \mathbb{R} \longrightarrow \mathbb{R}$ mit $a_k = \frac{f^{[k]}(0)}{k!}$ für alle $k \in \mathbb{N}_0$ (siehe [Brö1], Abschnitt IV.4, Satz (4.5)).

Damit ist allerdings noch nicht geklärt, inwieweit eine Funktion durch ihre Taylorreihe dargestellt wird: Für welche x gilt $\tau_p^\infty(f)(x) = f(x)$? Es kann sein, dass der Konvergenzradius einer Taylorreihe 0 ist: Nach Borel gibt es zum Beispiel auch eine Funktion $f : \mathbb{R} \longrightarrow \mathbb{R}$ mit $k! = \frac{f^{[k]}(0)}{k!}$ für alle $k \in \mathbb{N}_0$; der Konvergenzradius von $\left(\tau_p^n(f)(x)\right)_{n \geq 0}$ ist in diesem Fall 0.

Es kann aber auch sein, dass $\tau_p^\infty(f)(x) = f(x)$ nur für $x = p$ gilt, obwohl der Konvergenzradius größer als 0 ist:

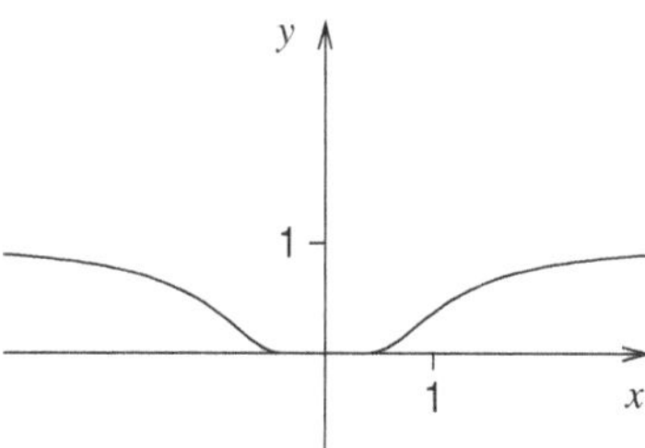

Abbildung 3.24: $f(x) = e^{-1/x^2}$

Beispiel 3.6.19. Setze

$$f(x) := \begin{cases} e^{-1/x^2} & \text{für } x \neq 0 \\ 0 & \text{für } x = 0 \,. \end{cases}$$

Wir zeigen zunächst mit vollständiger Induktion: Zu jedem $n \in \mathbb{N}_0$ gibt es ein Polynom $g_n(t)$ mit $f^{[n]}(x) = g_n\left(\frac{1}{x}\right) \cdot e^{-1/x^2}$ für alle $x \neq 0$.

$n = 0$: Für $g_0(t) := 1$ ist $f^{[0]}(x) = f(x) = g_0\left(\frac{1}{x}\right) \cdot e^{-1/x^2}$.

„$n \mapsto n + 1$":

$$\begin{aligned}
f^{[n+1]}(x) &= \left(f^{[n]}(x)\right)' = \left(g_n\left(\frac{1}{x}\right) \cdot e^{-1/x^2}\right)' \\
&= g_n'\left(\frac{1}{x}\right) \cdot \frac{-1}{x^2} \cdot e^{-1/x^2} + g_n\left(\frac{1}{x}\right) \cdot e^{-1/x^2} \cdot \frac{2}{x^3} \\
&= g_{n+1}\left(\frac{1}{x}\right) \cdot e^{-1/x^2}
\end{aligned}$$

für $g_{n+1}(t) := -g_n'(t) \cdot t^2 + 2g_n(t) \cdot t^3$.

Damit können wir zeigen: Für alle $n \in \mathbb{N}_0$ ist $f^{[n]}$ bei 0 differenzierbar mit $(f^{[n]})'(0) = 0$:

$n = 0$: $\displaystyle \lim_{x \to 0^+} \frac{f(x) - f(0)}{x} = \lim_{x \to 0^+} \frac{e^{-1/x^2}}{x} = \lim_{x \to 0^+} \frac{\frac{1}{x}}{e^{(\frac{1}{x})^2}} = \lim_{t \to \infty} \frac{t}{e^{t^2}} = 0$ nach 3.6.16,

denn $e^{t^2} > e^t$ für $t > 1$. Analog: $x \to 0^-$.

„$n - 1 \mapsto n$":

$$\begin{aligned}
\lim_{x \to 0^+} \frac{f^{[n]}(x) - f^{[n]}(0)}{x} &= \lim_{x \to 0^+} \frac{g_n\left(\frac{1}{x}\right) \cdot e^{-1/x^2} - 0}{x} \\
&= \lim_{t \to \infty} \frac{t \cdot g_n(t)}{e^{t^2}} = 0
\end{aligned}$$

nach 3.6.16. Analog: $x \to 0^-$.

Insgesamt folgt $\tau_0^\infty(f) = 0$, also $\tau_0^\infty(f)(x) = f(x)$ nur für $x = 0$. $\qquad\square$

Allerdings gilt:

Satz 3.6.20. *Es sei* $R > 0$ *der Konvergenzradius von* $\sum_{k=0}^{\infty} a_k t^k$, $p \in \mathbb{R}$ *und*

$g :]p - R, p + R[\longrightarrow \mathbb{R}$ *mit* $g(x) := \sum_{k=0}^{\infty} a_k(x - p)^k$. *Dann ist* g *unendlich oft*

differenzierbar, $a_k = \dfrac{g^{[k]}(p)}{k!}$ *für alle* $k \in \mathbb{N}_0$, *und* $\tau_p^\infty(g) = g$.

BEWEIS. Mit Hilfe von 3.6.14 kann man den Beweis von Lemma 3.5.2 beinahe wörtlich abschreiben, wenn man jeweils $\sum^{n}$ durch $\sum^{\infty}$ ersetzt. (Übung!) $\qquad\square$

Aufgaben

1. Zeigen Sie: Für alle $s \in \mathbb{R}$ ist $\lim\limits_{k \to \infty} \frac{s^k}{k!} = 0$ (vergleiche 3.6.4).

2. Sei $(b_k)_k$ beschränkt. Für welche $x \in \mathbb{R}$ konvergiert $\left(\sum\limits_{k=0}^{n} \frac{b_k}{k!} x^k \right)_{n \geq 0}$?

3. Zeigen Sie: $\lim\limits_{n \to \infty} \sum\limits_{k=1}^{n} \frac{1}{k} = \infty$. Hinweis: $\frac{1}{3} + \frac{1}{4} > \frac{1}{2}$, $\frac{1}{5} + \frac{1}{6} + \frac{1}{7} + \frac{1}{8} > \frac{1}{2}$.

4. Sei $A_n = \sum\limits_{k=1}^{n} \frac{(-1)^k}{k}$ für alle $n \in \mathbb{N}$. Zeigen Sie: $(A_n)_n$ konvergiert.

5. Verallgemeinern Sie Ihren Beweis von Aufgabe 4: Es sei $(a_k)_{k \geq 0}$ eine monoton fallende Folge in $\mathbb{R}_0^+$ mit $\lim\limits_{k \to \infty} a_k = 0$. Dann konvergiert $\left(\sum\limits_{k=0}^{n} (-1)^k a_k \right)_{n \geq 0}$. (Dieser Satz wird auch **Leibniz-Kriterium** genannt.)

6. Finden Sie eine Folge $(g_n)_n$ mit $\lim\limits_{n \to \infty} \int\limits_{3}^{5} g_n = 4$, die punktweise gegen die konstante Funktion $g = 1$ konvergiert. (Siehe 3.6.8.)

7. Zeigen Sie: Wenn $(g_n)_n$ punktweise gegen eine unbeschränkte Funktion g konvergiert, dann ist $(g_n)_n$ nicht gleichmäßig konvergent.

8. Kann man $[p - r, p + r]$ in 3.6.10 durch $]p - R, p + R[$ ersetzen?

9. Berechnen Sie $\int\limits_{0}^{x} \sum\limits_{k=0}^{\infty} \frac{(-1)^k}{(2k+1)!} t^{2k+1} dt$ und $\int\limits_{0}^{x} \sum\limits_{k=0}^{\infty} \frac{(-1)^k}{(2k)!} t^{2k} dt$.

10. Zeigen Sie: Die Konvergenzradien von $\sum\limits_{k=0}^{\infty} a_k t^k$ und $\sum\limits_{k=1}^{\infty} a_k k t^{k-1}$ sind gleich.

11. Sei $p > 0$. Zeigen Sie: $\ln(x) = \tau_p^\infty(\ln)(x) = \ln(p) + \sum_{k=1}^\infty \frac{(-1)^{k-1}}{kp^k}(x-p)^k$ für $0 < x < 2p$.

12. Bestimmen Sie eine Funktion $g : \mathbb{R} \longrightarrow \mathbb{R}$ mit $\tau_0^\infty(g)(x) = x^2$ für alle $x \in \mathbb{R}$ und $g(x) \neq x^2$ für alle $x \neq 0$.

Lösungen und Hinweise

Die folgenden Ergebnisse, Lösungsskizzen und Beweisideen sollen bei der Ausarbeitung und Kontrolle eigener Lösungen helfen.

Guter Rat: Lassen Sie sich Zeit! Viele Aufgaben sind gar nicht dafür gedacht, dass man sie auf Anhieb lösen kann. Wer sich intensiv mehrere Tage mit einem Problem auseinandersetzt (die Inhalte des zugehörigen Abschnitts noch einmal genau studieren, v.a. auch die Beweisideen; einfache (Zahlen-) Beispiele betrachten; Problem abändern und zunächst ein leichteres Problem lösen; ...) hat wesentlich mehr anhand einer Aufgabe gelernt als jemand, der zu früh die folgenden Lösungen liest. Vielleicht kommt man am Ende ja doch auf eine eigene Lösung! Und selbst wenn nicht: Mit jeder Aufgabe, über die man längere Zeit gebrütet hat, steigt die Wahrscheinlichkeit, dass man die nächste Aufgabe lösen kann.

1.1 Unendlichkeitsrechnung

1. Die Graphen sind bei ihren Nullstellen sehr steil, also führen winzige Änderungen von x zu großen Änderungen von $f(x)$.

2. „$a|b$" soll bedeuten: „a ist ein Teiler von b". $\frac{z}{n}$ sei vollständig gekürzt und $\frac{z^2}{n^2} = 3$. $\Rightarrow$ $z^2 = 3n^2$ $\Rightarrow$ $3|z^2$ $\Rightarrow$ $3|z$ $\Rightarrow$ $9|z^2$ $\Rightarrow$ $3|n^2$ (da $n^2 = z^2 : 3$) $\Rightarrow$ $3|n$, Widerspruch zu $\frac{z}{n}$ vollständig gekürzt.
   Zu $\sqrt{9}$: ... $z^2 = 9n^2$ $\Rightarrow$ $9|z^2$ $\not\Rightarrow$ $9|z$.

3. $i \in \mathbb{R}$ $\Rightarrow$ $i^2 \geq 0$ $\Rightarrow$ $1 \leq i^2 + 1 = 0$, Widerspruch!
   $1 = 0 \cdot \infty = (0+0) \cdot \infty = 0 \cdot \infty + 0 \cdot \infty = 1 + 1$, Widerspruch!

4. (a) $[0,5\,;0,75]$

   (b) $[1,75\,;2]$

   (c) $[-2\,;-1,75]$; $[0,25\,;0,5]$; $[1,5\,;1,75]$

   (d) $[-1,75\,;-1,5]$; $[-0,75\,;-0,5]$

   (e) $[-1,75\,;-1,5]$; $[0,5\,;0,75]$; $[1\,;1,25]$

   (f) $[-1,5\,;-1,25]$; $[1,25\,;1,5]$

   (g) $[-1\,;-0,75]$; $[0,75\,;1]$

   (h) $[-2\,;-1,75]$; 0; $[1,75\,;2]$

5. $[l_{n+1}, r_{n+1}] := \begin{cases} [l_n, m_n] & \text{falls} \quad f(m_n) < 0 \\ [m_n, r_n] & \text{falls} \quad f(m_n) > 0 \end{cases}$

1.2 Konvergente Folgen

1. Zur Kontrolle der eigenen Lösung kann man zum Beispiel Programme verwenden, die Graphen zeichnen.

2. (a) $S_1 := 1$; $S_{n+1} := S_n + n + 1$

   (b) $U_1 := 1$; $U_{n+1} := U_n + 2n + 1$

   (c) $1 \cdot x := x$; $(n+1) \cdot x := n \cdot x + x$

   (d) $\binom{x}{1} := x$; $\binom{x}{n+1} := \binom{x}{n} \cdot \dfrac{x-n}{n+1}$

3. $(x_n)_n : (y_n)_n = (x_n : y_n)_n$ ist nicht möglich, wenn es ein $k \in \mathbb{N}$ gibt mit $y_k = 0$.

4. Im Folgenden wird jeweils ein geeignetes N wie in Definition 1.2.7 angegeben; es ist nicht immer das kleinstmögliche N; insbesondere gilt: Wenn N geeignet ist, dann ist jedes $N' > N$ erst recht geeignet.

   (a) Wahr; $N = 200$ (b) Wahr; $N = 100$

   (c) Wahr; $N = 30$ (d) Wahr; $N = 2$

   (e) Wahr; jedes $N \in \mathbb{N}$ (f) Falsch

   (g) Wahr; $N = 100$ (h) Wahr; $N = 200$

1.3 Reelle Zahlen

1. (a) Für alle $n, z \in \mathbb{N}$ ist $0 < \epsilon < \frac{1}{n} \leq \frac{z}{n}$.

   (b) Für alle $n, z \subset \mathbb{N}$ ist $0 < k \cdot \epsilon < k \cdot \frac{1}{kn} \leq \frac{z}{n}$.

   (c) $\delta := \epsilon \cdot \epsilon < \frac{1}{k} \cdot \epsilon$

   (d) $x := \frac{1}{\epsilon} > n$.

2. (a) $\forall\, x \in \mathbb{R} : x^2 \geq 0$.

   (b) $\exists\, x \in\,]1\,;2[\, : f(x) = 0$.

   (c) $\exists\, N \in \mathbb{N}\ \forall\, n > N : x_n < y_n$.

   (d) $\exists\, s \in \mathbb{R}\ \forall\, x \in \mathbb{R} : 3 + x - x^4 \leq s$.

   (e) $\exists\, a \in D\ \forall\, x \in D : f(x) \leq f(a)$.

3. $4 = ((1+1)+1)+1 = (1+1)+(1+1) = 2+2$.

4. $e, \tilde{e}$ neutral $\Rightarrow\ \tilde{e} = \tilde{e}e = e\tilde{e} = e$.
   $xy = e = x\tilde{y}\ \Rightarrow\ \tilde{y} = \tilde{y}e = \tilde{y}(xy) = (x\tilde{y})y = ey = y$.
   $x := a^{-1}b\ \Rightarrow\ ax = a(a^{-1}b) = (aa^{-1})b = eb = b$.
   $ax = b = a\tilde{x}\ \Rightarrow\ \tilde{x} = \tilde{x}(aa^{-1}) = (\tilde{x}a)a^{-1} = (xa)a^{-1} = x$.

5. Mit 1.3.8 folgt $-(x+y) = (-1)\cdot(x+y) = (-1)\cdot x + (-1)\cdot y = -x - y$.

6. $(xy)(x^{-1}y^{-1}) = ((xy)x^{-1})y^{-1} = ((xx^{-1})y)y^{-1} = yy^{-1} = e$.

7. „$\Leftarrow$" nach 1.3.7. „$\Rightarrow$": Falls $x \neq 0$, dann $y = x^{-1}(xy) = 0$.

8. „$\Rightarrow$" nach 1.3.12. „$\Leftarrow$": $x + r < y + r \;\Rightarrow\; (x+r) + (-r) < (y+r) + (-r)$.

9. Für $0 \le x < y$ und $0 < r < s$ folgt mit 1.3.14 $xr < yr$ und $yr < ys$.

10. Nach Körperaxiom 2c ist $1 \in \mathbb{R} \setminus \{0\}$, also nach 1.3.16 $1 = 1^2 \in \mathbb{R}^+$.

11. Annahme: $x^{-1} < 0$. Mit 1.3.15: $0 < x \;\Rightarrow\; 0 = 0 \cdot x^{-1} > xx^{-1} = 1$, Widerspruch zu Aufgabe 10.

12. Nach Aufgabe 11 ist $x^{-1}, y^{-1} \in \mathbb{R}^+$, also $x^{-1}y^{-1} \in \mathbb{R}^+$, also:
$x < y \;\Rightarrow\; y^{-1} = x \cdot (x^{-1}y^{-1}) < y \cdot (x^{-1}y^{-1}) = x^{-1}$.

13. In jedem Dreieck ABC ist $\overline{AC} \le \overline{AB} + \overline{BC}$. Für $\vec{x} := \overrightarrow{AB}$, $\vec{y} := \overrightarrow{BC}$ ist $\vec{x} + \vec{y} = \overrightarrow{AC}$, also $|\vec{x} + \vec{y}| = \overline{AC} \le |\vec{x}| + |\vec{y}|$.

14. $|x| = |(x + y) + (-y)| \le |x + y| + |-y| = |x + y| + |y|$.

15. $0 < i < j \;\Rightarrow\; \frac{1}{i} < \frac{1}{j}$ und $i^2 < i \cdot j < j^2$.

16. $\exists\, a \in A \; \forall\, b \in B \; \exists\, c \in C \; \forall\, d \in D : ab \neq cd$.
$\forall\, s \in S \; \exists\, t \in T \; \exists\, u \in U \; \forall\, v \in V \; \forall\, w \in W : s + t \ge uv - w$.

17. Problem: Woher weiß man, dass es zu jedem $\epsilon \in \mathbb{R}^+$ auch tatsächlich ein $n \in \mathbb{N}$ gibt mit $n > \frac{1}{\epsilon}$? Wenn das Archimedische Axiom nicht gelten würde, dann gäbe es $x, y \in \mathbb{R}^+$ mit $n \le \frac{y}{x}$ für alle $n \in \mathbb{N}$ (siehe Beweis von 1.3.22); für $\epsilon := \frac{x}{y}$ würde $\forall\, n \in \mathbb{N} : n \le \frac{1}{\epsilon}$ folgen; damit wäre „$\forall\, n > \frac{1}{\epsilon} : \frac{1}{n} < \epsilon$" *leer erfüllt*, wie man auch sagt: Es gibt kein $n > \frac{1}{\epsilon}$, sodass $\frac{1}{n} < \epsilon$ falsch ist, da es überhaupt kein $n > \frac{1}{\epsilon}$ gibt.

1.4 Sätze über Folgen

1. Alle bis auf 2d (Inverse bzgl. „$\cdot$"), vgl. Aufgabe 3 in Abschnitt 1.2.

2. $\exists\, K \in \mathbb{N} \; \forall\, n > K : 0 \le x_n < y_n$ und $\exists\, L \in \mathbb{N} \; \forall\, n > L : 0 \le r_n < s_n$. Sei N die größere der beiden Zahlen K und L. Dann gilt $\forall\, n > N : 0 \le x_n < y_n$ und $0 \le r_n < s_n$. Mit der Verträglichkeit von „$<$" und „$\cdot$" in $\mathbb{R}$ folgt:
$\forall\, n > N : x_n r_n < y_n s_n$.

3. $(\mathbb{R}^{\mathbb{N}})^+ := \{(x_n)_n \in \mathbb{R}^{\mathbb{N}} \mid \exists\, N \in \mathbb{N} \; \forall\, n > N : x_n \in \mathbb{R}^+\}$. $(x_n)_n \overset{sch}{<} (y_n)_n \;\Leftrightarrow\; (y_n - x_n)_n \in (\mathbb{R}^{\mathbb{N}})^+$. Axiom: $\forall\, (x_n)_n, (y_n)_n \in (\mathbb{R}^{\mathbb{N}})^+ : (x_n + y_n)_n \in (\mathbb{R}^{\mathbb{N}})^+$ und $(x_n \cdot y_n)_n \in (\mathbb{R}^{\mathbb{N}})^+$. Das 1. Anordnungsaxiom von $\mathbb{R}$ kann nicht auf $\mathbb{R}^{\mathbb{N}}$ übertragen werden.

4. Nein. Beispiel: $(0)_n \overset{sch}{<} \left(\frac{1}{n}\right)_n$.

5. $(x_n)_n \to a \;\Rightarrow\; (x_n - a)_n \to 0 \;\Rightarrow\; (-x_n - (-a))_n \to 0 \;\Rightarrow\; (-x_n)_n \to -a$.
$\frac{1}{x_n} - \frac{1}{a} = (a - x_n) \cdot \frac{1}{ax_n} \to 0$ nach 1.4.3.

6. (a) -1 (b) $\frac{3}{2}$ (c) 0 (d) 0 (e) 0 (f) 0

7. (a) $\sum_{i=1}^{n+1}(2i-1) = \sum_{i=1}^{n}(2i-1) + 2(n+1) - 1 = n^2 + 2n + 1 = (n+1)^2$.

(b) $\left|\sum_{i=1}^{n+1} x_i\right| = \left|\sum_{i=1}^{n}(x_i) + x_{n+1}\right| \leq \left|\sum_{i=1}^{n}(x_i)\right| + |x_{n+1}| \leq \sum_{i=1}^{n}|x_i| + |x_{n+1}| = \sum_{i=1}^{n+1}|x_i|$.

(c) $\sum_{i=1}^{n+1}(4i-1) = \sum_{i=1}^{n}(4i-1) + 4(n+1) - 1 = 2n^2 + n + 4n + 3 = 2(n+1)^2 + n + 1$.

(d) $\sum_{i=1}^{n+1} 3^{i-1} = \sum_{i=1}^{n}(3^{i-1}) + 3^n = \dfrac{3^n - 1}{2} + 3^n = \dfrac{3^{n+1} - 1}{2}$.

(e) $x_{n+1} = a \cdot x_n = a \cdot a^{n-1} x_1 = a^n x_1$.

(f) $x^{n+1} - y^{n+1} = x^{n+1} - xy^n + xy^n - y^{n+1} = x(x^n - y^n) + y^n(x - y) = (x - y)\sum_{i=0}^{n-1}(x^{n-i}y^i) + y^n(x - y) = (x - y)\sum_{i=0}^{n}(x^{n-i}y^i)$.

8. $0 < x < 1 \Rightarrow \frac{1}{x} > 1 \overset{1.}{\Rightarrow} \frac{1}{y} \overset{sch}{<} \left(\frac{1}{x^n}\right)_n \Rightarrow (x^n)_n \overset{sch}{<} y$.

9. (a) ∞ (b) $-\infty$ (c) ∞ (d) ∞ (e) $-\infty$ (f) $-\infty$

1.5 Stetigkeit

1. (a) $a = \frac{1}{3}$, $f(a)$ nicht definiert.

(b) $a = -\frac{4}{7}$, $f(a)$ nicht definiert.

(c) $a = \frac{4}{3}$, $f(a) = \frac{4}{3}$.

2. $f(x) := \begin{cases} 2 & \text{für } x \leq 1 \\ 4 & \text{für } x > 1 \end{cases}$, $x_n := 1 - \frac{1}{n}$, $y_n := 1 + \frac{1}{n}$, $z_n := 1 + (-1)^n \cdot \frac{1}{n}$.

3. Mit 1.4.5 und 1.4.6 folgt $(f(x_n) * g(x_n))_n \to f(a) * g(a)$ für $* \in \{-, \cdot, :\}$.

4. $f(x) = x^{-1}$, $c = -1$, $d = 1$, $z = 0$. Wenn D_f Lücken hat, dann kann die verwendete Intervallschachtelung abbrechen, oder $a \notin D_f$.

5. (a) $f(g(x)) = 3(x+1)^2$, $g(f(x)) = 3x^2 + 1$

(b) $f(g(x)) = -6x + 11$, $g(f(x)) = -6x + 23$

(c) $f(g(x)) = \dfrac{1}{\sin(x) + 1}$, $g(f(x)) = \sin\left(\dfrac{1}{x+1}\right)$

(d) $f(g(x)) = \cos\left(\sqrt{x^2 - 1}\right)$, $g(f(x)) = \sqrt{(\cos x)^2 - 1}$

(e) $f(g(x)) = x + 1$, $g(f(x)) = \dfrac{1}{\frac{1}{x} + 1}$

(f) $f(g(x)) = 2^{x^2}$, $g(f(x)) = 2^{2x}$

6. (a) $f(x) = x^3$, $g(x) = 2x - 1$ (b) $f(x) = \sin x$, $g(x) = x^2 - x + 3$

   (c) $f(x) = \log_2(x)$, $g(x) = \dfrac{1}{x+1}$ (d) $f(x) = \frac{5}{x}$, $g(x) = \cos x$

   (e) $f(x) = x^2 + 10x + 25$, $g(x) = x^3$ (f) $f(x) = x + x^3$, $g(x) = 5^x$

7. $f : \mathbb{R} \setminus \{0\} \longrightarrow \mathbb{R} \setminus \{0\}$, $x \longmapsto x^{-1}$; $g : \mathbb{R}^+ \longrightarrow \mathbb{R}$, $x \longmapsto x$.

8. f^{-1} hat eine Umkehrfunktion, nämlich f. Sei f streng monoton steigend, $b_1 < b_2$, $a_1 := f^{-1}(b_1)$, $a_2 := f^{-1}(b_2)$. Annahme: $a_1 \geq a_2$; dann folgt $b_1 = f(a_1) \geq f(a_2) = b_2$, Widerspruch!

9. Betrachte den Fall $b := f(a) = c < d$, f monoton steigend. Sei $(x_n)_n \to a$, $\epsilon > 0$. $\exists j \in D : c < f(j) < c + \epsilon$. f steigend $\Rightarrow$ $a < j$. $(x_n)_n \to a$ $\Rightarrow$ $(x_n)_n \overset{sch}{<} j \Rightarrow c \leq (f(x_n))_n \overset{sch}{\leq} f(j) < c + \epsilon$.

1.6 Konvergente Funktionen

1.   (a) $a = -2$, $x_n = -2 + \frac{1}{n}$, $y_n = -2 - \frac{1}{n}$, $z_n = -2 + (-1)^n \cdot \frac{1}{n}$.

     (b) $a = 0$, $x_n = -\frac{1}{n}$, $y_n = \frac{1}{n}$, $z_n = (-1)^n \cdot \frac{1}{n}$.

     (c) $a = 2$, $x_n = 2 + \frac{1}{n}$, $y_n = 2 - \frac{1}{n}$, $z_n = 2 + (-1)^n \cdot \frac{1}{n}$.

     (d) $a = -1$, $x_n = -1 - \frac{1}{n}$, $y_n = -1 + \frac{1}{n}$, $z_n = -1 + (-1)^n \cdot \frac{1}{n}$.

2. $A = \mathbb{R}^-$, $B = \mathbb{R}^+$. $A = \mathbb{Q}$, $B = \mathbb{R} \setminus \mathbb{Q}$. Sei $(x_n)_n$ eine Folge in $A \cup B$ mit $(x_n)_n \to a$. Dann liegen unendlich viele x_n in A, oder unendlich viele x_n in B. Damit erhält man eine Folge $(y_n)_n$ in A oder in B mit $(y_n)_n \to a$.

3. Aus $c \leq (x_n)_n \leq d$ und $(x_n)_n \to a$ folgt $c \leq a \leq d$ nach 1.4.2.

4.   (a) -5 (b) 5 (c) -1 (d) $-\frac{1}{2}$ (e) 0 (f) $\frac{9}{14}$

5.   (a) Stetig   (b) Divergent bei 0 (c) Konvergent bei -3 (d) Stetig

6.   (a) 7 (b) -5 (c) -1 (d) $\frac{1}{2}$ (e) 0

     (f) 0 (g) 1 (h) -1 (i) -6 (j) -6

     (k) 1. Fall: $c = 0, d \neq 0, \frac{a}{d} > 0 \Rightarrow \displaystyle\lim_{x \to \infty} \frac{ax + b}{cx + d} = \infty$; $\ldots$

     (l) 1. Fall: $k > n, k - n$ gerade $\Rightarrow \displaystyle\lim_{x \to -\infty} \frac{x^k + 1}{2x^n + 3} = \infty$; $\ldots$

7. Zur Kontrolle der eigenen Lösung kann man zum Beispiel Grafik- oder Computeralgebra-Programme verwenden.

8. Computeralgebra!

9. Vergleiche 1.6.4: Ersetze b durch ∞ und $(|f(x_k) - b|)_k \overset{sch}{<} \epsilon$ durch $s \overset{sch}{<} f(x_k)$.

1.7 Logarithmus- und Exponentialfunktionen

1. (a) $f(0) = f(0+0) = f(0) \cdot f(0)$.

   (b) $f(x_n) = f(x_n - a + a) = f(x_n - a) \cdot f(a) \to f(0) \cdot f(a) = f(a)$.

   (c) $f(x) = f\left(\frac{x}{2} + \frac{x}{2}\right) = \left(f\left(\frac{x}{2}\right)\right)^2$.

   (d) Siehe (c).

   (e) Annahme: $\exists a \in \mathbb{R} : f(a) = 0$. $\Rightarrow$ $f\left(\frac{a}{2^n}\right) = 0$ nach (d). $\Rightarrow$ $0 = \lim\limits_{n \to \infty} f\left(\frac{a}{2^n}\right) = f(0)$, Widerspruch zu (a).

   (f) $f(a) = f(a - b + b) = f(a - b) \cdot f(b)$.

   (g) Vergleiche 1.7.1: Zunächst für $x \in \mathbb{N}_0$ durch Induktion: $f((x+1)a) = f(xa+a) = f(xa)f(a) = f(a)^{x+1}$. Danach: $f(za) = f(n \cdot \frac{z}{n} \cdot a) = f(\frac{z}{n} \cdot a)^n$ $\Rightarrow$ $f(\frac{z}{n} \cdot a) = f(za)^{\frac{1}{n}} = f(a)^{\frac{z}{n}}$. Danach: $f(-xa) = f(0 - xa) = f(xa)^{-1}$.

2. $b_n - a_n = x_n a_n - a_n = (x_n - 1) \cdot a_n \to 0$.

3. Die l_n im Beweis von 1.7.9 sind von der Form $z \cdot 2^{-m}$, da $[0\,;k]$ schrittweise halbiert wird.

4. „$\Rightarrow$": Wenn g existiert, dann gilt $f(x_n) = g(x_n) \to g(a)$ für alle $(x_n)_n$ in D mit $(x_n)_n \to a$. „$\Leftarrow$": Wenn f für $x \to a$ konvergiert, setze $g(a) := \lim\limits_{x \to a} f(x)$.

5. $f(x) := -1$ für $x \in \mathbb{Q}^-$ und $f(x) := 1$ für $x \in \mathbb{Q}_0^+$.

6. $\log_a$ soll die Umkehrung von $x \longmapsto a^x$ sein; doch für $a = 1$ ist $x \longmapsto a^x$ nicht umkehrbar, da konstant.

7. $a^x = E(x \ln(a))$ $\Rightarrow$ $\ln(a^x) = \ln(E(x \ln(a))) = x \ln(a)$.
   $a^{x+y} = E((x+y) \ln(a)) = E(x \ln(a)) \cdot E(y \ln(a)) = a^x a^y$.
   $(ab)^x = E(x \ln(ab)) = E(x(\ln(a) + \ln(b))) = E(x \ln(a)) \cdot E(x \ln(b)) = a^x b^x$.
   $a^{xy} = E(xy \ln(a)) = E(y \ln(a^x)) = (a^x)^y$.

1.8 Winkelfunktionen

1. $0{,}463647\ldots$; $0{,}785398\ldots$; $1{,}107148\ldots$; $1{,}249045\ldots$; $1{,}471127\ldots$

2. Alle $c_n < 0$ und $\sqrt{1 + c_n^2} + 1 \geq 2$ $\Rightarrow$ $\dfrac{c_n}{\sqrt{1 + c_n^2} + 1} \geq \dfrac{c_n}{2}$.

3. Siehe Abbildung 1.29.

4. $xy = \overline{HI} < \overline{AB} = 1$.

5. Setze $x := \tan(\alpha)$, $y := \tan(\beta)$ in 1.8.7. Voraussetzung: $\tan(\alpha) \tan(\beta) < 1$.

6. Für $x = \overline{BC_0} \to \infty$ nähert sich der Bogen von B nach D_0 einem Viertelkreis.

7. tan stetig, da Umkehrung von arctan. Für $|x| < \frac{\pi}{2}$ werden cos und sin aus stetigen Funktionen zusammengesetzt; ihre Fortsetzungen auf $\mathbb{R}$ sind an den „Nahtstellen" ebenfalls stetig.

8. Für $x = c_0 > 0$ folgt $e_0 \leq \arctan(x) \leq c_0$ aus der Monotonie von $(2^n e_n)_n$ und $(2^n c_n)_n$ (siehe 1.8.1 und 1.8.4). Wegen $c_0 = x$ und $e_0 = \dfrac{x}{\sqrt{1+x^2}}$ folgt

$$\frac{1}{\sqrt{1+x^2}} \leq \frac{\arctan(x)}{x} \leq 1 \,. \text{ Analog: } x = c_0 < 0\,.$$

9. Für $y := \tan(x)$ gilt $\dfrac{\tan(x)}{x} = \dfrac{y}{\arctan(y)} \to 1$ nach Aufgabe 8.

$$\frac{\sin(x)}{x} = \frac{\tan(x)}{x} \cdot \cos(x) \to 1\,.$$

1.9 Gleichwertige Axiomensysteme

1. 1. Fall: $(x_n)_n$ nach oben unbeschränkt. Definiere induktiv eine Teilfolge $(x_{n_k})_k$ mit $x_{n_k} > k : k = 1 : \exists\, n_1 \in \mathbb{N} : x_{n_1} > 1$. „$k \mapsto k+1$": $\exists\, n_{k+1} > n_k : x_{n_{k+1}} > k+1$. 2. Fall: $(x_n)_n$ nach unten unbeschränkt ...

2. Es gibt eine untere Schranke l_1 für M und ein $x \in M$; $r_1 := x+1$ ist keine untere Schranke für M. Setze

$$[l_{n+1}, r_{n+1}] := \begin{cases} [\,l_n, m_n\,] & \text{falls } m_n \text{ keine untere Schranke für } M \text{ ist} \\ [\,m_n, r_n\,] & \text{falls } m_n \text{ eine untere Schranke für } M \text{ ist}\,. \end{cases}$$

Rest des Beweises: analog zum Beweis von 1.9.6.

3. Wähle $\epsilon = 1$. $\exists\, N \in \mathbb{N} \; \forall\, n, m > N : |x_n - x_m| < 1$. Insbesondere: $\forall\, n > N : |x_n - x_{N+1}| < 1$. $\Rightarrow (x_n)_{n>N}$ beschränkt. $\Rightarrow (x_n)_{n\in\mathbb{N}}$ beschränkt.

4.   (a) Falsch: $f : \mathbb{R} \setminus \{0\} \longrightarrow \mathbb{R}^+, \; x \longmapsto |x|$

    (b) Falsch: $\sin : \mathbb{R} \longrightarrow [-1\,;1]$

    (c) Falsch: $\sin : [0\,;2\pi[\longrightarrow [-1\,;1]$

    (d) Falsch: $\sin : \,]0\,;\pi[\longrightarrow\,]0\,;1]$

5.   (a) $f(x) := \begin{cases} x & \text{für } x \leq 0 \\ x+1 & \text{für } x > 0 \end{cases}$

    (b) $f(x) := \begin{cases} x^{-1} & \text{für } 0 < x \leq 1 \\ 0 & \text{für } x = 0 \end{cases}$

    (c) $f(x) := \begin{cases} x & \text{für } 0 < x < 2 \\ 1 & \text{für } x \in \{0\,;2\} \end{cases}$

6. Für $x \in \mathbb{R}$ sei $\lfloor x \rfloor$ die größte ganze Zahl, die kleiner x ist (z.B. $\lfloor 3{,}7 \rfloor = 3$, $\lfloor -5{,}1 \rfloor = -6$). $f : \mathbb{R} \longrightarrow \mathbb{Z}, \; x \longmapsto \lfloor x \rfloor$.
Ann.: $f : \mathbb{R} \longrightarrow \mathbb{Z}$ mit Wertemenge $W_f = \mathbb{Z}$ ist stetig. Aus dem Zwischenwertsatz folgt $W_f = \mathbb{R}$, Widerspruch!
Jedes $f : \mathbb{Z} \longrightarrow \mathbb{R}$ ist stetig, denn jede Folge $(x_n)_n$ in $\mathbb{Z}$ mit $(x_n)_n \to a$ ist schließlich konstant a, also $(f(x_n))_n \to f(a)$.

2.1 Definition und Beispiele

1. (a) $f'(3) \approx 2$ (b) 4   (c) -1 (d) -3 (e) 0
   (f) 0   (g) 3   (h) 3   (i) 0,5   (j) -2

2. (a) $y = 1 + 2(x - 3)$ (b) $y = 4 + 4(x - 4)$ (c) $y = 1 - (x + 2)$
   (d) $y = 3 - 3(x + 3)$ (e) $y = -4$ (f) $y = -1$
   (g) $y = 2 + 3(x - 1)$ (h) $y = -3 + 3(x + 1)$ (i) $y = 0,5 \cdot x + 2$
   (j) $y = -2x + 6$

3. $f(x) = \frac{1}{2} \cdot 9{,}8 ms^{-2} x^2$. Geschw.: $\approx 4{,}9$; $14{,}7$; $24{,}5$; $10{,}3$; $9{,}8$ in ms^{-1}

4. $f(x) = 6 \cdot 10^9 \cdot 2^{\frac{x}{30\,a}}$. Raten: $\approx 1{,}4 \cdot 10^8 a^{-1}$; $3{,}8 \cdot 10^5 d^{-1}$; $1{,}6 \cdot 10^4 h^{-1}$; $4{,}4\,s^{-1}$

5. $f(x) = 10^{10} \cdot \left(\frac{1}{2}\right)^{\frac{x}{1\,a}}$. Raten: $\approx -5 \cdot 10^9 a^{-1}$; $-220 s^{-1}$; $-110 s^{-1}$; $-55 s^{-1}$; $-27 s^{-1}$

6. (a) $f'(x) = 2x - 4$ (b) $f'(x) = 2x - 4$ (c) $f'(x) = 2x + 3$
   (d) $f'(x) = 2x + 3$ (e) $f'(x) = 2x - 4$ (f) $f'(x) = 2x + 2$
   (g) $f'(x) = 3x^2$ (h) $f'(x) = 3x^2$ (i) $f'(x) = 0{,}5$
   (j) $f'(x) = -2$

2.2 Ableitungsregeln

Alle Aufgaben in 2.2 kann man mit Computeralgebra-Programmen überprüfen.

2.3 Mittelwertsatz und lokale Eigenschaften

1. n gerade $\Rightarrow$ $\cos(n\pi) = 1$, $\cos((n+1)\pi) = -1 \Rightarrow f(\frac{1}{n}) = \frac{1}{n} + \frac{1}{n^2}$, $f(\frac{1}{n+1}) = \frac{1}{n+1} - \frac{1}{(n+1)^2} \Rightarrow f(\frac{1}{n+1}) - f(\frac{1}{n}) = \ldots < 0$.

2. Man vertausche jeweils $\leq$ und $\geq$ im Beweis von 2.3.3.

3. Computeralgebra!

4. (a) $f(0) := 0$, $f(x) := 1$ für $x > 0$, $a := 0$, $c := 1$.

   (b) $f(x) := |x|$, $a := -1$, $c := 1$.

5. Ortsfunktion (Zeit $\mapsto$ Ort): Es gibt einen Zeitpunkt, bei dem die momentane Geschwindigkeit gleich der mittleren Geschwindigkeit ist (in einem zuvor festgelegten Zeitintervall). Geschwindigkeitsfunktion (Zeit $\mapsto$ Geschwindigkeit): Es gibt einen Zeitpunkt, bei dem die momentane Beschleunigung gleich der mittleren Beschleunigung ist (in einem zuvor festgelegten Zeitintervall).

6. Computeralgebra!

7. $f(x) = c \cdot e^{kx} - \frac{l}{k}$.

8. $f(x) := \cos(x + y) \Rightarrow f'' = -f$, $f(0) = \cos(y)$, $f'(0) = -\sin(y)$. Mit 2.3.12 folgt die Behauptung.

9. bis 13.: Computeralgebra!

2.4 Klassische Mechanik

1. U konstant $\Rightarrow$ $F = -U' = 0$ $\Rightarrow$ $p'(t) = F(x(t)) = 0$.

2. $mx'' = F = -Dx$ $\Rightarrow$ $x'' = -\omega^2 x$ mit $\omega := \sqrt{\frac{D}{m}}$ $\Rightarrow$ $x(t) = \frac{v(0)}{\omega}\sin(\omega t)$ nach 2.3.12.

3. $x(t) = r\cos(\omega t)$, $y(t) = r\sin(\omega t)$ $\Rightarrow$ Beschleunigung in x-Richtung $a_x(t) = -r\omega^2\cos(\omega t)$, Beschleunigung in y-Richtung $a_y(t) = -r\omega^2\sin(\omega t)$, Betrag insgesamt also $\sqrt{a_x(t)^2 + a_y(t)^2} = r\omega^2$ wegen $\sin^2 + \cos^2 = 1$.

2.5 Newton-Verfahren

1. Computeralgebra!

2. Wegen $|x|' = \frac{|x|}{x}$ ist $f'(x) = s\cdot|\frac{1}{x}-1|^{s-1}\cdot\frac{|\frac{1}{x}-1|}{\frac{1}{x}-1}\cdot\frac{-1}{x^2} = \ldots$

3. $r = 1{,}95 : \approx 1$; $r = 2 : \approx 1(?)$; $r = 2{,}05 : \approx 0{,}878$ und $\approx 1{,}098$.

4.   (a) $g(x) := x - \frac{f(x)}{f'(x)} = -2x + 3$ hat keine Fixpunkte, da $1 \notin D_g$; außerdem ist $|g'(x)| > 1$. Fehlende Voraussetzung: f ist bei 1 nicht differenzierbar.

    (b) $g(x) := x - \frac{f(x)}{f'(x)} = \frac{-3x^3+10}{2x}$ hat keine Fixpunkte, da $\pm\sqrt{2} \notin D_g$; außerdem ist $|g'(x)| > 1$ für x nahe $\pm\sqrt{2}$. Fehlende Voraussetzung: f ist bei $\pm\sqrt{2}$ nicht differenzierbar.

2.6 Über die Sprache der Ringe

1. $*$: nicht assoziativ: $(x*y)*z = (xy^2)*z = xy^2z^2$, $x*(y*z) = x*(yz^2) = xy^2z^4$; nicht kommutativ: $y*x = yx^2 \neq x*y$; es gibt kein neutrales Element.
$\diamond$: assoziativ: $(x\diamond y)\diamond z = 3 = x\diamond(y\diamond z)$; kommutativ: $x\diamond y = 3 = y\diamond x$; kein neutrales Element. Nicht distributiv: $(x*y)\diamond z = 3$, $(x\diamond z)*(y\diamond z) = 3*3 = 27$.

2. $(\mathbb{R}^{\mathbb{R}}, +)$ ist eine kommutative Gruppe.
$\circ$: assoziativ: $((f\circ g)\circ h)(x) = (f\circ g)(h(x)) = f(g(h(x))) = f\big((g\circ h)(x)\big) = (f\circ(g\circ h))(x)$; nicht kommutativ: für $f(x) = x^3$, $g(x) = x+1$ ist $f(g(x)) = (x+1)^3$, $g(f(x)) = x^3+1$; $id : x \mapsto x$ ist neutral; f hat kein Inverses bzgl. $\circ$, wenn f nicht bijektiv ist (s. 1.5.12); nicht distributiv: für $f(x) = x^2$, $g(x) = h(x) = x$ ist $(f\circ(g+h))(x) = f(g(x)+h(x)) = f(2x) = 4x^2$, $((f\circ g)+(f\circ h))(x) = f(g(x)) + f(h(x)) = 2x^2$. Übrigens: $(Bij,\circ)$ ist eine nicht-kommutative Gruppe, wobei $Bij := \{f \in \mathbb{R}^{\mathbb{R}} \mid f \text{ bijektiv}\}$.

3. „$\times$" ist nicht assoziativ, nicht kommutativ, es gibt kein neutrales Element; $(+, \times)$ ist distributiv.

4. Im Fall $D \neq \{\}$ gibt es keine Inversen, sonst gilt alles: Seien A, B, C Teilmengen von D; assoziativ: $(A \cup B) \cup C = A \cup (B \cup C)$, $(A \cap B) \cap C = A \cap (B \cap C)$; kommutativ: $A \cup B = B \cup A$, $A \cap B = B \cap A$; $\{\}$ ist neutral bzgl. $\cup$, da $\{\} \cup A = A$; D ist neutral bzgl. $\cap$, da $D \cap A = A$; distributiv: $(A \cup B) \cap C = (A \cap C) \cup (B \cap C)$; übrigens auch $(A \cap B) \cup C = (A \cup C) \cap (B \cup C)$.

5. Nach dem 2. Anordnungsaxiom definiert „ $\cdot$ " eine Verknüpfung auf $\mathbb{R}^+$, d.h. $\cdot : \mathbb{R}^+ \times \mathbb{R}^+ \longrightarrow \mathbb{R}^+$, $(x, y) \longmapsto xy \in \mathbb{R}^+$; außerdem ist $1 \in \mathbb{R}^+$ (Aufgabe 10 in 1.3) und $x^{-1} \in \mathbb{R}^+$ für $x \in \mathbb{R}^+$ (Aufgabe 11 in 1.3).

6. Es gilt: „ $\cdot$ " ist kommutativ: $(y_1, y_2) \cdot (x_1, x_2) = (y_1 x_1 - y_2 x_2, y_1 x_2 + y_2 x_1) = (x_1, x_2) \cdot (y_1, y_2)$; $(1, 0)$ ist neutral bzgl. „ $\cdot$ ": $(1, 0) \cdot (x_1, x_2) = (x_1, x_2)$; invers:
$$(x_1, x_2) \cdot \left(\frac{x_1}{x_1^2 + x_2^2}, \frac{-x_2}{x_1^2 + x_2^2} \right) = \left(\frac{x_1^2 + x_2^2}{x_1^2 + x_2^2}, \frac{-x_1 x_2 + x_2 x_1}{x_1^2 + x_2^2} \right) = (1, 0); \ldots$$

7. „$+$" und „ $\cdot$ " definieren Verknüpfungen auf $\mathbb{Q}[\sqrt{2}]$: $(a + b\sqrt{2}) + (c + d\sqrt{2}) = (a+c) + (b+d)\sqrt{2} \in \mathbb{Q}[\sqrt{2}]$ und $(a + b\sqrt{2}) \cdot (c + d\sqrt{2}) = (ac + 2bd) + (ad + bc)\sqrt{2} \in \mathbb{Q}[\sqrt{2}]$; $0 = 0 + 0\sqrt{2} \in \mathbb{Q}[\sqrt{2}]$ und $1 = 1 + 0 \cdot \sqrt{2} \in \mathbb{Q}[\sqrt{2}]$ sind neutral; invers bzgl. „$+$": $-a - b\sqrt{2} \in \mathbb{Q}[\sqrt{2}]$; invers bzgl. „ $\cdot$ ": $\dfrac{a}{a^2 - 2b^2} - \dfrac{b}{a^2 - 2b^2}\sqrt{2} \in \mathbb{Q}[\sqrt{2}]$.

8. R ist ein Teilring von $\mathbb{R}^{\mathbb{R}}$: $f, g \in P \Rightarrow f + g, fg \in R$, und $1, -1 \in R$ (konstante Funktionen).

9. $(\mathbb{R}_{a,0}^D, +)$ ist eine Gruppe. (Z.B.: $f, g \in \mathbb{R}_{a,0}^D \Rightarrow f + g \in \mathbb{R}_{a,0}^D$, denn $(f+g)(a) = f(a) + g(a) = 0 + 0 = 0$.) Außerdem: $f \in \mathbb{R}_{a,0}^D$, $g \in \mathbb{R}^D \Rightarrow fg \in \mathbb{R}_{a,0}^D$, denn $(fg)(a) = f(a) \cdot g(a) = 0 \cdot g(a) = 0$.

10. $\{x^3 \cdot f(x) \mid f(x) \text{ ist ein Polynom}\}$.

11. $I = 2\mathbb{Z} = \{2z \mid z \in \mathbb{Z}\}$, denn:

   (a) $2\mathbb{Z} \subseteq I$, da $2 = 6 + (-4) \in I$

   (b) $2\mathbb{Z}$ ist ein Ideal in $\mathbb{Z}$.

12. $I = (x - 1)R$, denn:

   (a) $(x - 1)R \subseteq I$, da $x - 1 \in I$

   (b) $x^2 - 1 \in (x - 1)R$, da $x^2 - 1 = (x - 1)(x + 1)$

   (c) $(x - 1)R$ ist ein Ideal in R

13. $\ker(\varphi)$ ist eine Gruppe:

   (a) $x, y \in \ker(\varphi) \Rightarrow x + y \in \ker(\varphi)$, denn $\varphi(x+y) = \varphi(x) + \varphi(y) = 0 + 0 = 0$

   (b) „$+$" ist assoziativ auf $\ker(\varphi)$, da assoziativ auf $R \supseteq \ker(\varphi)$

   (c) $0 \in \ker(\varphi)$, da $\varphi(0) = 0$

(d) $x \in \ker(\varphi) \Rightarrow -x \in \ker(\varphi)$, da $\varphi(-x) = \varphi(-x) + 0 = \varphi(-x) + \varphi(x) = \varphi(-x + x) = \varphi(0) = 0$

Außerdem: $x \in \ker(\varphi) \wedge y \in R \Rightarrow xy \in \ker(\varphi)$, da $\varphi(xy) = \varphi(x)\varphi(y) = 0 \cdot \varphi(y) = 0$.

$\varphi = \lim\limits_{n \to \infty} : \mathcal{K} \longrightarrow \mathbb{R} \implies \mathcal{N} = \ker(\varphi)$.

$\varphi = \iota_a : \mathcal{D}_a(D) \longrightarrow \mathbb{R}, f \longmapsto f(a) \implies \mathcal{D}_{a,0}(D) = \ker(\varphi)$ (s. 2.6.35).

14. Seien $x, y \in H$; dann $\exists a, b \in G : x = \varphi(a) \wedge y = \varphi(b)$. $\varphi^{-1}(x + y) = \varphi^{-1}(\varphi(a) + \varphi(b)) = \varphi^{-1}(\varphi(a + b)) = a + b = \varphi^{-1}(x) + \varphi^{-1}(y)$.

15. Nein. Ann.: $\varphi : \mathbb{Z} \longrightarrow \mathbb{Q}$ ist ein Isomorphismus. Setze $r := \varphi(1)$. Wegen $\frac{1}{2}r \in \mathbb{Q}$ gibt es ein $z \in \mathbb{Z}$ mit $\varphi(z) = \frac{1}{2}r$. Somit: $\varphi(2z) = \varphi(z + z) = \varphi(z) + \varphi(z) = r = \varphi(1)$; da φ bijektiv, folgt $2z = 1$, Widerspruch zu $z \in \mathbb{Z}$.

16. $\varphi : \mathbb{R}^2 \longrightarrow Aff$, $(m, t) \longmapsto f_{m,t}$ mit $f_{m,t}(x) := mx + t$ ist ein Isomorphismus, da $(m + m')x + (t + t') = (mx + t) + (m'x + t')$, $\ldots$; s. Lemma 2.6.30.

17.   (a) $\varphi((x_n)_n + (y_n)_n) = \varphi((x_n + y_n)_n) = x_3 + y_3 = \varphi((x_n)_n) + \varphi((y_n)_n)$

    (b) $\varphi((x_n)_n \cdot (y_n)_n) = \varphi((x_n \cdot y_n)_n) = x_3 \cdot y_3 = \varphi((x_n)_n) \cdot \varphi((y_n)_n)$

    (c) $(x_n)_n \leq (y_n)_n \Rightarrow \varphi((x_n)_n) = x_3 \leq y_3 = \varphi((y_n)_n)$; $\ldots$

3.1 Treppenfunktionen

1. f und g in $]a, b[$ konstant $\Rightarrow \lambda f$, $f + g$, $f \cdot g$ in $]a, b[$ konstant.

2. Für $b = a$ ist $\int\limits_a^b (f) = \int\limits_a^b (g) = 0$.

3. $cd(b - a) \overset{!}{=} c(b - a) \cdot d(b - a) \Leftrightarrow c = 0 \vee d = 0 \vee a = b \vee b - a = 1$.

4. $(z_0, z_1, \ldots, z_m)$ mit $m := 2^n$, $z_i := x^{i/m}$; $t_n(x) := z_i^{-1}$ für $z_i \leq x < z_{i+1}$, $t_n(z_m) := z_{m-1}^{-1}$; $s_n(x) := z_{i+1}^{-1}$ für $z_i \leq x < z_{i+1}$, $s_n(z_m) := z_m^{-1}$.

5.   (a) In Definition 3.1.9 ist $\{x_0, x_1, \ldots, x_m\} = \{y_0, y_1, \ldots, y_n\}$ zugelassen.

    (b) $\{x_0, \ldots, x_m\} \subseteq \{y_0, \ldots, y_n\} \wedge \{y_0, \ldots, y_n\} \subseteq \{z_0, \ldots, z_p\} \implies \{x_0, \ldots, x_m\} \subseteq \{z_0, \ldots, z_p\}$.

    (c) Lemma 3.1.10.

    (d) Z.B. $Z_1 = (a, a + \frac{1}{3}(b - a), b)$ und $Z_2 = (a, a + \frac{2}{3}(b - a), b)$.

6. Zu einer Zerlegung für t nimmt man eventuell noch b hinzu; das liefert eine Zerlegung $(x_0, \ldots, x_m)$ mit $b = x_k$ für ein k; damit:
$$\int\limits_a^c (t) = \sum\limits_{i=1}^k \int\limits_{x_{i-1}}^{x_i} (t) + \sum\limits_{i=k+1}^m \int\limits_{x_{i-1}}^{x_i} (t) = \int\limits_a^b (t_1) + \int\limits_b^c (t_2).$$

7. $S_a^b(\ldots)$ ist linear, monoton, Intervall-additiv, kein Ring-Homomorphismus.
$$S_0^2(1) = 1 + 1 = 2 = \int\limits_0^2 (1); \quad S_0^{0,5}(1) = 1 \neq 0{,}5 = \int\limits_0^{0,5} (1).$$

3.2 Riemann-Integral

1. Sei f Treppenfunktion. Wähle $s_n := t_n := f$ in Definition 3.2.2

2. $a = 0$, $b = 2$, $s(x) = 1$ für $0 \leq x \leq 2$, $t(x) = 1$ für $0 \leq x < 2$, $t(2) = 2$.

3. $s_n(x) = n$, $t_n(x) = n + \frac{1}{n}$.

4. s_n, t_n wie in Lösung von Aufgabe 4, Abschnitt 3.1, a_n, b_n wie in Lemma 1.7.2. Dann ist $\int\limits_1^x s_n = a_n$, $\int\limits_1^x t_n = b_n$ und $\lim\limits_{n \to \infty} (b_n - a_n) = 0$ nach Aufgabe 2 in Abschnitt 1.7.

5. Fallunterscheidung! Außerdem: $1 + \sin \geq 0 \;\Rightarrow\; (1 + \sin)^+ = 1 + \sin$.

6. Zerlegung $(0, \frac{b}{m}, \ldots, \frac{bm}{m})$, Rechtecke der Breite $\frac{b}{m}$, Höhe $\frac{bi}{m}$; damit:
$$\sum_{i=1}^m \frac{b^2 i}{m^2} = \ldots = b^2 \left(\tfrac{1}{2} + \tfrac{1}{2m}\right) \to \tfrac{1}{2} b^2 \text{ für } m \to \infty.$$

7. Seien $s_{1,n}, t_{1,n}, s_{2,n}, t_{2,n}$ geeignete Treppenfunktionen für f_1 bzw. f_2. Daraus erhält man geeignete Treppenfunktionen für f:
$$s_n(x) := \begin{cases} s_{1,n}(x) & \text{für} \quad a \leq x \leq b \\ s_{2,n}(x) & \text{für} \quad b < x \leq c \end{cases} \quad \ldots$$

8. Die Treppenfunktionen für f müssen eventuell an der Stelle c geändert werden; das ändert aber nichts an den Werten der Integrale dieser Treppenfunktionen.

9. $\varphi(f + g) = (f + g)(a) = f(a) + g(a) = \varphi(f) + \varphi(g)$; $\varphi(\lambda f) = (\lambda f)(a) = \lambda \cdot f(a) = \lambda \cdot \varphi(f)$; $f \leq g \;\Rightarrow\; \varphi(f) = f(a) \leq g(a) = \varphi(g)$. Setze $f(x) := 1$ für alle $x \in [0\,;2]$; dann ist $\varphi(f) = 1 \neq 2 = \int\limits_0^2 (f)$.

10. $\varphi(f) := f\left(\tfrac{1}{2}(a + b)\right) \cdot (b - a)$.

3.3 Gleichmäßige Konvergenz und Stetigkeit

1. (a) $|f(x) + g(x)| \leq |f(x)| + |g(x)| \leq \|f\| + \|g\|$.

   (b) Treppenfunktionen haben jeweils nur endlich viele Funktionswerte; darunter gibt es immer einen kleinsten und einen größten Wert.

   (c) $s_1 \leq f \leq t_1$ mit Treppenfunktionen s_1, t_1.

   (d) Extremwertsatz.

2. Siehe Hinweis zu Aufgabe 1a.

3. $d(f, h) = \|f - h\| = \|f - g + g - h\| \leq \|f - g\| + \|g - h\| = d(f, g) + d(g, h)$.

4. Siehe Beispiel 3.6.8.

5. $(f_n)_n$ punktweise konvergent: Sei $x \in \mathbb{R}^+$; nach Archimedes gibt es ein $N \in \mathbb{N}$ mit $1 < Nx$, also ist $\frac{1}{n} < x$ für alle $n > N$, also $f_n(x) = 1$ für alle $n > N$, also $\lim\limits_{n\to\infty} f_n(x) = 1$ ... $(f_n)_n$ nicht gleichmäßig konvergent: siehe 3.3.17.

6. Sei x ein Element der Definitionsmenge von f. Zu zeigen: $\lim\limits_{n\to\infty} |f_n(x)-f(x)| = 0$. Nach Voraussetzung gilt $\lim\limits_{n\to\infty} \|f_n - f\| = 0$. Die Behauptung folgt wegen $0 \le |f_n(x) - f(x)| \le \|f_n - f\|$.

7. Ja: $(s_n)_n$ in Beispiel 3.3.10.

8. Analog zu Beispiel 3.3.12: $f(x + \delta) - f(x) = 2x\delta + \delta^2 \to \infty$ für $x \to \infty$.

9. Die Einschränkung von f auf $[0\,;4\pi]$ ist stetig, also nach 3.3.13 gleichmäßig stetig; $\sin$ periodisch ... $\Rightarrow$ Behauptung.

10. Sei $n \in \mathbb{N}$; nach Definition 3.2.2 gibt es s_k, t_k mit $\int\limits_a^b (t_k - s_k) < \epsilon := \frac{1}{n}$. Die Umkehrung gilt: Wähle zu jedem $n \in \mathbb{N}$ jeweils s_n, t_n mit $s_n \le f \le t_n$ und $\int\limits_a^b (t_n - s_n) < \frac{1}{n}$; dann folgt $\lim\limits_{n\to\infty} \int\limits_a^b (t_n - s_n) = 0$.

11. Setze $f_n(x) := f(x)$ für $a \le x < b$ und $f_n(b) := f(b) + \frac{1}{n}$.

12. $f_n(x) := \begin{cases} |x| & \text{für} \quad x \in [-1\,;1] \setminus [-\frac{1}{n}\,;\frac{1}{n}] \\ \frac{n}{2}x^2 + \frac{1}{2n} & \text{für} \quad x \in [-\frac{1}{n}\,;\frac{1}{n}] \end{cases}$

3.4 Hauptsatz

1. Nach 3.2.13 gilt z.B. für $a \le c \le b$: $\int\limits_a^c (f) + \int\limits_c^b (f) = \int\limits_a^b (f)$, also $\int\limits_a^c (f) = \int\limits_a^b (f) - \int\limits_c^b (f) = \int\limits_a^b (f) + \int\limits_b^c (f)$.

2. Für alle $t \in \mathbb{R}$, denn $\int\limits_{-t/m}^{x} f = mx + t$.

3. Für $t \le 0$, denn $\int\limits_a^x f = \frac{1}{2}x^2 - \frac{1}{2}a^2$.

4. Für $h < 0$ gibt es nach 3.4.5 ein $c \in [a+h\,,a]$ mit $\int\limits_{a+h}^{a} f = f(c) \cdot (a - (a+h)) = -f(c) \cdot h$, also $\int\limits_a^{a+h} f = f(c) \cdot h = f(a + lh) \cdot h$ für $l := \frac{c-a}{h}$ ....

5. Für $f(x) := \begin{cases} |x|/x & \text{falls} \quad x \ne 0 \\ 0 & \text{falls} \quad x = 0 \end{cases}$ ist $\int\limits_0^x f = |x|$ an der Stelle $x = 0$ nicht differenzierbar.

6. Mit $u := 3 + x^2$ ist $\int_0^1 x(3 + x^2)^4 dx = \frac{1}{2} \int_3^4 u^4 du = 78{,}1$.

   Mit $u := \sin(x)$ ist $\int_0^{\pi/2} (\sin(x))^3 \cos(x)dx = \int_0^1 u^3 du = \frac{1}{4}$.

   Mit $u := \cos(x)$ ist $\int_0^{2\pi} e^{\cos(x)} \sin(x)dx = -\int_1^1 e^u du = 0$.

7. $\int_0^1 x^2 e^x dx = e - 2$; $\int_1^e x \ln(x)dx = \frac{1}{4}(e^2 + 1)$; $\int_0^\pi (\cos(x))^2 dx = \frac{\pi}{2}$;

   $\int_{-\pi}^\pi \cos(kx)\cos(nx)dx = \left[\cos(kx) \cdot \frac{1}{n}\sin(nx)\right]_{-\pi}^\pi - \int_{-\pi}^\pi -\sin(kx)k \cdot \frac{1}{n}\sin(nx)dx =$

   $\frac{k}{n} \int_{-\pi}^\pi \sin(kx)\sin(nx)dx = \ldots = \frac{k^2}{n^2} \int_{-\pi}^\pi \cos(kx)\cos(nx)dx$, also: Für $k \neq n$:

   $\int_{-\pi}^\pi \cos(kx)\cos(nx)dx = 0$; für $k = n$: $\int_{-\pi}^\pi (\cos(nx))^2 dx = \int_{-\pi}^\pi (\sin(nx))^2 dx =$

   $\int_{-\pi}^\pi (1 - (\cos(nx))^2)dx \Rightarrow \int_{-\pi}^\pi (\cos(nx))^2 dx = \frac{1}{2} \int_{-\pi}^\pi 1 dx = \pi$.

8. $u := -x$: $\int_{-a}^a f(x)dx = \int_{-a}^a -f(-x)dx = \int_a^{-a} f(u)du = -\int_{-a}^a f(x)dx \Rightarrow$ Beh.

9. $u := ax$: $\int_1^b \frac{1}{x}dx = \int_1^b \frac{a}{ax}dx = \int_a^{ab} \frac{1}{u}du = \int_a^{ab} \frac{1}{u}dx$.

10. $u := cx$: $\int_{a/c}^{b/c} f(cx)c\,dx = \int_a^b f(u)du = \int_a^b f(x)dx$. Wenn man die x-Koordinaten
    aller Punkte durch c teilt, dann werden die zugehörigen Flächeninhalte eben-
    falls durch c geteilt.

11. Siehe Ende von Abschnitt 3.4: $f(x) := \int_0^x \frac{1}{1+t^2}dt$, $g(x) := f(x) + f(y)$, $h(x) :=$
    $f\left(\frac{x+y}{1-xy}\right)$. $\Rightarrow h'(x) = \ldots = \frac{1}{1+x^2} = g'(x)$.

12. $L(x) := \int_1^x \frac{1}{t}dt$. $L(ab) = \int_1^{ab} \frac{1}{t}dt = \int_1^a \frac{1}{t}dt + \int_a^{ab} \frac{1}{t}dt \overset{9.}{=} \int_1^a \frac{1}{t}dt + \int_1^b \frac{1}{t}dt =$

    $L(a) + L(b)$; $L(1) = 0$, da $\int_1^1 \frac{1}{t}dt = 0$; nach dem Hauptsatz ist L differen-
    zierbar mit $L'(x) = x^{-1}$, also L streng monoton steigend; $L''(x) = -x^{-2}$,
    also Graph rechtsgekrümmt; $\lim_{x\to\infty} L(x) = \infty$, da $L(2^n) = n \cdot L(2) \to \infty$ für
    $n \to \infty$; $\lim_{x\to 0} L(x) = -\infty$, da $L(x^{-1}) = -L(x)$.

3.5 Taylorpolynome

1. 0; x^5; $1 + 5(x-1) + 10(x-1)^2 + 10(x-1)^3$;
   $1 + 5(x-1) + 10(x-1)^2 + 10(x-1)^3 + 5(x-1)^4 + (x-1)^5 = x^5$.

2. Induktion: $\ln^{[k+1]}(x) = \left(\ln^{[k]}(x)\right)' = \left((-1)^{k-1}(k-1)!\,x^{-k}\right)' =$
   $(-1)^k k!\,x^{-(k+1)}$.
   $\sin^{[4n]}(0) = \sin(0) = 0$; $\sin^{[4n+1]}(0) = \cos(0) = 1$; $\sin^{[4n+2]}(0) = -\sin(0) = 0$;
   $\sin^{[4n+3]}(0) = -\cos(0) = -1$; $\cos^{[4n+i]}(0)$ analog ...

3. $\tau_p^0(f)(x) = f(p) = f(g(0)) = \tau_0^0(f \circ g)(x-p)$. Sei $n \geq 1$. $\Rightarrow$ $\tau_0^n(g)(x) = x + p$
   $\Rightarrow$ $\mathrm{Grad}(\tau_p^n(f) \circ \tau_0^n(g)) \leq n$ $\Rightarrow$ $\tau_0^n\left(\tau_p^n(f) \circ \tau_0^n(g)\right) = \tau_p^n(f) \circ \tau_0^n(g)$ (s. 3.5.2),
   also folgt mit 3.5.12 $\tau_0^n(f \circ g)(x-p) = \left(\tau_p^n(f) \circ \tau_0^n(g)\right)(x-p) = \tau_p^n(f)(x)$.

4. Mit Aufgabe 3 und den Additionstheoremen folgt $\tau_p^{2n+1}(\sin(x)) =$
   $\tau_0^{2n+1}(\sin(x+p))(x-p) = \tau_0^{2n+1}\left(\sin(x)\cos(p) + \cos(x)\sin(p)\right)(x-p) =$
   $\cos(p) \cdot \tau_0^{2n+1}(\sin)(x-p) + \sin(p) \cdot \tau_0^{2n+1}(\cos)(x-p)$;
   $\tau_p^{2n+1}(\cos(x)) = \tau_0^{2n+1}(\cos(x+p))(x-p) =$
   $\tau_0^{2n+1}\left(\cos(x)\cos(p) - \sin(x)\sin(p)\right)(x-p) =$
   $\cos(p) \cdot \tau_0^{2n+1}(\cos)(x-p) - \sin(p) \cdot \tau_0^{2n+1}(\sin)(x-p)$.

5. Induktion: $(fg)^{[k+1]} = \left((fg)^{[k]}\right)' = \sum\limits_{i=0}^{k} \binom{k}{i}\left(f^{[k-i+1]}g^{[i]} + f^{[k-i]}g^{[i+1]}\right) =$
   $f^{[k+1]}g^{[0]} + \sum\limits_{i=1}^{k} \binom{k}{i}f^{[k-i+1]}g^{[i]} + \sum\limits_{i=0}^{k-1} \binom{k}{i}f^{[k-i]}g^{[i+1]} + f^{[0]}g^{[k+1]} =$
   $f^{[k+1]}g^{[0]} + \sum\limits_{i=1}^{k} \binom{k}{i}f^{[k-i+1]}g^{[i]} + \sum\limits_{i=1}^{k} \binom{k}{i-1}f^{[k-i+1]}g^{[i]} + f^{[0]}g^{[k+1]} =$
   $\sum\limits_{i=0}^{k+1} \binom{k+1}{i}f^{[k+1-i]}g^{[i]}$ wegen $\binom{k}{i} + \binom{k}{i-1} = \binom{k+1}{i}$.

6. x^3; $x^2 - \frac{1}{2}x^4$; $x - \frac{2}{3}x^3$; $1 + x - \frac{1}{3}x^3 - \frac{1}{6}x^4$.

7. $1 + x + \frac{1}{2}x^2$; $1 - \frac{1}{2}x^2$; $x + \frac{1}{2}x^2$; $\sin(1) + \cos(1)x + \frac{1}{2}(\cos(1) - \sin(1))x^2 - \frac{1}{2}\sin(1)x^3$.

8. Nach der Taylor-Formel ist $r_p^n(f) = 0$, also $f = \tau_p^n(f)$.

9. $f(x) = \tau_p^n(f)(x) = \sum\limits_{k=0}^{n} \frac{f^{[k]}(p)}{k!}(x-p)^k$, da $r_p^n(f) = 0$ (Taylor-Formel!).

10. $|r_0^8(\cos(x))| = \left|\dfrac{\cos^{[9]}(c)}{9!} \cdot x^9\right| \leq \dfrac{1}{9!} \cdot 3^9 < 0{,}06$.

11. $\frac{5}{7}$. (Bei der Polynomdivision werden Zähler und Nenner so oft wie möglich durch $x-2$ geteilt.)

12. $-\frac{1}{\pi}$; -6; 0.

13. Wegen $\tau_0^4(\cos(x)) = 1 - \frac{1}{2}x^2 + \frac{1}{24}x^4$ ist $\tau_0^4(f(x)) = \frac{1}{24}x^4$, also 0 eine lokale Minimalstelle.

3.6 Potenzreihen

1. $\dfrac{s^k}{k!} \le \dfrac{s^N}{N!} \cdot \dfrac{s}{k} \to 0$ für $k \to \infty$.

2. Konvergiert für alle $x \in \mathbb{R}$: $\left(\dfrac{x^k}{k!}\right)_k \to 0$ nach Aufgabe 1, also $\left(b_k \cdot \dfrac{x^k}{k!}\right)_k$ beschränkt (da $(b_k)_k$ beschränkt und 1.4.3); jetzt 3.6.6.

3. Für $j \in \mathbb{N}$ ist $\displaystyle\sum_{k=j+1}^{2j} \frac{1}{k} \ge \sum_{k=j+1}^{2j} \frac{1}{2j} = j \cdot \frac{1}{2j} = \frac{1}{2}$, also
$$\sum_{k=3}^{2^{m+1}} \frac{1}{k} = \sum_{i=1}^{m} \sum_{k=2^i+1}^{2^{i+1}} \frac{1}{k} \ge \sum_{i=1}^{m} \frac{1}{2} = \frac{m}{2} \to \infty \text{ für } m \to \infty.$$

4. $(A_{2n})_n$ fällt monoton, da $A_{2n+2} = A_{2n} + \frac{(-1)^{2n+1}}{2n+1} + \frac{(-1)^{2n+2}}{2n+2} = A_{2n} - \frac{1}{2n+1} + \frac{1}{2n+2} < A_{2n}$. Analog: $(A_{2n+1})_n$ steigt monoton. Außerdem ist $A_{2n+1} < A_{2n}$, da $A_{2n+1} = A_{2n} - \frac{1}{2n+1} < A_{2n}$. Damit konvergieren $(A_{2n})_n$ und $(A_{2n+1})_n$ (Vollständigkeitsaxiom!). Wegen $A_{2n} - A_{2n+1} = \frac{1}{2n+1} \to 0$ folgt die Beh.

5. Ersetze $\frac{1}{k}$ in Aufgabe 4 durch $a_k \ldots$

6. $f_n(x) := \begin{cases} 2n^2 x & \text{für } 0 \le x \le \frac{1}{n} \\ 4n - 2n^2 x & \text{für } \frac{1}{n} < x \le \frac{2}{n} \\ 0 & \text{für } \frac{2}{n} < x \le 2 \end{cases}$, $g_n(x) := f_n(x-3) + 1$.

7. Annahme: $(g_n)_n$ ist gleichmäßig konvergent. Dann gibt es nach Definition eine beschränkte Funktion f, sodass $(g_n)_n$ gleichmäßig gegen f konvergiert. Dann konvergiert $(g_n)_n$ aber auch punktweise gegen f, also $f = g$ (Eindeutigkeit des Grenzwerts), Widerspruch zu g unbeschränkt.

8. Nein: $\left(\displaystyle\sum_{k=0}^{n} x^k\right)_n$ konvergiert in $\,]-1\,;1[$ punktweise gegen das unbeschränkte $\frac{1}{1-x}$, also konvergiert $\left(\displaystyle\sum_{k=0}^{n} x^k\right)_n$ nach Aufgabe 7 in $\,]-1\,;1[$ nicht gleichmäßig.

9. $\displaystyle\int_0^x \sum_{k=0}^{\infty} \frac{(-1)^k}{(2k+1)!} t^{2k+1} dt = \sum_{k=0}^{\infty} \frac{(-1)^k}{(2k+2)!} x^{2k+2} = -\sum_{k=0}^{\infty} \frac{(-1)^{k+1}}{(2(k+1))!} x^{2(k+1)} =$
$-\displaystyle\sum_{k=1}^{\infty} \frac{(-1)^k}{(2k)!} x^{2k} = -\cos(x) + 1$. $\displaystyle\int_0^x \sum_{k=0}^{\infty} \frac{(-1)^k}{(2k)!} t^{2k} dt = \sum_{k=0}^{\infty} \frac{(-1)^k}{(2k+1)!} x^{2k+1} = \sin(x)$.

10. Nach 3.6.13 ist $R \le R_1$. Es gilt auch $R_1 \le R$: Sei $0 < s < R_1$. Dann ist $(|a_k k s^{k-1}|)_k$ beschränkt, also auch $(|a_k s^k|)_k = \left(\left|\frac{s}{k} \cdot a_k k s^{k-1}\right|\right)_k$ beschränkt.

11. $\ln(x) = \ln\left(p \cdot (1 + \frac{x-p}{p})\right) = \ln(p) + \ln\left(1 + \frac{x-p}{p}\right) = \ldots$ (siehe 3.6.18).

12. $g(x) := x^2 + f(x)$ mit $f(x)$ wie in 3.6.19.

Literaturverzeichnis

[Beh]   Ehrhard Behrends: *Analysis Band 1*, Vieweg+Teubner, 2011

[Brö1]   Theodor Bröcker: *Analysis 1*, Spektrum Akad. Verlag, 1995 (auch unter
         http://www.mathematik.uni-regensburg.de/broecker/index.htm)

[Ebb]   Heinz-Dieter Ebbinghaus: *Zahlen*, Springer, 1992

[For1]   Otto Forster: *Analysis 1*, Vieweg+Teubner, 2011

[For3]   Otto Forster: *Analysis 3*, Vieweg+Teubner, 2010

[Kut]   Franz von Kutschera, Alfred Breitkopf: *Einführung in die moderne Logik*,
         Alber, 2007

[Wal]   Wolfgang Walter: *Gewöhnliche Differentialgleichungen*, Springer, 2000

Stichwortverzeichnis

$:=$, 6

$:\Leftrightarrow$, 12

$<$, 22

$\Longleftrightarrow$, 22

$\Longrightarrow$, 22

$\mathbb{R}^+$, 22

$\mathbb{R}^D$, 120

δ, 129

δ_a, 128

$\exists$, 16

$\forall$, 16

inf, 78

max, 77

$Kons[a,b]$, 142

$Trep[a,b]$, 143

min, 77

$\neg$, 25

$\overset{sch}{<}$, 13

$\sum$, 36

sup, 78

τ_p^n, 185

$\vee$, 22

$\wedge$, 22

f', 85

$f^{[n]}$, 178

r_p^n, 187

$\mathcal{B}$, 128

$\mathcal{B}(D)$, 160

$\mathcal{C}^n(D)$, 178

$\mathcal{C}_a(D)$, 125

$\mathcal{D}(D)$, 129

$\mathcal{D}_a(D)$, 125

$\mathcal{D}_{a,0}(D)$, 125

$\mathcal{K}$, 124

$\mathcal{N}$, 127

Änderungsrate, 87

äquivalent, 27

abelsch, 122

abgeschlossen, 168

Ableitung, 85, 87

absolut konvergent, 199

Abstand zweier Funktionen, 161

Additionstheorem, 73, 104

Allquantor, 16

Anordnungsaxiome, 22

Archimedisches Axiom, 27

Arkustangens, 69

assoziativ, 121

Asymptote, 54

Attraktor, 118

Axiome

    - der Anordnung, 22

    - der reellen Zahlen, 17

    - des Integrals, 157

    - des Körpers, 18

Banach-Raum, 170

Berührpunkt, 51, 53

Bernoullische Ungleichung, 35

Beschleunigung, 112

beschränkt, 24, 77

bijektiv, 46

Bogenmaß, 70

Cauchy-Folge, 78, 169

Cauchy-Kriterium, 79, 169

dicht, 62

Differentialgleichung, 103

Differenzenquotient, 84

differenzierbar, 85

distributiv, 121

divergent, 51, 53
Divergenz, 38
Dreiecksungleichung, 24, 161

$E = mc^2$, 195
Einschränkung, 62
Energie
    - kinetische, 112
    - potentielle, 112
Entwicklungspunkt, 198
Ergebnis einer
    Intervallschachtelung, 40
Erzeuger, 127
Euler'sche Zahl, 63
Existenzquantor, 16
Exponentialfunktion, 63
Exponentialreihe, 200
Extremalstelle, 100
Extremwertsatz, 79

Fakultät, 9
feinere Zerlegung, 144
Fibonacci-Folge, 10
Fixpunkt, 117
Folge, 9
Folgenglieder, 9
Fortsetzung, 62
Funktional, 142

gemeinsame Verfeinerung, 144
geometrische Reihe, 37
Geschwindigkeit, 112
gleichmäßig stetig, 164
gleichmäßige Konvergenz, 162
gleichmäßiger Grenzwert, 162
Gradmaß, 70
Grenzwert, 13, 51
    - linksseitig, 52
    - rechtsseitig, 52
Gruppe, 122

Hauptideal, 127
Hauptsatz, 174
Hochpunkt, 100
Homomorphismus, 129

Ideal, 126
Impuls, 112
Infimum, 78
innerer Punkt, 100
Integral, 141, 145, 147, 155
Integralfunktion, 173
integrierbar, 151
Intervall-Additivität, 148
Intervallschachtelung, 6, 25, 43
inverses Element, 19, 121
isomorph, 132
Isomorphismus, 132

Körper, 123
Körperaxiome, 18
Kettenregel, 92, 190
Koeffizienten, 198
kommutativ, 121, 122
konvergent, 13, 51, 53
    - linksseitig, 52
    - rechtsseitig, 52
Konvergenzintervall, 200
Konvergenzradius, 200
Kosinus, 75
Krümmung, 106
Kurvendiskussion, 109

l'Hospital, 194
Lagrange, 192
Leibniz-Kriterium, 208
linear, 130, 134
Logarithmus, 60

Maximalstelle, 100
Maximum, 77, 100
Minimalstelle, 100
Minimum, 77, 100
Mittelwertsatz
    - der Differentialrechnung, 101
    - der Integralrechnung, 174, 192
mittlere Steigung, 87
momentane Steigung, 87
monoton, 24, 47, 135, 156

Negation, 25
negativ, 22

neutrales Element, 18, 121
Newton-Verfahren, 119
Norm, 160
Nullfolge, 13

Operator, 142

partielle Integration, 176
Polstelle, 54
Polynom, 44
positiv, 22
Potential, 112
Potenzmenge, 137
Potenzreihe, 198
Produktregel, 90, 188
punktweise konvergent, 163, 201

Quantoren, 16
Quotientenregel, 93

rationale Funktion, 44
Reihe
    - , geometrische, 37
    - , absolut konvergente, 199
    - Exponential–, 200
    - Potenz–, 198
rekursive Definition, 9
Relativitätstheorie, 195
Restglied, 187
    - nach Lagrange, 192
    - nach Taylor, 191
Ring, 122
Rolle, Satz von, 101

schließlich, 13
Schranke, 24, 77
Sekante, 83
Sinus, 75
skalare Multiplikation, 134
Stammfunktion, 103
Steigung, 85
stetig, 43
stetig differenzierbar, 176
stetige Fortsetzung, 64
Substitutionsregel, 176
Summenregel, 90

Supremum, 78
Supremumsnorm, 160

Tangens, 75
Tangente, 85
Taylorformel, 191
Taylorpolynom, 185
Taylorreihe, 205
Teilfolge, 76
Teilring, 124
Tiefpunkt, 100
transitiv, 22
Translationsinvarianz, 178
Treppenfunktion, 143

Umgebung, 84
Umkehrfunktion, 46
unendlich groß, 38
unendlich klein, 13
Untervektorraum, 134

Vektorraum, 134
vergleichbar, 31
Verhulst-Prozess, 117
Verkettung, 46
Verknüpfung, 120
verträglich, 23
vollkommene Zahl, 21
vollständige Induktion, 35
Vollständigkeitsaxiom, 25

Weierstraß
    - Konvergenzsatz, 202
Wendepunkt, 107
Wendestelle, 107
Wurzel, 47

Zerlegung
    - eines Intervalls, 143
    - für eine Treppenfunktion, 144
Zwischenwertsatz, 45